职业教育"十四五"规划系列教材

Office 2010 办公应用案例教程

主　编　张满红　杨晓明　宋钦煜

副主编　任旭妍　余　乐　崔建文

参　编　苏铭慧　李晓晓　李　扣

李　杰　商　阳

華中科技大學出版社

http://press.hust.edu.cn

中国·武汉

图书在版编目(CIP)数据

Office 2010 办公应用案例教程/张满红,杨晓明,宋钦煜主编. —武汉:华中科技大学出版社,2023.10
ISBN 978-7-5772-0153-5

Ⅰ.① O… Ⅱ.① 张… ② 杨… ③ 宋… Ⅲ.① 办公自动化-应用软件-案例-教材 Ⅳ.① TP317.1

中国国家版本馆 CIP 数据核字(2023)第 196202 号

Office 2010 办公应用案例教程　　张满红　杨晓明　宋钦煜　主编
Office 2010 Bangong Yingyong Anli Jiaocheng

策划编辑:胡天金
责任编辑:叶向荣
封面设计:旗语书装
版式设计:赵慧萍
责任监印:朱　玢
出版发行:华中科技大学出版社(中国·武汉)　　电话:(027)81321913
武汉市东湖新技术开发区华工科技园　　邮编:430223
录　　排:华中科技大学出版社美编室
印　　刷:武汉市籍缘印刷厂
开　　本:889mm×1194mm　1/16
印　　张:15
字　　数:433 千字
版　　次:2023 年 10 月第 1 版第 1 次印刷
定　　价:43.50 元

PREFACE 前言

在Office办公软件中，常用的办公软件包括Word、Excel和PowerPoint三大组件。本书以这三大组件为基础，由浅入深、由易到难，为Office初学者详细地讲解这三大组件的操作技巧，使初学者快速掌握Word、Excel、PowerPoint的使用方法。

本书按照项目引领、任务驱动的方式组织内容，包括搭建现代化办公平台、Word文字处理的应用、Excel电子表格的应用、PowerPoint演示文稿的应用、Office 2010其他组件的应用、无线移动办公的应用6个项目，涵盖了办公应用中的典型操作。每个项目中有若干个教学任务，内容全面，循序渐进，典型实用，可以帮助读者在最短的时间内熟练地掌握使用办公软件的基本方法和步骤。

在每一个教学任务中，均设置有“任务描述”“任务分析”“任务实现”和“知识链接”内容，以便引导读者增加知识面，总结和强化所学知识。本书在编排上对相关任务实例进行了有针对性的归类，使读者阅读和学习时条理清晰，易于融会贯通，从而提高学习效率。本书的每一个教学任务都精选自工作实例，并给出了详细的操作步骤，且图文并茂，方便读者上机实践。

由于编者水平有限，书中难免存在疏漏之处，敬请广大读者批评指正。

编　者

CONTENTS 目录

项目一

搭建现代化办公平台

情境描述

办公软件几乎是每一个使用计算机办公的用户都会用到的软件，用于打造现代化办公平台，实现公司内外部的文件、数据与信息交流。小王是公司新来的资料管理人员，为了尽快熟悉工作，需要在公司配置计算机、打印机等设备，并安装操作系统和办公工具软件，加入公司的现代化平台中，以便管理计算机中的办公文档。

任务一　配置办公室现代化办公设备

任务描述

现代化办公设备是网络、数字化和终端设备，以及相应的自动化办公系统软件。就一个普通的办公室而言，一般都具备计算机、打印机等基础的办公设备，而这些设备可以通过无线网络组成一个办公局域网。

任务分析

在配置办公室现代化办公设备时，需要先组装好计算机，为计算机安装打印机与驱动程序，再通过无线网络将计算机与打印机连接起来，才能使用办公设备进行办公。

任务实现

一、组装计算机

1. 安装电源

STEP 1 使用螺丝刀将机箱后面的螺丝拧下，如图 1-1 所示。

STEP 2 抓紧机箱盖向后拉，即可将一侧的机箱盖卸下，如图 1-2 所示。

图 1-1 拆卸螺丝

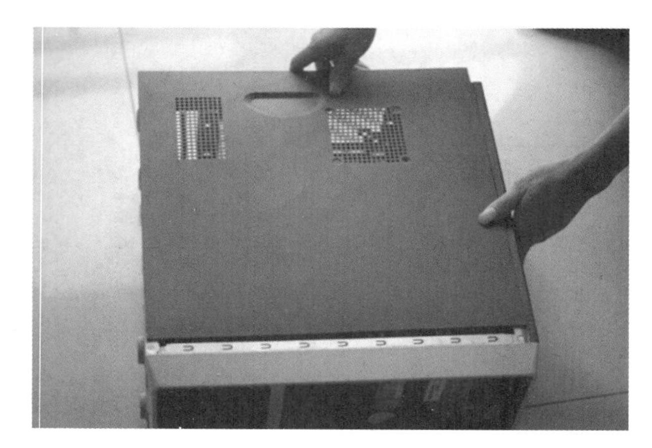

图 1-2 卸下机箱盖

STEP 3 将机箱平放在地面上，放置电源到电源舱中，如图 1-3 所示。

STEP 4 对齐螺丝孔，使用大粗螺纹的螺丝将电源固定到机箱上，拧紧螺丝，如图 1-4 所示。

图 1-3 放置好电源

图 1-4 固定电源

2. 安装 CPU 和 CPU 风扇

STEP 1 将主板放在平稳处，将 CPU 插座旁边的拉杆向外侧移动，如图 1-5 所示。

STEP 2 将 CPU 放入插槽中，注意 CPU 的针脚要与插槽吻合，如图 1-6 所示。

图 1-5　打开 CPU 拉杆

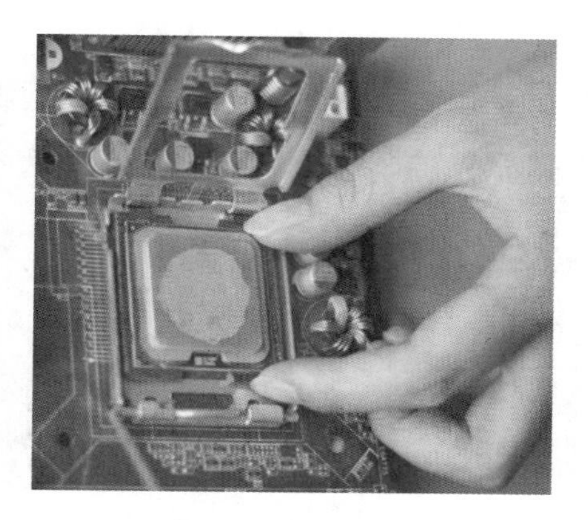

图 1-6　放入 CPU

STEP③ 压下 CPU 插槽旁边的压杆，当压杆发出响声时，表示已经回到原位，CPU 已安装好，如图 1-7 所示。

STEP④ 将 CPU 风扇放在风扇托架上，并用扣具将风扇固定好，如图 1-8 所示。

图 1-7　安装好的 CPU

图 1-8　放上 CPU 风扇

STEP⑤ 固定好 CPU 风扇后，将风扇的电源接头插到主板中的三针电源接口上，如图 1-9 所示。

STEP⑥ 插好电源插座后，即可完成 CPU 和 CPU 风扇的安装，如图 1-10 所示。

图 1-9　插好 CPU 风扇的电源接头

图 1-10　完成 CPU 和 CPU 风扇的安装

3. 安装内存条和主板

STEP① 找到主板上的内存插槽，然后将两端的白色卡扣向外扳开，如图 1-11 所示。

STEP② 将内存金手指上的缺口与主板内存插槽的缺口位置对应好，如图 1-12 所示。垂直用力将内存条按下，当听到“咔”的一声时，表示内存插槽两边的卡扣已经扣上，内存条就安装好了。

图 1-11　扳开两端的白色卡扣

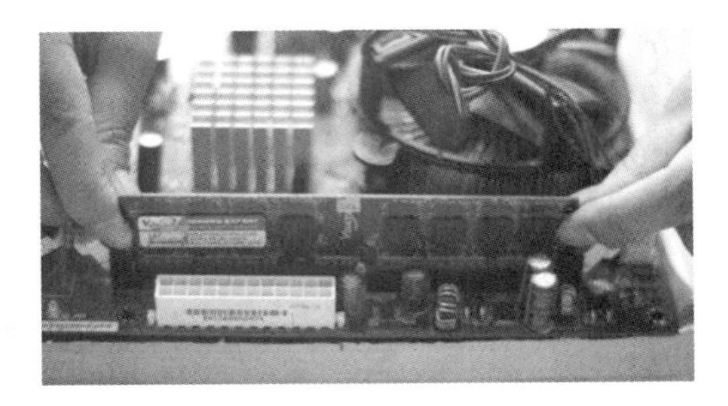
图 1-12　插入内存条

STEP③ 在安装主板前，观察机箱后面 I/O 端口的位置与接口挡板是否吻合，如图 1-13 所示。

STEP④ 将主板放入机箱前，找到主板的跳线，如图 1-14 所示。

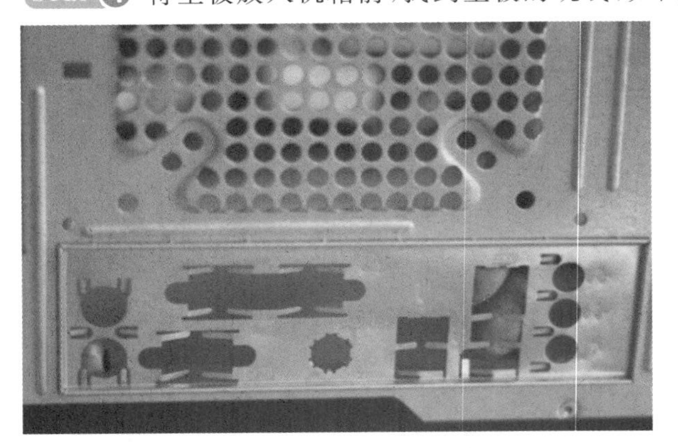
图 1-13　I/O 端口位置与接口挡板

图 1-14　主板跳线

STEP⑤ 将主板跳线依次插入相应的接口，如图 1-15 所示。

STEP⑥ 将 USB 电源线插入 USB 接口，如图 1-16 所示。

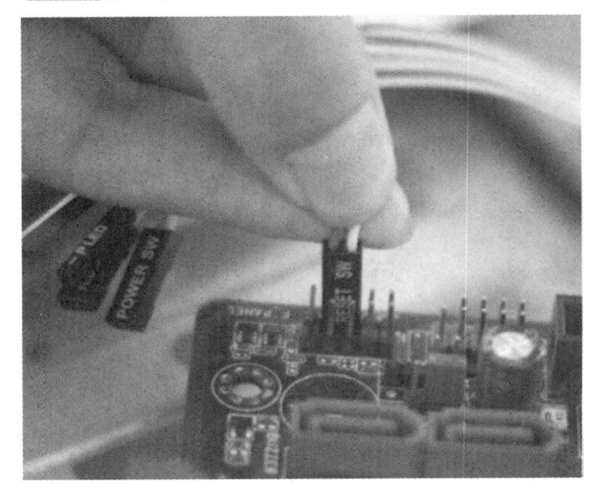

图 1-15　插入主板跳线

图 1-16　插入 USB 电源线

STEP⑦ 将主板 I/O 端口的挡板放于 I/O 端口的位置上，如图 1-17 所示。

STEP⑧ 确认主板与定位孔对齐后，使用螺丝刀和螺丝将主板固定于机箱中，如图 1-18 所示。

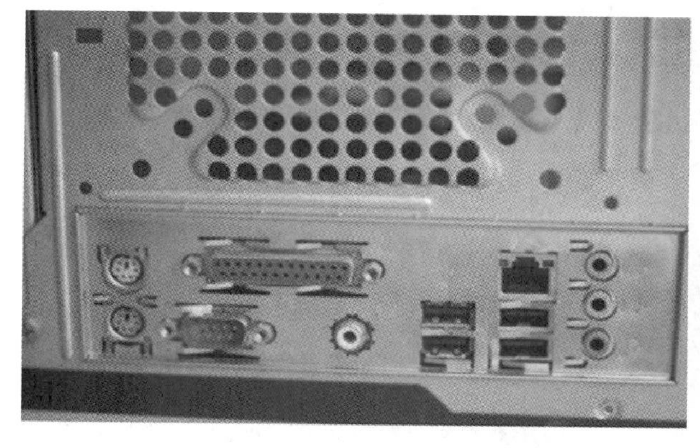

图 1-17　将主板 I/O 端口与挡板对应好

图 1-18　固定主板

4.安装显卡

STEP❶ 在主板上找到 PCI-E 显卡插槽，将显卡轻轻插入插槽，用手轻压显卡，使显卡和插槽紧密结合，如图 1-19 所示。

STEP❷ 确定显卡插好后，用螺丝和螺丝刀将显卡固定在机箱上，如图 1-20 所示。

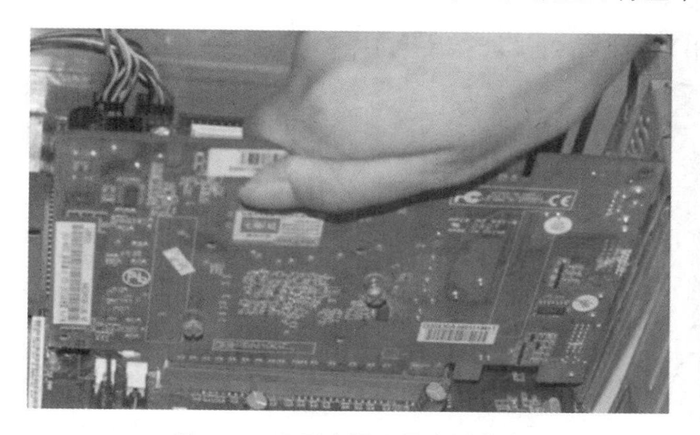
图 1-19　将显卡插入显卡插槽中

图 1-20　固定显卡

STEP❸ 将显卡的固定挡板放置在机箱的相应位置，并用手固定好挡板的位置，如图 1-21 所示。

STEP❹ 用螺丝和螺丝刀将显卡挡板固定在机箱上，如图 1-22 所示。

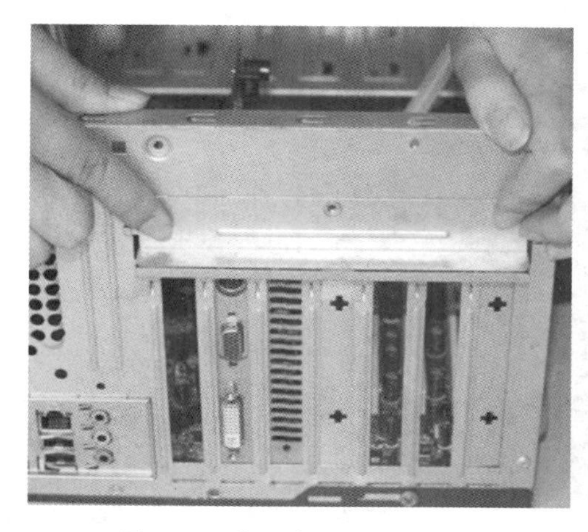
图 1-21　将显卡与挡板对应好

图 1-22　固定显卡挡板

5. 安装硬盘和光驱

STEP❶ 将硬盘由内向外放入机箱的硬盘托架上，调整硬盘位置，如图 1-23 所示。

STEP❷ 对齐硬盘和主板上螺丝孔的位置，用螺丝将硬盘两侧固定好，如图 1-24 所示。

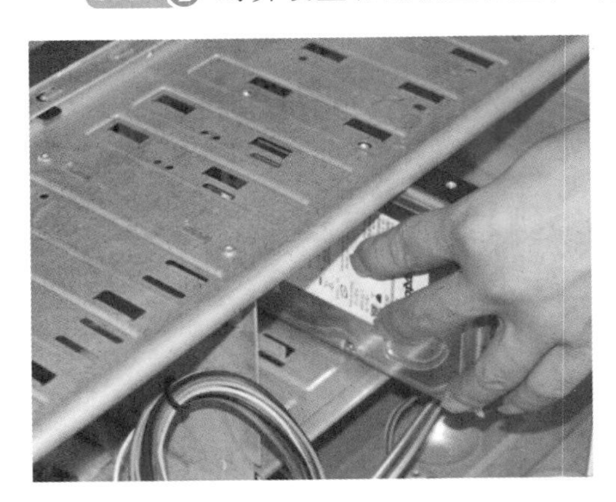

图 1-23　放入硬盘

图 1-24　固定硬盘

STEP❸ 在机箱上取下光驱的前挡板，如图 1-25 所示。

STEP❹ 卸掉挡板后，将光驱从外向内沿滑槽插入光驱托架中，如图 1-26 所示。

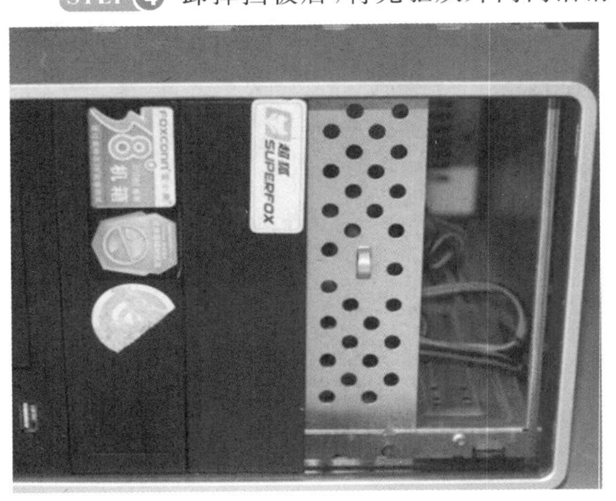

图 1-25　取下光驱的前挡板

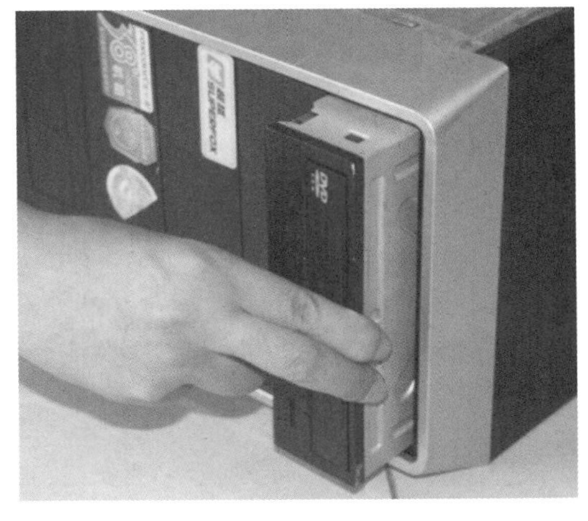

图 1-26　放入光驱

STEP❺ 调整好光驱位置后，用螺丝将其两侧固定，如图 1-27 所示。

STEP❻ 在主板上找到主板电源线接口，将电源接口插入相应接口中，如图 1-28 所示。

图 1-27　固定光驱

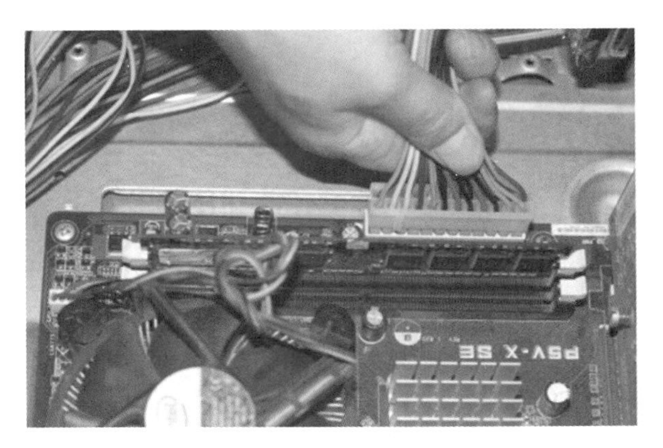

图 1-28　插入主板电源

STEP 7 在主板上找到 4 口 CPU 辅助电源接口，将 CPU 辅助电源接口插入相应接口中，如图 1-29 所示。

STEP 8 找到光驱数据线，将它的一端插在光驱的数据线接口处，如图 1-30 所示。

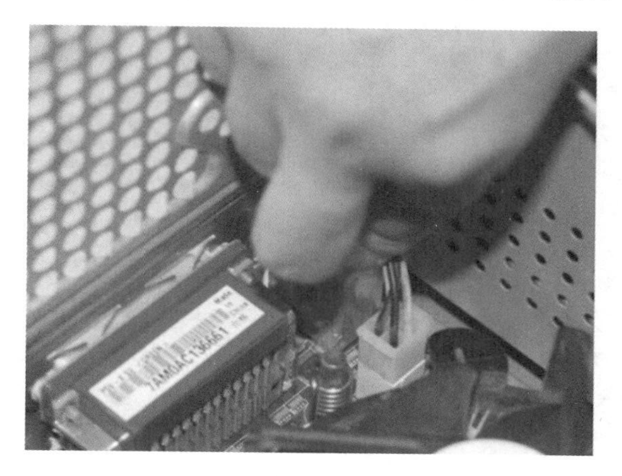

图 1-29　插入 CPU 辅助电源

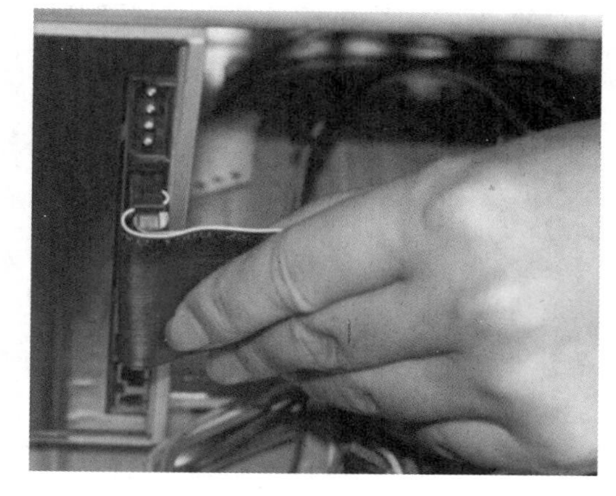

图 1-30　插入光驱数据线

STEP 9 将光驱数据线的另一端插在主板上的 IDE 接口处，如图 1-31 所示。

STEP 10 从机箱电源上找到白色长方形电源接口，插在光驱电源接口位置上，如图 1-32 所示。

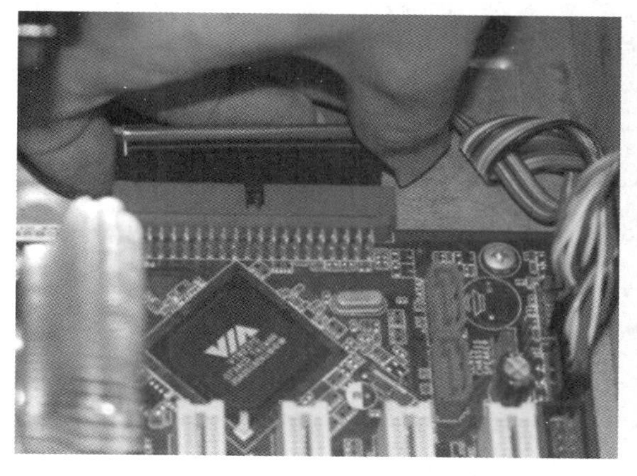

图 1-31　连接光驱数据线到主板的 IDE 接口

图 1-32　连接光驱电源线

STEP 11 找到 SATA 电源线，插在硬盘电源接口上，如图 1-33 所示。

STEP 12 将硬盘数据线插入硬盘数据线接口处，如图 1-34 所示。

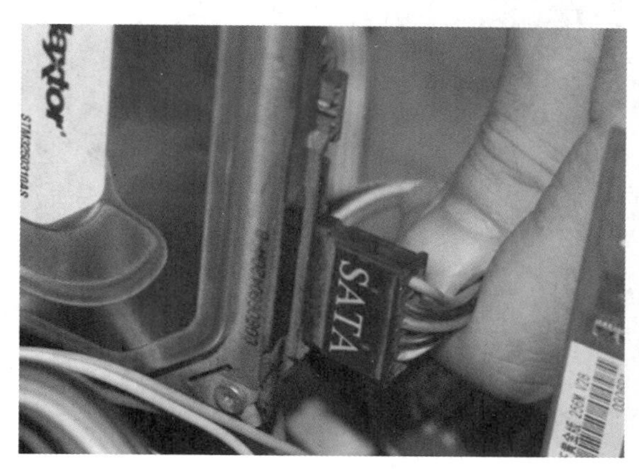

图 1-33　连接硬盘 SATA 接口的电源线

图 1-34　连接硬盘数据线

STEP 13 将硬盘数据线的另一端连接到主板的 SATA 接口上，如图 1-35 所示。

STEP 14 连接好各种设备的电源线和数据线后，将机箱内部的各种线缆理顺，如图 1-36 所示。将主机箱侧面板安装好并拧紧螺丝，至此，机箱内部的设备安装完成。

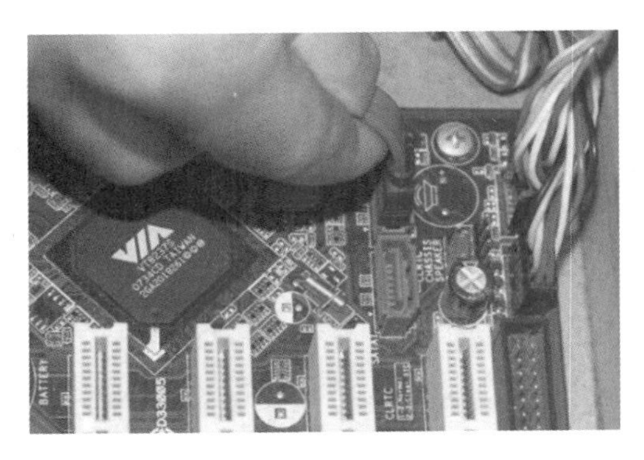
图 1-35 连接硬盘数据线到主板 SATA 接口

图 1-36 整理机箱内部布线

6.连接主机箱和显示器

STEP 1 将显示器的电源线插到显示器的电源接口，如图 1-37 所示。

STEP 2 连接显示器 VGA 接口与显卡的 VGA 接口，拧紧接口两端的旋钮，如图 1-38 所示。

图 1-37 连接显示器电源线

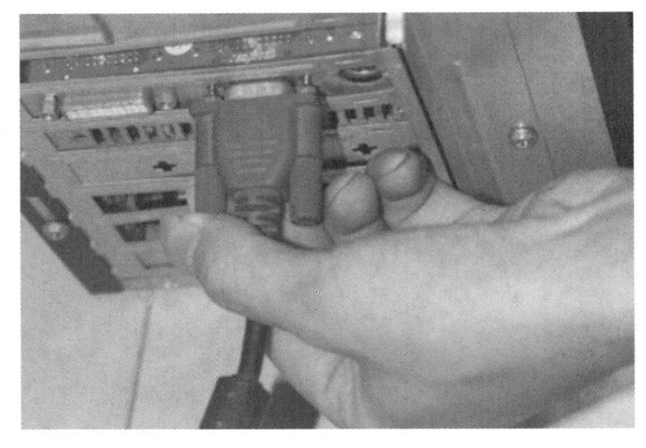
图 1-38 连接 VGA 接口

STEP 3 准备好主机电源线，将电源线插头插入机箱背面的电源接口中，如图 1-39 所示。

STEP 4 依次将显示器电源线的插头和机箱电源线的插头插到电源插座上，如图 1-40 所示。

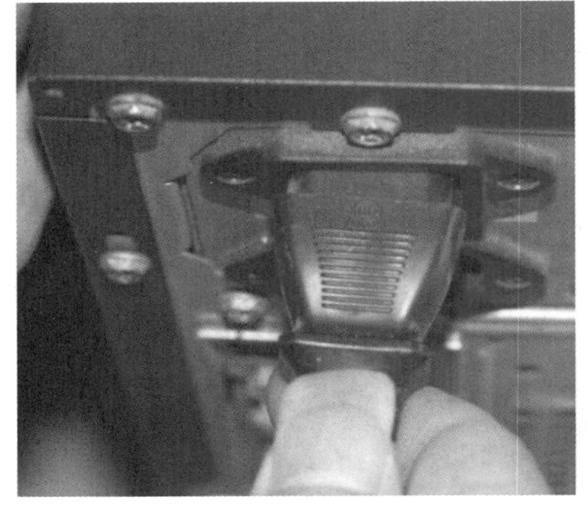
图 1-39 连接机箱电源线

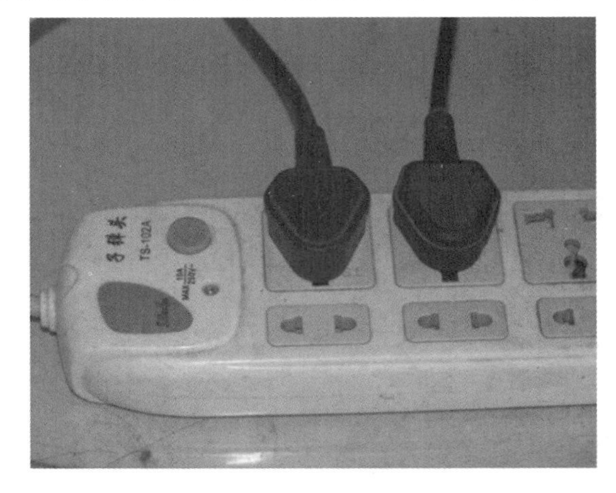

图 1-40 插入插头到电源插座上

STEP 5 将键盘、鼠标的 USB 连接线插入机箱背面的 USB 接口中。

二、安装打印机与打印机驱动

STEP 1 将打印机 USB 连接线的一端插入打印机背面的 USB 接口中，如图 1-41 所示。

STEP 2 将连接线的另一端插入计算机主机箱的 USB 接口中，如图 1-42 所示。

图 1-41　连接打印机 USB 接口

图 1-42　连接主机的 USB 接口

STEP 3 将打印机电源线的一端插入打印机后面的电源接口中，并找到另一端的插头，将打印机的电源插头插入电源插座上，即可完成打印机的安装，如图 1-43 所示。

STEP 4 运行打印机的驱动安装程序，弹出“设备驱动程序安装向导”对话框，根据提示操作，完成打印机驱动程序的安装，如图 1-44 所示。

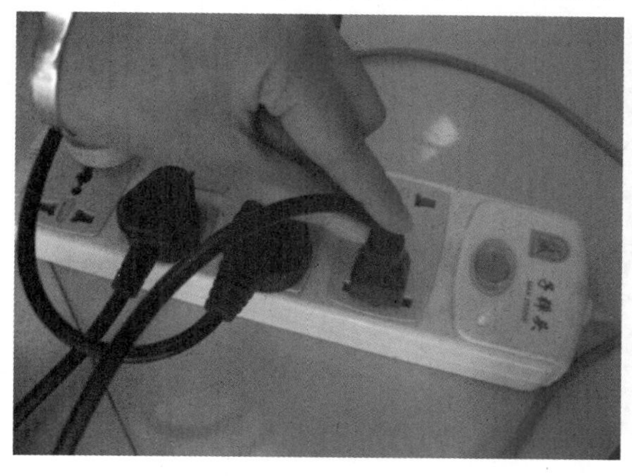

图 1-43　完成打印机安装

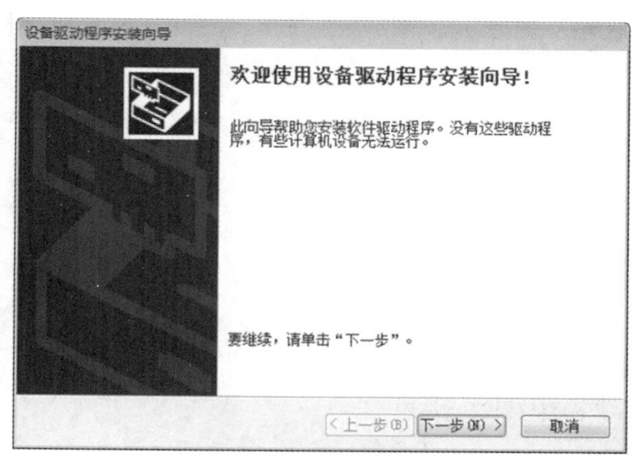

图 1-44　“设备驱动程序安装向导”对话框

三、使用其他计算机连接无线打印机

STEP 1 将打印机插上网线，添加到公司的局域网中，并为打印机分配一个 IP 地址。

STEP 2 单击“开始”按钮，弹出“开始”菜单，选择“控制面板”命令，打开计算机中的“控制面板”窗口，选择“设备和打印机”选项，如图 1-45 所示。

STEP 3 进入“设备和打印机”窗口，单击“添加打印机”按钮，如图 1-46 所示。

图 1-45　选择“设备和打印机”选项

图 1-46　选择“添加打印机”按钮

STEP 4 弹出“添加打印机”对话框，选择“添加网络、无线或 Bluetooth 打印机”选项，如图 1-47 所示。

STEP 5 进入“搜索打印机”界面，开始搜索打印机，如图 1-48 所示。当搜索到打印机后，依次单击“下一步”按钮进行无线打印机的添加。

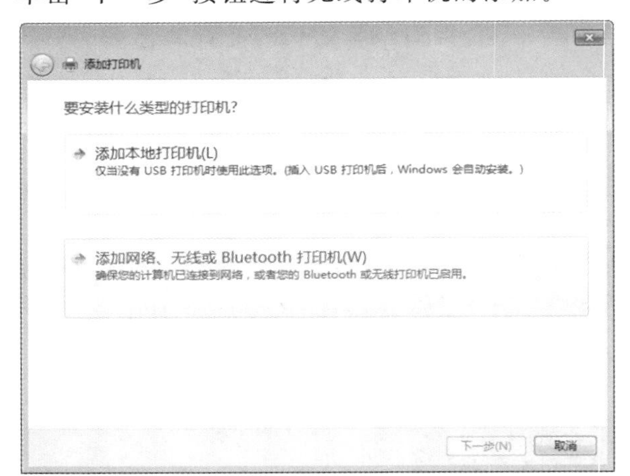

图 1-47　选择添加打印机类型

图 1-48　搜索打印机

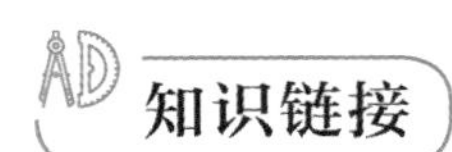

一、计算机的组成

从外观上看，台式计算机包括主机、显示器、键盘、鼠标、音箱。显示器和音箱属于输出设备，键盘和鼠标属于输入设备。主机是计算机最重要的组成部分，主要包括 CPU、主板、光驱、硬盘和电源等。

(1)CPU(中央处理器，central processing unit)：解释计算机指令以及处理计算机软件中的数据，如图 1-49 所示。

(2)主板(mother board)：提供各种接口，用来连接计算机各组成部件，如图 1-50 所示。

图 1-49　CPU

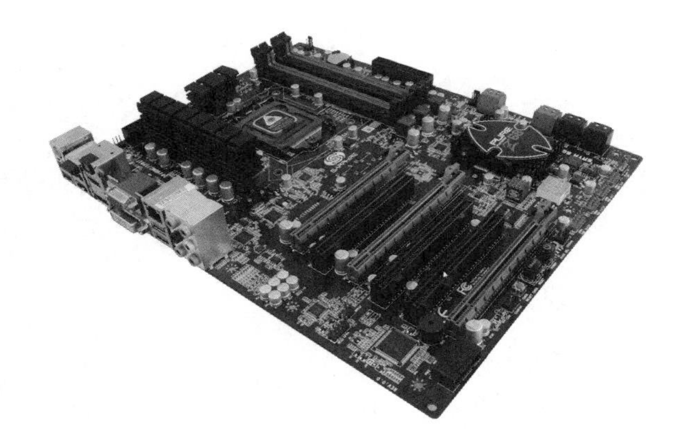
图 1-50　主板

(3)光驱(CD-ROM disk drive):读取光盘中的数据。

(4)硬盘(hard disk drive):存储数据和程序,其内容不会随断电而消失。

(5)声卡:采集声音和播放声音。

(6)内存(memory):存放当前正在使用的或者随时要使用的程序或数据。

(7)显卡:控制显示器的输出信号。

(8)网卡:将计算机和网络或其他网络设备联网。

(9)电源:将 220V 交流电转换成计算机所需的各种低压直流电。

(10)机箱:固定主机内的各种设备,并提供一定的电磁屏蔽功能。

二、计算机组装的注意事项

在组装计算机前需要注意以下四个方面的问题。

(1)释放静电:人体自身带有大量的静电,而静电可能损伤计算机配件上的电子元器件。在安装前,可以通过洗手或者触摸自来水管释放身上所带的静电。如果有防静电手套,也可佩戴防静电手套。

(2)注意装机环境:环境要安静,即室内要保持相对安静,如果太吵或者人太多,则容易使人心情烦躁,不能专心按照操作步骤组装,导致安装错误。

(3)注意安装力度:组装计算机时,一定要注意力度,不要用力过猛,否则容易导致配件折断或变形。

(4)检查零件:将所有的零件从盒子里拿出来,按照安装顺序放置,并阅读说明书,看有没有特殊的安装需求。准备工作做得越充分,接下来的工作就会越轻松。

任务二　安装操作系统

任务描述

Windows 7 操作系统具有易用、快速、简单、安全、智能以及娱乐性强等特性。小王在完成计算机的组装后,需要给计算机安装操作系统才能开始办公,掌握操作系统的安装方法至关重要。

任务分析

在安装 Windows 7 操作系统之前，需要了解所组装计算机的硬件配置是否符合 Windows 7 操作系统的硬件配置要求，再通过 Windows 7 的安装光盘，手动安装 Windows 7 操作系统。

任务实现

STEP 1 将 Windows 7 系统光盘放入光驱，设置从光驱启动，重新启动计算机，当屏幕上显示如图 1-51 所示的提示信息时，按下键盘任意键。

STEP 2 稍后弹出 Windows 7 界面，选择“我的语言为中文(简体)”选项，如图 1-52 所示。

图 1-51　显示相应的信息

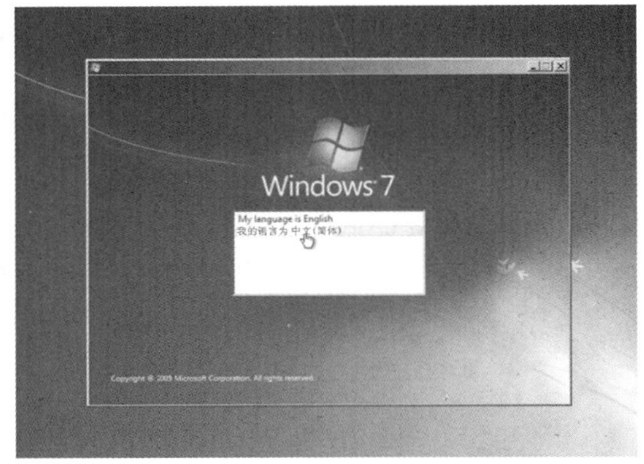

图 1-52　选择合适的选项

STEP 3 弹出“安装 Windows”对话框，设置安装语言、时间和日期格式、键盘输入方法等，如图 1-53 所示。

STEP 4 单击“下一步”按钮，进入相应的安装界面，并在界面中单击“现在安装”按钮，如图 1-54 所示。

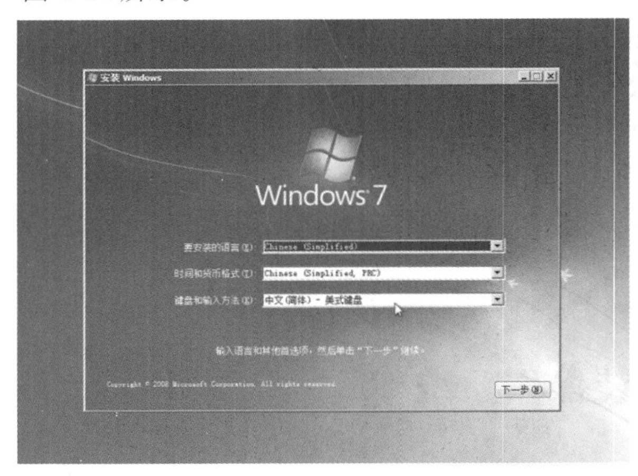

图 1-53　设置安装选项

图 1-54　单击“现在安装”按钮

STEP 5 稍后进入“请阅读许可条款”界面，选中“我接受许可条款”复选框，如图 1-55 所示。

STEP 6 单击“下一步”按钮，进入相应的界面，选择“自定义(高级)”选项，如图 1-56 所示。

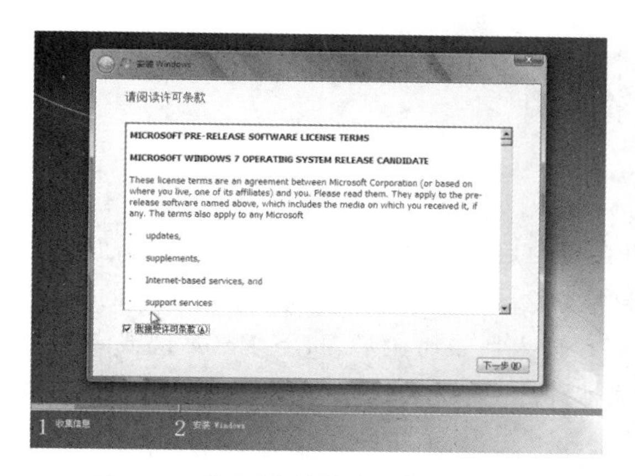

图 1-55　选中“我接受许可条款”复选框

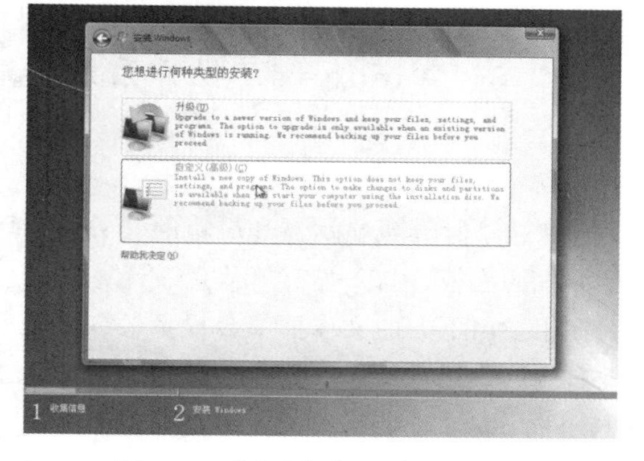

图 1-56　选择“自定义(高级)”选项

STEP 7 进入“您想将 Windows 安装在何处”界面，单击“驱动器选项”按钮，根据提示指定安装位置，如图 1-57 所示。

STEP 8 单击“下一步”按钮，系统开始安装文件，并显示安装进度，如图 1-58 所示。然后将自动完成 Windows 7 系统的安装。

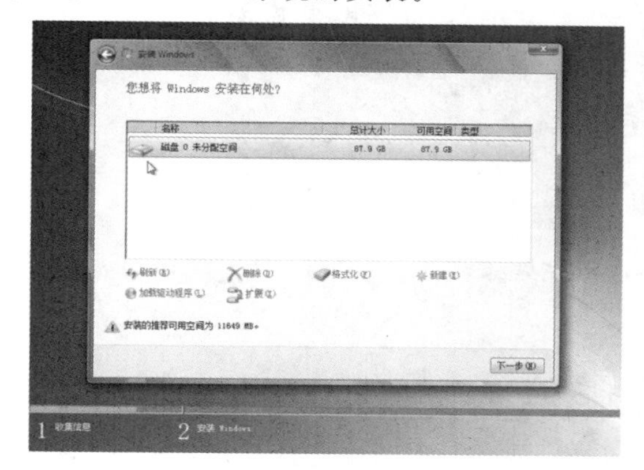

图 1-57　指定安装位置

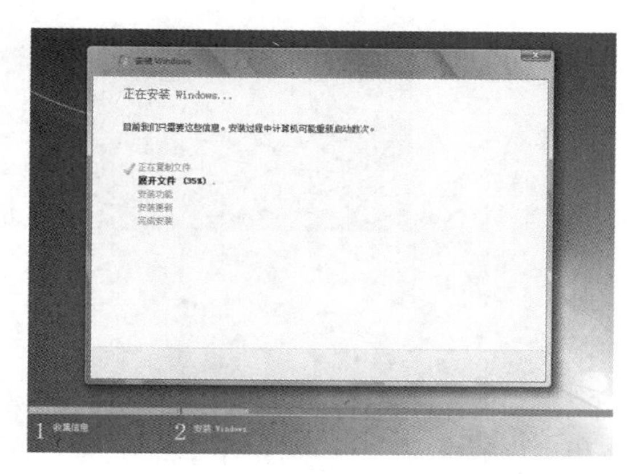

图 1-58　安装系统文件

提示

完成 Windows 7 系统的安装后，在第一次启动 Windows 7 系统时，需要对系统的网络位置、日期和时间以及产品密钥等参数进行配置。

知识链接

一、Windows 7 操作系统配置要求

CPU：1 GHz 及以上的 32 位或 64 位 CPU。

内存：1 GB 及以上。

硬盘：20 GB 及以上(5 GB 及以上的硬盘剩余空间用于系统安装，最好将 Windows 7 安装于独立盘中)。

二、Windows 7 操作系统的基本操作

1. Windows 7 操作系统的启动

依次按下计算机显示器和机箱的开关，计算机会自动启动并进行开机自检。自检画面中将显示计算机的主板、内存、显存等信息。计算机通过自检后会出现欢迎界面，单击需要登录的用户名，然后在用户名下方的文本框中会提示输入登录密码。输入登录密码后，按下 Enter 键或者单击文本框右侧的按钮，即可开始加载个人设置。经过几秒钟之后，就会进入 Windows 7 系统桌面，如图 1-59 所示。

图 1-59　Windows 7 系统桌面

2. Windows 7 操作系统的退出

（1）关机：计算机的关机与平常使用的家用电器不同，不是简单关闭电源就可以了，而是需要在系统中进行关机操作。使用完计算机后，需要退出 Windows 7 并关闭计算机。其方法为：单击“开始”按钮，在弹出的“开始”菜单中单击“关机”按钮，可以正常关闭 Windows 7 操作系统，如图 1-60 所示。

（2）睡眠：睡眠是退出 Windows 7 操作系统的另一种方法，单击“开始”按钮，弹出“开始”菜单，单击“关机”按钮右侧的“右箭头”按钮，在弹出的“关机选项”列表中选择“睡眠”命令，计算机将进入休眠状态，如图 1-61 所示。

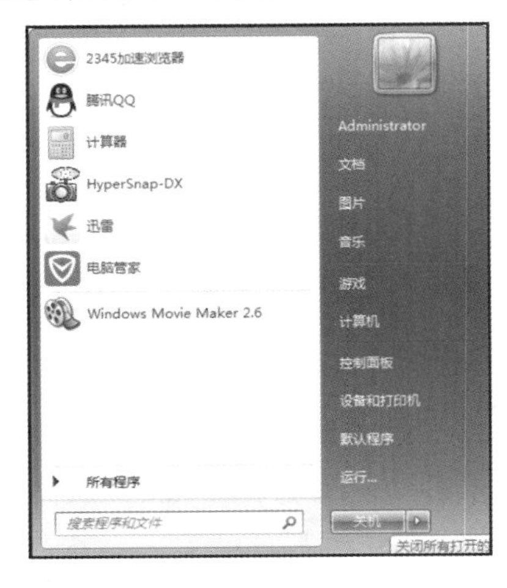

图 1-60　关闭计算机

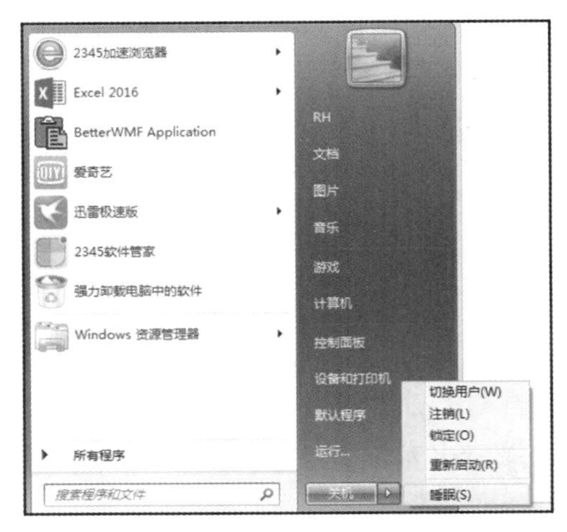

图 1-61　休眠计算机

(3)锁定：当用户有事情需要暂时离开，但是计算机还在进行某些操作不方便停止，用户不希望其他人查看自己计算机里的信息时，可以通过这一功能使计算机锁定。单击“开始”按钮，在弹出的“开始”菜单中，单击“关机”按钮右侧的“右箭头”按钮，在弹出“关机选项”列表中选择“锁定”命令，即可锁定计算机，如图 1-62 所示。

(4)注销：Windows 7 操作系统与之前的操作系统一样，允许多用户共同使用一台计算机上的操作系统，每个用户都可以拥有自己的工作环境并对其进行相应的设置。“注销”用于退出当前登录的用户，返回“用户登录”界面。单击“开始”按钮，弹出“开始”菜单，单击“关机”按钮右侧的“右箭头”按钮，然后从弹出的“关机选项”列表中选择“注销”命令，即可注销计算机，如图 1-63 所示。

图 1-62　锁定计算机

图 1-63　注销计算机

(5)切换用户：通过“切换用户”也能快速退出当前用户，并返回“用户登录”界面，按照上面的方法打开“开始”菜单，单击“关机”旁边的“右箭头”按钮，然后从弹出的“关机选项”列表中选择“切换用户”命令，如图 1-64 所示。系统会快速切换至“用户登录”界面，同时会提示当前登录的用户为已登录的信息，此时用户可以选择其他账户登录系统，而不会影响已登录用户的账户设置和运行的程序，如图 1-65 所示。

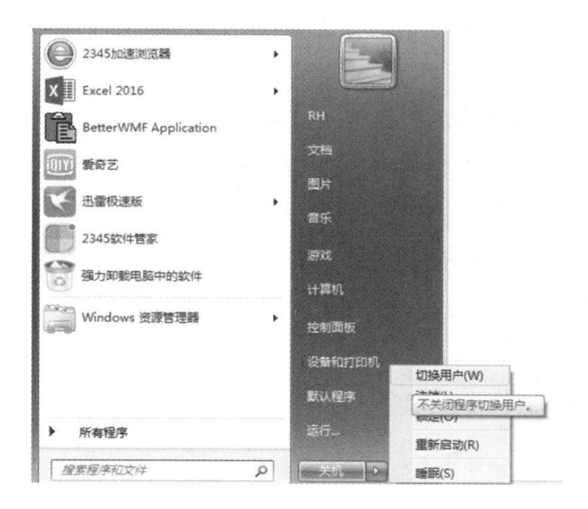

图 1-64　选择“切换用户”命令

图 1-65　“用户登录”界面

三、设置 Windows 7 操作系统个性化桌面

桌面主题是指桌面背景、声音、图标以及其他元素组合而成的集合。Windows 7 用户可以设置个性化的桌面，并对操作系统环境进行定制。

STEP 1 在桌面空白处右击，从弹出的快捷菜单中选择“个性化”命令，弹出“个性化”窗口，在“Aero 主题”中选择“中国”选项，如图 1-66 所示。

STEP 2 将主题设置为“中国”主题后的效果如图 1-67 所示。

图 1-66　选择桌面主题

图 1-67　“中国”主题效果

四、设置默认桌面图标

Windows 7 安装完成后，默认情况下，只有“回收站”图标会显示在桌面上。双击“回收站”图标可以打开窗口，在这个窗口中可以查看已经被标记为删除的文件和文件夹。如果单击“清空回收站”按钮，就可以将回收站中的所有内容彻底删除。

可以添加到桌面上的其他常见图标如下。

计算机：双击“计算机”图标可以打开一个窗口，在这里可以访问硬盘驱动器和其他可移动存储设备。右击“计算机”图标，然后从弹出的快捷菜单中选择“管理”命令，即可直接打开计算机管理控制台。

控制面板：双击“控制面板”图标可以打开控制面板，访问系统配置和管理工具。

网络：双击“网络”图标可以打开一个窗口，在这里可以访问网络上的计算机和设备。右击“网络”图标，然后从弹出的快捷菜单中选择“映射网络驱动器”命令，即可连接共享的网络文件夹。右击“网络”图标，并选择“断开网络驱动器”命令，即可删除网络共享文件夹的链接。

用户的文件：双击用户的文件图标可以打开个人文件夹。

若需要在桌面上添加或删除常用图标，可以执行下列操作。

STEP 1 右击桌面空白处，从弹出的快捷菜单中选择“个性化”命令，打开“个性化”窗口，选择“更改桌面图标”选项，如图 1-68 所示。

STEP 2 弹出“桌面图标设置”对话框后，在“桌面图标”选项组中，勾选需要添加的桌面图标的复选框，如图 1-69 所示。单击“确定”按钮，完成桌面图标的添加。

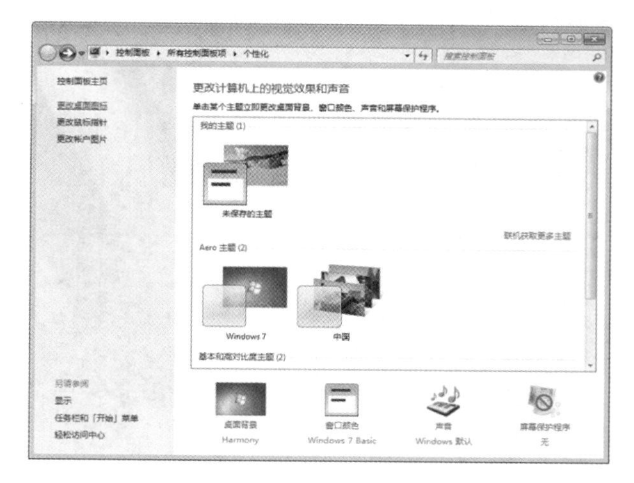

图 1-68　选择“更改桌面图标”选项

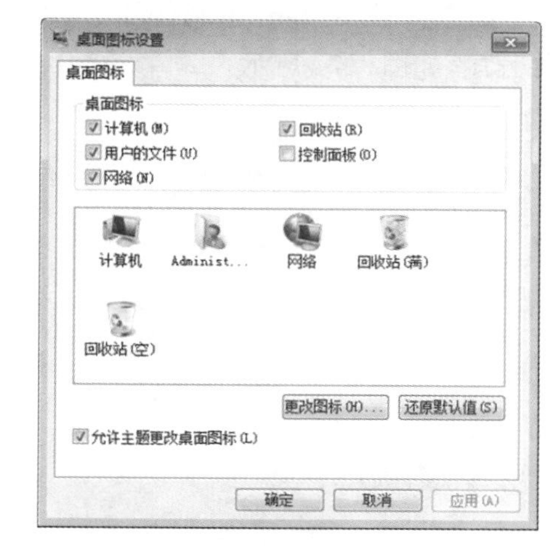

图 1-69　“桌面图标设置”对话框

提示

要想直接隐藏所有桌面图标，可以右击桌面空白处，选择“查看>显示桌面图标”命令隐藏。再次选择“显示桌面图标”命令，可以恢复隐藏图标的显示。

任务三　安装办公工具软件

任务描述

Office 2010 是一款具有触控平板和云端优化效果的办公套装软件。小王需要在计算机中查看一份工作文档，但是计算机中没有 Office 2010 软件，此时他需要在计算机上先安装 Office 2010 软件才能使用。

任务分析

安装 Office 2010 软件之前，需要在软件网中下载 Office 2010 软件，再通过运行 Office 2010 安装程序进行安装。

任务实现

STEP 1 启动浏览器，在搜索框中输入“Office 2010”，单击“搜索一下”按钮，进入搜索页面，显示搜索结果。

STEP 2 单击 Office 2010 网页链接，进入下载页面，并在“下载地址”选项区中，单击下载地址链接，如图 1-70 所示。

STEP 3 弹出“新建下载任务”对话框，设置软件程序的保存路径，单击“下载”按钮，开始下载软件程序，如图 1-71 所示。

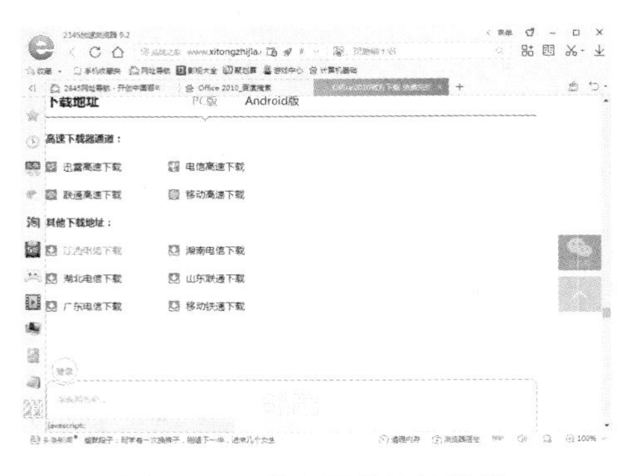

图 1-70 单击下载地址链接

图 1-71 “新建下载任务”对话框

STEP 4 完成 Office 2010 软件程序的下载后，运行 Office 2010. exe 程序，弹出 Microsoft Office 2010 对话框，开始准备必要文件，如图 1-72 所示。

STEP 5 稍后将进入“选择所需的安装”对话框，选择安装类型，这里单击“自定义”按钮，如图 1-73 所示。

图 1-72 开始准备必要文件

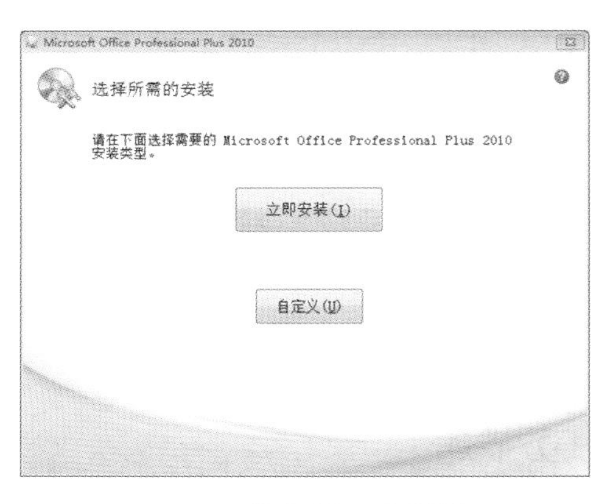

图 1-73 单击“自定义”按钮

STEP 6 进入“选择文件位置”对话框，切换至“文件位置”选项卡，设置好软件的安装位置，单击“立即安装”按钮，如图 1-74 所示。

STEP 7 进入“安装进度”对话框，开始安装 Office 2010 程序，并显示安装进度，如图 1-75 所示。

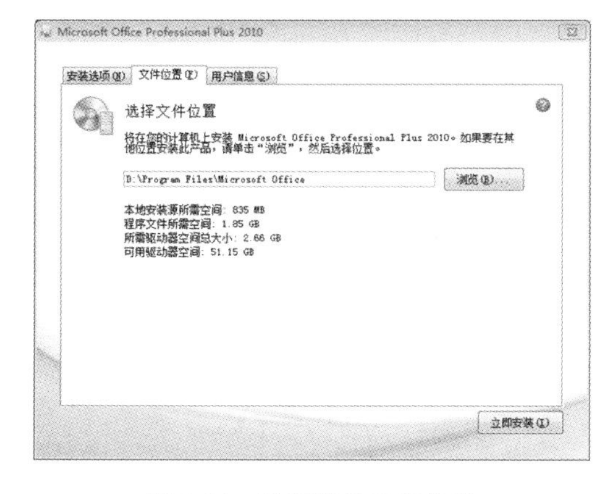

图 1-74 设置软件安装位置

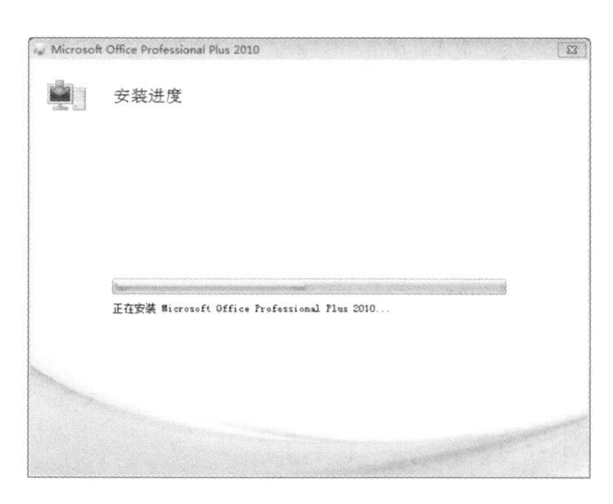

图 1-75 显示安装进度

STEP 8 稍后会完成安装，并显示感谢安装 Office 2010 程序的信息，然后单击“关闭”按钮，如图 1-76 所示。

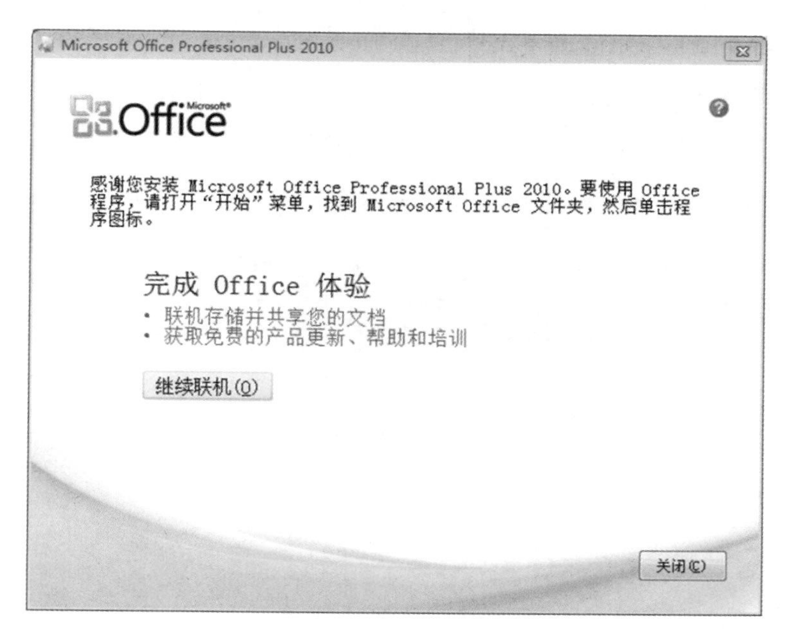

图 1-76　完成软件安装

知识链接

一、启动与关闭 Office 2010

1.启动 Office 2010

Office 2010 安装完成后，用户可以根据需要打开 Office 2010 中的任意组件。其打开方法有以下几种。

“开始”菜单启动：单击“开始”按钮，弹出“开始”菜单，选择“所有程序＞Microsoft Office”命令，在展开的菜单中，选择 Word 2010/Excel 2010/PowerPoint 2010 命令可以启动。

双击图标启动：双击桌面上的 Word 2010/Excel 2010/PowerPoint 2010 图标可以启动。

任务栏启动：在任务栏中单击 Word 2010/Excel 2010/PowerPoint 2010 图标可以启动。

2.关闭 Office 2010

编辑完成后，需要直接关闭 Office 2010 软件程序，其方法有以下几种。

直接单击 Office 2010 程序窗口右上角的“关闭”按钮，即可退出 Office 组件。

单击“文件”选项卡，进入“文件”界面，选择“退出”命令即可。

在标题栏中右击，打开快捷菜单，选择“关闭”命令即可。

二、认识 Office 2010 界面

Office 2010 的操作界面与 Office 2007 相比有了很大的改变，新增了“文件”按钮 文件 ，代替原来的 Office 按钮，并增添了很多新功能，使整个工作界面更加人性化，用户操作起来更加方便。

1. 认识 Word 2010 的工作界面

用户单击“开始”按钮，在弹出的“开始”菜单中选择“所有程序＞Microsoft Office＞Microsoft Word 2010”命令，打开 Word 2010 的工作窗口。

Word 2010 的操作界面主要包括标题栏、快速访问工具栏、功能区、“文件”按钮 文件 、文档编辑区、滚动条、标尺、状态栏、视图栏、导航窗格以及比例缩放区等组成部分，如图 1-77 所示。

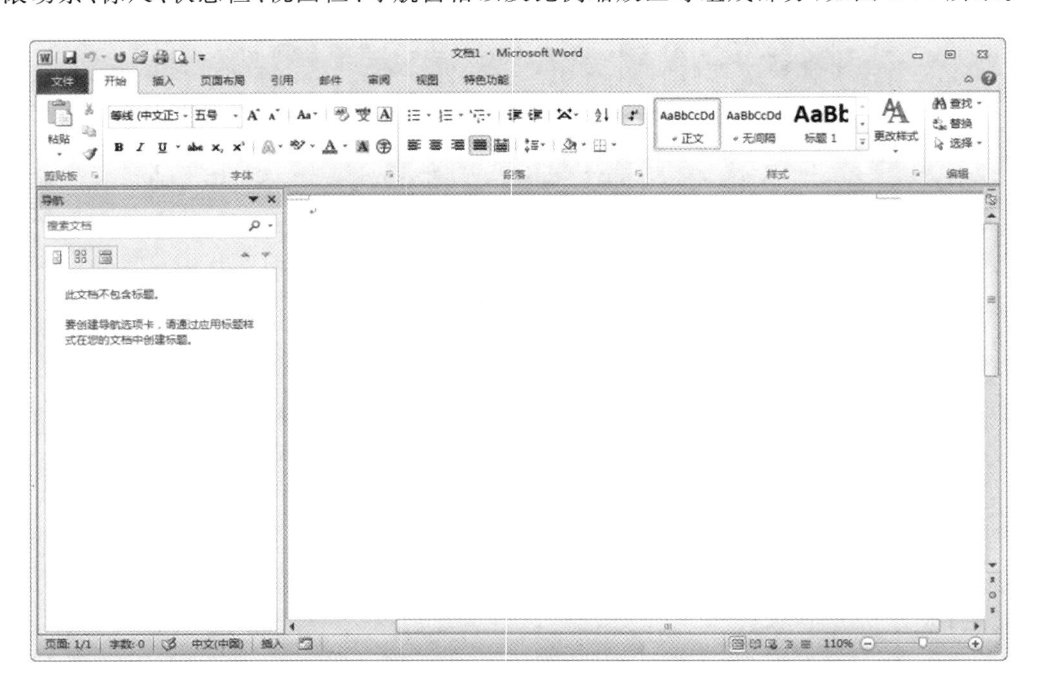

图 1-77　Word 2010 操作界面

(1)标题栏:标题栏主要用于显示正在编辑的文档文件名以及所使用的软件名，还包括标准的“最小化”“还原”和“关闭”按钮。

(2)快速访问工具栏:快速访问工具栏主要包括一些常用命令，如“Word”“保存”“撤销”和“恢复”按钮。在快速访问工具栏的最右端是一个下三角按钮，单击此按钮，在弹出的下拉列表中可以添加其他常用命令或经常需要用到的命令。

(3)功能区:功能区主要包括“开始”“插入”“页面布局”“引用”“邮件”“审阅”和“视图”等选项卡，以及工作时需要用到的命令。

(4)“文件”按钮:“文件”按钮是一个类似于菜单的按钮，位于 Office Word 2010 窗口左上角。单击“文件”按钮可以打开“文件”界面，包含“信息”“最近”“新建”“打印”“共享”“打开”“关闭”和“保存”等常用命令。

(5)文档编辑区:文档编辑区是用来输入和编辑文字的区域。在文档编辑区中有一条竖直的、黑色的、不断闪烁的短线，它就是光标，也称为“插入点”，用来控制用户在编辑区中输入字符的位置。

(6)滚动条:滚动条位于编辑区的右侧和底部，当屏幕所显示的页面区域不能完全显示出当前文档时，滚动条将自动显示出来，供用户拖曳以查看文档的全部内容。

(7)标尺:标尺分为水平标尺和垂直标尺，水平标尺位于文本区的正上方，而垂直标尺位于文本区的左侧。标尺上标有刻度，用于对文本位置进行定位。利用标尺可以设置页边距、字符缩进和制表位。标尺中部白色部分表示版心的实际尺寸，两端浅灰色部分表示版心与页面四边的空白尺寸。

(8)状态栏:状态栏位于工作界面的左下角，用于显示文档页数、字数及校对等信息。

(9)视图栏:视图栏位于工作界面的右下角,用于切换视图的显示方式以及调整视图的显示比例。

(10)导航窗格:在导航窗格中拖曳文档标题以重新组织文档,或者使用搜索框在长文档中迅速搜索内容。

(11)比例缩放区:比例缩放区可以用于更改正在编辑的文档的显示比例设置。

2.认识 Excel 2010 的工作界面

用户可以单击“开始”按钮,在弹出的“开始”菜单中选择“所有程序>Microsoft Office>Microsoft Excel 2010”命令,打开 Excel 2010 的工作窗口。

Excel 2010 的操作界面与 Word 2010 相似,除了包括标题栏、快速访问工具栏、功能区、“文件”按钮、滚动条、状态栏、视图栏、导航窗格以及比例缩放区以外,还包括名称框、编辑栏、工作表区、工作表列表区等组成部分,如图 1-78 所示。

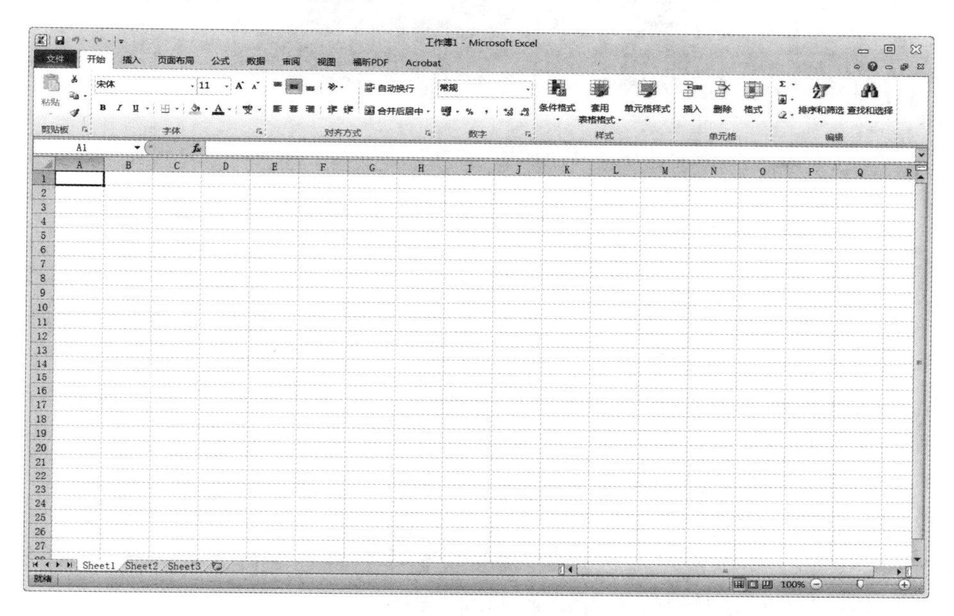

图 1-78　Excel 2010 操作界面

(1)名称框和编辑栏:在 Excel 2010 工作界面左侧的名称框中,用户可以为一个或一组单元格定义一个名称,也可以从名称框中直接选取定义过的名称,以选中相应的单元格。选中单元格后,可以在右侧的编辑栏中输入单元格的内容,如公式、文字或数据等。

(2)工作表区:工作表区是由多个单元表格行和单元表格列组成的网状编辑区域,用户可以在此区域内进行数据处理。

(3)工作表列表区:工作表列表区位于工作簿窗口的左下角,默认名称为 Sheet1、Sheet2、Sheet3……,单击左侧的工作表切换按钮 或直接单击右侧的工作表标签,可以实现工作表间的切换。

(4)视图切换区:视图切换区可以用于更改正在编辑的工作表的显示模式,以便符合用户的要求。

3.认识 PowerPoint 2010 的工作界面

用户单击“开始”按钮,在弹出的“开始”菜单中选择“所有程序>Microsoft Office>Microsoft PowerPoint 2010”命令,打开 PowerPoint 2010 的工作窗口。PowerPoint 2010 的操作界面与 Word 2010 相似,如图 1-79 所示。

图 1-79　PowerPoint 2010 操作界面

(1)功能区：PowerPoint 2010 的功能区包括“文件”“开始”“插入”“设计”“切换”“动画”“幻灯片放映”“审阅”以及“视图”等选项卡。其中“文件”“开始”“插入”“审阅”“视图”等项目的功能和Word、Excel 相似，而“设计”“切换”“动画”“幻灯片放映”是 PowerPoint 2010 特有的项目。

(2)编辑区：工作界面中最大的区域是幻灯片编辑区，在此可以对幻灯片的内容进行编辑。

(3)视图区：编辑栏左侧的区域为视图区，默认的视图方式为“幻灯片”视图，单击“大纲”按钮可以切换至“大纲视图”。“幻灯片”视图模式以单张幻灯片的缩略图为基本单元排列，当前正在编辑的幻灯片以着重色标出。在此栏中可以轻松实现幻灯片的整张复制与粘贴、插入新的幻灯片、删除幻灯片、幻灯片样式更改等操作。“大纲视图”模式以每张幻灯片所包含的内容为列表方式进行展示，单击列表中的内容项可以对幻灯片内容进行快速编辑。

(4)备注栏：编辑区下方为备注栏，在备注栏中可以为当前幻灯片添加备注和说明。备注和说明在幻灯片放映时不显示。

任务四　使用计算机管理办公文档

任务描述

计算机操作系统中大部分的数据都是以文件的形式存储在磁盘上，用户对计算机的操作实际上就是对文件的操作，而这些文件的存放场所就是各个文件夹，因此文件和文件夹在操作系统中是至关重要的。作为一名 Windows 7 操作系统的初学者，需要将磁盘中的文件进行移动操作，并将保存文件的文件夹包含到“文档”库中。

任务分析

在管理计算机办公文档时，需要先创建一个文件夹，然后在计算机中搜索文件，将搜索到的文件复制粘贴到新创建的文件夹中，最后将文件夹包含到库中。

任务实现

STEP 1 单击“开始”按钮，弹出“开始”菜单，选择“所有程序＞附件＞Windows 资源管理器”命令，如图 1-80 所示。

STEP 2 打开“资源管理器”窗口，单击“软件磁盘(D)”进入 D 盘，并单击工具栏中的“新建文件夹”按钮，在新建文件夹的名称栏中输入“数据”，按 Enter 键确认，即可完成文件夹的创建操作，如图 1-81 所示。

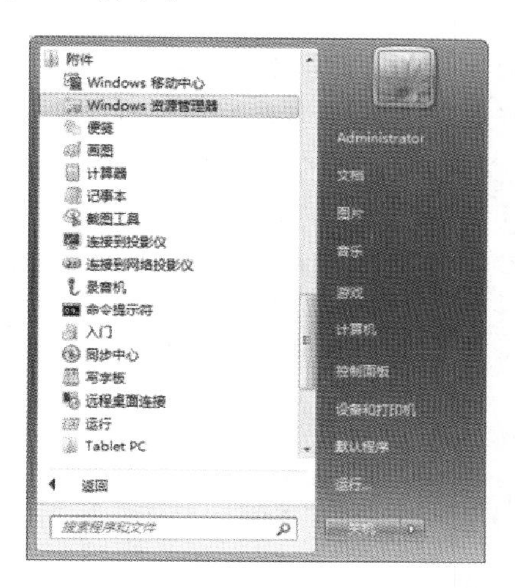

图 1-80　选择“Windows 资源管理器”命令

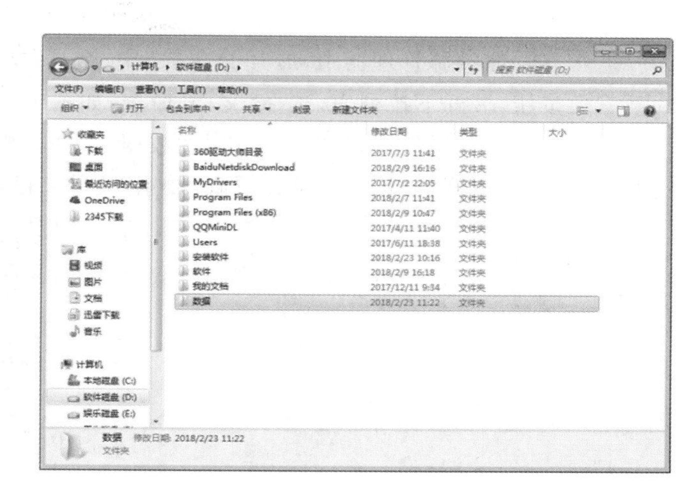

图 1-81　创建文件夹

STEP 3 在资源管理器中单击 F 盘，再在搜索框中输入“2018 年度财务预算报告”，搜索该文件，如图 1-82 所示。

STEP 4 搜索到该文件在 F 盘的“图纸”文件夹中，在资源管理器中打开 F 盘的“图纸”文件夹，选中“2018 年度财务预算报告. docx”文件，如图 1-83 所示。

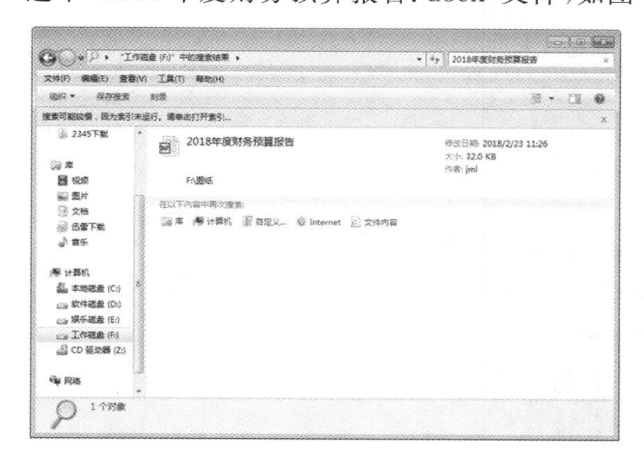

图 1-82　搜索文件

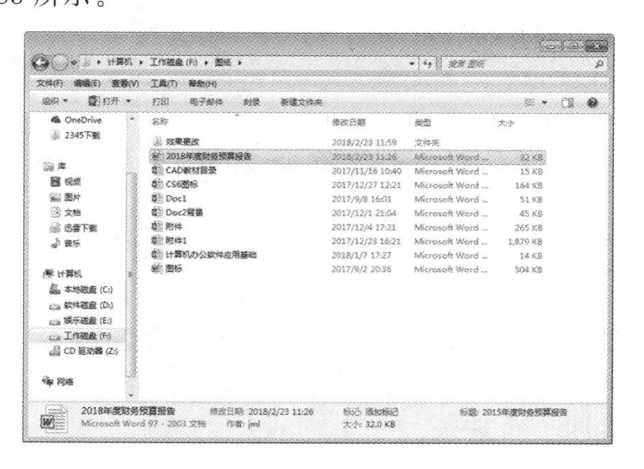

图 1-83　选中文件

STEP 5 在资源管理器的工具栏上，单击“组织”右侧的下三角按钮，展开下拉列表，选择“复制”命令，如图 1-84 所示。

STEP 6 在资源管理器中，打开 D 盘中的“数据”文件夹，单击工具栏中“组织”右侧的下三角按钮，展开下拉列表，选择“粘贴”命令，即可粘贴文件，如图 1-85 所示。

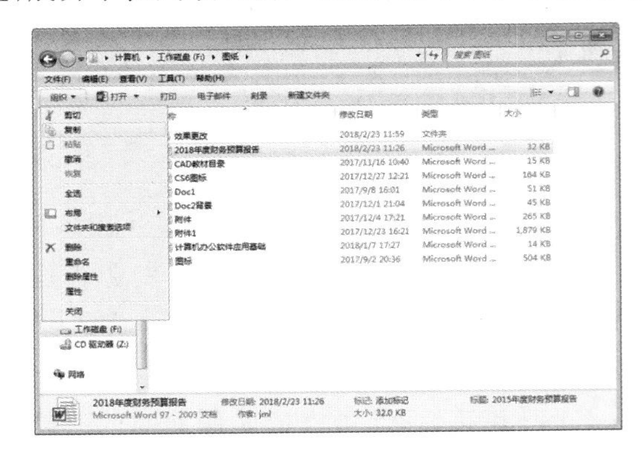
图 1-84 选择“复制”命令

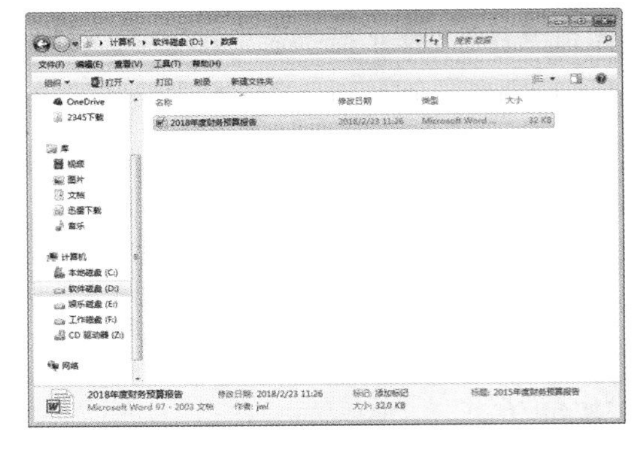
图 1-85 粘贴文件

STEP 7 在资源管理器中，展开 D 盘，选中“数据”文件夹，单击工具栏中的“包含到库中”右侧的下三角按钮，展开下拉列表，选择“文档”命令，如图 1-86 所示。

STEP 8 完成操作后，将“文档”库与“数据”文件夹相互关联，在这两个位置操作实现同步。在资源管理器中，展开“文档”库，可以看到“数据”文件夹已经包含到“文档”库中，如图 1-87 所示。

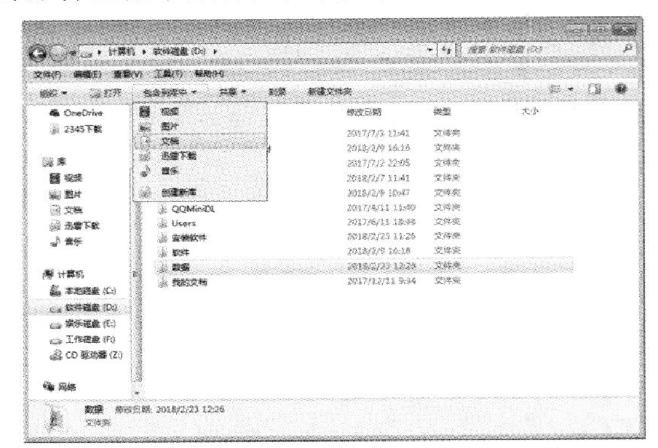
图 1-86 选择“文档”命令

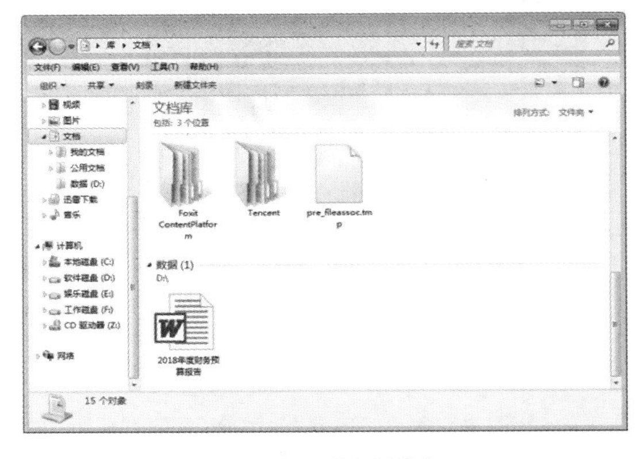
图 1-87 “文档”库

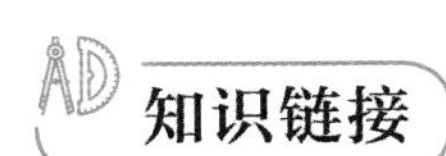

一、批量重命名文件或文件夹

重命名多个相似的文件或文件夹时，可以使用批量重命名的方法进行操作。

STEP 1 在磁盘盘符或文件夹窗口中选择需要重命名的多个文件夹，单击工具栏上的“组织”按钮，从弹出的下拉列表中选择“重命名”命令，如图 1-88 所示。

STEP 2 此时，所选中的文件夹中的第一个文件夹的名称处于可编辑状态，在此输入“资料”，如图 1-89 所示。

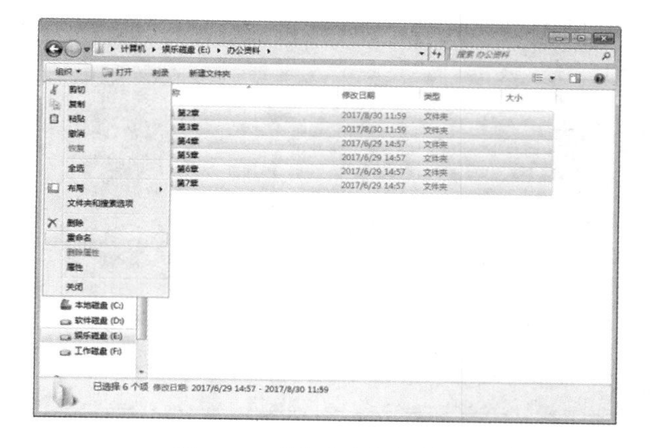

图 1-88　选择“重命名”命令

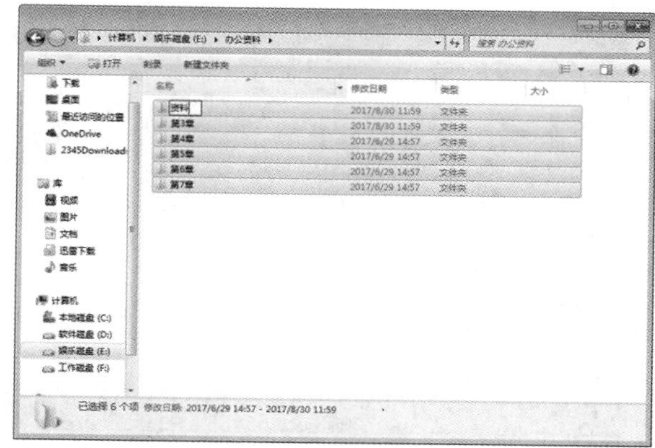

图 1-89　输入名称

STEP 3 在窗口的空白区域单击鼠标或按 Enter 键，可以看到所选的五个文件夹都已经重新命名，如图 1-90 所示。

图 1-90　批量重命名文件夹

二、删除文件和文件夹

为了节省磁盘空间，可以将没有用处的文件或文件夹删除。文件或文件夹的删除可以分为暂时删除（暂存到回收站里）和彻底删除（回收站不存储）两种。

1. 暂时删除文件或文件夹

可以通过以下四种方法删除文件或文件夹，将其放置到回收站中。

（1）通过右键快捷菜单：在需要删除的文件或文件夹上右击，从弹出的快捷菜单中选择“删除”命令，如图 1-91 所示。此时会弹出“删除文件”/“删除文件夹”对话框，询问是否需要将文件/文件夹放入回收站，单击“是”按钮，即可将选中的文件或文件夹放入回收站中，如图 1-92 所示。

（2）通过工具栏上的“组织”按钮：选中要删除的文件或文件夹，单击工具栏中的“组织”按钮，从弹出的下拉列表中选择“删除”命令即可，此时会弹出对话框，询问是否需要将文件/文件夹放入回收站，单击“是”按钮，即可将选中的文件或文件夹放入回收站中。

（3）通过 Delete 键：选中要删除的文件或文件夹，然后按下 Delete 键，此时会弹出对话框，询问是否需要将文件放入回收站，单击“是”按钮，即可将选中的文件或文件夹放入回收站中。

（4）通过鼠标拖曳：选中需要删除的文件或文件夹，按住鼠标左键将其拖曳到桌面的“回收站”图标上，然后释放鼠标左键即可。

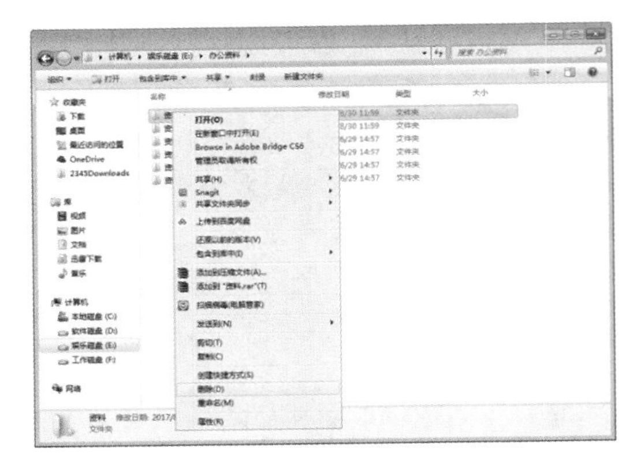

图 1-91　选择“删除”命令

图 1-92　“删除文件夹”对话框

2.彻底删除文件或文件夹

一旦文件或文件夹被彻底删除，就不能再恢复了，此时在回收站中将不再存放。用户可以通过下面四种方法彻底删除文件或文件夹。

(1)Shift 键＋右键菜单：选中要删除的文件或文件夹，按住 Shift 键的同时在该文件或文件夹上右击，从弹出的快捷菜单中选择“删除”命令，此时会弹出对话框，询问是否永久删除此文件/文件夹，单击“是”按钮，即可将选中的文件或文件夹彻底删除。

(2)Shift 键＋“组织”下拉列表：选中要删除的文件或文件夹，按住 Shift 键的同时单击工具栏上的“组织”按钮，在弹出的下拉列表中选择“删除”命令，此时会弹出对话框，询问是否永久删除此文件/文件夹，单击“是”按钮，即可将选中的文件或文件夹彻底删除。

(3)Shift 键＋ Delete 键：选中要删除的文件或文件夹，按下 Shift ＋ Delete 组合键，在弹出的对话框中单击“是”按钮即可。

(4)Shift 键＋鼠标拖曳：按住 Shift 键的同时，按住鼠标左键，将要删除的文件或文件夹拖曳到“回收站”图标上，也可以将其彻底删除。

想一想

删除某些文件或文件夹后，如果又需要用到这些文件或文件夹，应该怎么办?

只要没有将删除的文件或文件夹彻底删除，就可以在“回收站”窗口中找到，选中要恢复的文件或文件夹，右击打开快捷菜单，选择“还原”命令，即可还原文件或文件夹。

任务五　计算机的优化与日常维护

任务描述

在使用计算机进行办公的过程中，常常会因为操作不当、误操作、感染病毒或者计算机内部灰尘过多而造成计算机出现故障。因此，为了延长计算机的使用寿命，为计算机进行优化与日常维护很有必要。

任务分析

在日常维护与优化计算机时，需要做到以下两点。

(1)清理计算机中的垃圾，提高计算机的运行速度。

(2)对计算机的整机和系统进行优化维护。

任务实现

一、清理磁盘垃圾

STEP 1 单击“开始”按钮，进入“开始”菜单，选择“所有程序＞附件＞系统工具＞磁盘清理”命令，如图 1-93 所示。

STEP 2 弹出“磁盘清理：驱动器选择”对话框，选择需要清理的磁盘，单击“确定”按钮，如图 1-94 所示。

图 1-93　选择“磁盘清理”命令

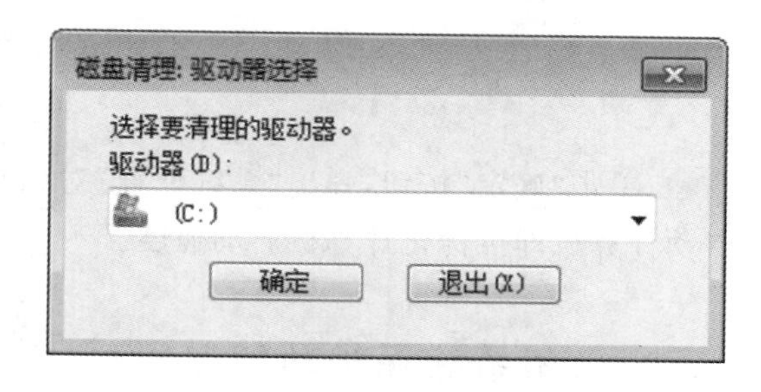

图 1-94　选择需要清理的磁盘

STEP 3 弹出“磁盘清理”对话框，开始自动扫描磁盘中需要清理的文件，并显示扫描进度，如图 1-95 所示。

STEP 4 弹出“(C:)的磁盘清理”对话框，勾选需要清理的文件的复选框，单击“确定”按钮，如图 1-96 所示。

图 1-95　显示扫描进度

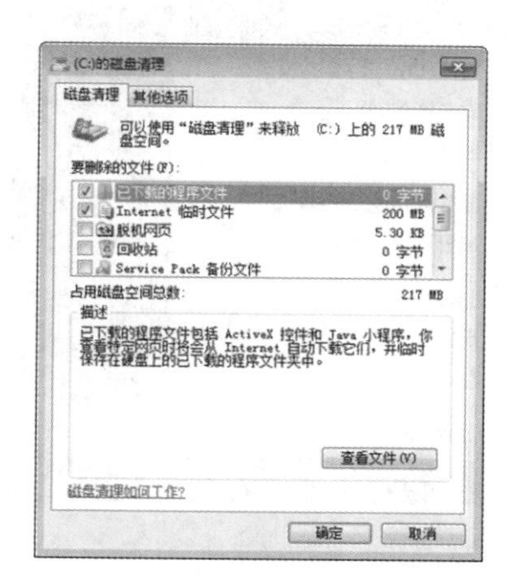

图 1-96　勾选需要清理的文件

STEP 5 弹出“磁盘清理”对话框，提示是否永久删除文件，单击“删除文件”按钮，如图 1-97 所示，即可开始清理驱动器，并显示清理进度，稍后即可完成清理磁盘的操作。

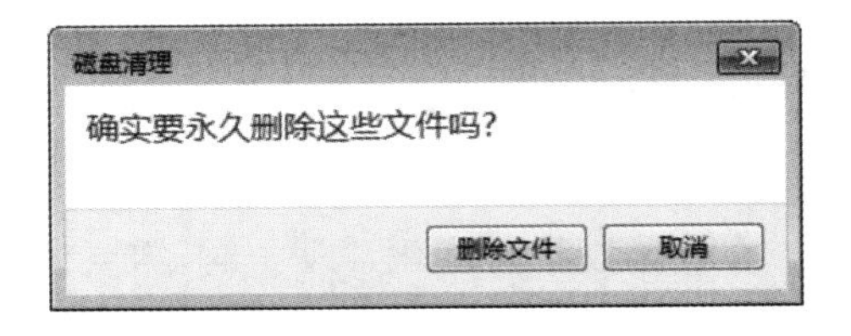

图 1-97 单击“删除文件”按钮

二、减少启动加载程序项

STEP 1 单击“开始”按钮，展开“开始”菜单，选择“运行”命令，弹出“运行”对话框，输入“msconfig”，如图 1-98 所示。

STEP 2 单击“确定”按钮，弹出“系统配置”对话框，切换至“启动”选项卡，取消选中在开机时不需要启动的程序的复选框，如图 1-99 所示。

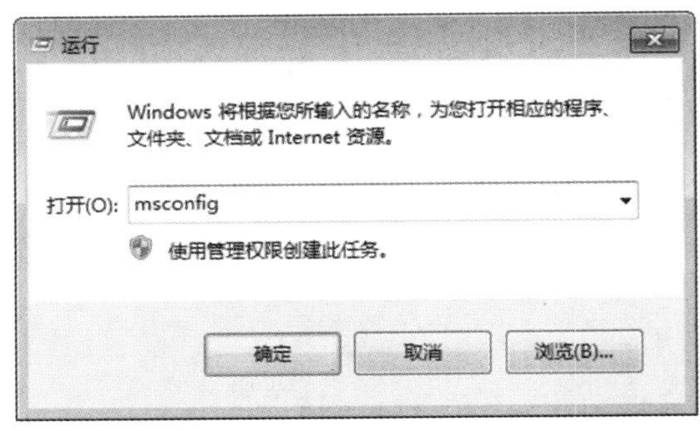

图 1-98 输入运行参数

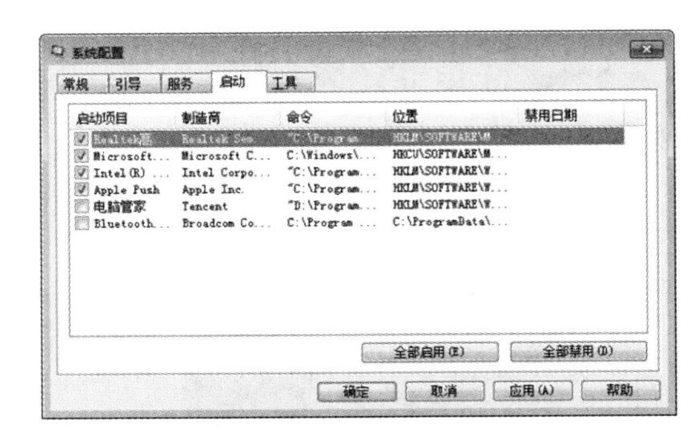

图 1-99 取消选中在开机时不需要启动的程序的复选框

STEP 3 单击“确定”按钮，弹出“系统配置”对话框，提示是否重启计算机，单击“重新启动”按钮，重新启动计算机即可优化计算机启动速度。

三、关闭系统保护功能

STEP 1 将鼠标移动到桌面的“计算机”图标上，右击打开快捷菜单，选择“属性”命令，如图 1-100 所示。

STEP 2 弹出“系统”窗口，选择“高级系统设置”选项，如图 1-101 所示。

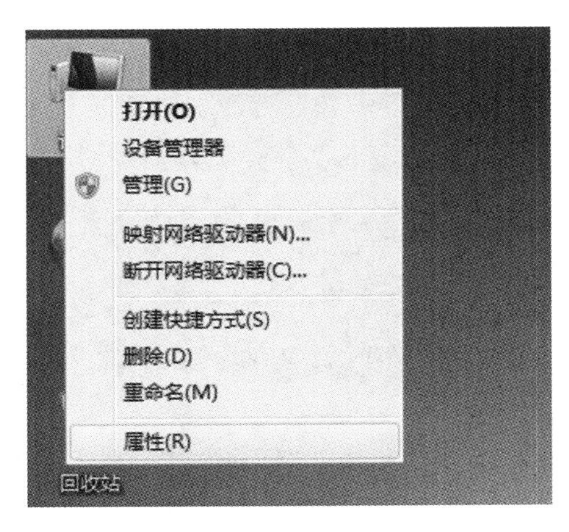

图 1-100 选择“属性”命令

图 1-101 选择“高级系统设置”选项

STEP 3 弹出“系统属性”对话框，切换至“系统保护”选项卡，单击“配置”按钮，如图 1-102 所示。

STEP 4 弹出“系统保护本地磁盘(C:)”对话框，在“还原设置”选项组中，选中“关闭系统保护”单选按钮，单击“确定”按钮，即可关闭系统保护功能，如图 1-103 所示。

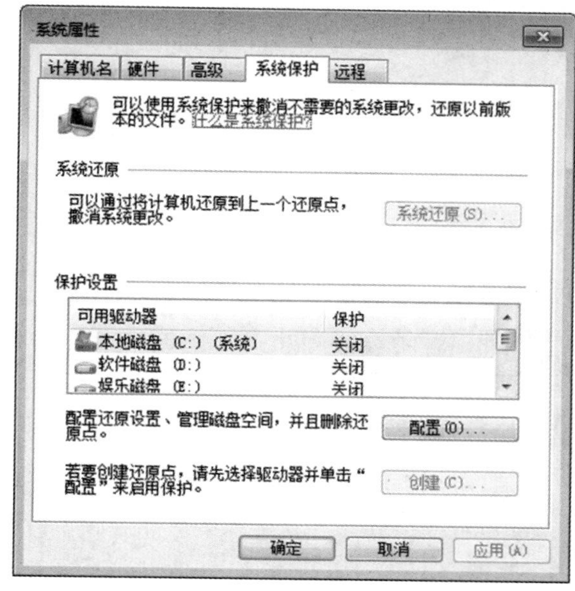
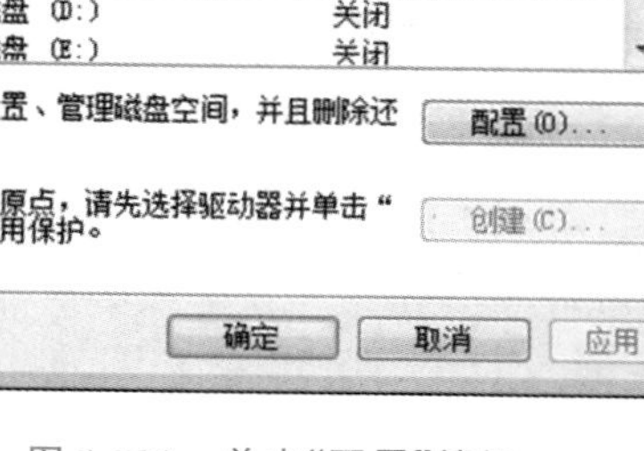

图 1-102　单击“配置”按钮

图 1-103　关闭系统保护功能

四、关闭自动更新

STEP 1 单击“开始”按钮，展开“开始”菜单，选择“控制面板”命令，弹出“控制面板”窗口，选择“系统和安全”选项，如图 1-104 所示。

STEP 2 弹出“系统和安全”窗口，选择“启用或禁用自动更新”选项，如图 1-105 所示。

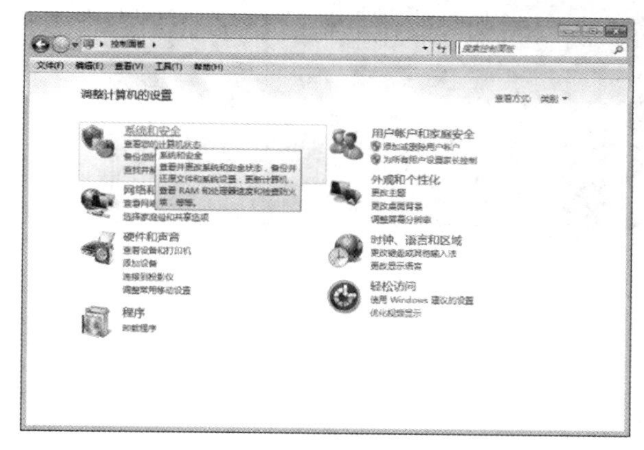

图 1-104　选择“系统和安全”选项

图 1-105　选择“启用或禁用自动更新”选项

STEP 3 进入“更改设置”窗口，单击“自动安装更新(推荐)”右侧的下三角按钮，在弹出的列表中，选择“从不检查更新(不推荐)”选项，如图 1-106 所示。单击“确定”按钮，即可关闭自动更新。

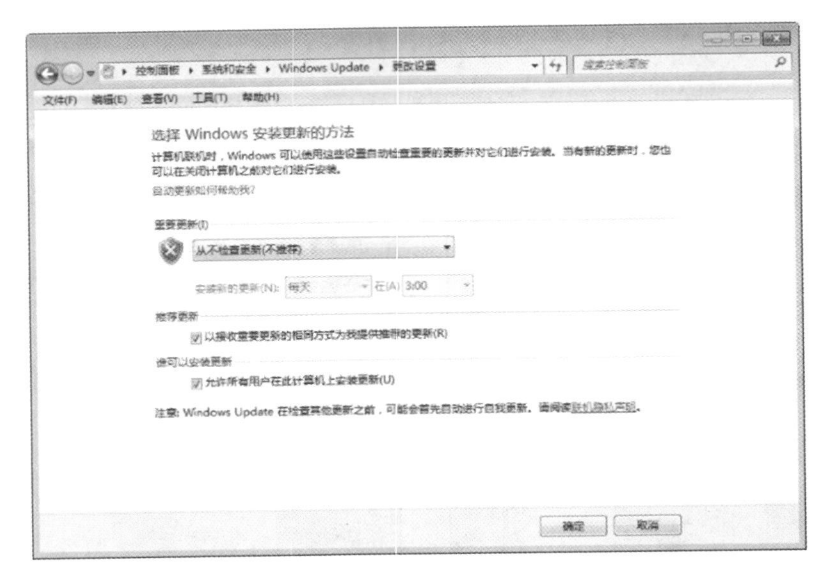

图 1-106　选择“从不检查更新(不推荐)”选项

五、删除备份文件

STEP 1 单击“开始”按钮，展开“开始”菜单，选择“运行”命令，弹出“运行”对话框，输入“cmd”，如图 1-107 所示。

STEP 2 单击“确定”按钮，在提示符窗口中，输入“sfc. exe/purgecache”，如图 1-108 所示。按 Enter 键，确认操作，即可删除备份文件。

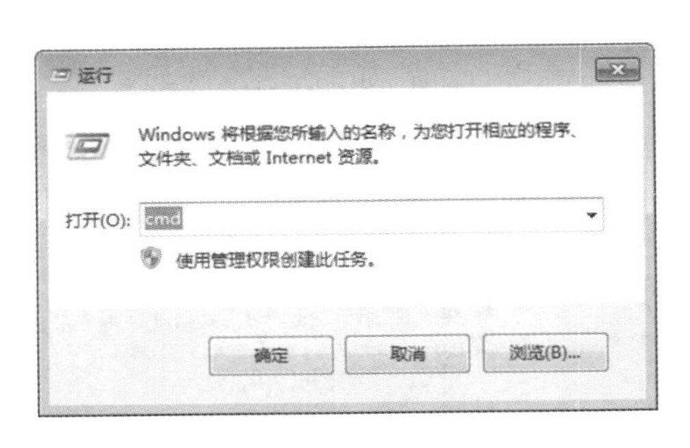

图 1-107　输入运行参数

图 1-108　输入参数

一、计算机的正确操作方法

用户在使用计算机的过程中，养成良好的操作习惯，不仅有利于计算机的稳定工作，还可以延长计算机的使用寿命。下面将介绍几种使用计算机的正确操作方法。

(1)正确开关机：由于计算机在加电和断电的瞬间有较大的电流冲击，会给主机发送干扰信号，

而导致主机无法启动或出现异常。因此，在开机时应该先给外部设备加电，然后再给主机加电。如果个别计算机先开外部设备（如打印机），主机无法正常工作，这种情况下应该采用相反的开机顺序。关机时则相反，应该先关主机，然后关闭外部设备的电源，这样可以避免主机中的部件受到较大的电流冲击。

在使用过程中还应该注意一定要正常关机，正常关机也就是“软关机”，其具体的方法是单击“开始”按钮，在弹出的“开始”菜单中，单击“关机”按钮，即可关闭计算机，如图1-109所示。

如果死机，首先按Ctrl＋Shift＋Delete组合键，如果还是不行，则需要按主机箱上的电源按钮数秒钟，即可关闭计算机。图1-110所示为机箱电源按钮。

图1-109　单击“关机”按钮

图1-110　机箱电源按钮

不要在驱动器灯亮时强行关机，也不要频繁关机，关机后立即加电会使电源装置产生突发的大冲击电流，造成电源装置中的器件损坏，也可能造成硬盘驱动突然加速，使盘片被磁头划伤。如果要重新启动计算机，则应该在关闭主机至少30秒以后再启动。

（2）注意防振：计算机在工作时，不要随意移动或振动主机，以免造成硬盘物理损伤，导致计算机发生意外情况，造成不必要的损失。

（3）防止静电：在安装、拆卸计算机硬件设备时，必须断开电源的连接，才可进行操作。在触摸内部部件及电路板前要先释放人体所带的静电，不要直接用手触摸电路板上的导线和集成芯片的引脚，以免产生静电而损坏部件。

（4）不要热插拔设备：热插拔即带电插拔，在计算机运行时切忌热插拔设备。例如，热插拔PS/2接口的键盘和鼠标极易将主板上的接口烧毁，造成硬件损坏。虽然USB设备大都宣称支持热插拔，但由于一些设备设计上存在缺陷，也可能因为热插拔导致主板损坏。所以即便是USB设备，也不要进行热插拔。

（5）不要在读写数据时关机：在使用计算机时切忌在读写数据时强行关机，如果在复制文件、下载文件或读取光盘时突然关机，可能对硬盘或光驱等设备造成损坏。

二、整理磁盘碎片

用户在使用计算机的过程中，经常会对磁盘进行读写、复制或删除等操作，从而产生了大量的磁盘碎片，造成系统磁盘运行的速度减慢，并占用大量的磁盘空间。此时，用户可以对磁盘碎片进行清理，以保证磁盘的正常运行。

STEP 1 单击“开始”按钮，进入“开始”菜单，选择“所有程序＞附件＞系统工具＞磁盘碎片整理程序”命令，如图 1-111 所示。

STEP 2 弹出“磁盘碎片整理程序”对话框，单击“磁盘碎片整理”按钮，如图 1-112 所示，即可开始整理磁盘碎片，并显示整理进度，稍等一段时间，提示磁盘中碎片为 0，完成磁盘碎片整理。

图 1-111　选择“磁盘碎片整理程序”命令

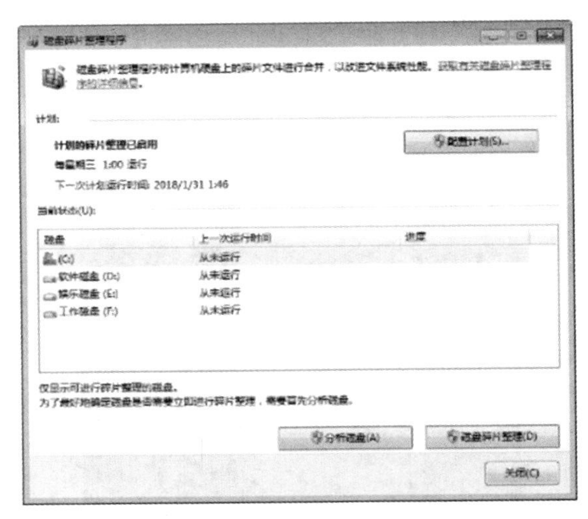

图 1-112　单击“磁盘碎片整理”按钮

三、删除系统中多余的字体

Windows 系统中多种默认的字体占用了不少系统资源，对于 Windows 7 操作系统性能有要求的用户就不要手软，删除多余的字体，只留下自己常用的，这对减少系统负载、提高性能是有帮助的。

在 Windows 7 的控制面板中打开“外观和个性化”窗口，选择“字体”选项，进入该文件夹中，如图 1-113 所示。把那些自己从来不用也不认识的字体删除，删除的字体越多，得到的空闲系统资源越多。如果担心以后可能用到这些字体，也可以不删除，而将这些字体保存在另外的文件夹中或放到其他磁盘中。

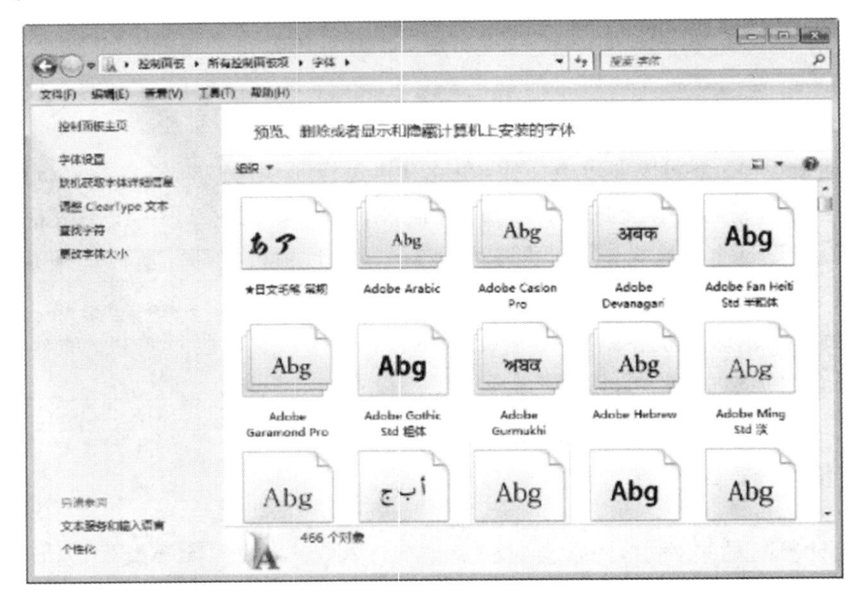

图 1-113　“字体”文件夹

自主实践活动

根据本项目所学知识，尝试组装一台计算机，并在计算机中安装操作系统与办公工具软件，然后对计算机进行日常的优化与保养。

难易指数：★★★☆☆

学习目标：掌握组装计算机、安装操作系统与应用软件的方法。

项目小结

搭建现代化的办公平台，可以快速实现局域网的网内办公和互联网的工作交流。本项目在制作过程中，运用现代化技术，组装局域网内的计算机，并为计算机安装操作系统，实现互联网内办公文档的管理。为了更好地使计算机性能保持最佳状态，用户需要定期对计算机进行日常维护与优化。

项目二
Word 文字处理的应用

情境描述

在日常的工作和学习中，Word 的用途十分广泛，人们通常都需要用 Word 对文本进行输入和排版。Word 2010 是微软公司推出的强大的文字处理软件。本项目通过制作活动通知、购销合同、活动宣传单以及可行性研究报告等四个任务，让读者逐步掌握使用 Word 进行文本信息处理的基本方法与技巧。

任务一　录入与排版活动通知

任务描述

某动漫集团创办已有 30 年，为了维护与客户之间的良好合作关系，该集团决定举办一场 30 周年庆活动，邀请广大客户和公司员工一起参加。小雨是公司新员工，领导要求小雨制作一份 30 周年庆活动的通知文档，并要求其对制作的通知文档进行录入与排版处理。

任务分析

制作活动通知文档时，首先需要新建文档，然后在文档中输入中英文、标点符号，再设置文本的字体格式和段落格式，最后保存文档，完成活动通知文档的制作。

任务实现

微视频
录入与排版活动通知

一、新建文档

STEP 1 启动 Word 2010 应用程序，在程序界面中，单击“文件”选项卡，选择“新建”命令，在

“新建”界面中单击“空白文档”图标，并单击“创建”按钮，如图 2-1 所示。

STEP 2 新建一个空白的文档，如图 2-2 所示。

图 2-1　单击“创建”按钮

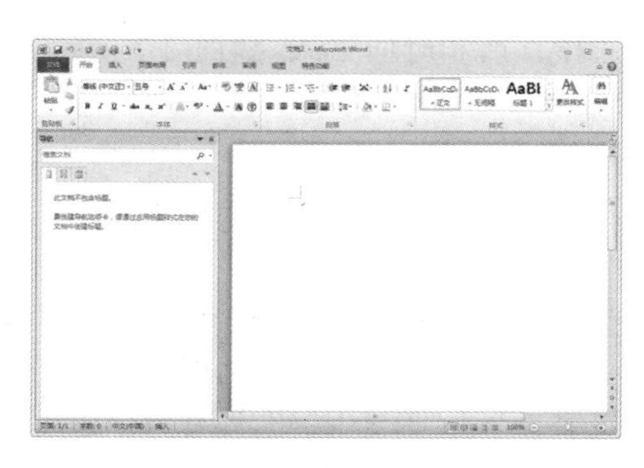

图 2-2　新建空白文档

二、输入文本

STEP 1 在文档的开端，定位光标，输入文字“公司 30 周年庆活动通知”，并按 Enter 键，将光标定位至下一行的行首，如图 2-3 所示。

STEP 2 打开资源包中的“素材\项目二\活动通知\通知文档. txt”文档，选择文本内容，鼠标右击，打开快捷菜单，选择“复制”命令，如图 2-4 所示。

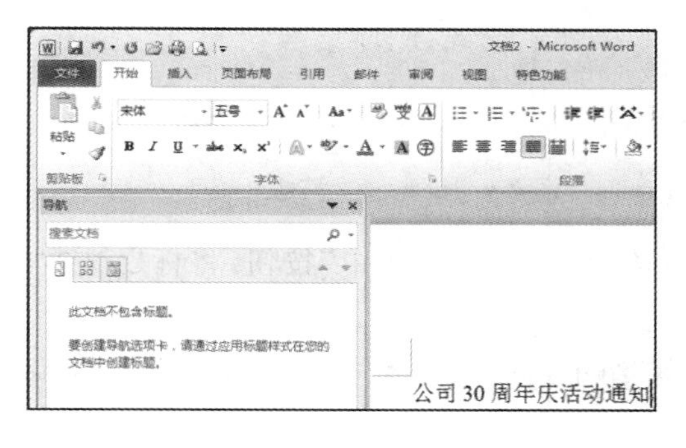

图 2-3　输入行首文本

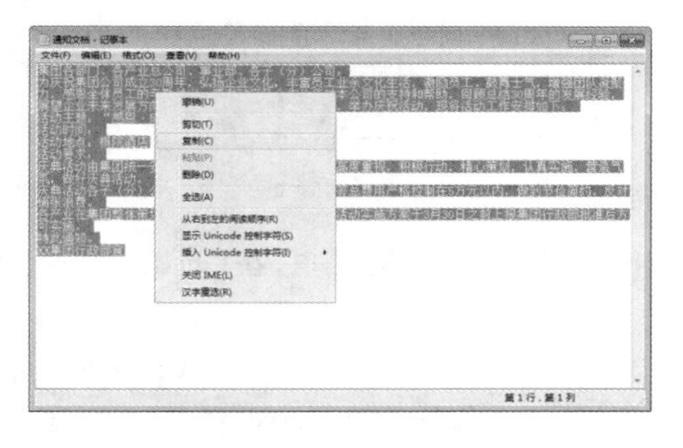

图 2-4　选择“复制”命令

STEP 3 在 Word 2010 程序界面中，单击“开始”选项卡下“剪贴板”组中的“粘贴”按钮，粘贴文本，如图 2-5 所示。

STEP 4 将光标定位在“活动时间：”文本后，切换至“插入”选项卡，单击“文本”组中的“日期和时间”按钮，如图 2-6 所示。

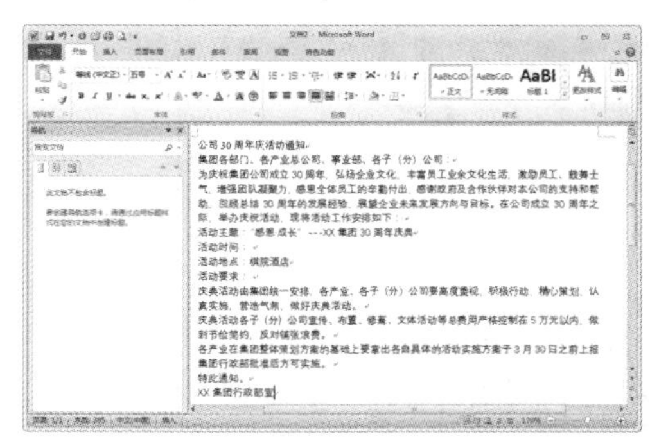

图 2-5　粘贴文本

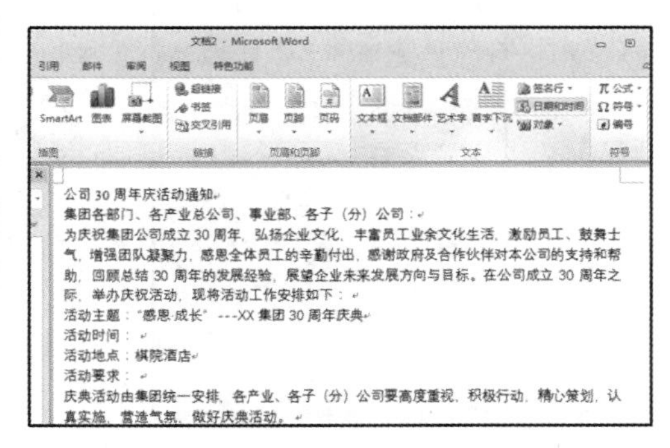

图 2-6　单击“日期和时间”按钮

STEP 5 弹出“日期和时间”对话框，在“语言(国家/地区)”下拉列表框中，选择“中文(中国)”选项，在“可用格式”列表框中选择日期和时间格式，如图 2-7 所示。单击“确定”按钮，即可插入日期和时间。

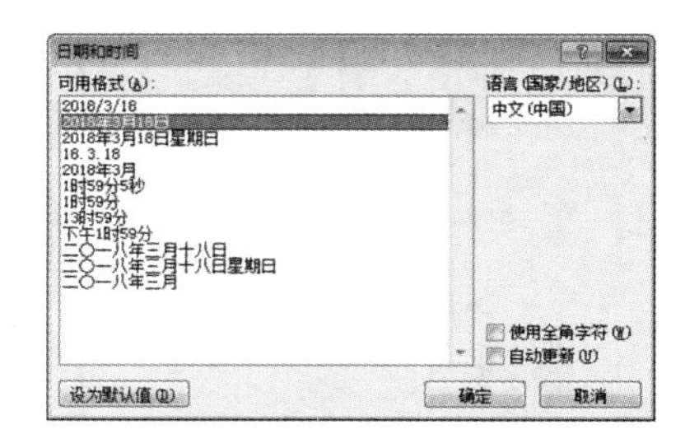

图 2-7 “日期和时间”对话框

三、设置字体和段落格式

STEP 1 选择标题文本，在“开始”选项卡的“字体”组中，单击“字体”按钮，弹出“字体”对话框，设置好字体的样式、字形和字号，如图 2-8 所示。

STEP 2 单击“确定”按钮，即可为标题文本设置好字体格式。

STEP 3 选择正文文本，在“开始”选项卡的“字体”组中，将“字体”设置为“仿宋_GB2312”，将“字号”设置为“小四”，设置后的文本效果如图 2-9 所示。

图 2-8 “字体”对话框

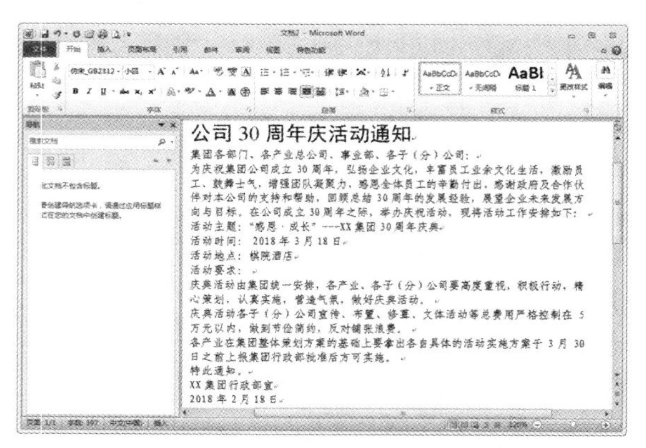

图 2-9 设置文本格式

STEP 4 选择标题文本，在“开始”选项卡的“段落”组中，单击“居中”按钮，将标题文本居中对齐。

STEP 5 选择正文文本，在“开始”选项卡的“段落”组中，单击“段落”按钮，弹出“段落”对话框，设置对齐方式和缩进方式，如图 2-10 所示。

STEP 6 单击“确定”按钮，即可为正文文本设置段落格式。

STEP 7 选择落款文本，在“开始”选项卡的“段落”组中，单击“右对齐”按钮，右对齐落款文本。

STEP 8 选择标题文本，在“开始”选项卡的“段落”组中，单击“行距”下三角按钮，展开下拉列表，选择“3.0”，更改标题文本的段落行距，如图 2-11 所示。

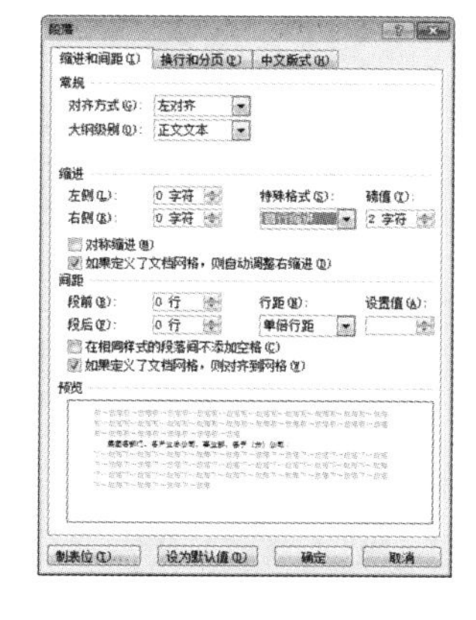

图 2-10 “段落”对话框

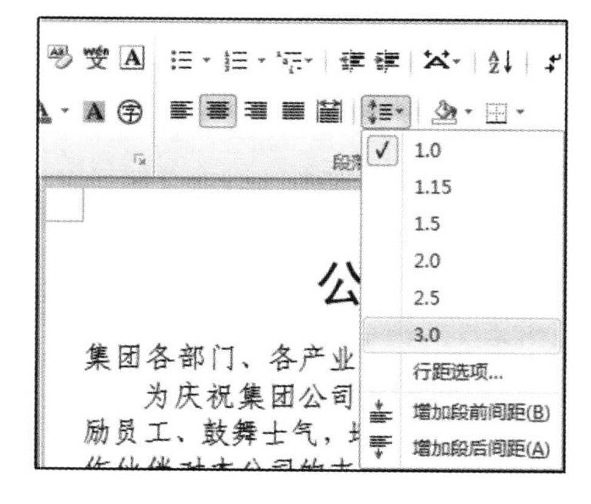

图 2-11 更改标题文本的行距

STEP 9 选择段落和落款文本，在“开始”选项卡的“段落”组中，单击“行距”下三角按钮，展开下拉列表，选择“1.15”，即可更改文本的段落行距，文档效果如图 2-12 所示。

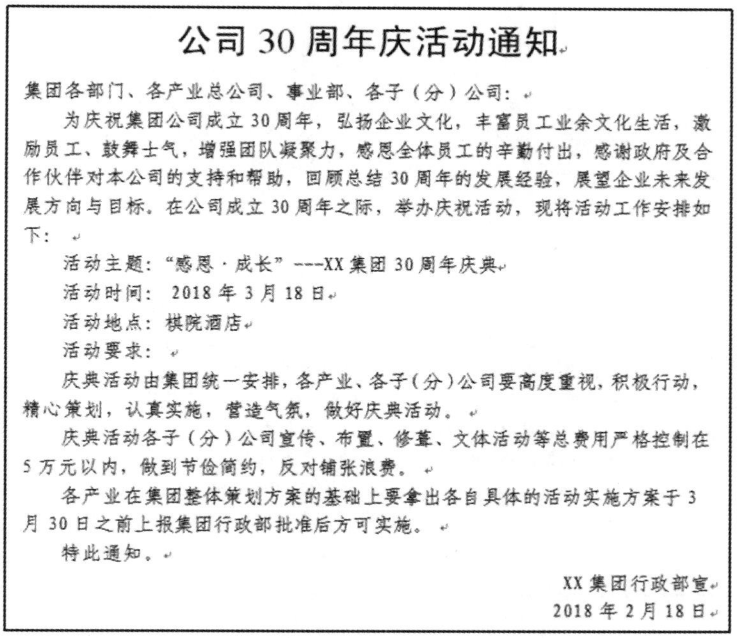

公司 30 周年庆活动通知

集团各部门、各产业总公司、事业部、各子（分）公司：

为庆祝集团公司成立 30 周年，弘扬企业文化，丰富员工业余文化生活，激励员工、鼓舞士气，增强团队凝聚力，感恩全体员工的辛勤付出，感谢政府及合作伙伴对本公司的支持和帮助，回顾总结 30 周年的发展经验，展望企业未来发展方向与目标。在公司成立 30 周年之际，举办庆祝活动，现将活动工作安排如下：

活动主题：“感恩 · 成长” ---XX 集团 30 周年庆典

活动时间：2018 年 3 月 18 日

活动地点：棋院酒店

活动要求：

庆典活动由集团统一安排，各产业、各子（分）公司要高度重视，积极行动，精心策划，认真实施，营造气氛，做好庆典活动。

庆典活动各子（分）公司宣传、布置、修葺、文体活动等总费用严格控制在 5 万元以内，做到节俭简约，反对铺张浪费。

各产业在集团整体策划方案的基础上要拿出各自具体的活动实施方案于 3 月 30 日之前上报集团行政部批准后方可实施。

特此通知。

XX 集团行政部宣

2018 年 2 月 18 日

图 2-12　文档效果

四、添加编号

STEP 1 选择需要添加编号的段落文本，在“开始”选项卡的“段落”组中，单击“编号”下三角按钮，展开下拉列表，选择编号样式，如图 2-13 所示。

STEP 2 在添加编号时，编号库中的编号样式若不能满足需要，则可以选择“定义新编号格式”命令，弹出“定义新编号格式”对话框，依次设置编号格式即可，如图 2-14 所示。

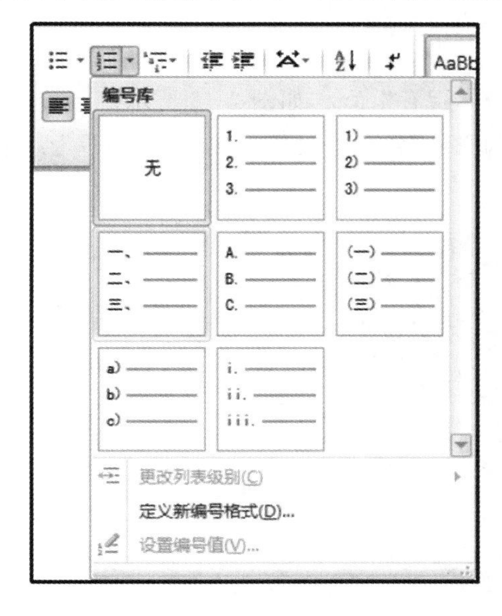

图 2-13　选择编号样式

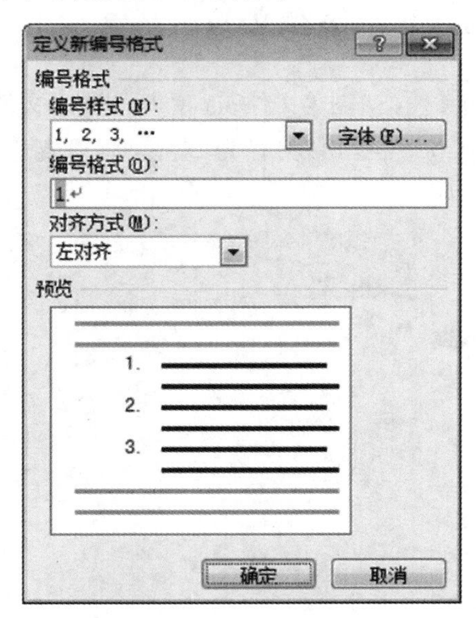

图 2-14　“定义新编号格式”对话框

STEP 3 完成编号的添加操作后，可以查看到文档的最终效果，如图 2-15 所示。

公司 30 周年庆活动通知

集团各部门、各产业总公司、事业部、各子（分）公司：

为庆祝集团公司成立 30 周年，弘扬企业文化，丰富员工业余文化生活，激励员工、鼓舞士气，增强团队凝聚力，感恩全体员工的辛勤付出，感谢政府及合作伙伴对本公司的支持和帮助，回顾总结 30 周年的发展经验，展望企业未来发展方向与目标。在公司成立 30 周年之际，举办庆祝活动，现将活动工作安排如下：

一、 活动主题："感恩 · 成长" ---XX 集团 30 周年庆典

二、 活动时间： 2018 年 3 月 18 日

三、 活动地点：棋院酒店

四、 活动要求：

1. 庆典活动由集团统一安排，各产业、各子（分）公司要高度重视，积极行动，精心策划，认真实施，营造气氛，做好庆典活动。
2. 庆典活动各子（分）公司宣传、布置、修葺、文体活动等总费用严格控制在 5 万元以内，做到节俭简约，反对铺张浪费。
3. 各产业在集团整体策划方案的基础上要拿出各自具体的活动实施方案于 3 月 30 日之前上报集团行政部批准后方可实施。

特此通知。

XX 集团行政部宣

2018 年 2 月 18 日

图 2-15 文档的最终效果

提示

在工作中经常会出现操作失误，这时可以单击快速访问工具栏上的"撤销"按钮，或者按 Ctrl＋Z 组合键，撤销上一步的操作。如果过后又不想撤销该操作了，也可以单击快速访问工具栏上的"重复"按钮，或者按 Ctrl＋Y 组合键，还原操作。

五、保存文档

STEP 1 单击"文件"选项卡，进入"文件"界面，选择"保存"命令，如图 2-16 所示。

STEP 2 弹出"另存为"对话框，设置好保存路径和文件名，单击"保存"按钮，即可保存文档，如图 2-17 所示。

图 2-16 选择"保存"命令

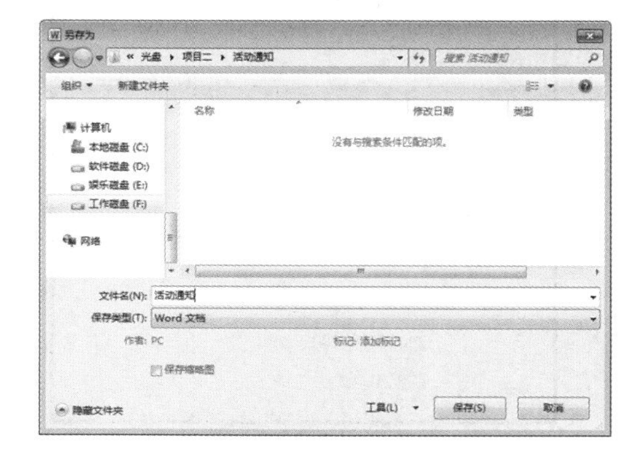

图 2-17 保存文档

想一想

在保存工作表时，怎样使工作表保存为 2003 版本的 Word 格式？

选择“保存”或“另存为”命令，弹出“另存为”对话框，设置“保存类型”为“Word 97-2003 文档(*.doc)”选项，再单击“保存”按钮即可。

知识链接

一、使用帮助功能

使用 Word 中的帮助功能，可以解决许多在文字处理中遇到的问题，有助于人们主动学习。按下 F1 键，打开“Word 帮助”对话框，或者在“文件”选项卡中选择“帮助”命令，找到更多帮助支持，如图 2-18 所示。

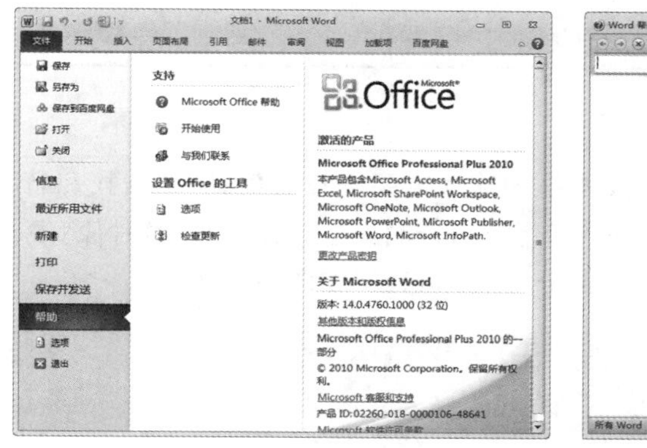

图 2-18　Word 帮助功能

二、插入特殊符号

如果需要输入一些键盘上没有的特殊符号，如希腊字母、数学符号等，可以在“插入”选项卡的“符号”组中，单击“符号”按钮，在弹出菜单中选择“其他符号”命令，打开“符号”对话框。在其中的“符号”选项卡上，先选择相应的字符集，再双击所需要的字符，即可完成输入任务，如图 2-19 所示。

图 2-19　“符号”对话框

三、查找与替换内容

“查找和替换”功能可以用于模式匹配和替换，用户通过使用一系列的特殊格式构建匹配模式，然后把匹配模式与文档的内容进行比较，再根据比较对象是否包含匹配模式，执行相应的操作。“查找和替换”功能通常是在对文档中多处相同的内容进行统一设置时使用。

1. “查找”功能

在“开始”选项卡的“编辑”组中，单击“查找”右侧的下三角按钮，展开下拉列表，选择“高级查找”命令，弹出“查找和替换”对话框，如图 2-20 所示。

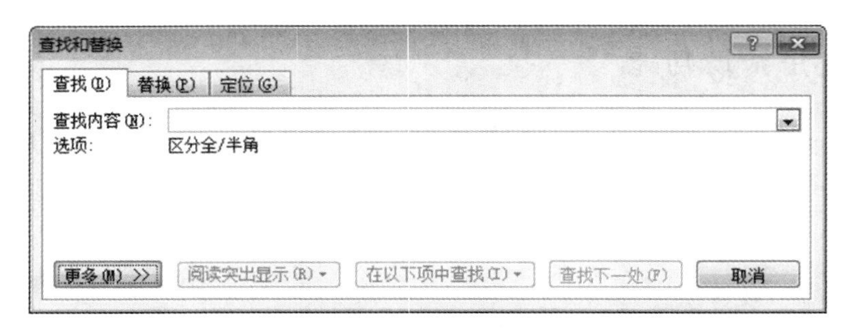

图 2-20 “查找和替换”对话框

在“查找”选项卡下的“查找内容”文本框中输入需要查找的信息。“查找和替换”对话框分为上下两部分，当用户单击“更多”按钮后，下半部分会自动伸展显示出来，同时原“更多”按钮上的文字变为“更少”；若再次单击该按钮，则下半部分会收缩隐藏，如图 2-21 所示。

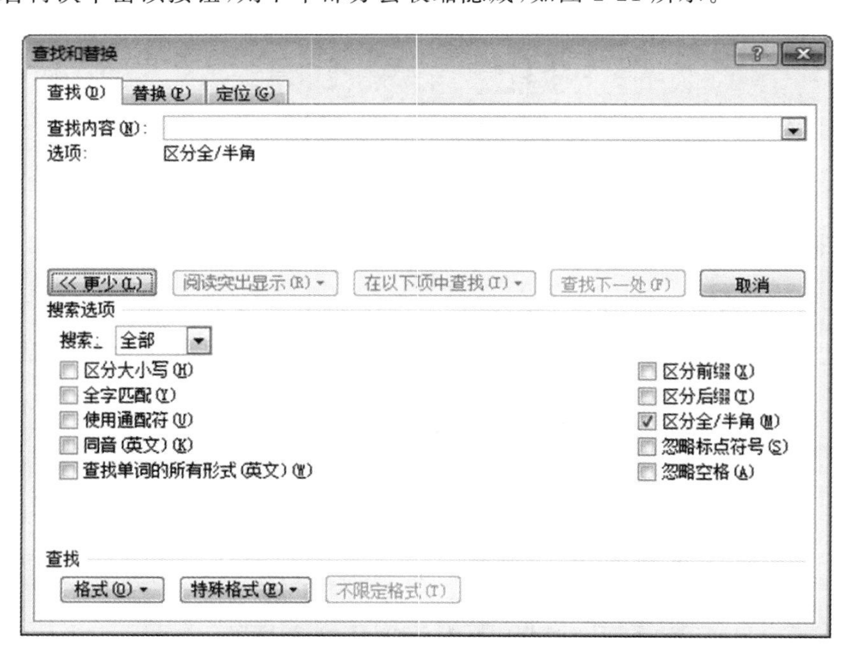

图 2-21 “查找和替换”对话框的两部分

2. “替换”功能

在“开始”选项卡的“编辑”组中，单击“替换”按钮，打开“查找和替换”对话框，在“查找内容”和“替换为”文本框中依次输入文本内容，单击“替换”或“全部替换”按钮，即可单个或全部替换数据，如图 2-22 所示。

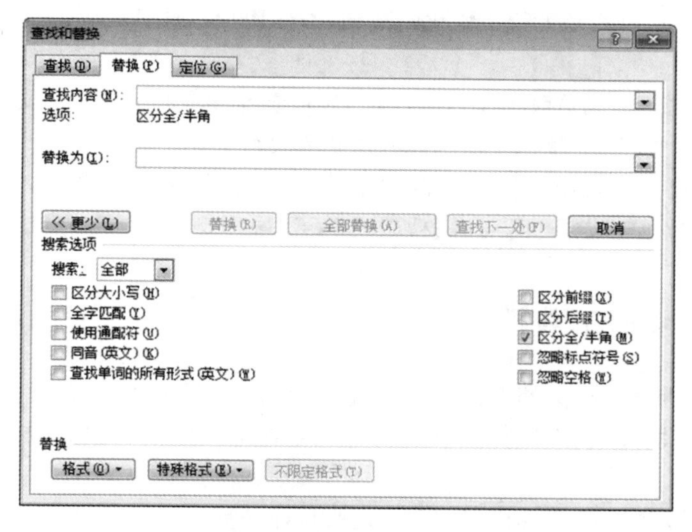

图 2-22　“替换”选项卡

在对话框的“替换”选项组中，单击“格式”按钮，进行一定的格式设置后，就可以按格式来查找和替换数据，如图 2-23 所示。如果需要替换特殊文本元素，则可以单击“特殊格式”按钮，在展开的列表中选择所需要的文本元素进行替换即可，如图 2-24 所示。

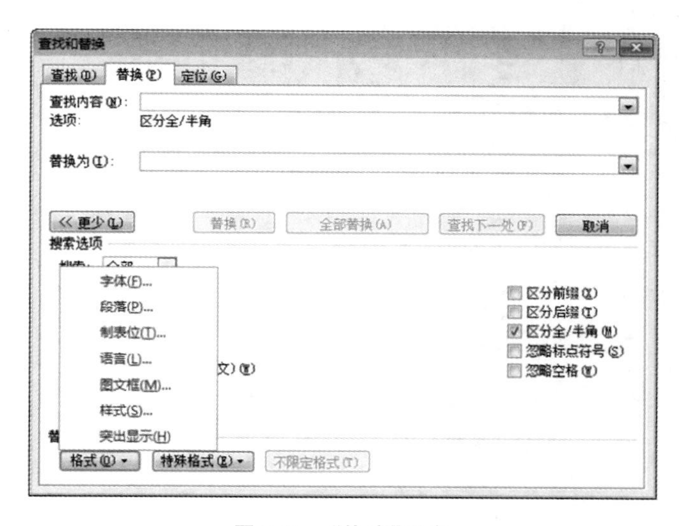

图 2-23　“格式”列表

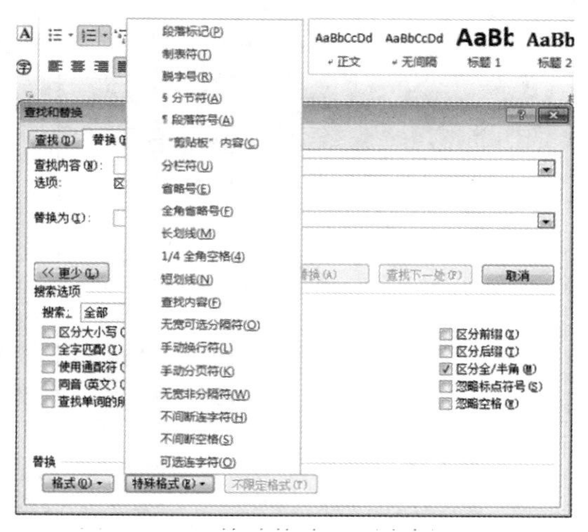

图 2-24　“特殊格式”列表

四、选择视图模式

Word 中有“页面视图”“阅读版式视图”“Web 版式视图”“大纲视图”和“草稿”五种文档视图模式，它们的作用各不相同。可以在“视图”选项卡的“文档视图”组中，通过单击不同按钮来进行模式的切换，如图 2-25 所示。

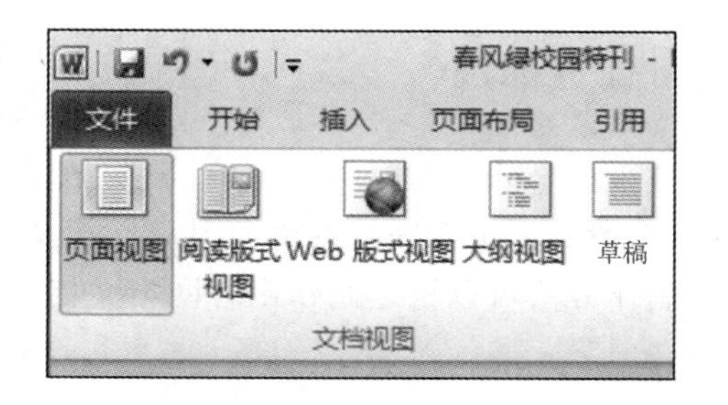

图 2-25　选择视图模式

(1)“页面视图”模式依照真实页面显示，用于查看文档的打印外观，可以预览打印的文字、图片和其他元素在页面中的位置。

（2）“阅读版式视图”模式是进行了优化的视图，以便用户在计算机屏幕上利用最大的空间阅读或批注文档。

（3）“Web 版式视图”模式一般用于创建网页文档，或者查看网页形式的文档外观。

（4）“大纲视图”模式能够查看文档的结构，并显示大纲工具。

（5）“草稿”视图模式一般用于快速编辑文本，因此简化了页面的布局，不会显示某些文档要素，如页边距、页眉和页脚、背景、图形对象，以及除了“嵌入型”以外的绝大部分图片。

五、快速访问工具栏

快速访问工具栏是 Word 文档中用于放置命令按钮，使用户快速启动常用命令的一种可自定义的工具栏。使用快速访问工具栏，可以大大减少查找命令和鼠标移动，从而节省时间和精力。

用户可以自定义快速访问工具栏，打开“自定义快速访问工具栏”下拉菜单，可以勾选需要在快速访问工具栏中显示的按钮，如图 2-26 所示。也可以选择“其他命令”，在打开的“Word 选项”对话框中完成对快速访问工具栏按钮的添加、删除、移位和重置等操作，如图 2-27 所示。

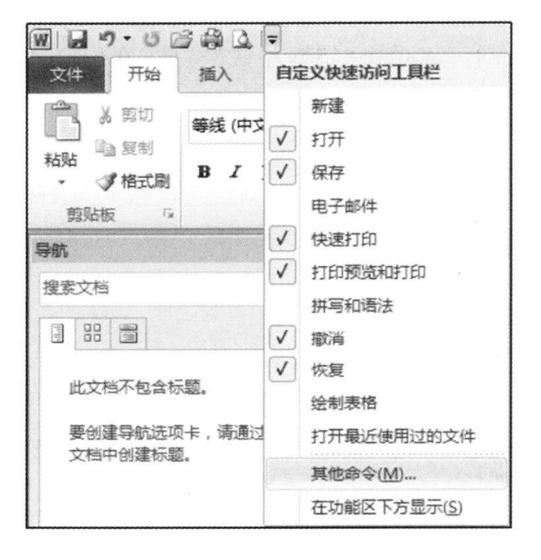

图 2-26　设置快速访问工具栏

图 2-27　快速访问工具栏的编辑

任务二　购销合同长文档排版

任务描述

小黄是某公司的财务人员，需要制作一份购销合同的长文档。长文档的篇幅较大，且结构复杂，一般需要带有完整的封面、目录、正文，甚至摘要、序、索引、附录、后记等。因此，掌握好长文档的制作方法可以快速制作出合同类文档。

任务分析

制作购销合同文档时，首先需要新建文档，然后在文档中输入文本，设置文本的字体格式和段落格式，为合同添加页眉和页脚，最后保存文档，完成购销合同文档的制作。

任务实现

一、新建并输入文本

STEP 1 启动 Word 2010 应用程序，在程序界面中，单击“文件”选项卡，选择“新建”命令，在“新建”界面中单击“空白文档”图标，并单击“创建”按钮，新建文档。

STEP 2 打开资源包中的“素材\项目二\购销合同\合同文档. txt”文档，选择文本内容，使用 Ctrl+C 组合键，复制文本，在文档中使用 Ctrl+V 组合键，将文本内容粘贴到文档中，如图 2-28 所示。

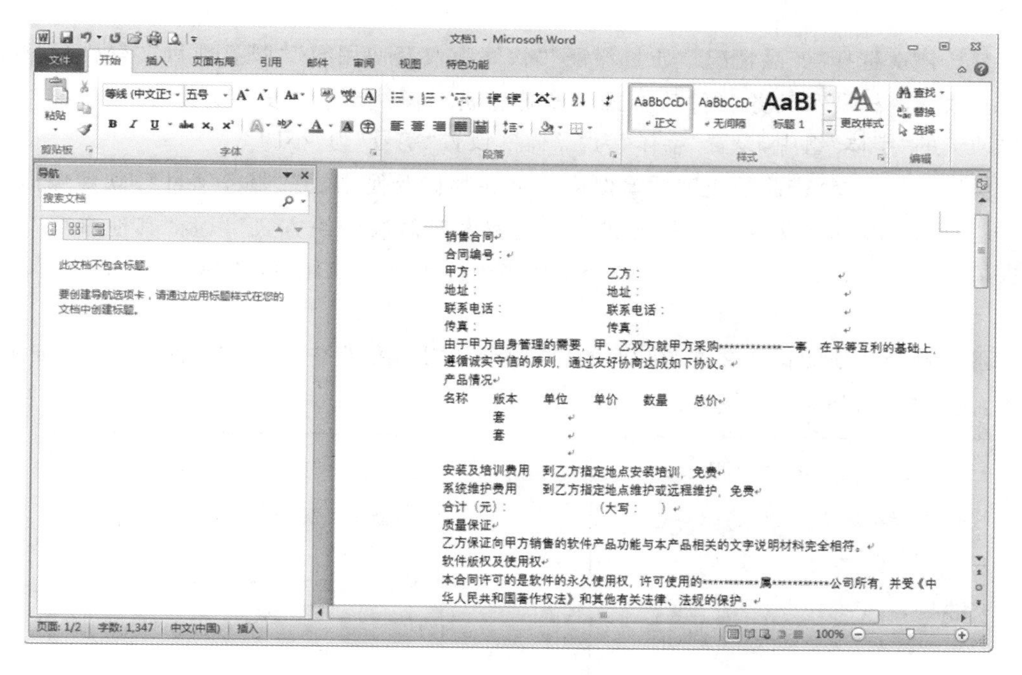

图 2-28 粘贴文本内容

二、设置字体和段落格式

STEP 1 选择标题文本，设置“字体”为“黑体”，“字号”为“二号”，在“段落”组中，单击“居中”按钮，将文本居中对齐。

STEP 2 继续选择标题文本，在“开始”选项卡的“字体”组中，单击“字体”按钮，弹出“字体”对话框；切换至“高级”选项卡，设置“间距”为“加宽”，设置“磅值”为“1.5 磅”，如图 2-29 所示。

STEP 3 单击“确定”按钮，即可设置标题文本的字符间距，效果如图 2-30 所示。

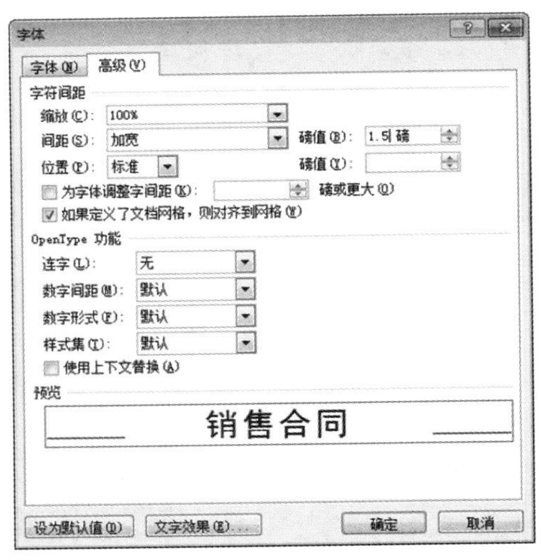

图 2-29 “高级”选项卡

销售合同

合同编号：
甲方： 乙方：
地址： 地址：
联系电话： 联系电话：
传真： 传真：
由于甲方自身管理的需要，甲、乙双方就甲方采购**********一事，在平等互利的基础上，遵循诚实守信的原则，通过友好协商达成如下协议。
产品情况
名称 版本 单位 单价 数量 总价
套
套
安装及培训费用 到乙方指定地点安装培训，免费
系统维护费用 到乙方指定地点维护或远程维护，免费
合计（元）： （大写： ）

图 2-30 设置字符间距

STEP 4 选择“合同编号：”文本，在“开始”选项卡的“字体”组中，设置“字体”为“黑体”，设置“字号”为“四号”。

STEP 5 选择正文和落款文本，在“开始”选项卡的“字体”组中，设置“字体”为“宋体”，设置“字号”为“五号”。

STEP 6 依次选择“产品情况”“质量保证”“软件版权及使用权”“服务项目”“软件保证及保证范围”“甲乙双方的权利和义务”“付款方式”“商业秘密”“解决纠纷方式”以及“其他事项”文本，在“开始”选项卡的“字体”组中，设置“字体”为“黑体”，设置“字号”为“小四”。

STEP 7 继续选择“产品情况”“质量保证”“软件版权及使用权”“服务项目”“软件保证及保证范围”“甲乙双方的权利和义务”“付款方式”“商业秘密”“解决纠纷方式”以及“其他事项”文本，在“开始”选项卡的“段落”组中，单击“行距”下三角按钮，展开下拉列表，选择“1.5”命令，如图 2-31 所示。

STEP 8 选择其他的正文文本，在“开始”选项卡的“段落”组中，单击“行距”下三角按钮，展开下拉列表，选择“1.15”命令，如图 2-32 所示。

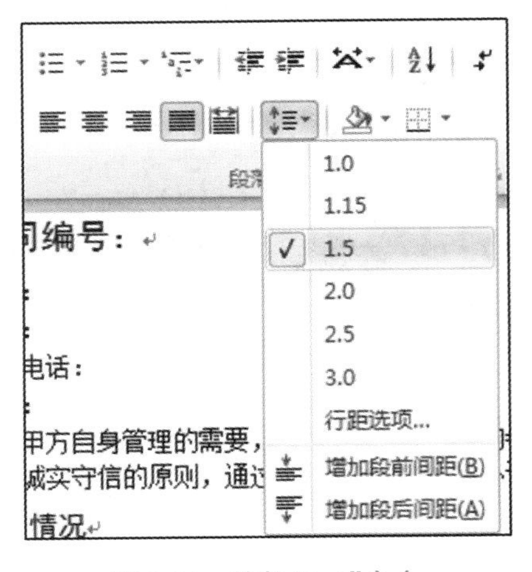

图 2-31 选择“1.5”命令

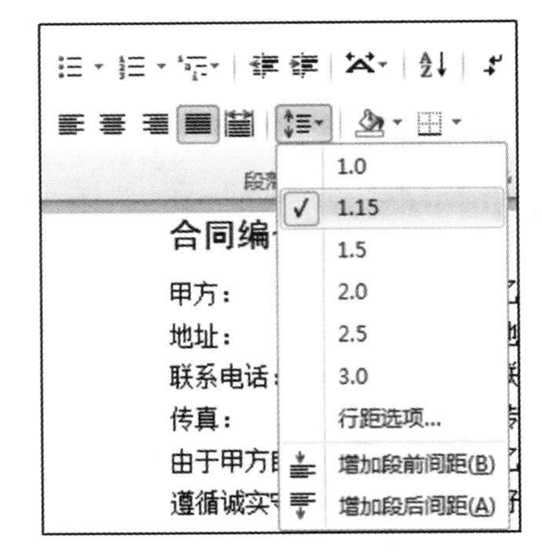

图 2-32 选择“1.15”命令

STEP 9 选择相应的正文文本，在“段落”组中单击“段落”按钮，弹出“段落”对话框，设置“对齐格式”为“左对齐”，将“特殊格式”设置为“首行缩进”，将“磅值”设置为“2 字符”，单击“确定”按钮，即可设置文本的段落格式，文档效果如图 2-33 所示。

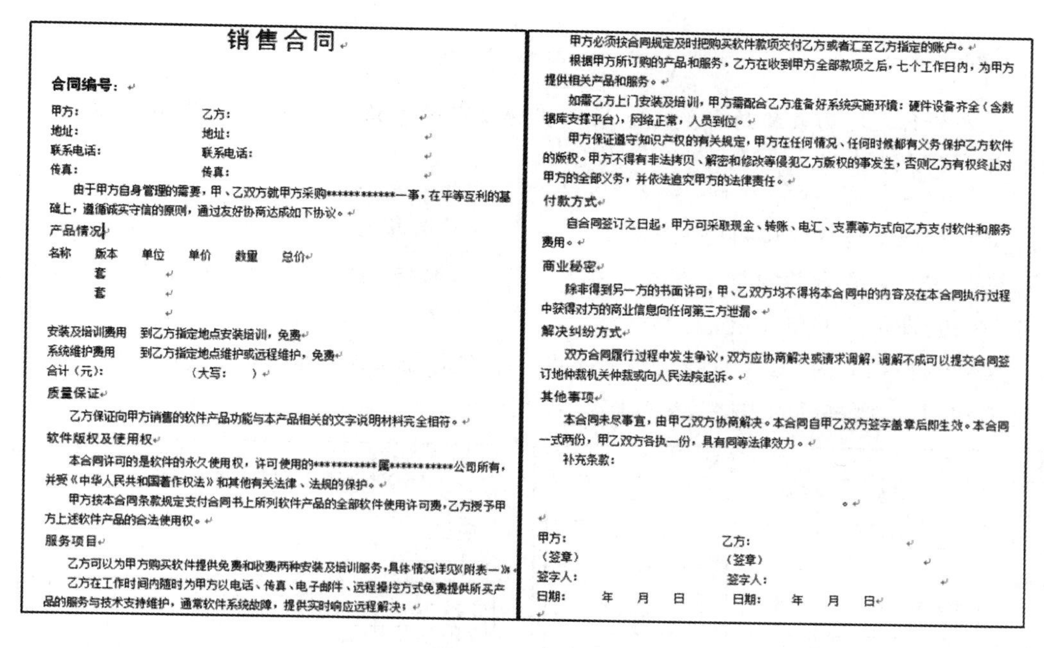

销售合同

合同编号：

甲方：　　　　乙方：
地址：　　　　地址：
联系电话：　　联系电话：
传真：　　　　传真：

由于甲方自身管理的需要，甲、乙双方就甲方采购************一事，在平等互利的基础上，遵循诚实守信的原则，通过友好协商达成如下协议。

产品情况

名称	版本	单位	单价	数量	总价
	套				
	套				

安装及培训费用　到乙方指定地点安装培训，免费

系统维护费用　到乙方指定地点维护或远程维护，免费

合计（元）：　　（大写：　）

质量保证

乙方保证向甲方销售的软件产品功能与本产品相关的文字说明材料完全相符。

软件版权及使用权

本合同许可的是软件的永久使用权，许可使用的***********属***********公司所有，并受《中华人民共和国著作权法》和其他有关法律、法规的保护。

甲方按本合同条款规定支付合同书上所列软件产品的全部软件使用许可费，乙方授予甲方上述软件产品的合法使用权。

服务项目

乙方可以为甲方购买软件提供免费和收费两种安装及培训服务，具体情况详见《附表一》。

乙方在工作时间内随时为甲方以电话、传真、电子邮件、远程操控方式免费提供所买产品的服务与技术支持维护，通常软件系统故障，提供实时响应远程解决；

甲方必须按合同规定及时把购买软件款项交付乙方或者汇至乙方指定的账户。

根据甲方所订购的产品和服务，乙方在收到甲方全部款项之后，七个工作日内，为甲方提供相关产品和服务。

如需乙方上门安装及培训，甲方需配合乙方准备好系统实施环境：硬件设备齐全（含数据库支撑平台），网络正常，人员到位。

甲方保证遵守知识产权的有关规定，甲方在任何情况、任何时候都有义务保护乙方软件的版权。甲方不得有非法拷贝、解密和修改等侵犯乙方版权的事发生，否则乙方有权终止对甲方的全部义务，并依法追究甲方的法律责任。

付款方式

自合同签订之日起，甲方可采取现金、转账、电汇、支票等方式向乙方支付软件和服务费用。

商业秘密

除非得到另一方的书面许可，甲、乙双方均不得将本合同中的内容及在本合同执行过程中获得对方的商业信息向任何第三方泄漏。

解决纠纷方式

双方合同履行过程中发生争议，双方应协商解决或请求调解，调解不成可以提交合同签订地仲裁机关仲裁或向人民法院起诉。

其他事项

本合同未尽事宜，由甲乙双方协商解决。本合同自甲乙双方签字盖章后即生效。本合同一式两份，甲乙双方各执一份，具有同等法律效力。

补充条款：

。

甲方：　　　　乙方：
（签章）　　　（签章）
签字人：　　　签字人：
日期：　年　月　日　　日期：　年　月　日

图 2-33　文档效果

想一想

在“段落”对话框中怎么设置段落间距呢？

在“段落”对话框中，勾选“如果定义了文档网格，则自动调整右缩进”和“如果定义了文档网格，则对齐到网格”复选框，然后设置“间距”选项组中的“段前”和“段后”参数即可。

三、创建表格

STEP 1 选择需要转换为表格的文本，在“插入”选项卡的“表格”组中，单击“表格”下三角按钮，展开下拉列表，选择“文本转换为表格”命令，如图 2-34 所示。

STEP 2 弹出“将文字转换成表格”对话框，设置“列数”为“6”，选中“制表符”单选按钮，如图 2-35 所示。

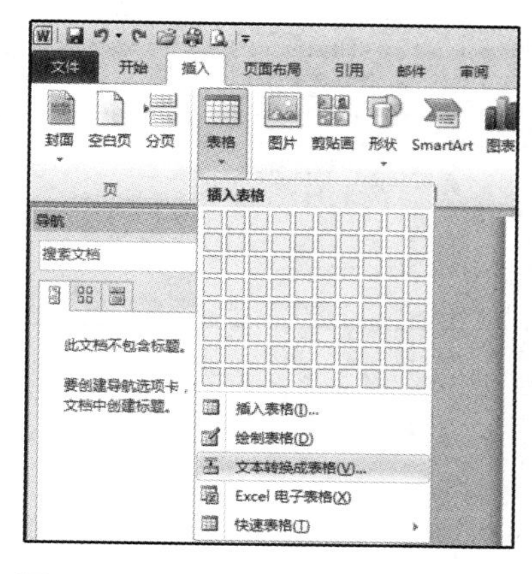

图 2-34　选择“文本转换为表格”命令

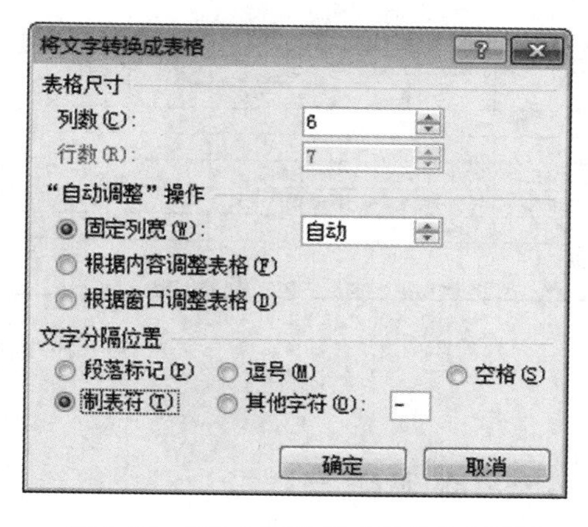

图 2-35　“将文字转换成表格”对话框

> **提示**
>
> 文本的行数即为表格的行数。如果希望转换成的表格有多列，那么要在文本必要的位置插入制表符。

STEP 3 完成上述操作即可将文本转换为表格，表格效果如图 2-36 所示。

STEP 4 选择需要合并的单元格，在“表格工具”下的“布局”选项卡中，单击“合并”组中的“合并单元格”按钮，即可合并单元格。

STEP 5 选择相应的行或列对象，当鼠标指针呈双向箭头形状时，按住鼠标左键并拖曳，调整表格的行高和列宽，调整后的表格效果如图 2-37 所示。

产品情况

名称	版本	单位	单价	数量	总价
		套			
		套			
安装及培训费用	到乙方指定地点安装培训，免费				
系统维护费用	到乙方指定地点维护或远程维护，免费				
合计（元）：（大写： ）					

质量保证

图 2-36 文本转换为表格效果

由于甲方自身管理的需要，甲、乙双方就甲方采购************一事，在平等互利的基础上，遵循诚实守信的原则，通过友好协商达成如下协议。

产品情况

名称	版本	单位	单价	数量	总价
		套			
		套			
安装及培训费用	到乙方指定地点安装培训，免费				
系统维护费用	到乙方指定地点维护或远程维护，免费				
合计（元）：	（大写： ）				

质量保证

乙方保证向甲方销售的软件产品……文字说明材料完全相符。

软件版权及使用权

本合同许可的是软件的永久使用权，许可使用的***********属***********公司所有，并受《中华人民共和国著作权法》和其他有关法律、法规的保护。

图 2-37 调整后的表格效果

四、添加下划线

STEP 1 按住 Ctrl 键的同时，按住鼠标左键并拖曳，选择需要添加下划线的空格。

STEP 2 在“开始”选项卡的“字体”组中，单击“下划线”按钮，即可为空格添加下划线，文档效果如图 2-38 所示。

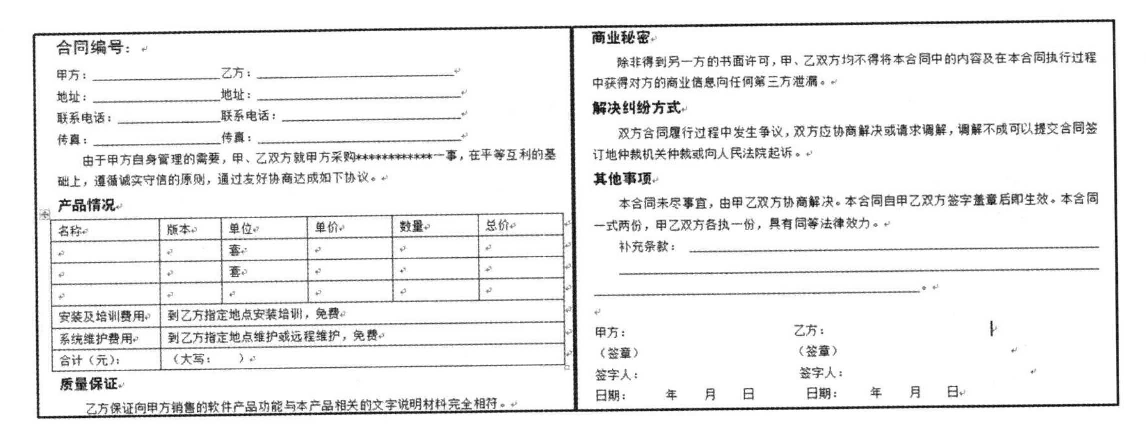

合同编号：

甲方：____________ 乙方：____________

地址：____________ 地址：____________

联系电话：____________ 联系电话：____________

传真：____________ 传真：____________

由于甲方自身管理的需要，甲、乙双方就甲方采购************一事，在平等互利的基础上，遵循诚实守信的原则，通过友好协商达成如下协议。

产品情况

名称	版本	单位	单价	数量	总价
		套			
		套			
安装及培训费用	到乙方指定地点安装培训，免费				
系统维护费用	到乙方指定地点维护或远程维护，免费				
合计（元）：	（大写： ）				

质量保证

乙方保证向甲方销售的软件产品功能与本产品相关的文字说明材料完全相符。

商业秘密

除非得到另一方的书面许可，甲、乙双方均不得将本合同中的内容及在本合同执行过程中获得对方的商业信息向任何第三方泄漏。

解决纠纷方式

双方合同履行过程中发生争议，双方应协商解决或请求调解，调解不成可以提交合同签订地仲裁机关仲裁或向人民法院起诉。

其他事项

本合同未尽事宜，由甲乙双方协商解决。本合同自甲乙双方签字盖章后即生效。本合同一式两份，甲乙双方各执一份，具有同等法律效力。

补充条款：________________________

甲方： 乙方：

（签章） （签章）

签字人： 签字人：

日期： 年 月 日 日期： 年 月 日

图 2-38 添加下划线的文档效果

五、添加编号

STEP 1 依次选择“产品情况”“质量保证”“软件版权及使用权”“服务项目”“软件保证及保证

范围”“甲乙双方的权利和义务”“付款方式”“商业秘密”“解决纠纷方式”以及“其他事项”文本。

STEP 2 在“开始”选项卡的“段落”组中，单击“编号”下三角按钮，展开列表，选择“定义新编号格式”命令。

STEP 3 弹出“定义新编号格式”对话框，在“编号样式”下拉列表框中选择编号样式，在“编号格式”文本框中输入文本，单击“字体”按钮，如图 2-39 所示。

STEP 4 弹出“字体”对话框，设置好字体、字形和字号格式，如图 2-40 所示。单击“确定”按钮，为选择的文本添加编号格式。

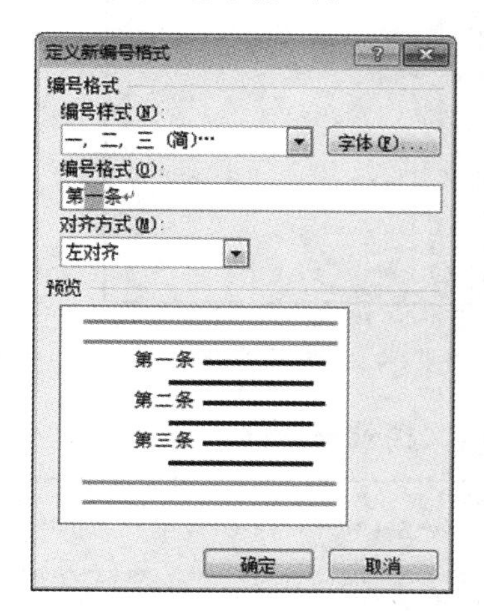

图 2-39　“定义新编号格式”对话框

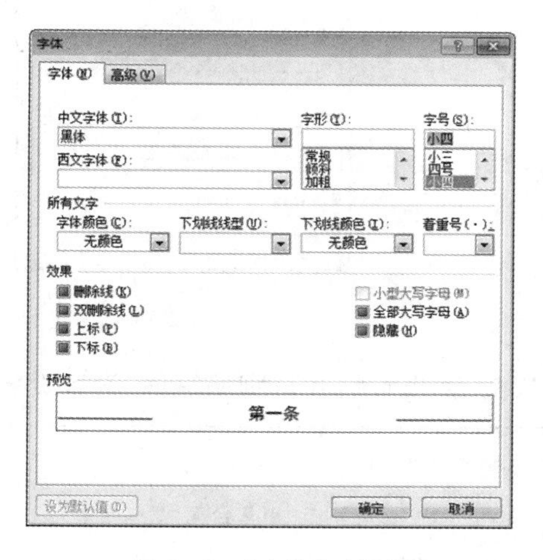

图 2-40　“字体”对话框

STEP 5 选择相应的正文文本，使用“编号”命令，添加“1,2,3……”编号格式，文档效果如图 2-41 所示。

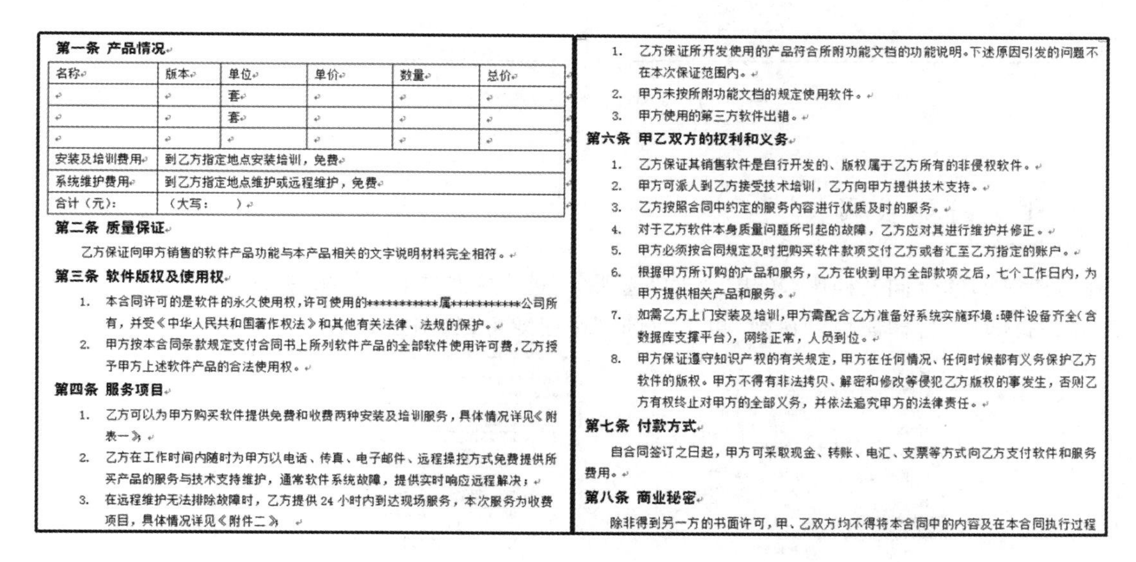

第一条 产品情况

名称	版本	单位	单价	数量	总价
		套			
		套			
安装及培训费用	到乙方指定地点安装培训，免费				
系统维护费用	到乙方指定地点维护或远程维护，免费				
合计（元）:	（大写：　　）				

第二条 质量保证

乙方保证向甲方销售的软件产品功能与本产品相关的文字说明材料完全相符。

第三条 软件版权及使用权

1. 本合同许可的是软件的永久使用权，许可使用的************属************公司所有，并受《中华人民共和国著作权法》和其他有关法律、法规的保护。
2. 甲方按本合同条款规定支付合同书上所列软件产品的全部软件使用许可费，乙方授予甲方上述软件产品的合法使用权。

第四条 服务项目

1. 乙方可以为甲方购买软件提供免费和收费两种安装及培训服务，具体情况详见《附表一》
2. 乙方在工作时间内随时为甲方以电话、传真、电子邮件、远程操控方式免费提供所买产品的服务与技术支持维护，通常软件系统故障，提供实时响应远程解决；
3. 在远程维护无法排除故障时，乙方提供 24 小时内到达现场服务，本次服务为收费项目，具体情况详见《附件二》

1. 乙方保证所开发使用的产品符合所附功能文档的功能说明。下述原因引发的问题不在本次保证范围内。
2. 甲方未按所附功能文档的规定使用软件。
3. 甲方使用的第三方软件出错。

第六条 甲乙双方的权利和义务

1. 乙方保证其销售软件是自行开发的、版权属于乙方所有的非侵权软件。
2. 甲方可派人到乙方接受技术培训，乙方向甲方提供技术支持。
3. 乙方按照合同中约定的服务内容进行优质及时的服务。
4. 对于乙方软件本身质量问题所引起的故障，乙方应对其进行维护并修正。
5. 甲方必须按合同规定及时把购买软件款项交付乙方或者汇至乙方指定的账户。
6. 根据甲方所订购的产品和服务，乙方在收到甲方全部款项之后，七个工作日内，为甲方提供相关产品和服务。
7. 如需乙方上门安装及培训，甲方需配合乙方准备好系统实施环境：硬件设备齐全（含数据库支撑平台），网络正常，人员到位。
8. 甲方保证遵守知识产权的有关规定，甲方在任何情况、任何时候都有义务保护乙方软件的版权。甲方不得有非法拷贝、解密和修改等侵犯乙方版权的事发生，否则乙方有权终止对甲方的全部义务，并依法追究甲方的法律责任。

第七条 付款方式

自合同签订之日起，甲方可采取现金、转账、电汇、支票等方式向乙方支付软件和服务费用。

第八条 商业秘密

除非得到另一方的书面许可，甲、乙双方均不得将本合同中的内容及在本合同执行过程

图 2-41　添加编号效果

六、添加页眉和页脚

STEP 1 在“插入”选项卡的“页眉和页脚”组中，单击“页眉”下三角按钮，展开下拉列表，选择“运动型(偶数页)”页眉样式，如图 2-42 所示。

STEP 2 弹出页眉和页脚编辑框，设置页眉中的文本。

STEP 3 在“页眉和页脚工具”下的“设计”选项卡中，单击“页眉和页脚”组中的“页脚”下三角按钮，展开下拉列表，选择“运动型(奇数页)”页脚样式，如图 2-43 所示。

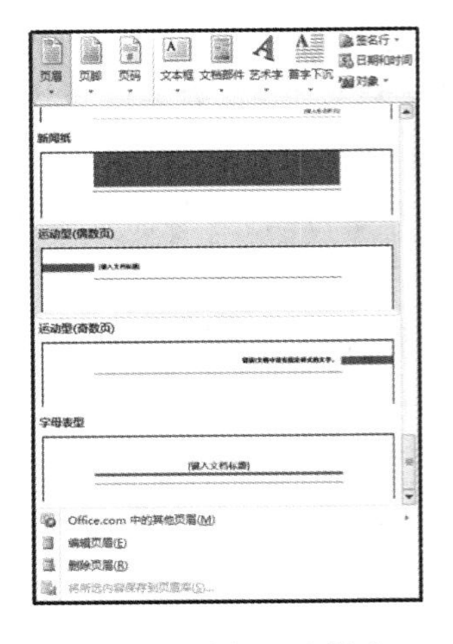

图 2-42　选择页眉样式

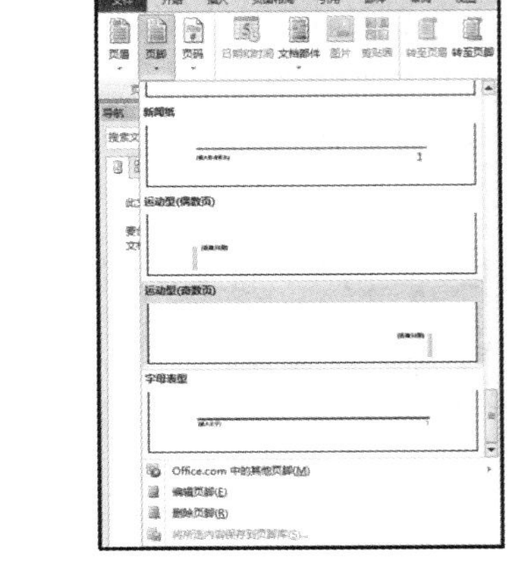

图 2-43　选择页脚样式

STEP 4 弹出页眉和页脚编辑框，设置页脚中的文本，文档效果如图 2-44 所示。

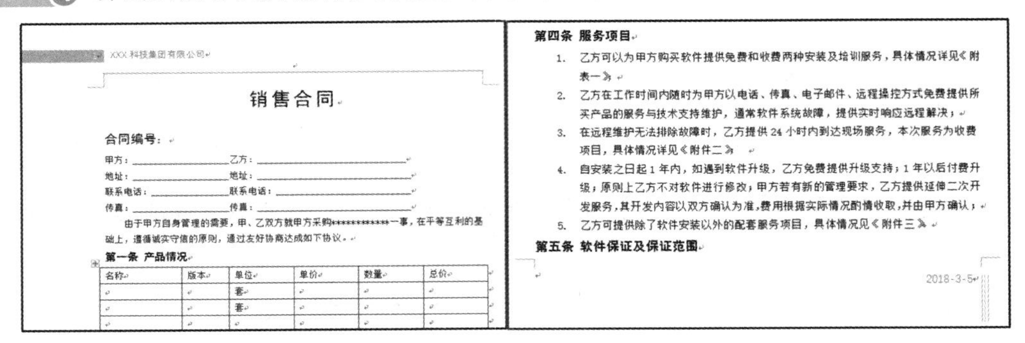
XXX 科技集团有限公司

销售合同

合同编号：

甲方：________ 乙方：________

地址：________ 地址：________

联系电话：________ 联系电话：________

传真：________ 传真：________

由于甲方自身管理的需要，甲、乙双方就甲方采购xxxxxxxxxxxx一事，在平等互利的基础上，遵循诚实守信的原则，通过友好协商达成如下协议。

第一条 产品情况

名称	版本	单位	单价	数量	总价
		套			
		套			

第四条 服务项目

1. 乙方可以为甲方购买软件提供免费和收费两种安装及培训服务，具体情况详见《附表一》
2. 乙方在工作时间内随时为甲方以电话、传真、电子邮件、远程操控方式免费提供所买产品的服务与技术支持维护，遇常软件系统故障，提供实时响应远程解决；
3. 在远程维护无法排除故障时，乙方提供 24 小时内到达现场服务，本次服务为收费项目，具体情况详见《附件二》
4. 自安装之日起 1 年内，如遇到软件升级，乙方免费提供升级支持；1 年以后付费升级；原则上乙方不对软件进行修改；甲方若有新的管理要求，乙方提供延伸二次开发服务，其开发内容以双方确认为准，费用根据实际情况酌情收取，并由甲方确认；
5. 乙方可提供除了软件安装以外的配套服务项目，具体情况见《附件三》

第五条 软件保证及保证范围

2018-3-5

图 2-44　添加页眉和页脚的文档效果

七、打印合同

在需要打印的合同文档中，单击“文件”选项卡，进入文件界面，选择“打印”命令，进入“打印”界面，设置好打印机、打印属性和份数，单击“打印”按钮即可，如图 2-45 所示。

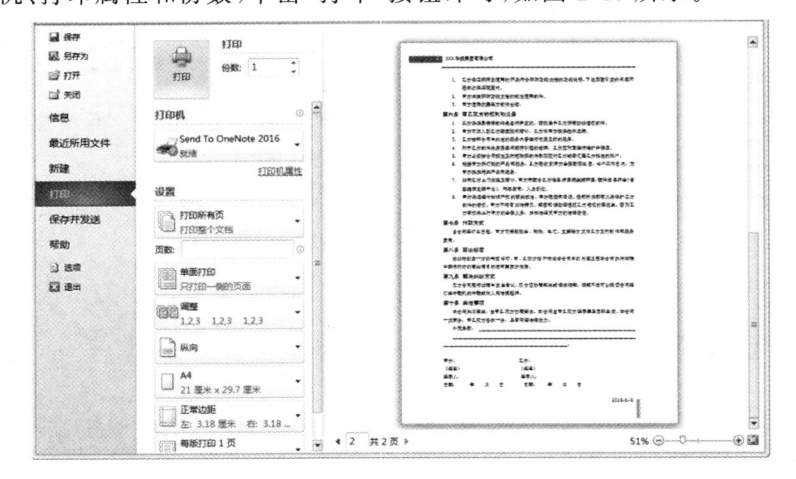

图 2-45　打印合同

八、保存文档

单击“文件”选项卡，进入“文件”界面，选择“保存”命令，弹出“另存为”对话框，设置好保存路径和文件名，单击“保存”按钮，即可保存文档，文档效果如图 2-46 所示。

1 XXX 科技集团有限公司

销售合同

合同编号：

甲方：__________ 乙方：__________
地址：__________ 地址：__________
联系电话：__________ 联系电话：__________
传真：__________ 传真：__________

由于甲方自身管理的需要，甲、乙双方就甲方采购************一事，在平等互利的基础上，遵循诚实守信的原则，通过友好协商达成如下协议。

第一条 产品情况

名称	版本	单位	单价	数量	总价
		套			
		套			
安装及培训费用	到乙方指定地点安装培训，免费				
系统维护费用	到乙方指定地点维护或远程维护，免费				
合计（元）：	（大写： ）				

第二条 质量保证

乙方保证向甲方销售的软件产品功能与本产品相关的文字说明材料完全相符。

第三条 软件版权及使用权

1. 本合同许可的是软件的永久使用权，许可使用的**********属**********公司所有，并受《中华人民共和国著作权法》和其他有关法律、法规的保护。
2. 甲方按本合同条款规定支付合同书上所列软件产品的全部软件使用许可费，乙方授予甲方上述软件产品的合法使用权。

第四条 服务项目

1. 乙方可以为甲方购买软件提供免费和收费两种安装及培训服务，具体情况详见《附表一》；
2. 乙方在工作时间内随时为甲方以电话、传真、电子邮件、远程操控方式免费提供所买产品的服务与技术支持维护，通常软件系统故障，提供实时响应远程解决；
3. 在远程维护无法排除故障时，乙方提供 24 小时内到达现场服务，本次服务为收费项目，具体情况详见《附件二》；
4. 自安装之日起 1 年内，如遇到软件升级，乙方免费提供升级支持；1 年以后付费升级；原则上乙方不对软件进行修改；甲方若有新的管理要求，乙方提供延伸二次开发服务，其开发内容以双方确认为准，费用根据实际情况酌情收取，并由甲方确认；
5. 乙方可提供除了软件安装以外的配套服务项目，具体情况见《附件三》。

第五条 软件保证及保证范围

2018-3-5

2 XXX 科技集团有限公司

1. 乙方保证所开发使用的产品符合所附功能文档的功能说明，下述原因引发的问题不在本次保证范围内。
2. 甲方未按所附功能文档的规定使用软件。
3. 甲方使用的第三方软件出错。

第六条 甲乙双方的权利和义务

1. 乙方保证其销售软件是自行开发的、版权属于乙方所有的非侵权软件。
2. 甲方可派人到乙方接受技术培训，乙方向甲方提供技术支持。
3. 乙方按照合同中约定的服务内容进行优质及时的服务。
4. 对于乙方软件本身质量问题所引起的故障，乙方应对其进行维护并修正。
5. 甲方必须按合同规定及时把购买软件款项交付乙方或者汇至乙方指定的账户。
6. 根据甲方所订购的产品和服务，乙方在收到甲方全部款项之后，七个工作日内，为甲方提供相关产品和服务。
7. 如需乙方上门安装及培训，甲方需配合乙方准备好系统实施环境：硬件设备齐全（含数据库支撑平台），网络正常，人员到位。
8. 甲方保证遵守知识产权的有关规定，甲方在任何情况、任何时候都有义务保护乙方软件的版权，甲方不得有非法拷贝、解密和修改等侵犯乙方版权的事发生，否则乙方有权终止对甲方的全部义务，并依法追究甲方的法律责任。

第七条 付款方式

自合同签订之日起，甲方可采取现金、转账、电汇、支票等方式向乙方支付软件和服务费用。

第八条 商业秘密

除非得到另一方的书面许可，甲、乙双方均不得将本合同中的内容及在本合同执行过程中获得对方的商业信息向任何第三方泄漏。

第九条 解决纠纷方式

双方合同履行过程中发生争议，双方应协商解决或请求调解，调解不成可以提交合同签订地仲裁机关仲裁或向人民法院起诉。

第十条 其他事项

本合同未尽事宜，由甲乙双方协商解决，本合同自甲乙双方签字盖章后即生效，本合同一式两份，甲乙双方各执一份，具有同等法律效力。

补充条款：__________

甲方： 乙方：
（签章） （签章）
签字人： 签字人：
日期： 年 月 日 日期： 年 月 日

2018-3-5

图 2-46 销售合同文档效果

一、将表格转换成文本

Word 支持文本和表格的相互转换。将表格转换成文本时，选择要转换为段落的行或表格，打开“表格工具”，在“布局”选项卡的“数据”组中，单击“转换为文本”按钮，在弹出的“表格转换成文本”对话框中，设置所需要的“文字分隔符”即可。

例如，将表 2-1 全部选中，并设置“文字分隔符”为“制表符”，如图 2-47 所示，单击“确定”按钮。

表 2-1 表格转换成文本示例表

指数	开盘	收盘	最高	最低	涨跌幅	成交量
上证指数	1761.44	1730.49	1770.26	1729.48	－0.96％	232.9 亿元
深圳成指	4515.37	4461.65	4580.68	4455.64	－0.68％	237.9 亿元

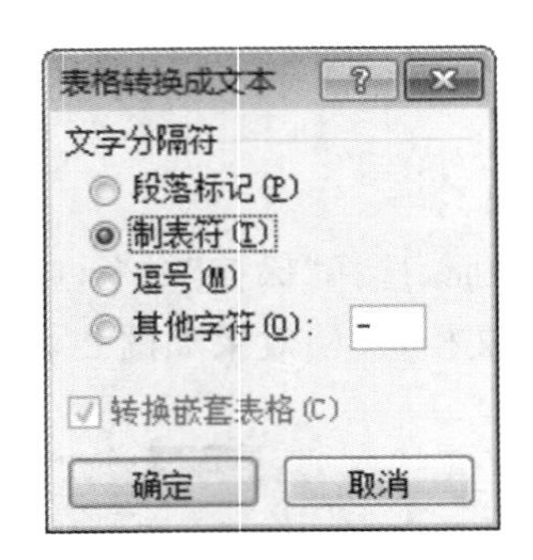

图 2-47 “表格转换成文本”对话框

表 2-1 转换完成的文本如下，表格各行用段落标记分隔，各列用制表符分隔。

指数	开盘	收盘	最高	最低	涨跌幅	成交量
上证指数	1761.44	1730.49	1770.26	1729.48	−0.96%	232.9 亿元
深圳成指	4515.37	4461.65	4580.68	4455.64	−0.68%	237.9 亿元

二、表格的排序与计算

在 Word 2010 文档中，用户可以借助“排序”功能对表格中的数据进行排序操作，也可以借助 Word 2010 提供的数学公式运算功能对表格中的数据进行数学运算，包括加、减、乘、除以及求和、求平均值等常见运算。

1. 表格数据的排序

在文档中选择表格文本，然后在“表格工具”下“布局”选项卡的“数据”组中，单击“排序”按钮，如图 2-48 所示。弹出“排序”对话框，依次设置“主要关键字”和“次要关键字”等条件，然后单击“确定”按钮即可，如图 2-49 所示。

图 2-48 单击“排序”按钮

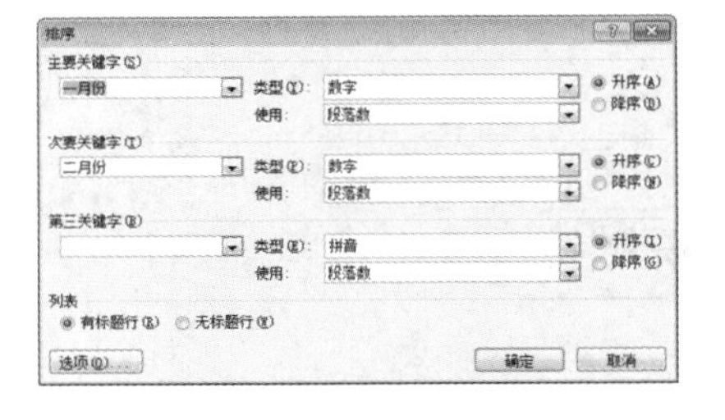

图 2-49 “排序”对话框

2. 表格数据的计算

在文档中选择表格文本，然后在“表格工具”下“布局”选项卡的“数据”组中，单击“公式”按钮，如图 2-50 所示。弹出“公式”对话框，依次设置好“公式”“编号格式”“粘贴函数”等内容，然后单击“确定”按钮即可，如图 2-51 所示。

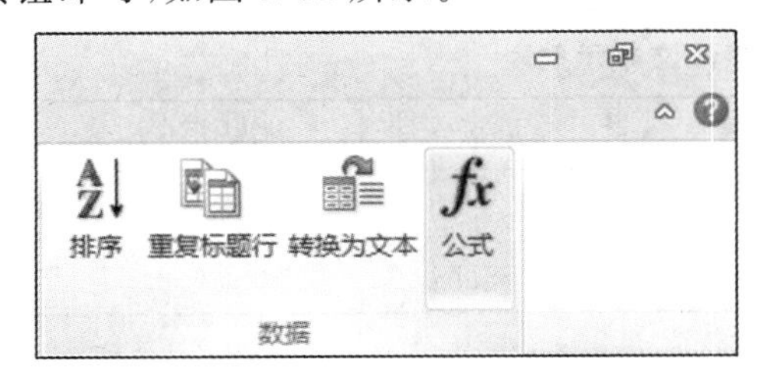

图 2-50 单击“公式”按钮

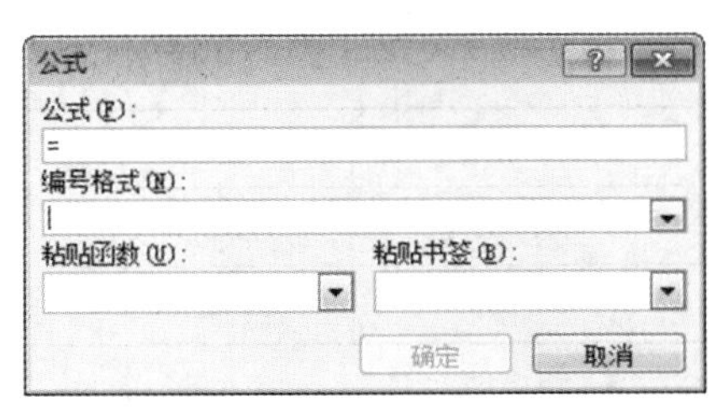

图 2-51 “公式”对话框

三、设置首字下沉

将光标定位于文字段落任意位置，在“插入”选项卡的“文本”组中，单击“首字下沉”下三角按钮，再在展开的下拉列表中选择“首字下沉选项”命令，如图 2-52 所示。在弹出的“首字下沉”对话框中设置“位置”为“下沉”，设置“字体”为“宋体”，设置“下沉行数”为“2”，设置“距正文”为“0 厘米”，如图 2-53 所示。单击“确定”按钮，即设置完成首字下沉的效果。

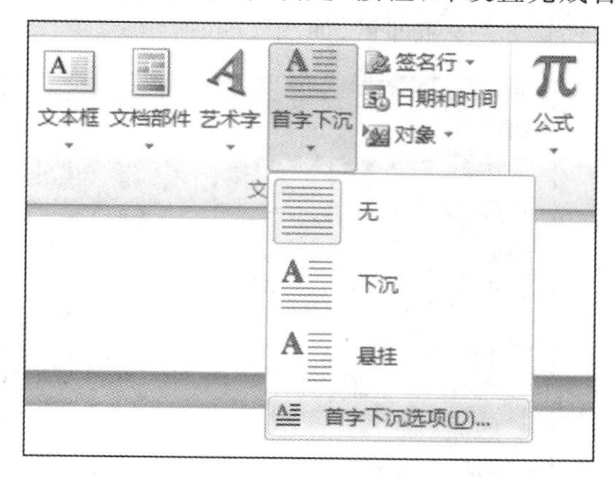

图 2-52　选择“首字下沉选项”命令

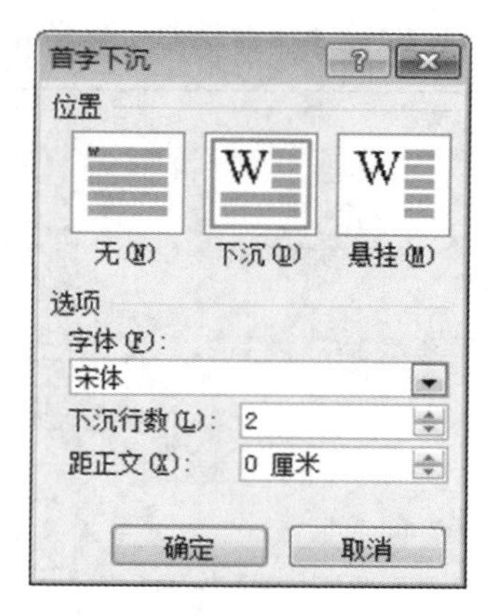

图 2-53　设置首字下沉

四、删除页眉中的横线

页眉横线一般在插入页眉后会出现，有时也会在删除页眉页脚、页码后出现。但是如果在删除页眉页脚、页码后也显示横线，则会显得整个文档特别不美观。此时可以使用“边框和底纹”功能将其删除。

双击文档中的“页眉”文本，弹出页眉和页脚编辑框，选择“页眉”文本，在“段落”组中，单击“边框”下三角按钮 ，展开下拉列表，选择“边框和底纹”命令，弹出“边框和底纹”对话框，在“边框”选项卡的“设置”列表框中，选择“无”选项。在“应用于”下拉列表框中，选择“段落”选项，如图 2-54 所示，单击“确定”按钮，并在“设计”选项卡的“关闭”组中，单击“关闭页眉和页脚”按钮，即可删除页眉中的横线。

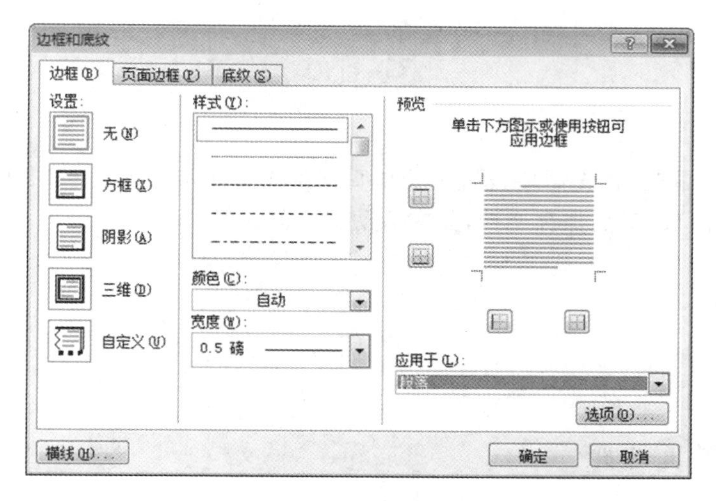

图 2-54　“边框和底纹”对话框

五、设置分栏排版

在一些书籍、报纸、杂志中常常要用到多栏样式，通过 Word 2010 可以轻松实现分栏效果。利用分栏排版功能，可以在文档中建立不同数量或不同版式的栏，文档将逐栏排列。在设置分栏排版时，可以在“页面布局”选项卡的“页面设置”组中，单击“分栏”下三角按钮，展开下拉列表，选择“两栏”命令，添加两栏，如图 2-55 所示。如果还需要添加多栏，则在“分栏”下拉列表中选择“更多分栏”命令，弹出“分栏”对话框，设置分栏参数，单击“确定”按钮即可，如图 2-56 所示。

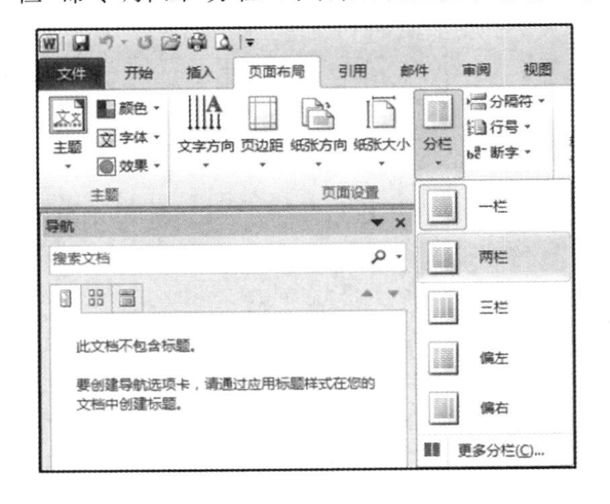

图 2-55　选择“两栏”命令

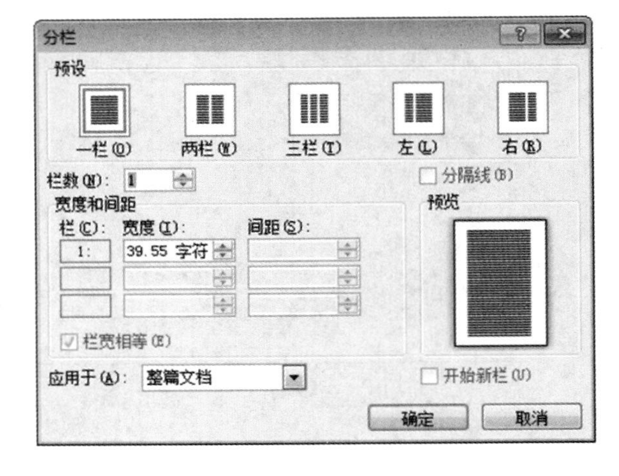

图 2-56　“分栏”对话框

任务三　制作图文并茂的活动宣传单

任务描述

小丹为了促进公司饮品的销量，特地制作了活动宣传单，用于宣传所在的果味饮品销售公司 6 周年庆典活动，并在制作宣传单时，体现出活动的主题、具体内容和时间安排等关键信息。

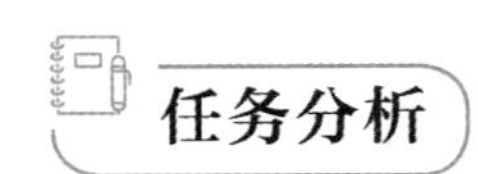

任务分析

在制作活动宣传单时，首先需要设置宣传单页面的页边距和页面大小，并插入背景图片，然后插入文本框、表格和图表，最后保存文档，完成活动宣传单的制作。

任务实现

一、设置页边距

STEP 1 启动 Word 2010 应用程序，在程序界面中，单击“文件”选项卡，选择“新建”命令，在

“新建”界面中单击“空白文档”图标，并单击“创建”按钮，新建文档。

STEP 2 在“页面布局”选项卡的“页面设置”组，单击“页边距”下三角按钮，展开下拉列表，选择“自定义边距”命令，如图 2-57 所示。

STEP 3 弹出“页面设置”对话框，切换至“页边距”选项卡，设置“上”和“下”均为“1.8 厘米”，设置“左”和“右”均为“1.2 厘米”，如图 2-58 所示，单击“确定”按钮即可。

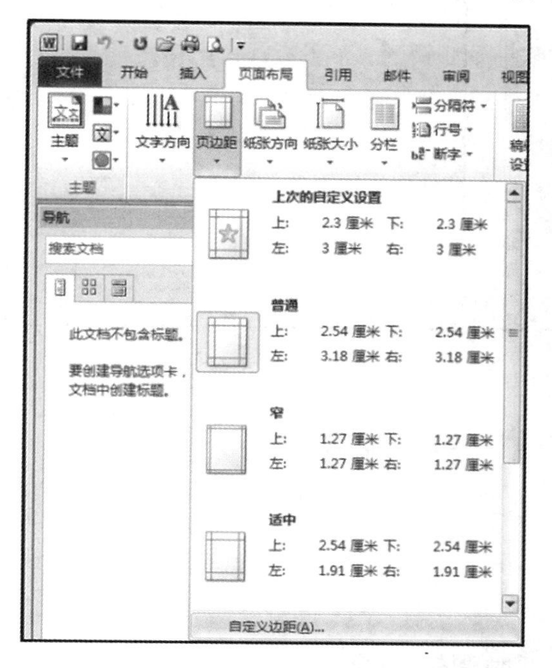

图 2-57　选择“自定义边距”命令

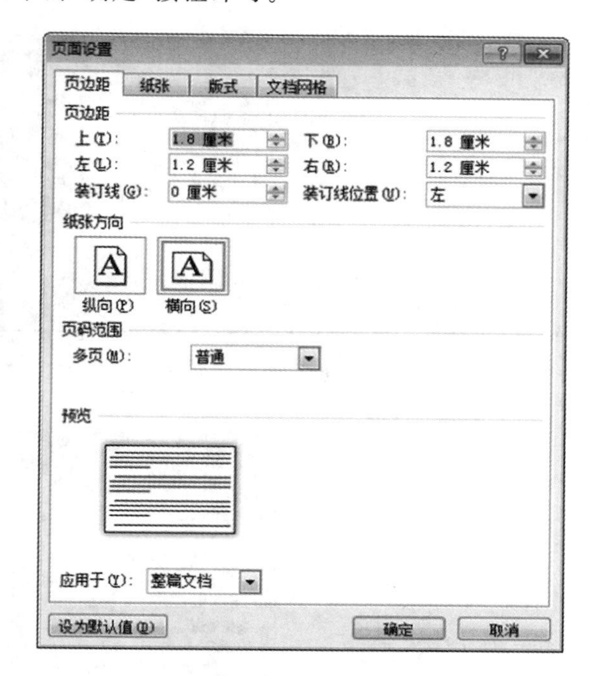

图 2-58　“页面设置”对话框

> **提示**
>
> 页边距太小会影响文档后期的修订，太大不但影响美观还浪费纸张。一般情况下，如果使用 A4 纸，可以采用 Word 提供的默认值；如果使用 B5 或 16K 纸，上、下边距在 2.4 厘米左右为宜，左、右边距在 2 厘米左右为宜。

二、设置页面大小

STEP 1 在“页面布局”选项卡的“页面设置”组中，单击“纸张方向”下三角按钮，展开下拉列表，选择“横向”命令，如图 2-59 所示。

STEP 2 在“页面布局”选项卡的“页面设置”组中，单击“纸张大小”下三角按钮，展开下拉列表，选择“其他页面大小”命令，如图 2-60 所示。

STEP 3 弹出“页面设置”对话框，切换至“纸张”选项卡，设置“宽度”为“30”，单击“确定”按钮，完成纸张大小的设置，如图 2-61 所示。

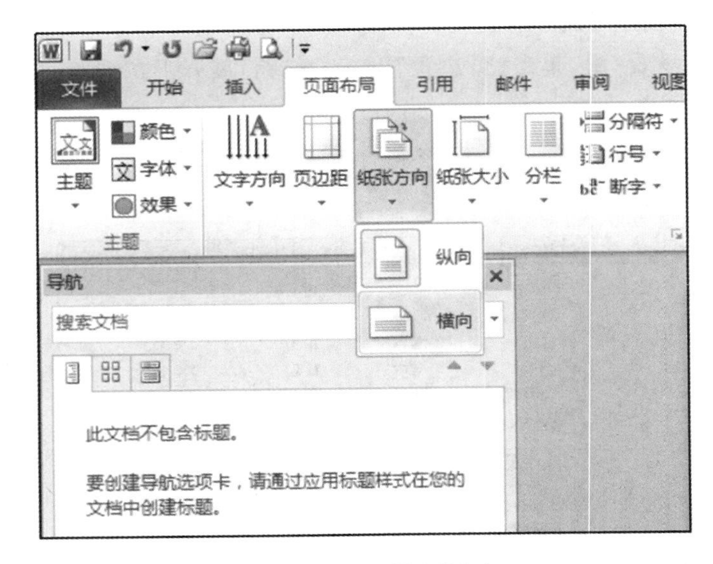

图 2-59　选择“横向”命令

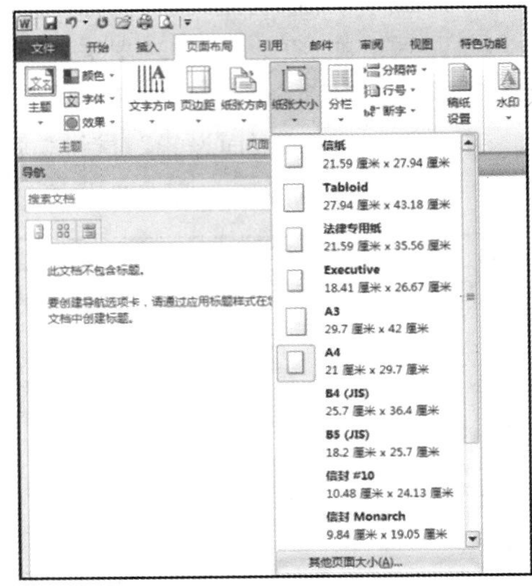

图 2-60　选择“其他页面大小”命令

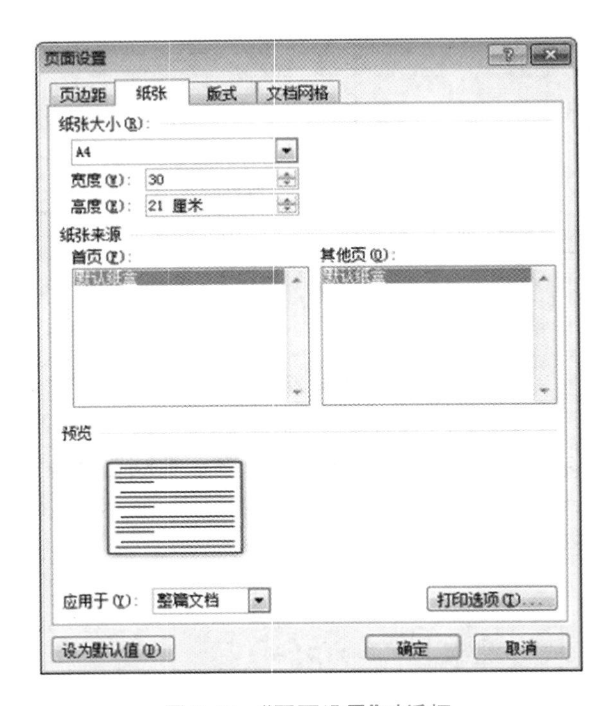

图 2-61　“页面设置”对话框

三、设置页面背景

STEP 1 在“页面布局”选项卡的“页面背景”组中，单击“页面颜色”下三角按钮，展开下拉列表，选择“填充效果”命令，如图 2-62 所示。

STEP 2 弹出“填充效果”对话框，切换至“纹理”选项卡，选择“信纸”纹理效果，如图 2-63 所示。

STEP 3 单击“确定”按钮，即可为文档添加页面填充效果，如图 2-64 所示。

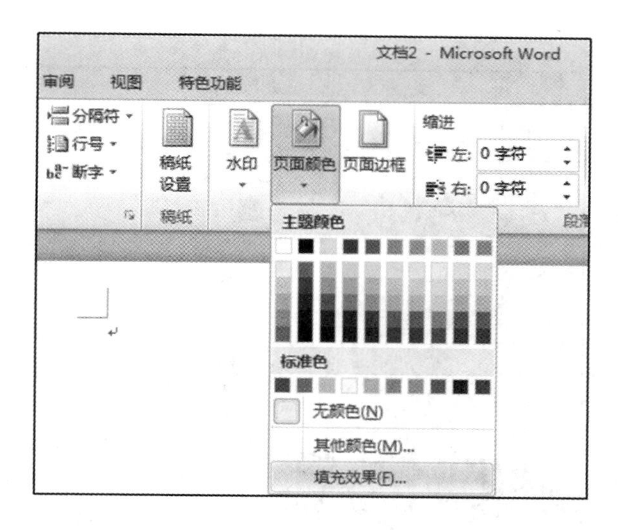

图 2-62　选择“填充效果”命令

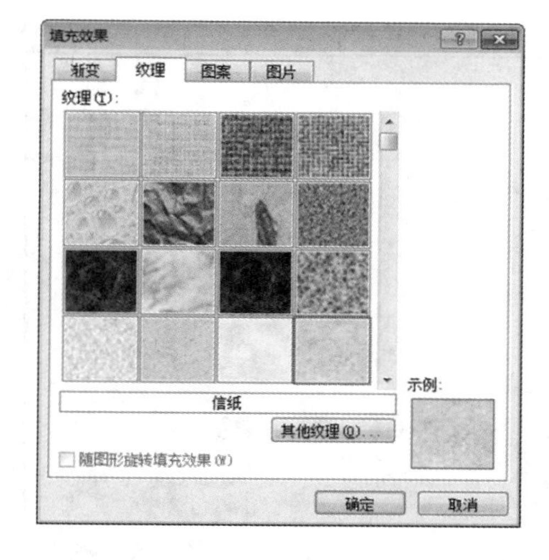

图 2-63　“填充效果”对话框

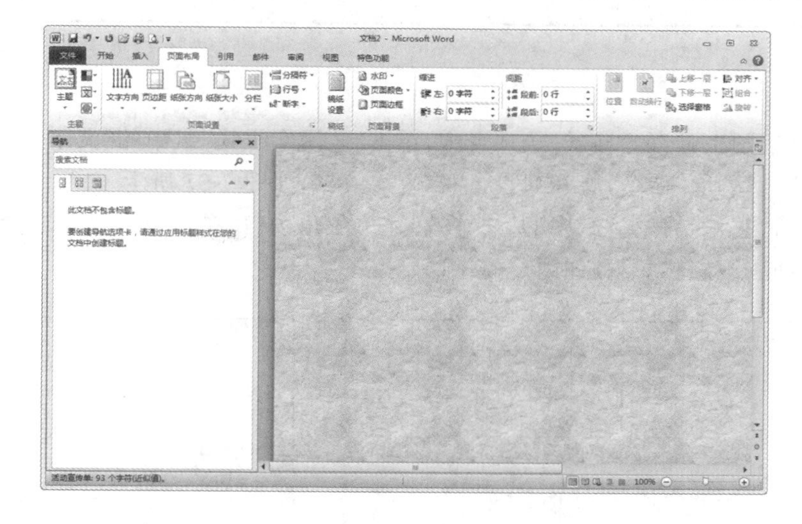

图 2-64　页面填充效果

四、设置艺术字

STEP 1 在“插入”选项卡的“文本”组中，单击“艺术字”下三角按钮，展开下拉列表，选择艺术字样式，如图 2-65 所示。

STEP 2 文档中弹出“请在此放置您的文字”文本框，单击文本框内的文字，输入宣传单的标题内容“庆祝果味饮品销售公司开业 6 周年”。

STEP 3 选择艺术字文本，在“绘图工具”的“格式”选项卡中，单击“艺术字样式”组中的“文本填充”下三角按钮，展开下拉列表，选择“紫色”颜色，如图 2-66 所示。

提示

“艺术字样式”下拉列表中包含多种艺术字样式效果，如果需要使用其他的艺术字样式，则可以在创建艺术字后，重新设置艺术字的文本填充、文本轮廓、字体格式等属性，得到新的艺术字效果。

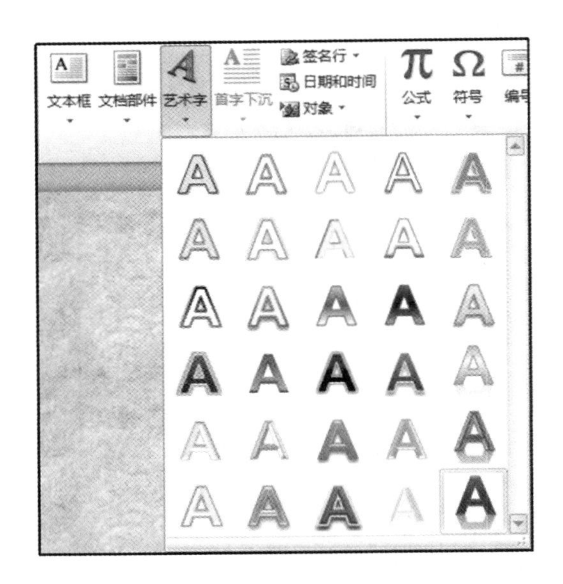

图 2-65 选择艺术字样式

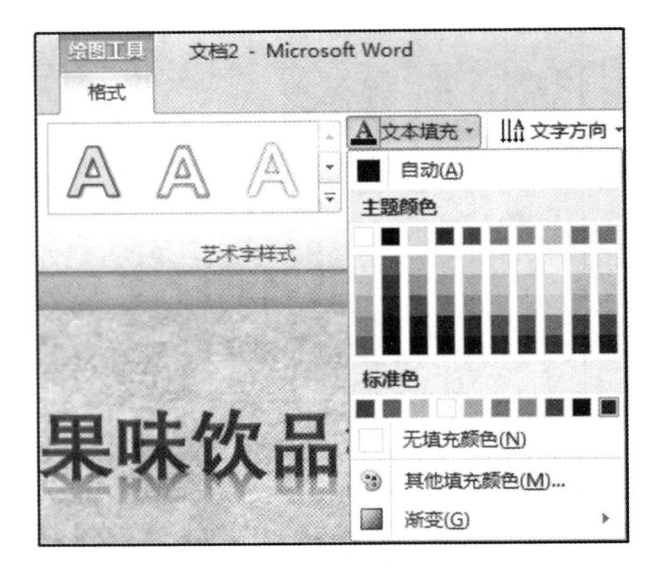

图 2-66 选择艺术字填充颜色

STEP 4 在“绘图工具”的“格式”选项卡中，单击“艺术字样式”组中的“文本效果”下三角按钮，展开下拉列表，选择“映像”命令，展开列表，选择映像效果，如图 2-67 所示。

STEP 5 单击“艺术字样式”组中的“文本效果”下三角按钮，展开下拉列表，选择“三维旋转”命令，展开列表，选择三维旋转效果，如图 2-68 所示。

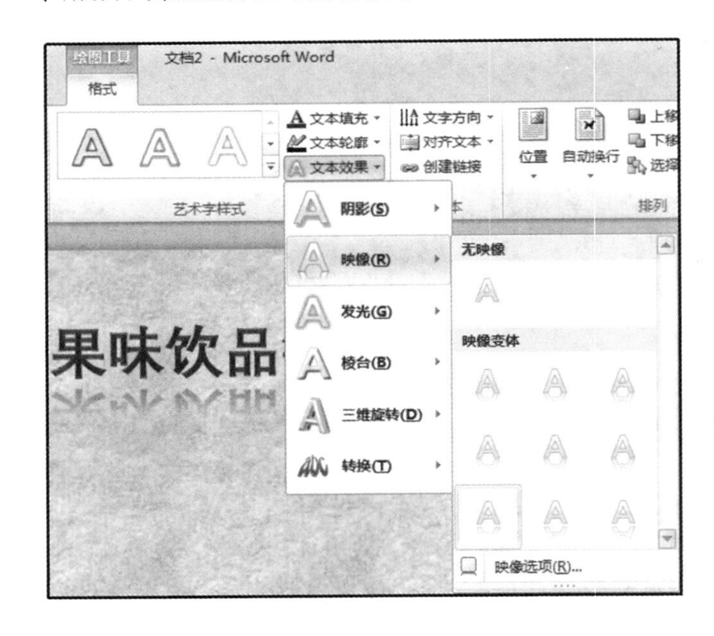

图 2-67 选择映像效果

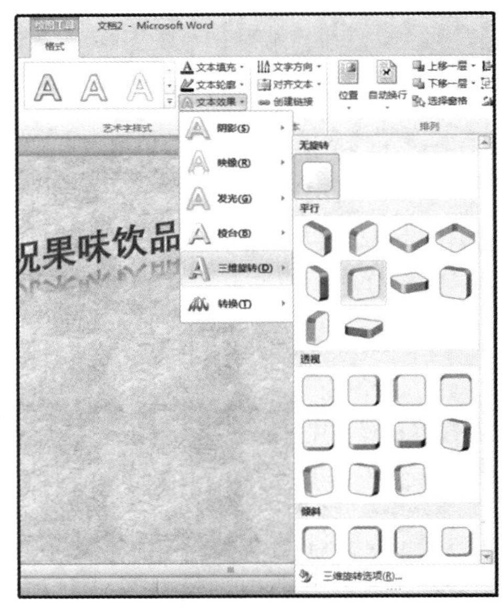

图 2-68 选择三维旋转效果

STEP 6 在“绘图工具”的“格式”选项卡中，单击“艺术字样式”组中的“文本效果”下三角按钮，展开下拉列表，选择“发光>发光选项”命令，如图 2-69 所示。

STEP 7 弹出“设置文本效果格式”对话框，在左侧列表框中选择“发光和柔化边缘”选项，在右侧设置“颜色”为“白色”，设置“大小”为“29 磅”，设置“透明度”为“9%”，单击“关闭”按钮，如图 2-70 所示。

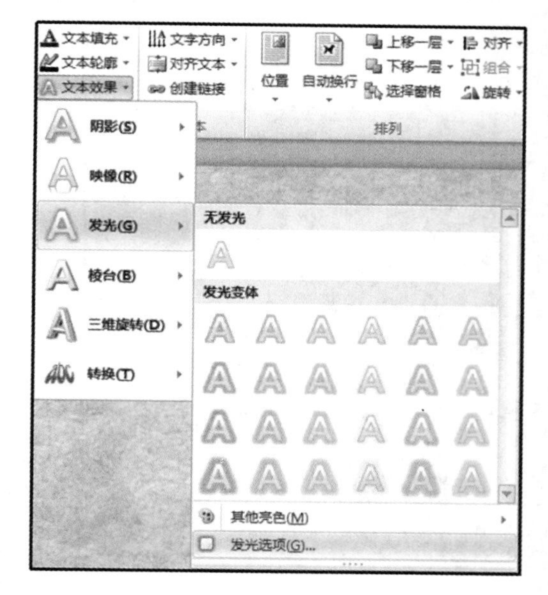

图 2-69　选择“发光选项”命令

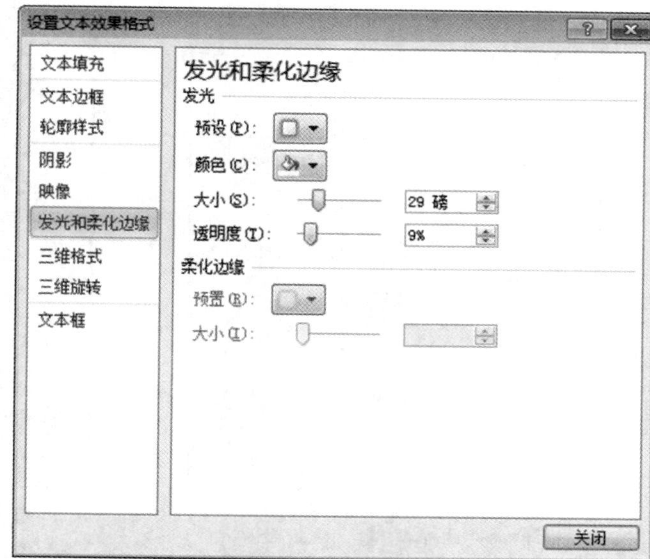

图 2-70　“设置文本效果格式”对话框

STEP 8 完成艺术字的添加与样式设置，文档效果如图 2-71 所示。

图 2-71　艺术字效果

五、添加文本框

STEP 1 在“插入”选项卡的“文本”组中，单击“文本框”下三角按钮，展开下拉列表，选择“绘制文本框”命令，如图 2-72 所示。

STEP 2 当鼠标指针呈黑色十字形状时，按住鼠标左键并拖曳，绘制一个文本框。

STEP 3 在新绘制的文本框中输入文本，并设置文本“字体”为“仿宋”，设置“字号”为“四号”。

STEP 4 在“形状样式”组中，单击“形状填充”下三角按钮，展开下拉列表，选择“蓝色、强调颜色 5、深色 25%”颜色，如图 2-73 所示。

STEP 5 选择文本框，按住鼠标左键并拖曳，调整文本框的大小。

STEP 6 使用上述方法，在文档中再添加一个文本框，文档效果如图 2-74 所示。

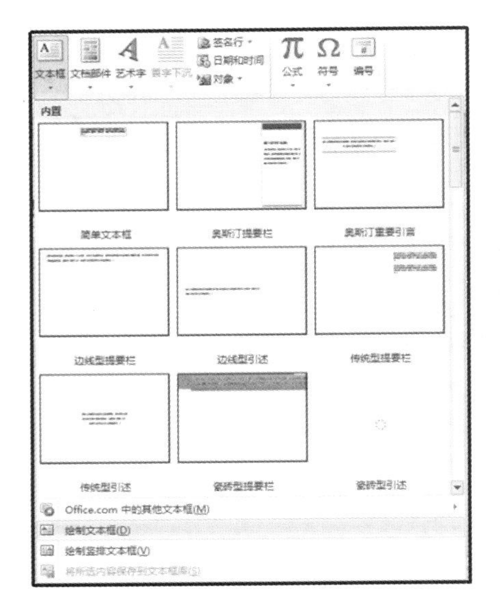

图 2-72　选择“绘制文本框”命令

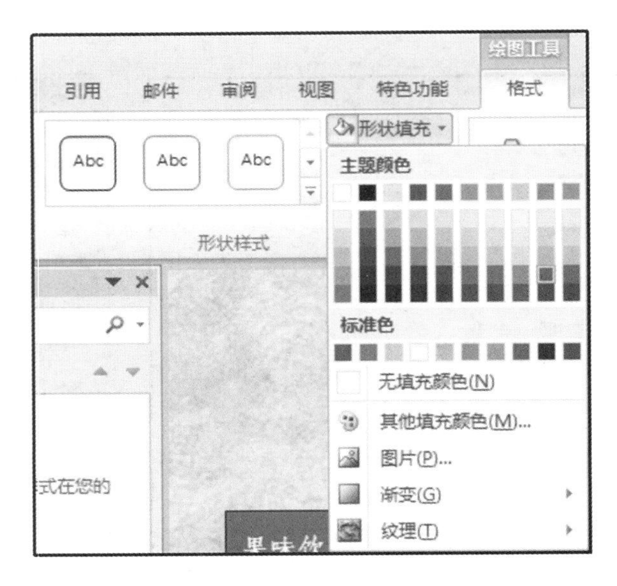

图 2-73　选择颜色

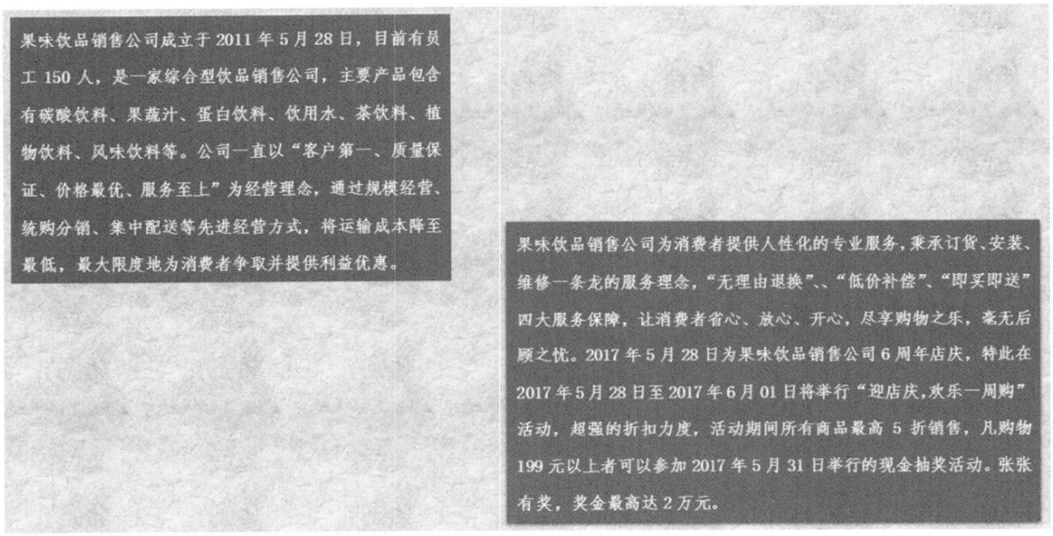

果味饮品销售公司成立于 2011 年 5 月 28 日，目前有员工 150 人，是一家综合型饮品销售公司，主要产品包含有碳酸饮料、果蔬汁、蛋白饮料、饮用水、茶饮料、植物饮料、风味饮料等。公司一直以“客户第一、质量保证、价格最优、服务至上”为经营理念，通过规模经营、统购分销、集中配送等先进经营方式，将运输成本降至最低，最大限度地为消费者争取并提供利益优惠。

果味饮品销售公司为消费者提供人性化的专业服务，秉承订货、安装、维修一条龙的服务理念，“无理由退换”、“低价补偿”、“即买即送”四大服务保障，让消费者省心、放心、开心，尽享购物之乐，毫无后顾之忧。2017 年 5 月 28 日为果味饮品销售公司 6 周年店庆，特此在 2017 年 5 月 28 日至 2017 年 6 月 01 日将举行“迎店庆，欢乐一周购”活动，超强的折扣力度，活动期间所有商品最高 5 折销售，凡购物 199 元以上者可以参加 2017 年 5 月 31 日举行的现金抽奖活动。张张有奖，奖金最高达 2 万元。

图 2-74　添加文本框效果

六、添加表格

STEP 1 在“插入”选项卡的“表格”组中，单击“表格”下三角按钮，展开下拉列表，选择“插入表格”命令，如图 2-75 所示。

STEP 2 弹出“插入表格”对话框，在“表格尺寸”选项组中，设置“列数”为“2”，“行数”为“8”，如图 2-76 所示。

STEP 3 单击“确定”按钮，插入表格。选择整个表格，在“表格工具”下的“布局”选项卡中，设置“单元格大小”组中的“宽度”为“6.2”，调整表格大小，如图 2-77 所示。

STEP 4 在各个单元格中依次输入文字和数值内容，并在“字体”组中，设置“字体”为“仿宋”，将“字号”设置为“小四”。选中整个表格的文本，在“布局”选项卡的“对齐方式”组中，单击“水平居中”按钮，居中对齐表格文本，如图 2-78 所示。

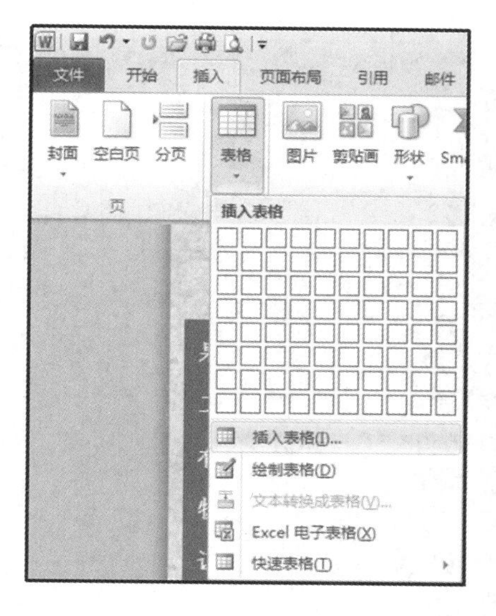

图 2-75　选择“插入表格”命令

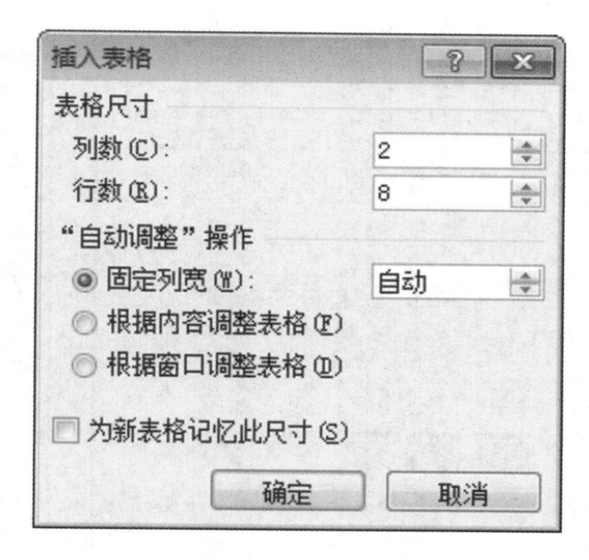

图 2-76　“插入表格”对话框

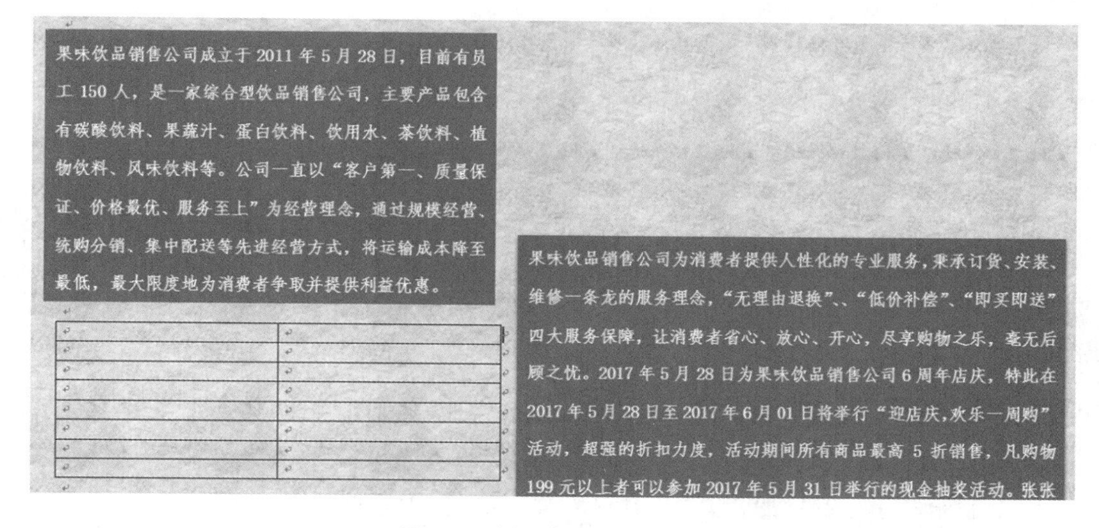

果味饮品销售公司成立于 2011 年 5 月 28 日，目前有员工 150 人，是一家综合型饮品销售公司，主要产品包含有碳酸饮料、果蔬汁、蛋白饮料、饮用水、茶饮料、植物饮料、风味饮料等。公司一直以“客户第一、质量保证、价格最优、服务至上”为经营理念，通过规模经营、统购分销、集中配送等先进经营方式，将运输成本降至最低，最大限度地为消费者争取并提供利益优惠。

果味饮品销售公司为消费者提供人性化的专业服务，秉承订货、安装、维修一条龙的服务理念，“无理由退换”、“低价补偿”、“即买即送”四大服务保障，让消费者省心、放心、开心，尽享购物之乐，毫无后顾之忧。2017 年 5 月 28 日为果味饮品销售公司 6 周年店庆，特此在 2017 年 5 月 28 日至 2017 年 6 月 01 日将举行“迎店庆，欢乐一周购”活动，超强的折扣力度，活动期间所有商品最高 5 折销售，凡购物 199 元以上者可以参加 2017 年 5 月 31 日举行的现金抽奖活动。张张

图 2-77　插入表格并调整大小

产品类型	折扣力度
碳酸饮料	0.72
果蔬汁	0.76
蛋白饮料	0.75
饮用水	0.92
茶饮料	0.89
植物饮料	0.74
风味饮料	0.50

图 2-78　添加表格文本并居中对齐

STEP 5 选中整个表格，在“设计”选项卡的“表格样式”组中，展开“表格样式”下拉列表，选择合适的表格样式，如图 2-79 所示，即可更改表格的表格样式，效果如图 2-80 所示。

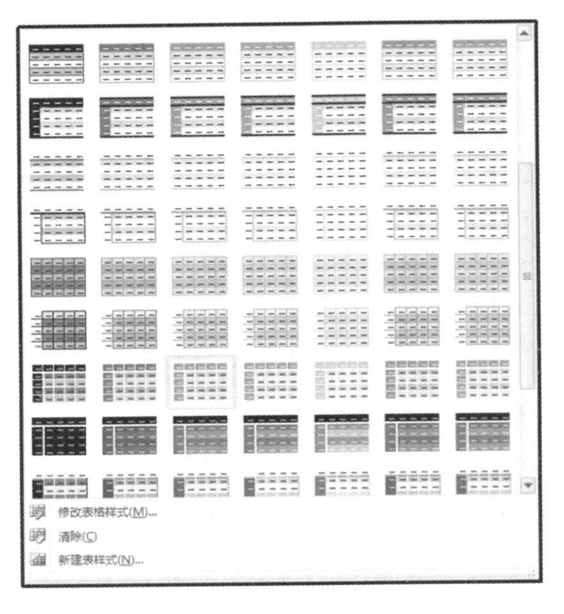

图 2-79　选择表格样式

果味饮品销售公司成立于 2011 年 5 月 28 日，目前有员工 150 人，是一家综合型饮品销售公司，主要产品包含有碳酸饮料、果蔬汁、蛋白饮料、饮用水、茶饮料、植物饮料、风味饮料等。公司一直以“客户第一、质量保证、价格最优、服务至上”为经营理念，通过规模经营、统购分销、集中配送等先进经营方式，将运输成本降至最低，最大限度地为消费者争取并提供利益优惠。

产品类型	折扣力度
碳酸饮料	0.72
果蔬汁	0.76
蛋白饮料	0.75
饮用水	0.92
茶饮料	0.89
植物饮料	0.74
风味饮料	0.50

图 2-80　更改表格样式后的效果

七、添加图表

STEP 1 在“插入”选项卡的“插图”组中，单击“图表”按钮，弹出“插入图表”对话框。在左侧列表框中选择“饼图”选项，在右侧选择饼图样式，如图 2-81 所示。

STEP 2 单击“确定”按钮，即可插入图表，并显示 Excel 工作表，然后输入工作表数据，如图 2-82 所示。

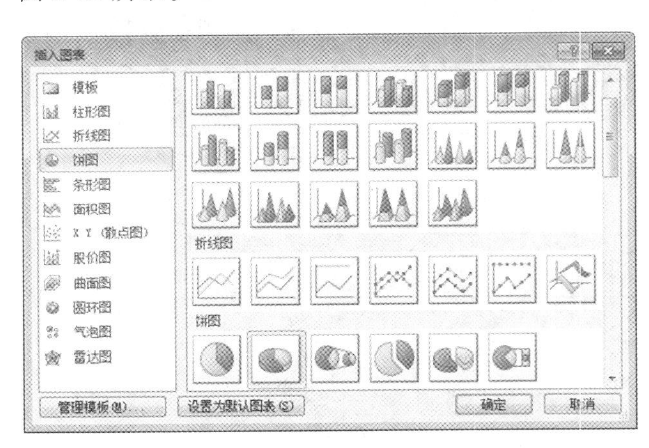

图 2-81　“插入图表”对话框

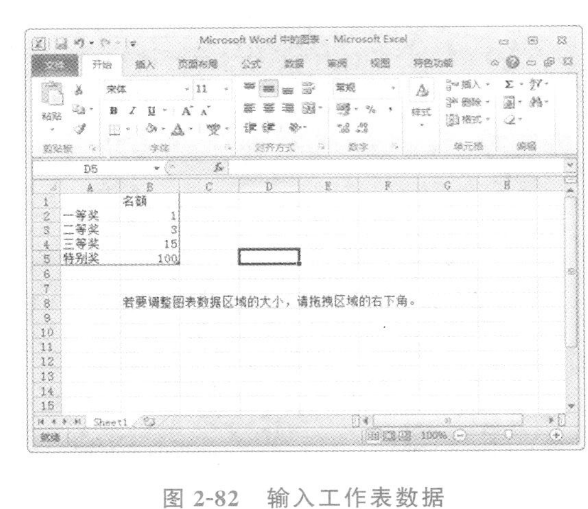

图 2-82　输入工作表数据

STEP 3 关闭工作簿，完成图表的插入。

STEP 4 选择新插入的图表，在“格式”选项卡的“排列”组中，单击“位置”下三角按钮，展开下拉列表，选择“其他布局选项”命令，如图 2-83 所示。

STEP 5 弹出“布局”对话框，切换至“文字环绕”选项卡，选择“浮于文字上方”样式，单击“确定”按钮，如图 2-84 所示。

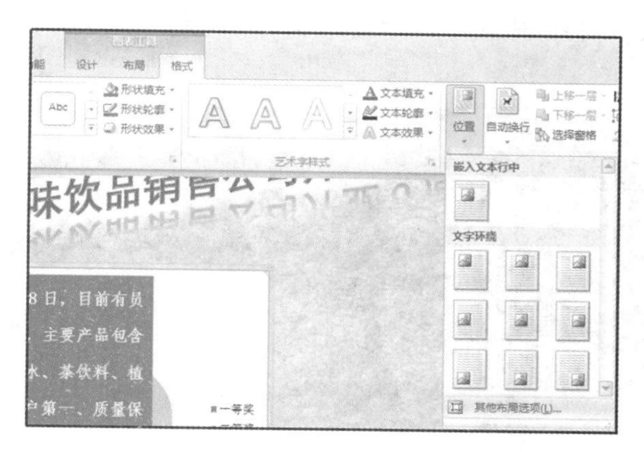

图 2-83　选择“其他布局选项”命令

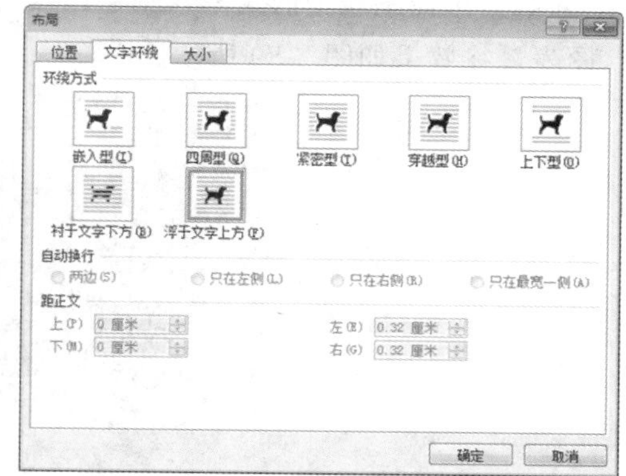

图 2-84　“布局”对话框

STEP 6 选择图表，在“设计”选项卡的“图表布局”组中，选择“布局 6”布局样式，如图 2-85 所示。

STEP 7 选择图表，在“布局”选项卡的“标签”组中，单击“图表标题”下三角按钮，展开下拉列表，选择“无”命令，取消图表标题，如图 2-86 所示。

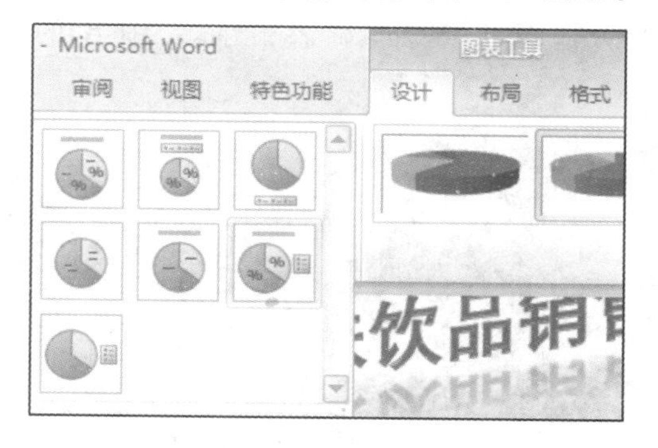

图 2-85　选择布局样式

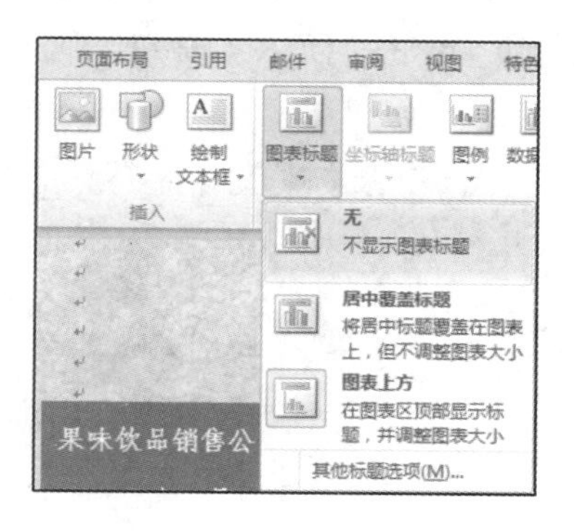

图 2-86　选择“无”命令

STEP 8 在“格式”选项卡的“形状样式”下拉列表中，选择“细微效果-金色、强调颜色 4”形状样式，更改形状样式，如图 2-87 所示。

STEP 9 在“布局”选项卡的“标签”组中，单击“图例”下三角按钮，展开下拉列表，选择“在底部显示图例”命令，更改图例位置，如图 2-88 所示。

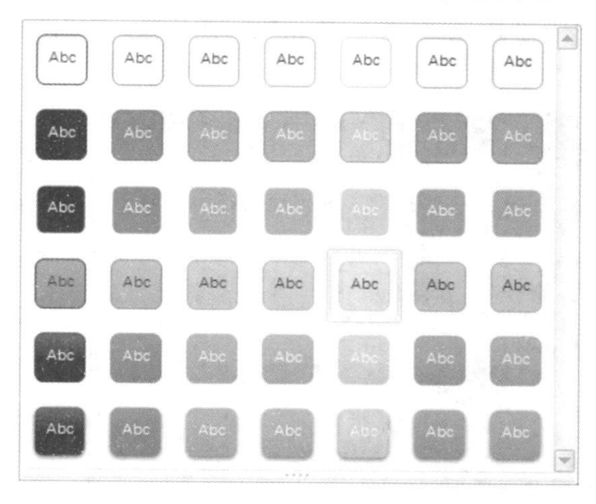

图 2-87　选择形状样式

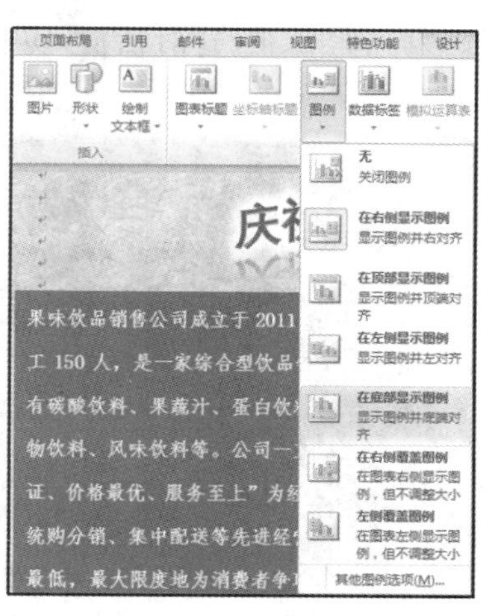

图 2-88　选择“在底部显示图例”命令

STEP 10 选择图表中的文本，在“字体”组中，设置“字体”为“宋体”，设置“字号”分别为“16”和“12”，图表最终效果如图 2-89 所示。

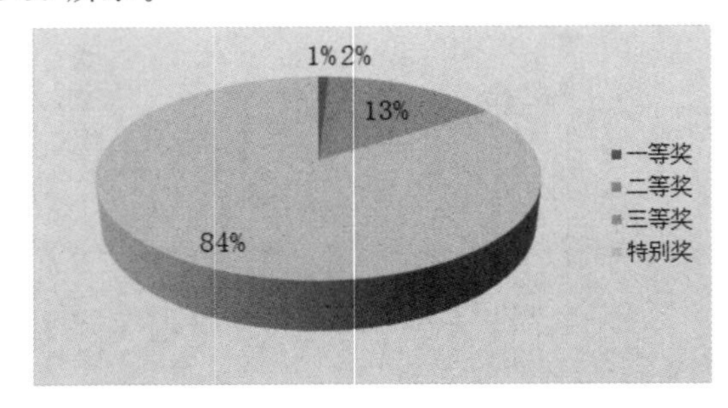

图 2-89 图表最终效果

八、插入图片

STEP 1 在“插入”选项卡的“插图”组中，单击“图片”按钮，弹出“插入图片”对话框，在对应的素材文件夹中，选择“装饰 1”图片，如图 2-90 所示。

STEP 2 单击“插入”按钮，即可插入图片。单击图片，调整新插入图片的位置，如图 2-91 所示。

图 2-90 选择图片

图 2-91 插入图片

STEP 3 选择图片，在“图片工具”下的“格式”选项卡中，单击“排列”组中的“位置”下三角按钮，展开下拉列表，选择“其他布局选项”命令，如图 2-92 所示。

STEP 4 弹出“布局”对话框，切换至“文字环绕”选项卡，然后单击“浮于文字上方”图标，如图 2-93 所示。

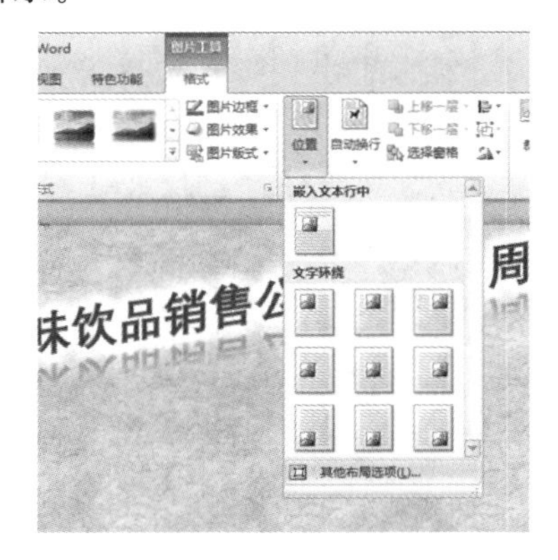

图 2-92 选择“其他布局选项”命令

图 2-93 “布局”对话框

STEP 5 使用同样的方法，在文档中插入其他图片，然后调整图片的大小、位置和环绕方式，如图 2-94 所示。

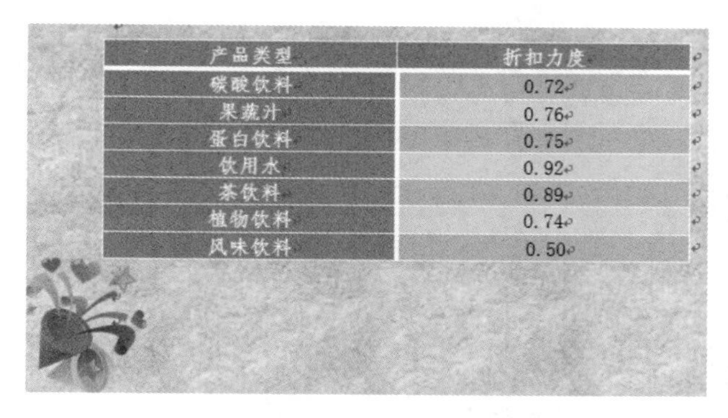

产品类型	折扣力度
碳酸饮料	0.72
果蔬汁	0.76
蛋白饮料	0.75
饮用水	0.92
茶饮料	0.89
植物饮料	0.74
风味饮料	0.50

图 2-94　插入其他图片

九、编辑图片

STEP 1 依次选择文档中新插入的两张图片，在“图片工具”下的“调整”组中，单击“更正”下三角按钮，展开下拉列表，选择“亮度＋20％，对比度＋40％”选项，即可更改图片的亮度与对比度，如图 2-95 所示。

STEP 2 依次选择文档中新插入的两张图片，在“图片工具”下的“调整”组中，单击“艺术效果”下三角按钮，展开下拉列表，选择“纹理化”选项，即可更改图片的艺术效果，如图 2-96 所示。

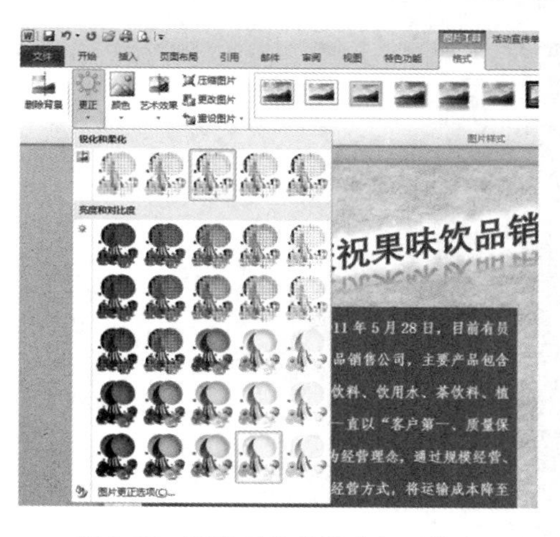

图 2-95　更改图片的亮度与对比度

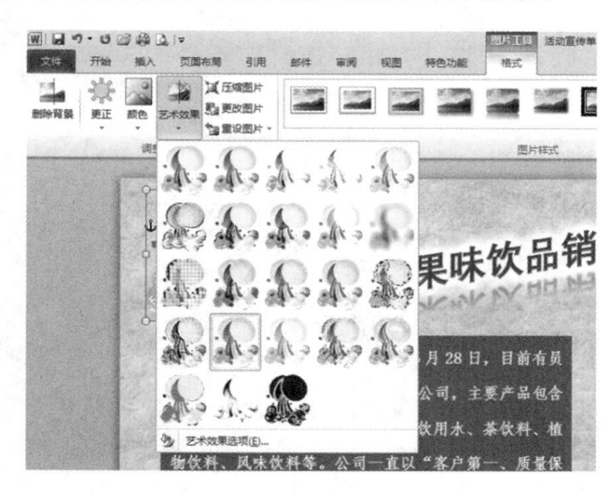

图 2-96　“艺术效果”下拉列表

STEP 3 选择两张图片，在“图片工具”下的“排列”组中，单击“组合”下三角按钮，展开下拉列表，选择“组合”命令，即可组合图片，如图 2-97 所示。

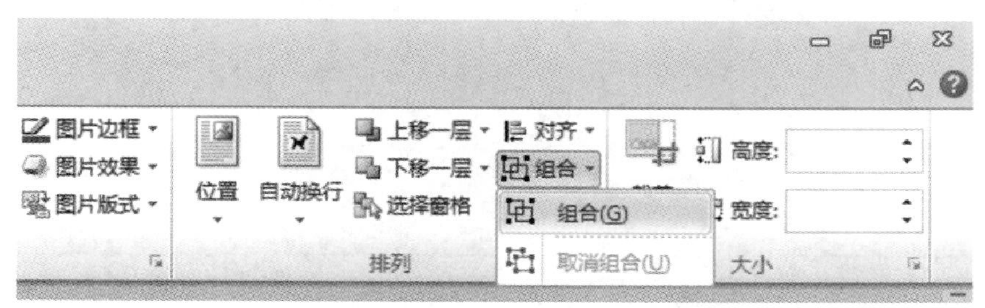

图 2-97　组合图片

十、保存文档

单击“文件”选项卡，进入“文件”界面，选择“保存”命令，弹出“另存为”对话框。设置好保存路径和文件名，单击“保存”按钮，即可保存文档，文档的最终效果如图 2-98 所示。

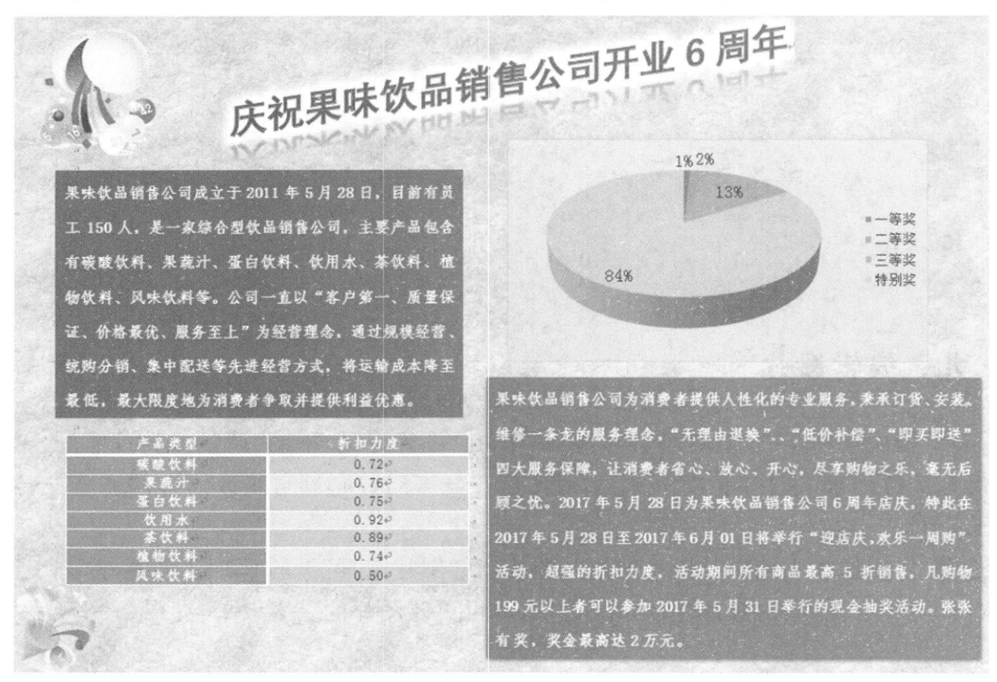

图 2-98　活动宣传单效果图

知识链接

一、插入图片

在文档中插入图片，可以使整个文档更加多彩。在 Word 2010 中，不仅可以插入图片，还可以插入背景图片。Word 2010 支持众多图片格式，如“.jpg”“.jpeg”“.tiff”“.png”及“.bmp”等。

在“插入”选项卡的“插图”组中，单击“图片”按钮，如图 2-99 所示。在弹出的“插入图片”对话框中，选择需要插入的图片，单击“插入”按钮即可。

图 2-99　单击“图片”按钮插入图片

二、插入剪贴画

在文档中，有些内容可以附带剪贴画的形式展现，使文档更生动。在默认情况下，Word 中的剪贴画不会全部显示出来，需要用户使用相关的关键字搜索。用户可以在本地磁盘和 Office. com 网站中进行搜索，其中 Office. com 中提供了大量剪贴画，用户可以在联网状态下搜索并使用这些剪贴画。

在“插入”选项卡的“插图”组中，单击“剪贴画”按钮，弹出“剪贴画”任务窗格，在“搜索文字”编辑框中输入关键词，单击“搜索”按钮，显示搜索结果，并选择合适的剪贴画对象，如图 2-100 所示。单击图片，即可在文档中插入剪贴画。

图 2-100　“剪贴画”任务窗格

三、插入形状

在处理文档的实际工作中，用户常常需要在文档中绘制一些直线或箭头来分隔区域，指示位置。利用“插入”选项卡下“插图”组中的“形状”按钮，用户可以轻松、快速地绘制出各种外观专业、效果生动的图形。对绘制出来的图形可以重新调整其大小，进行旋转、添加颜色等设置，还可以将绘制的图形与其他图形组合，制作出更复杂的图形。

Word 2010 提供了 100 多种能够任意变形的形状工具，用户可以使用这些工具在文档中绘制所需的形状。

在“插入”选项卡的“插图”组中，单击“形状”下三角按钮，展开下拉列表，选择任意形状，这里选择“矩形”形状，如图 2-101 所示，在图像上按住鼠标左键并拖曳，绘制一个矩形形状。

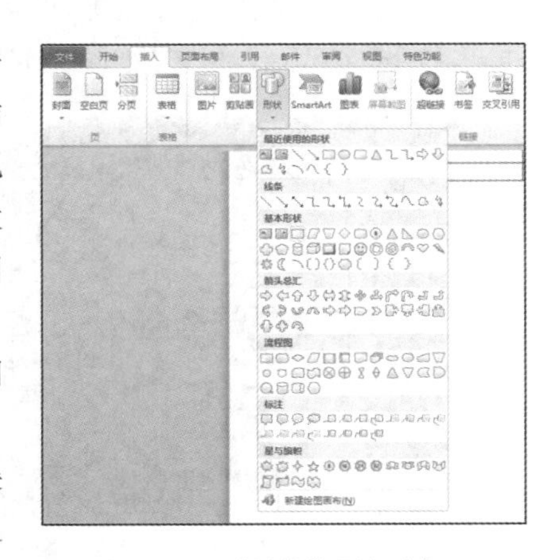

图 2-101　“形状”下拉列表

四、插入 SamrtArt 图形

SmartArt 图形用来表明对象之间的从属关系、层次关系等，在实际工作中经常用到。SmartArt 图形共分为七种类别：列表、流程、循环、层次结构、关系、矩阵和棱锥图。用户可以根据自己的需要创建不同的图形，Word 2010 提供了 115 套不同类型的模板。

在“插入”选项卡的“插图”组中，单击“SmartArt”按钮，弹出“选择 SmartArt 图形”对话框，如图 2-102 所示，在对应的列表框中选择 SmartArt 图形，然后单击“确定”按钮，即可创建 SmartArt 图形。

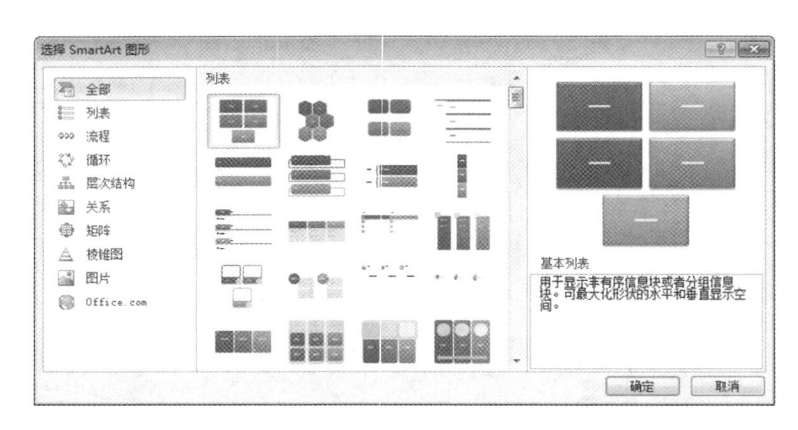

图 2-102 “选择 SmartArt 图形”对话框

五、使用“邮件合并”功能

借用 Word 提供的“邮件合并”功能可以实现批量制作名片卡、邀请函、学生成绩单、信件封面及请帖等。在进行邮件合并操作之前，需要先建立两个文档：一个包括所有文件共有内容的 Word 主文档（如未填写的信封等）和一个包括变化数据的 Excel 文件（填写的收件人、发件人、邮政编码等），然后使用“邮件合并”功能在主文档中插入变化的数据，合成后的文件可以保存为 Word 文档，也可以以邮件形式发给客户。

“邮件合并”功能的应用很简单。在“邮件”选项卡的“开始邮件合并”下拉列表中选择“邮件合并分步向导”命令，如图 2-103 所示；打开“邮件合并”窗格，如图 2-104 所示；根据提示操作，设置好文档类型、合并列表、合并域等，即可完成邮件合并操作。

图 2-103 “开始邮件合并”下拉列表

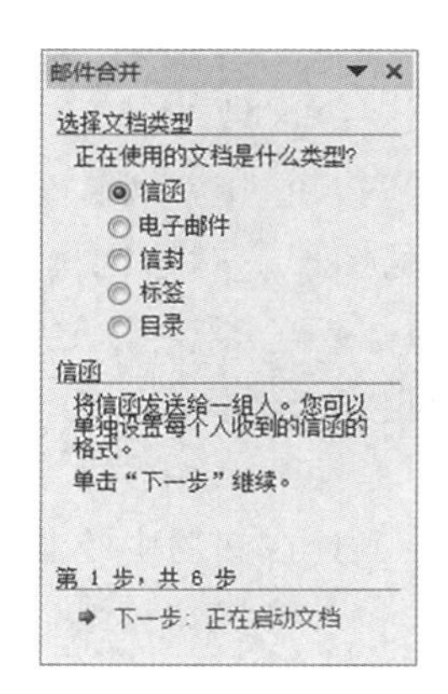

图 2-104 “邮件合并”窗格

任务四　可行性研究报告的审阅和修订

任务描述

可行性研究报告是从事一种经济活动(投资)之前,双方从经济、技术、生产、供销及社会各种环境、法律等各方面进行具体调查、研究、分析,判断有利和不利的因素、项目是否可行,估计成功率大小、经济效益和社会效益,供决策者和主管机关审批的上报文件。在完成可行性研究报告后,由于报告中的文字太多,因此,小黄需要对报告进行逐字审阅,并将错误的地方进行标注和修订。

任务分析

在制作可行性研究报告时,使用“样式”功能为文档的标题和正文套用样式,并使用“批注”和“修订”功能,修订研究报告文档。

任务实现

一、打开文档

STEP 1 在 Word 程序界面中,单击“文件”选项卡,进入“文件”界面,选择“打开”命令,如图 2-105 所示。

STEP 2 弹出“打开”对话框,选择对应文件夹中的“可行性研究报告”文档,单击“打开”按钮,即可打开选择的文档,如图 2-106 所示。

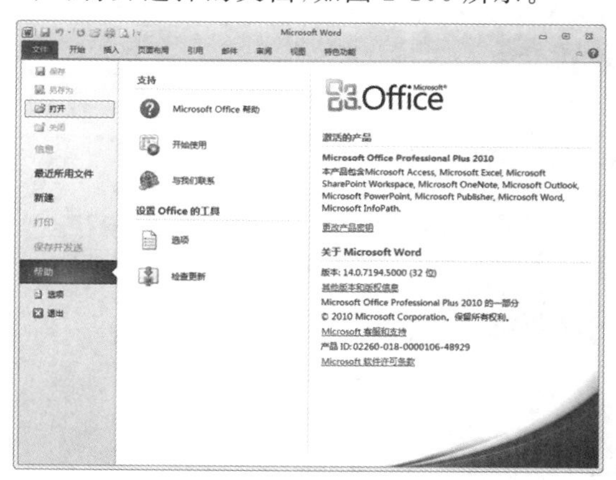

图 2-105　选择“打开”命令

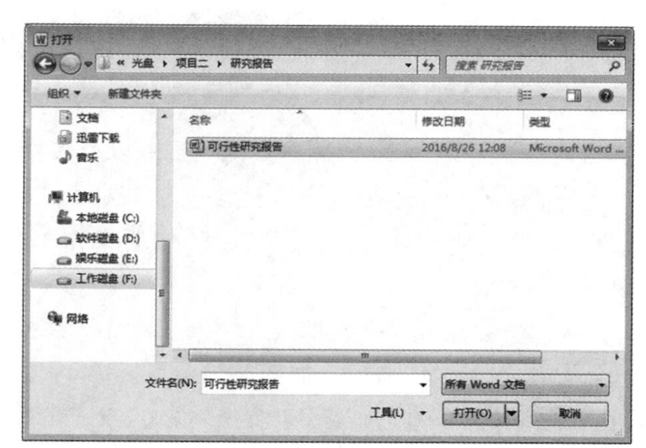

图 2-106　选择文档

STEP 3 完成上述操作后,即可打开文档,如图 2-107 所示。

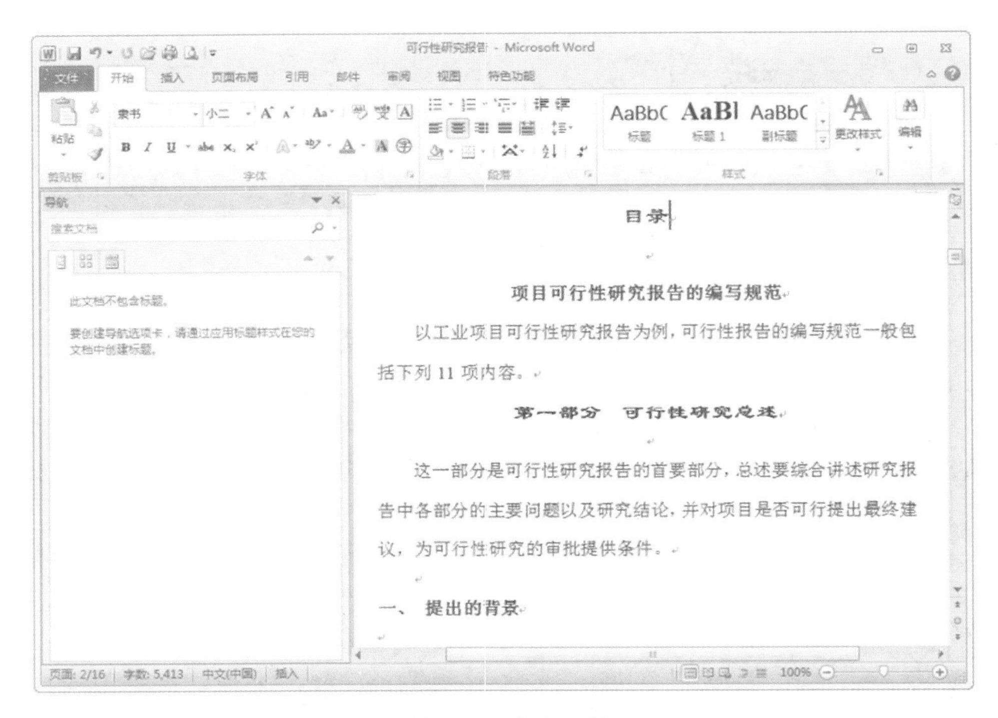

图 2-107　打开文档

二、统一标题样式

STEP 1 选择“第一部分”内容所在的标题文本，在“开始”选项卡的“样式”列表中，选择“将所选内容保存为新快速样式”命令，如图 2-108 所示。

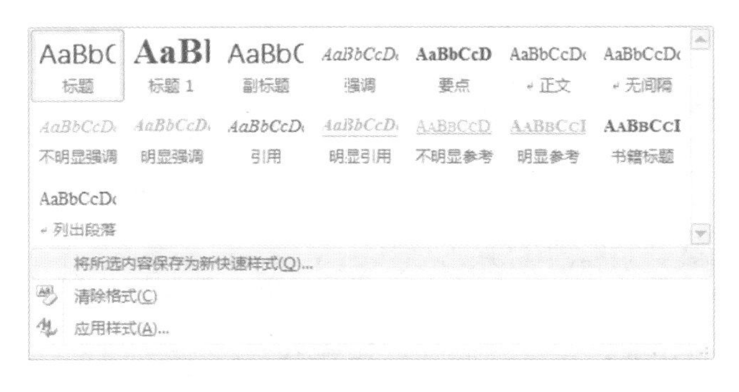

图 2-108　选择“将所选内容保存为新快速样式”命令

STEP 2 弹出“根据格式设置创建新样式”对话框，设置“名称”为“标题样式 1”，然后单击“修改”按钮，如图 2-109 所示。

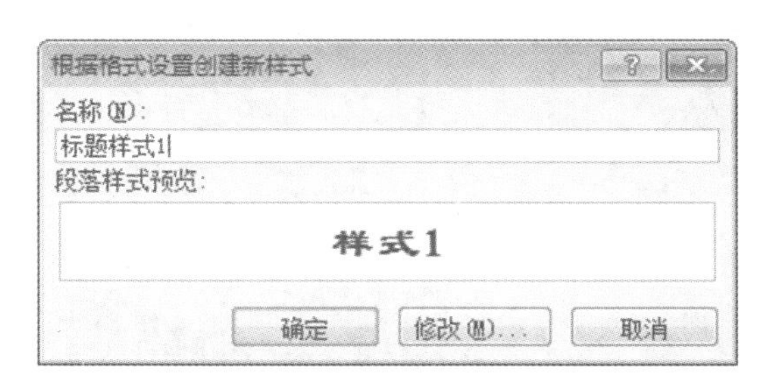

图 2-109　“根据格式设置创新建样式”对话框

STEP 3 设置“样式基准”为“标题”，设置“格式”为“黑体、三号、加粗”，如图 2-110 所示。

STEP 4 在对话框底部，单击“格式”下三角按钮，展开下拉列表，选择“段落”命令，弹出“段落”对话框，设置“段前”为“12 磅”，设置“段后”为“6 磅”，如图 2-111 所示。完成设置后，单击“确定”按钮即可。

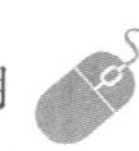

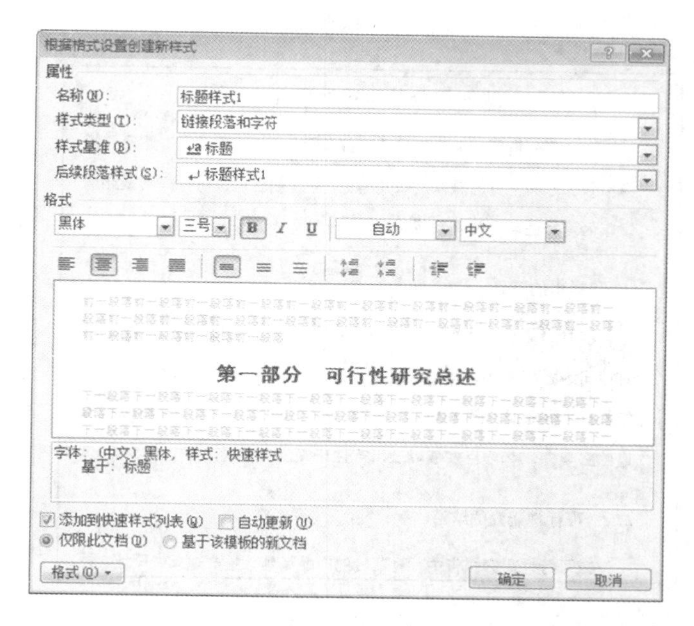

图 2-110　设置格式

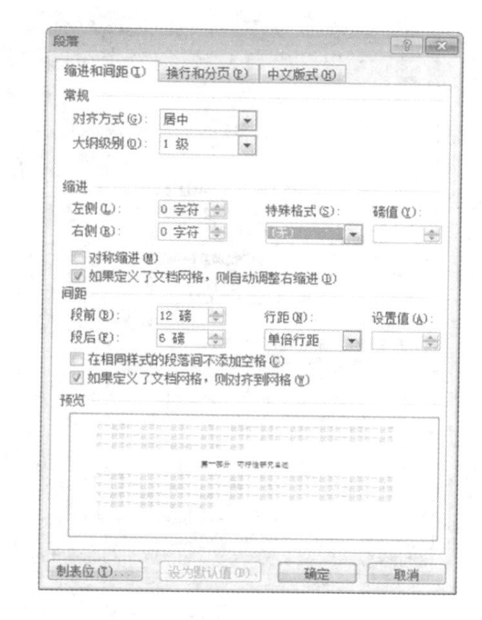

图 2-111　设置段落参数

STEP 5 选择“一、提出的背景”内容所在的标题文本，在“开始”选项卡的“样式”列表中，选择“将所选内容保存为新快速样式”命令。

STEP 6 弹出“根据格式设置创建新样式”对话框，设置“名称”为“标题样式 2”，然后单击“修改”按钮，如图 2-112 所示。

STEP 7 设置“样式基准”为“标题 1”，设置“格式”为“宋体、四号、加粗”，如图 2-113 所示。

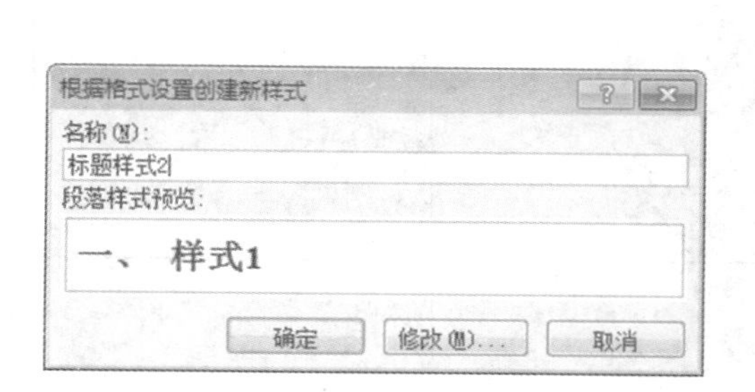

图 2-112　“根据格式设置创建新样式”对话框

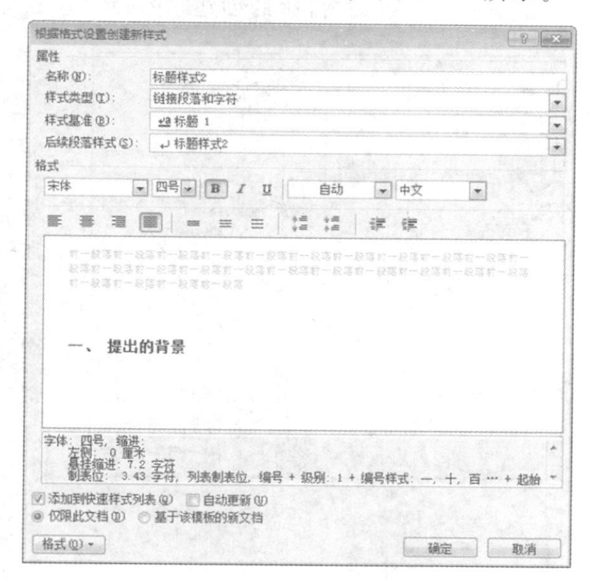

图 2-113　设置格式

STEP 8 在对话框底部，单击“格式”下三角按钮，展开下拉列表，选择“段落”命令，弹出“段落”对话框，设置“段前”为“5 磅”，设置“段后”为“5 磅”，设置“行距”为“1.5 倍行距”，如图 2-114 所示。完成设置后，单击“确定”按钮即可。

STEP 9 依次选择“第二部分”至“第十一部分”的标题文本，为标题文本应用“标题样式 1”样式。依次选择其他的副标题文本，应用“标题样式 2”样式，部分文档效果如图 2-115 所示。

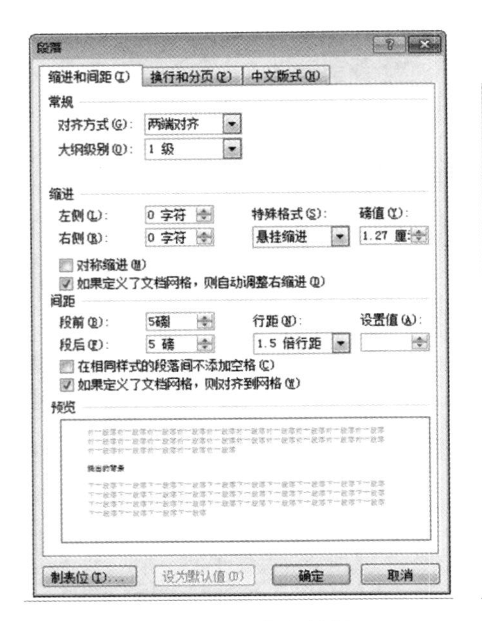

图 2-114 “段落”对话框

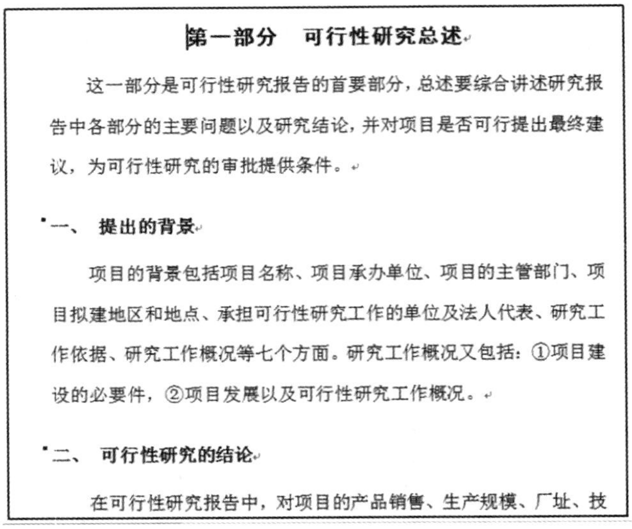

第一部分 可行性研究总述

这一部分是可行性研究报告的首要部分，总述要综合讲述研究报告中各部分的主要问题以及研究结论，并对项目是否可行提出最终建议，为可行性研究的审批提供条件。

一、 提出的背景

项目的背景包括项目名称、项目承办单位、项目的主管部门、项目拟建地区和地点、承担可行性研究工作的单位及法人代表、研究工作依据、研究工作概况等七个方面。研究工作概况又包括：①项目建设的必要件，②项目发展以及可行性研究工作概况。

二、 可行性研究的结论

在可行性研究报告中，对项目的产品销售、生产规模、厂址、技

图 2-115 应用样式后的效果

三、创建分页排版

STEP 1 将光标定位在“目录”文本下方的空行处，在“页面布局”选项卡的“页面设置”组中，单击“分隔符”下三角按钮，展开下拉列表，选择“下一页”命令，如图 2-116 所示。

STEP 2 完成分页排版的创建，并显示“分节符”信息，如图 2-117 所示。

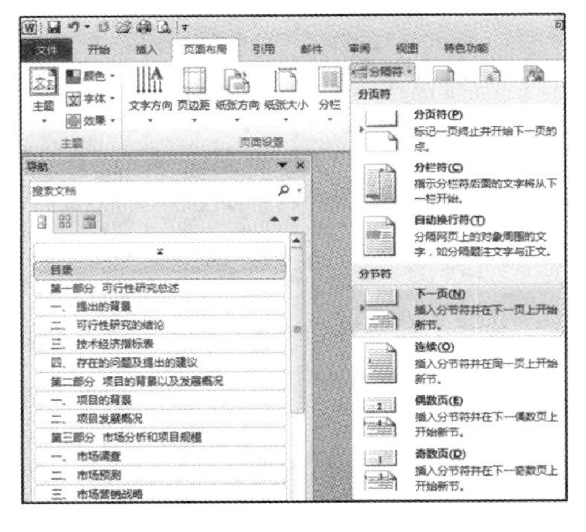

图 2-116 选择“下一页”命令

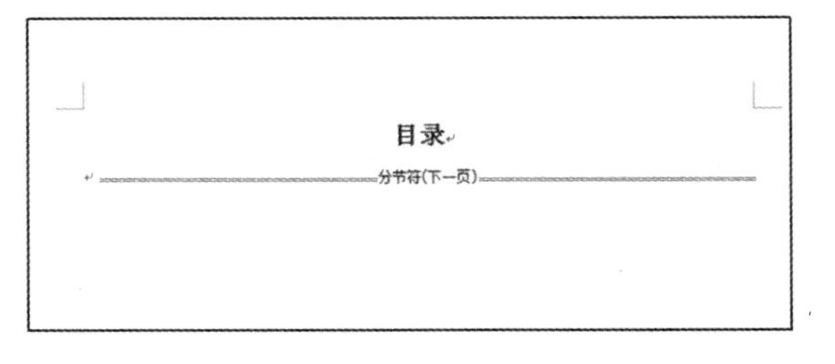

图 2-117 创建分页排版

四、自动生成目录

STEP 1 定位光标，在“引用”选项卡的“目录”组中，单击“目录”下三角按钮，展开下拉列表，选择“插入目录”命令，如图 2-118 所示。

STEP 2 弹出“目录”对话框，设置“显示级别”为“1”，单击“确定”按钮，即可生成目录，如图 2-119 所示。

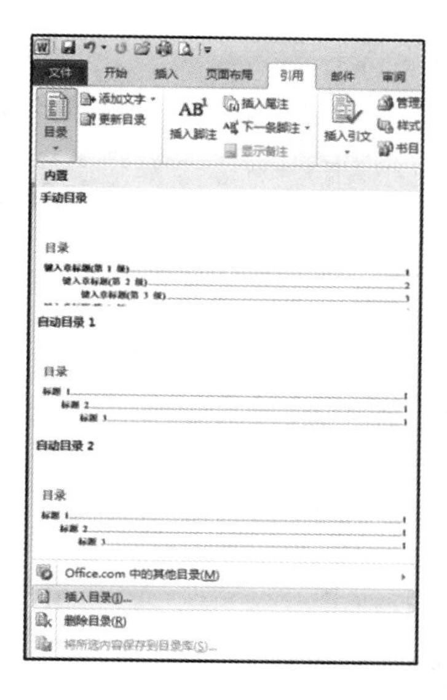

图 2-118　“目录”下拉列表

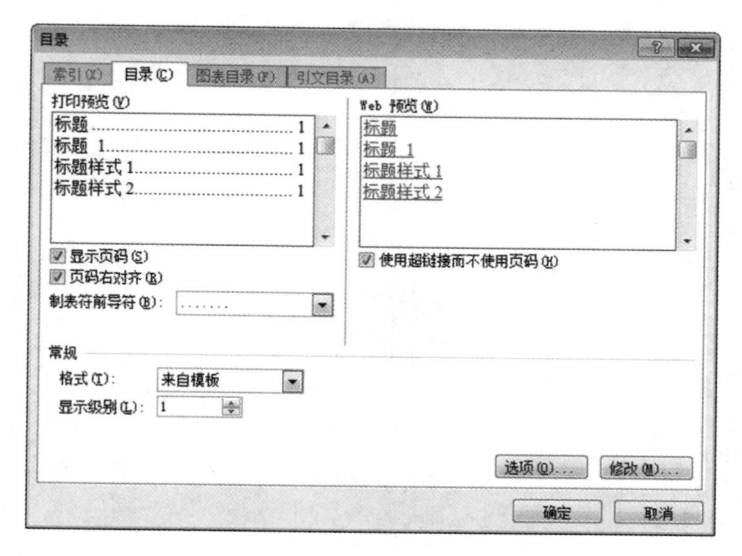

图 2-119　“目录”对话框

STEP 3 目录的文档效果如图 2-120 所示。

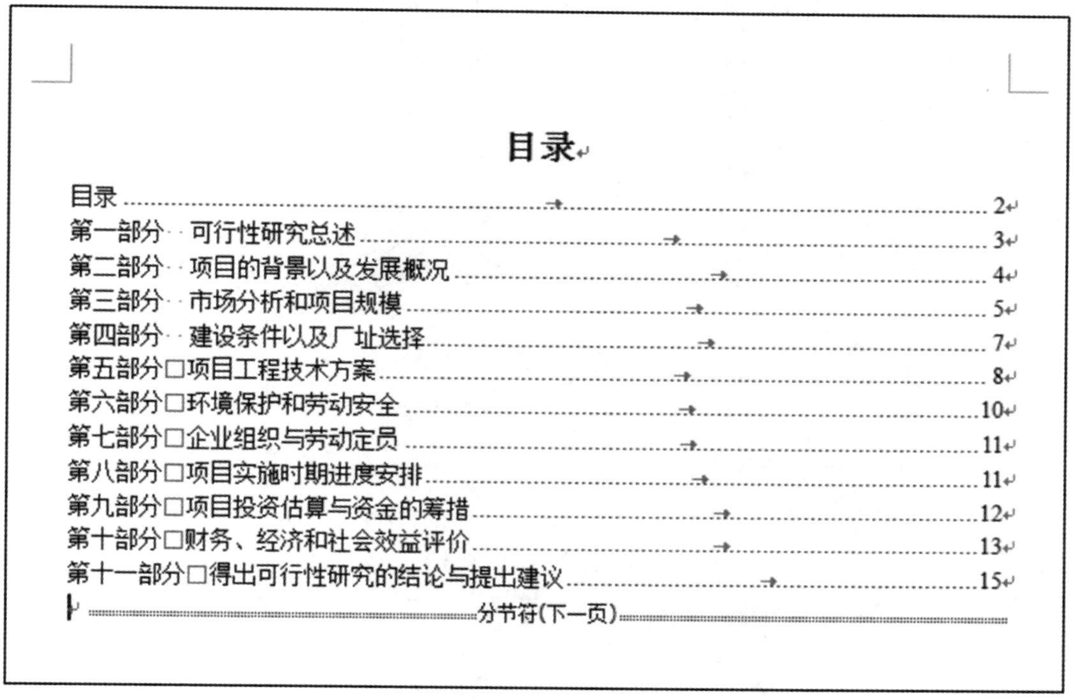

目录

目录 2
第一部分　可行性研究总述 3
第二部分　项目的背景以及发展概况 4
第三部分　市场分析和项目规模 5
第四部分　建设条件以及厂址选择 7
第五部分□项目工程技术方案 8
第六部分□环境保护和劳动安全 10
第七部分□企业组织与劳动定员 11
第八部分□项目实施时期进度安排 11
第九部分□项目投资估算与资金的筹措 12
第十部分□财务、经济和社会效益评价 13
第十一部分□得出可行性研究的结论与提出建议 15
分节符(下一页)

图 2-120　目录效果

五、插入页码

STEP 1 切换至“插入”选项卡，在“页眉和页脚”组中，单击“页脚”下三角按钮，展开下拉列表，选择“空白”页脚样式，如图 2-121 所示。

STEP 2 弹出“页眉和页脚”文本框，在“在此处键入”文本处输入“第　页，共　页”，设置文本的字体格式为“宋体、五号、加粗文本”，然后将文本居中对齐，如图 2-122 所示。

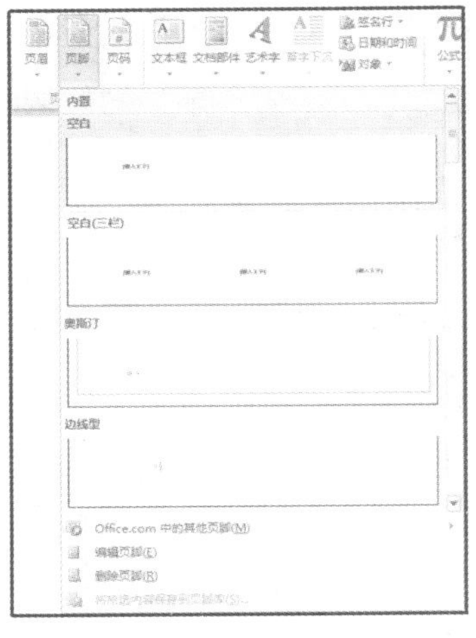

图 2-121　选择“空白”页脚样式

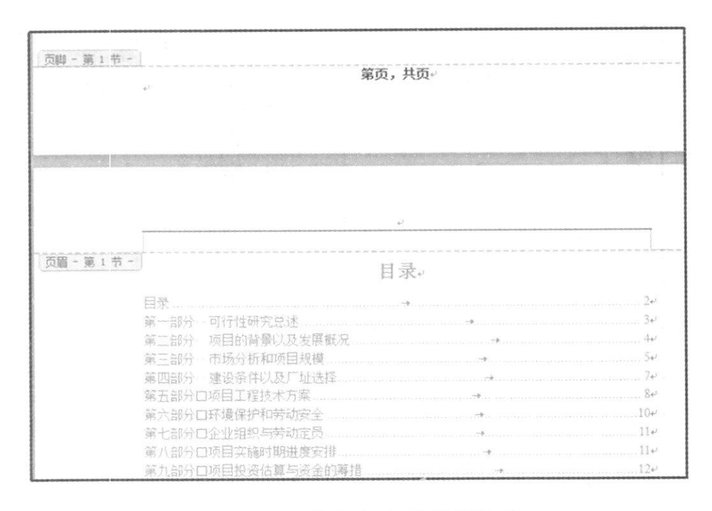

图 2-122　输入文本并设置格式

STEP 3 将光标定位在“第”和“页”文本之间，切换至“插入”选项卡，在“文本”组中，单击“文档部件”下三角按钮，展开下拉列表，选择“域”命令，如图 2-123 所示。

STEP 4 弹出“域”对话框，在“类别”下拉列表框中选择“编号”选项，在“域名”列表框中选择“Page”选项，在“格式”列表框中选择“1，2，3……”选项，如图 2-124 所示，单击“确定”按钮。

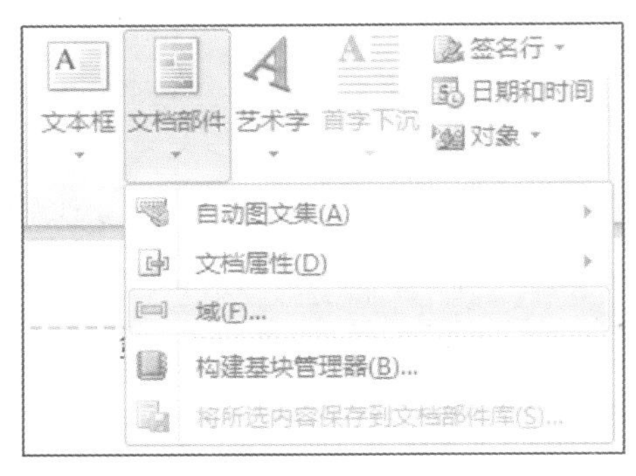

图 2-123　选择“域”命令

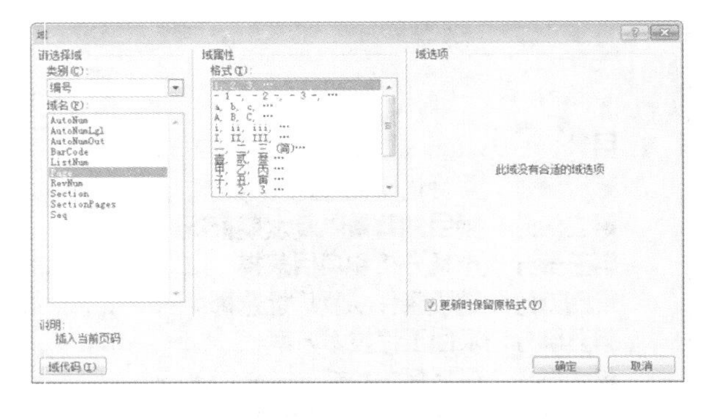

图 2-124　“域”对话框

STEP 5 将光标定位在“共”和“页”文本之间，切换至“插入”选项卡，在“文本”组中，单击“文档部件”下三角按钮，展开下拉列表，选择“域”命令，如图 2-125 所示。

STEP 6 弹出“域”对话框，在“类别”下拉列表框中选择“全部”选项，在“域名”列表框中选择“NumPage”选项，在“格式”列表框中选择“1，2，3……”选项，在“数字格式”列表框中选择“0”选项。

STEP 7 单击“确定”按钮，即可在文本之间添加页码，如图 2-126 所示。

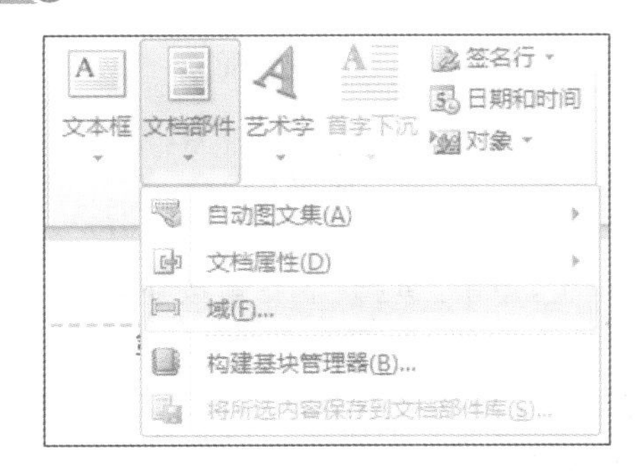

图 2-125　选择“域”命令

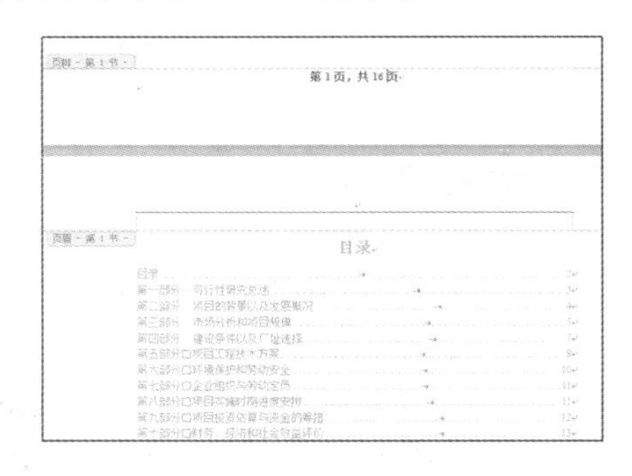

图 2-126　添加页码

六、添加批注

STEP 1 选择第 4 页文档中的重复文本，切换至“审阅”选项卡，在“批注”组中，单击“新建批注”按钮，如图 2-127 所示。

STEP 2 页面右侧出现批注框，在批注框中输入批注的内容，如图 2-128 所示。

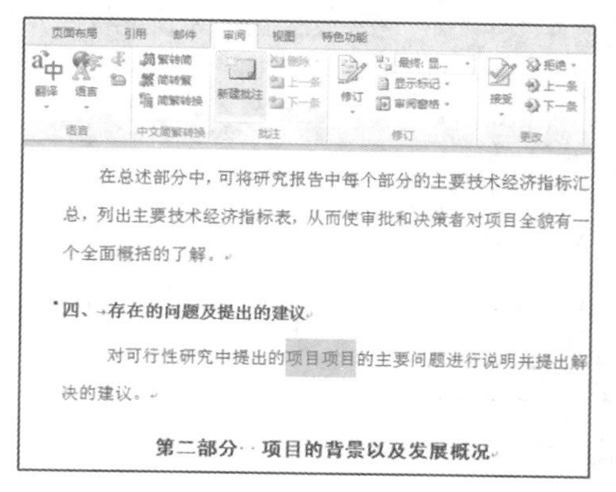

图 2-127　单击“新建批注”按钮

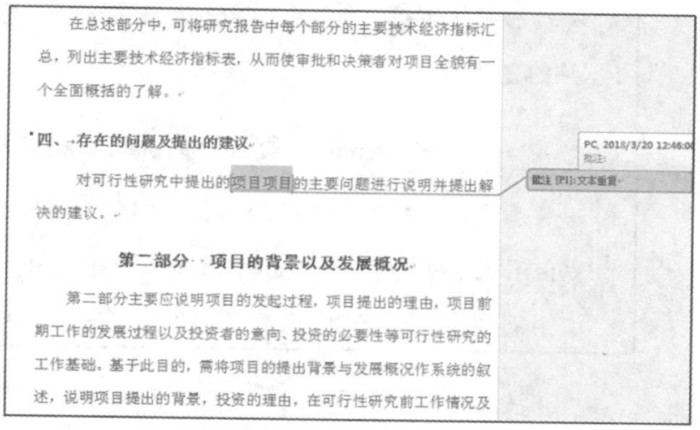

图 2-128　输入批注内容

STEP 3 选择其他的错误文本进行审阅与批注，文档效果如图 2-129 所示。

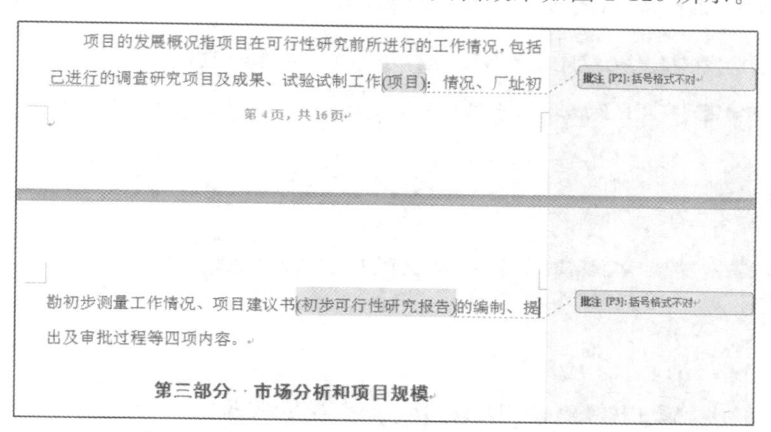

图 2-129　添加其他批注

想一想

在文档中添加批注后，如果需要删除批注，应该怎样操作呢？

选择需要删除的批注文本框，在“审阅”选项卡的“批注”组中，单击“删除”下三角按钮，展开下拉列表，选择“删除文档中的批注”命令即可。

七、修订文档

STEP 1 切换至“审阅”选项卡，在“修订”组中，单击“修订”下三角按钮，展开下拉列表，选择“修订”命令，进入修订状态。

STEP 2 选择第一个批注的文本，对文本内容进行修改，被删除的文字会添加删除线，修改的文字会以红色显示，如图 2-130 所示。

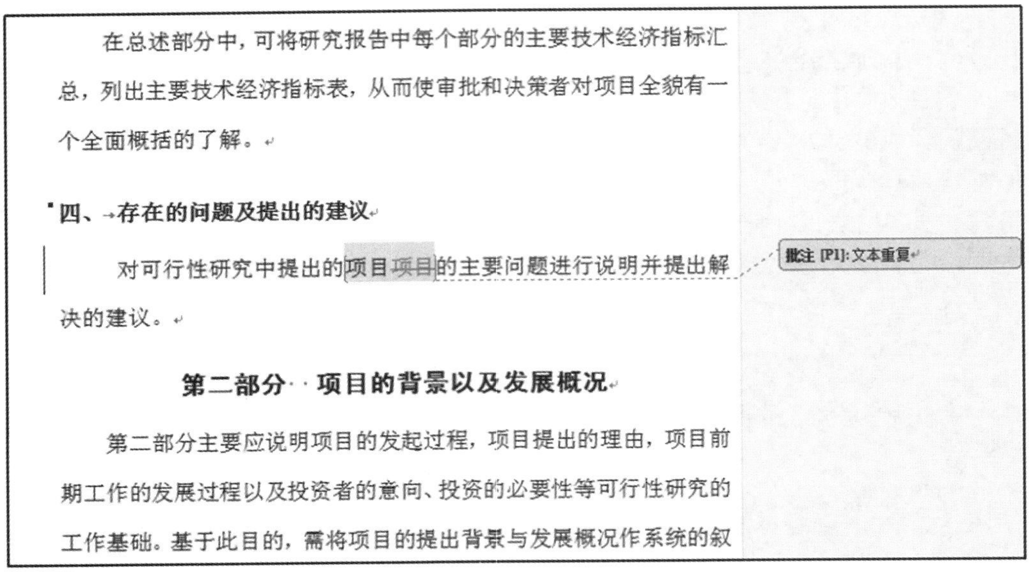

在总述部分中，可将研究报告中每个部分的主要技术经济指标汇总，列出主要技术经济指标表，从而使审批和决策者对项目全貌有一个全面概括的了解。

四、存在的问题及提出的建议

对可行性研究中提出的项目项目的主要问题进行说明并提出解决的建议。

批注 [P1]:文本重复

第二部分　项目的背景以及发展概况

第二部分主要应说明项目的发起过程，项目提出的理由，项目前期工作的发展过程以及投资者的意向、投资的必要性等可行性研究的工作基础。基于此目的，需将项目的提出背景与发展概况作系统的叙

图 2-130　修订文本

STEP 3 选择其他的错误文本进行修订操作，文档效果如图 2-131 所示。

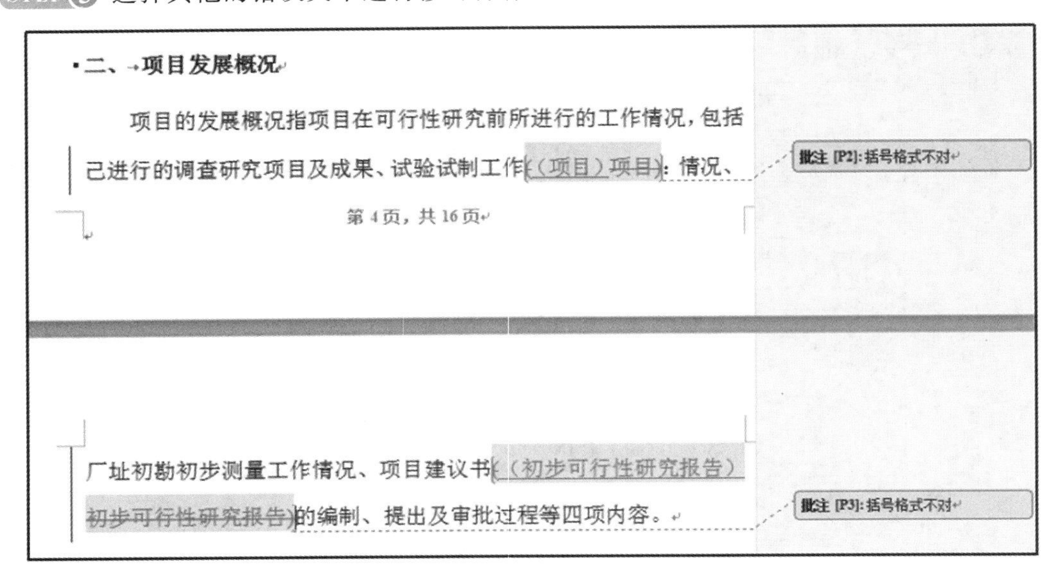
二、项目发展概况

项目的发展概况指项目在可行性研究前所进行的工作情况，包括已进行的调查研究项目及成果、试验试制工作（项目）项目：情况、

批注 [P2]:括号格式不对

第 4 页，共 16 页

厂址初勘初步测量工作情况、项目建议书（初步可行性研究报告）初步可行性研究报告）的编制、提出及审批过程等四项内容。

批注 [P3]:括号格式不对

图 2-131　修订其他文本

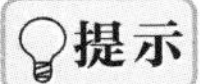
提示

如果想退出文档的修订状态，可以再次单击“修订”按钮。

八、接受文档修订

在“审阅”选项卡的“更改”组中，单击“接受”下三角按钮，展开下拉列表，选择“接受对文档的所有修订”命令，可接受文档的修订，并自动删除批注文本框，如图 2-132 所示。

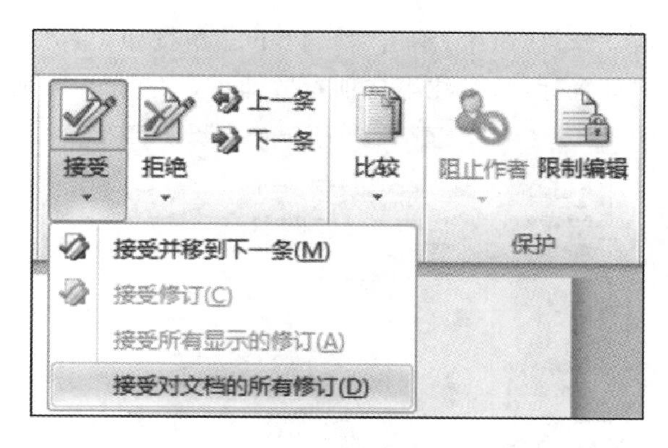

图 2-132　选择“接受对文档的所有修订”命令

九、保存文档

单击“文件”选项卡，进入“文件”界面，选择“保存”命令，即可直接保存文档，部分文档的最终效果如图 2-133 所示。

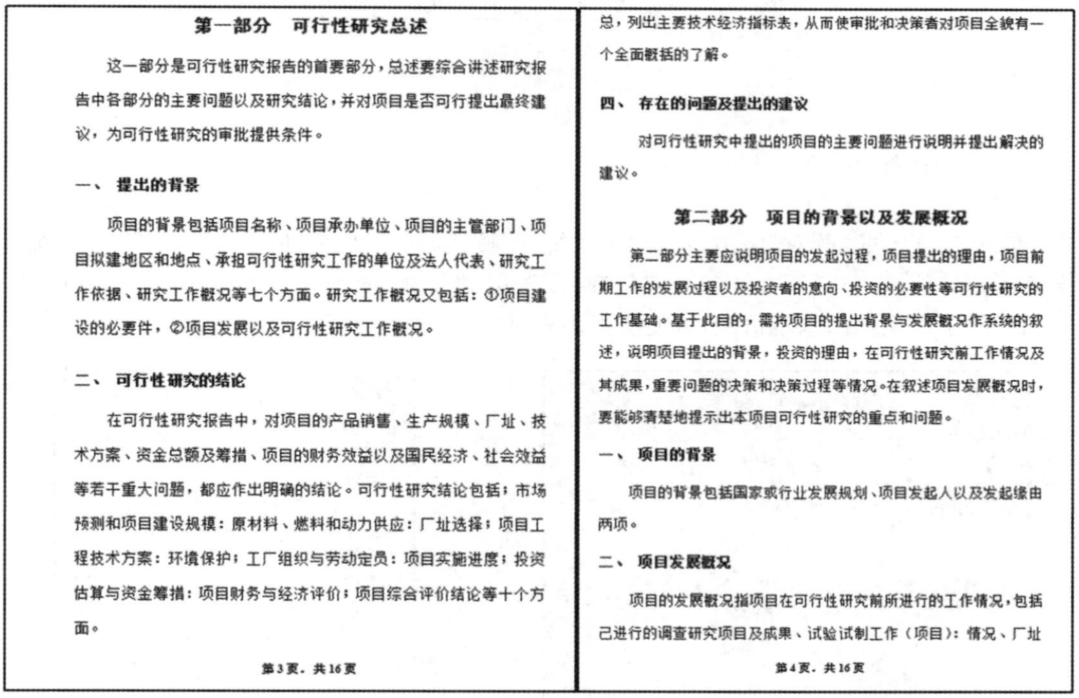

第一部分　可行性研究总述

这一部分是可行性研究报告的首要部分，总述要综合讲述研究报告中各部分的主要问题以及研究结论，并对项目是否可行提出最终建议，为可行性研究的审批提供条件。

一、　提出的背景

项目的背景包括项目名称、项目承办单位、项目的主管部门、项目拟建地区和地点、承担可行性研究工作的单位及法人代表、研究工作依据、研究工作概况等七个方面。研究工作概况又包括：①项目建设的必要件，②项目发展以及可行性研究工作概况。

二、　可行性研究的结论

在可行性研究报告中，对项目的产品销售、生产规模、厂址、技术方案、资金总额及筹措、项目的财务效益以及国民经济、社会效益等若干重大问题，都应作出明确的结论。可行性研究结论包括：市场预测和项目建设规模：原材料、燃料和动力供应：厂址选择：项目工程技术方案：环境保护：工厂组织与劳动定员：项目实施进度：投资估算与资金筹措：项目财务与经济评价：项目综合评价结论等十个方面。

第3页，共16页

总，列出主要技术经济指标表，从而使审批和决策者对项目全貌有一个全面概括的了解。

四、　存在的问题及提出的建议

对可行性研究中提出的项目的主要问题进行说明并提出解决的建议。

第二部分　项目的背景以及发展概况

第二部分主要应说明项目的发起过程，项目提出的理由，项目前期工作的发展过程以及投资者的意向、投资的必要性等可行性研究的工作基础。基于此目的，需将项目的提出背景与发展概况作系统的叙述，说明项目提出的背景，投资的理由，在可行性研究前工作情况及其成果，重要问题的决策和决策过程等情况。在叙述项目发展概况时，要能够清楚地提示出本项目可行性研究的重点和问题。

一、　项目的背景

项目的背景包括国家或行业发展规划、项目发起人以及发起缘由两项。

二、　项目发展概况

项目的发展概况指项目在可行性研究前所进行的工作情况，包括已进行的调查研究项目及成果、试验试制工作（项目）：情况、厂址

第4页，共16页

图 2-133　部分文档效果

知识链接

一、设置修订选项

使用“修订选项”功能可以对文档中的批注、修订文本进行设置，从而得到更为美观的文本修订效果。

切换至“审阅”选项卡，在“修订”组中，单击“修订”下三角按钮，展开下拉列表，选择并打开“修订选项”对话框，在对话框中设置标记、批注等选项参数即可，如图 2-134 所示。

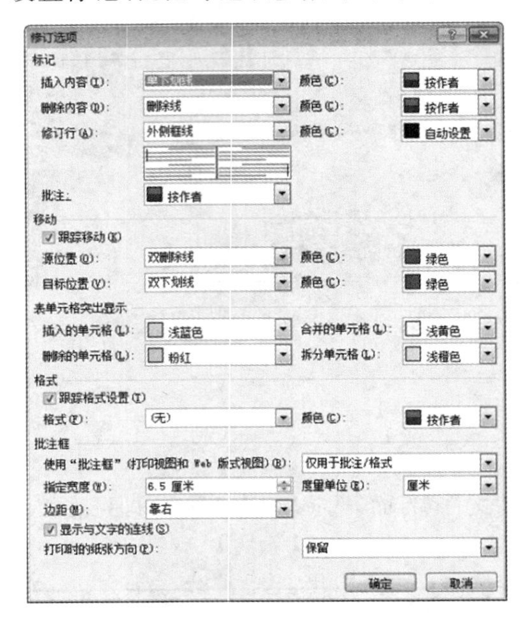

图 2-134 “修订选项”对话框

二、字数统计

在“审阅”选项卡的“校对”组中，单击“字数统计”按钮，如图 2-135 所示。弹出的“字数统计”对话框会显示统计信息，包括页数、字数、字符数、段落数和行数，如图 2-136 所示。“字数统计”功能可以帮助人们了解文档的基本情况，方便版面的安排。

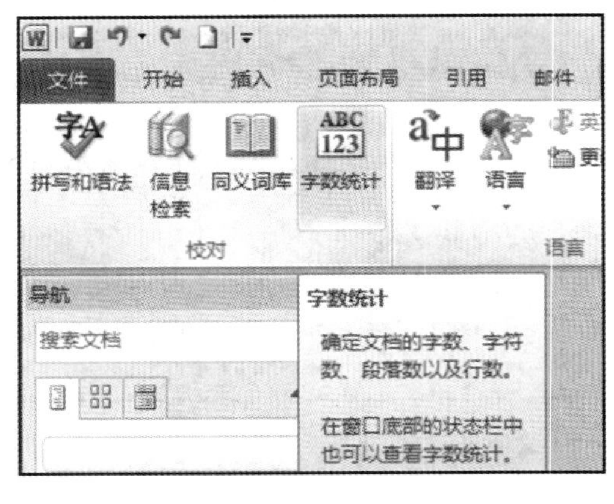

图 2-135 单击“字数统计”按钮

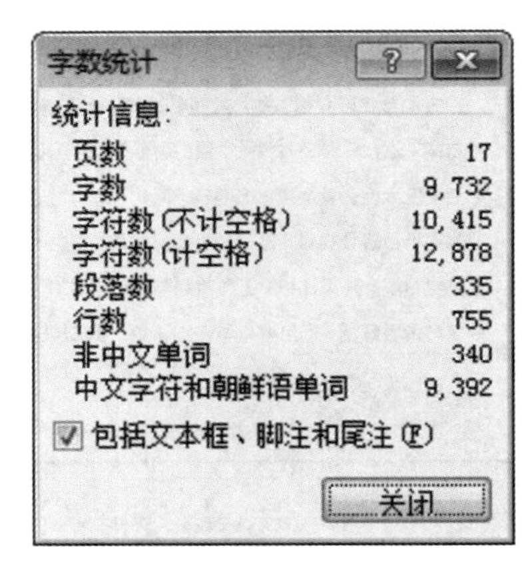

图 2-136 “字数统计”对话框

三、生成 PDF 文件

Adobe 公司的 PDF(portable document format，便携文件格式)格式文件是世界电子版文档分发的实用标准。PDF 格式文件具有许多其他电子文档格式无可比拟的优点，可以将文字、字形、格式、颜色及独立于设备和分辨率的图形图像等封装在一个文件中，该格式文件还可以包含超文本链接、声音和动态影像等电子信息，支持特长文件，集成度和安全可靠性都较高。

在 Word 2010 中可以直接将 Word 文档保存为 PDF 格式。文档编辑完成后，选择“文件”选项卡中的“另存为”命令，在弹出的“另存为”对话框中选择“保存类型”为“PDF(*.pdf)”，即可将 Word 文档保存为 PDF 格式文件。

四、双面打印文档

完成文档的制作后，打印时为了节约纸张，可以使用“双面打印”功能将文档打印出来。

单击“文件”选项卡，打开“打印”选项，单击“单面打印”右侧的下三角按钮，展开下拉列表，选择“手动双面打印”选项，单击“打印”按钮，即可开始打印文档。在打印第二面时，将提示重新加载纸张，如图 2-137 所示。

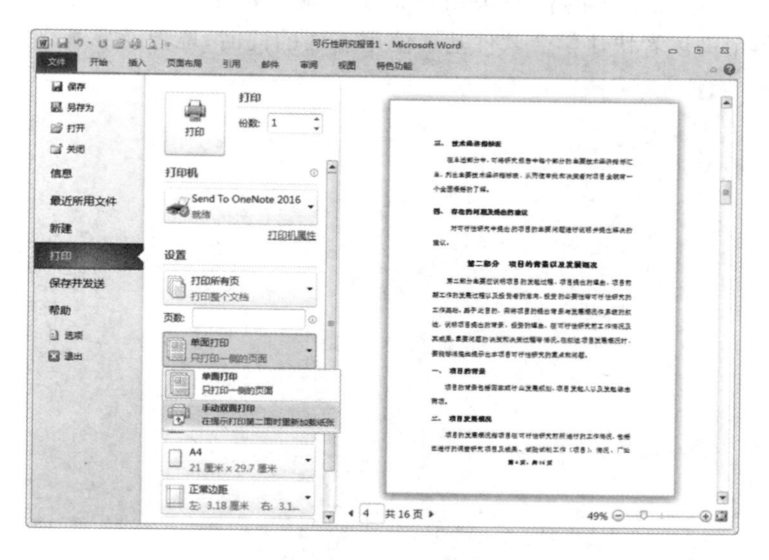

图 2-137 选择“手动双面打印”选项

自主实践活动

根据本项目所学知识，尝试自己制作一份校园特刊文档，文档效果如图 2-138 所示。

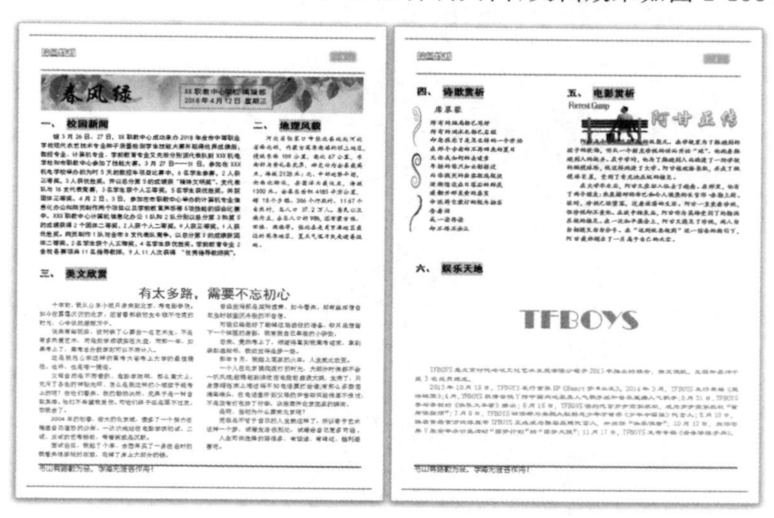

图 2-138 校园特刊效果图

难易指数：★★★★☆
学习目标：掌握新建文档、输入文本、排版文本、插入文本、插入图片等的方法。

项目小结

利用 Word 软件可以快速录入文本，并对录入后的文本进行排版与格式设置，然后在文档中添加图片，以美化文档。本项目中的任务采用知识点讲解与动手练习相结合的方式，详细讲解了 Word 软件的应用，帮助读者快速学会软件基本使用方法的同时，能熟练掌握各类办公和学习文档的制作方法。

项目三

Excel 电子表格的应用

情境描述

Excel 2010 主要用来制作各类电子表格，具有独特的工作界面和更加强大的数据管理功能。为了能够更好地满足日常工作和学习的需要，应熟练地掌握 Excel 2010 的操作。本项目通过制作学生信息表、班级期末成绩表、电器产品销量图表、工资表以及化妆品问卷调查表等五个任务，让读者逐步掌握使用 Excel 2010 进行电子表格处理的基本方法与技巧。

任务一　学生信息表的基本操作

任务描述

每个学生在开学时，都需要填写一张包含性别、年龄、家庭住址和邮政编码等信息的表格，学校为了更好地管理每个学生的家庭基本信息，需要将所有学生的信息统一制作到一张工作表中，方便以后查阅和管理。

任务分析

制作学生信息表时，首先需要新建工作簿，然后在工作簿中输入数据，并设置数据的字体格式，完成学生信息表的制作。

任务实现

一、新建工作簿

STEP 1 启动 Excel 2010 应用程序，在程序界面中，单击“文件”选项卡，选择“新建”命令，在“新建”界面中单击“空白工作簿”图标，并单击“创建”按钮，如图 3-1 所示。

图 3-1　新建工作簿

STEP 2 完成上述操作，即可新建一个空白工作簿，如图 3-2 所示。

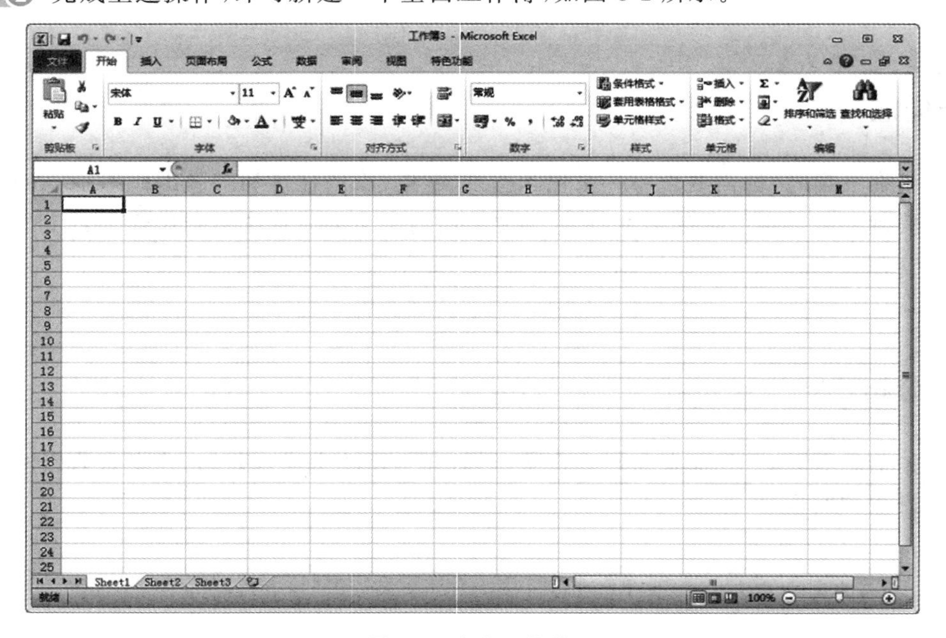

图 3-2　空白工作簿

二、输入文本

STEP 1 选择 A1 单元格，输入文本“学生信息表”，并在“开始”选项卡的“字体”组中，设置字体为“华文新魏、18”，如图 3-3 所示。

STEP 2 选择 A2:J2 单元格区域，依次输入文本“编号”“姓名”“性别”“出生年月”“政治面貌”“籍贯”“所在公寓”“入学成绩”“平均成绩”和“名次”，并在“字体”组中，设置字体为“宋体、12、加粗文本”。

STEP 3 选择 A3 和 A4 单元格，依次输入“1”和“2”。

STEP 4 选择 A3:A19 单元格区域，在“开始”选项卡的“编辑”组中，单击“填充”下三角按钮，展开下拉列表，选择“系列”命令，如图 3-4 所示。

图 3-3　输入文本并设置字体

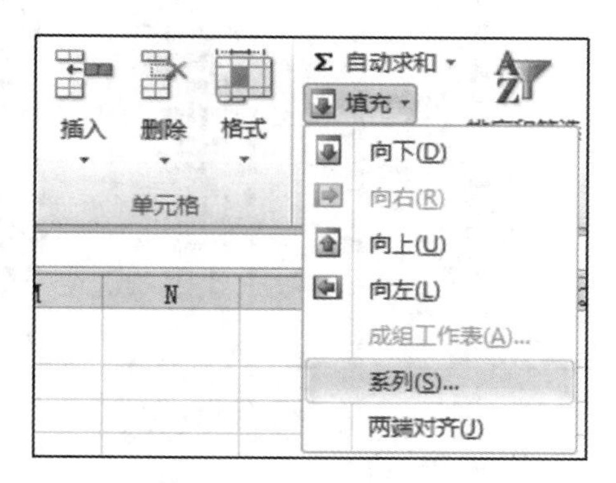

图 3-4　选择“系列”命令

STEP 5 弹出“序列”对话框，选中“列”和“等差序列”单选按钮，单击“确定”按钮，如图 3-5 所示。

STEP 6 完成等差序列数据的填充操作，工作表效果如图 3-6 所示。

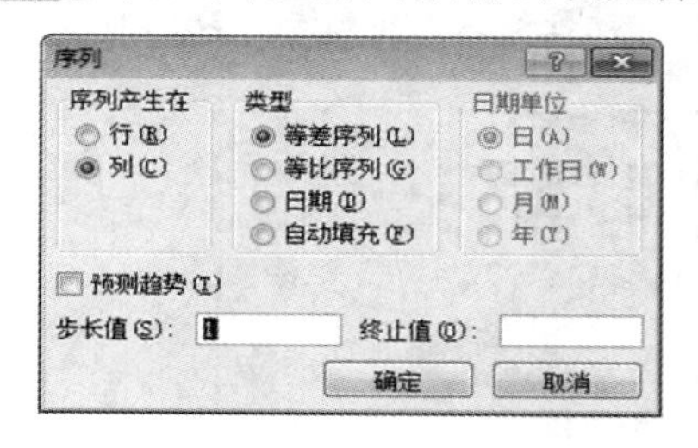

图 3-5　“序列”对话框

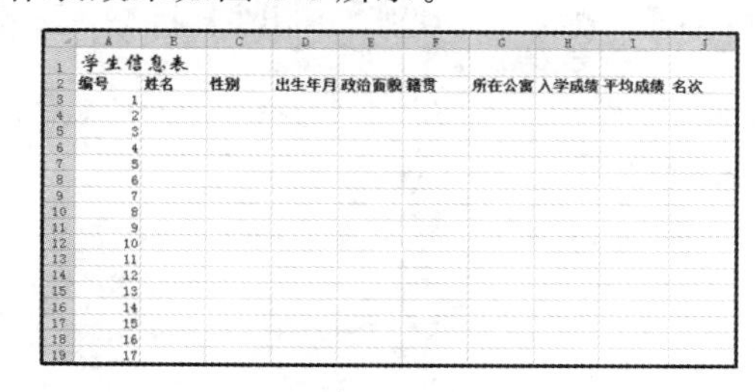

图 3-6　填充等差序列

STEP 7 打开“素材\项目三\学生信息表\信息表数据. txt”文本文档，将文本文档中的数据复制粘贴至工作表的 B3:H19 单元格区域中，工作表效果如图 3-7 所示。

	A	B	C	D	E	F	G	H	I	J
1	学生信息表									
2	编号	姓名	性别	出生年月	政治面貌	籍贯	所在公寓	入学成绩	平均成绩	名次
3	1	高小英	女	########	党员	山东省滨州	19#N713	639		
4	2	黄艳霞	女	########	党员	山东省济宁	19#N713	599		
5	3	陈丽娜	女	1983/2/9	团员	河北省廊坊	19#N713	596		
6	4	王丽	女	1982/7/6	团员	河北省廊坊	19#N713	595		
7	5	周立新	男	1981/9/9	党员	山东省荷泽	17#E103	616		
8	6	张琳	女	########	党员	云南省大理	17#E103	611		
9	7	马思婷	女	########	团员	甘肃省天水	18#E605	609		
10	8	郑艳	女	########	党员	浙江省嘉兴	19#N713	588		
11	9	胡强	男	########	党员	江苏省杭州	19#N713	587		
12	10	马春铃	女	########	团员	山东省荷泽	19#N713	568		
13	11	王妤	女	########	党员	江西省南昌	19#N713	565		
14	12	田玉清	男	########	团员	山西省阳泉	18#E605	603		
15	13	白新源	男	########	党员	吉林省九台	18#E605	602		
16	14	张心心	女	########	团员	云南省大理	18#E605	601		
17	15	马依兰	男	########	党员	甘肃省天水	17#E103	640		
18	16	方建华	男	1981/7/2	团员	山西省阳泉	17#E103	637		
19	17	张可信	男	1981/6/1	党员	河北省唐山	17#E103	618		

图 3-7　复制粘贴数据

三、调整表格行高和列宽

STEP 1 选择第 2 行，右击打开快捷菜单，选择“行高”命令，如图 3-8 所示。

STEP 2 弹出“行高”对话框，设置“行高”参数为“18”，单击“确定”按钮，调整表格的行高，如图 3-9 所示。

图 3-8 选择“行高”命令

图 3-9 “行高”对话框

STEP 3 继续选择第 3～19 行，右击打开快捷菜单，选择“行高”命令，弹出“行高”对话框，设置“行高”为“16”，单击“确定”按钮，调整表格的行高，表格效果如图 3-10 所示。

	A	B	C	D	E	F	G	H	I	J
1	学生信息表									
2	编号	姓名	性别	出生年月	政治面貌	籍贯	所在公寓	入学成绩	平均成绩	名次
3	1	高小英	女	########	党员	山东省滨州	19#N713	639		
4	2	黄艳霞	女	########	党员	山东省济宁	19#N713	599		
5	3	陈丽娜	女	1983/2/9	团员	河北省廊坊	19#N713	596		
6	4	王丽	女	1982/7/6	团员	河北省廊坊	19#N713	595		
7	5	周立新	男	1981/9/9	党员	山东省荷泽	17#E103	616		
8	6	张琳	女	########	党员	云南省大理	17#E103	611		
9	7	马思婷	女	########	团员	甘肃省天水	18#E605	609		
10	8	郑艳	女	########	党员	浙江省嘉兴	19#N713	588		
11	9	胡强	男	########	党员	江苏省杭州	19#N713	587		
12	10	马春铃	女	########	团员	山东省荷泽	19#N713	568		
13	11	王妤	女	########	党员	江西省南昌	19#N713	565		
14	12	田玉清	男	########	团员	山西省阳泉	18#E605	603		
15	13	白新源	男	########	党员	吉林省九台	18#E605	602		
16	14	张心心	女	########	团员	云南省大理	18#E605	601		
17	15	马依兰	男	########	党员	甘肃省天水	17#E103	640		
18	16	方建华	男	1981/7/2	团员	山西省阳泉	17#E103	637		
19	17	张可信	男	1981/6/1	党员	河北省唐山	17#E103	618		

图 3-10 调整表格行高

STEP 4 选择 A 列对象，右击打开快捷菜单，选择“列宽”命令，如图 3-11 所示。

STEP 5 弹出“列宽”对话框，设置“列宽”为“4.5”，单击“确定”按钮，调整选择列的列宽，如图 3-12 所示。

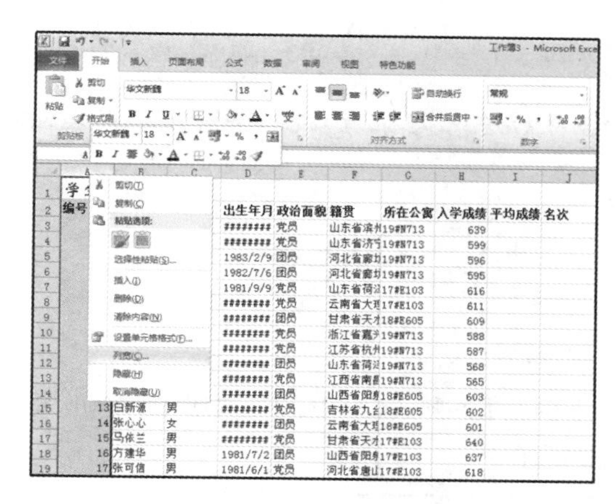

图 3-11　选择“列宽”命令

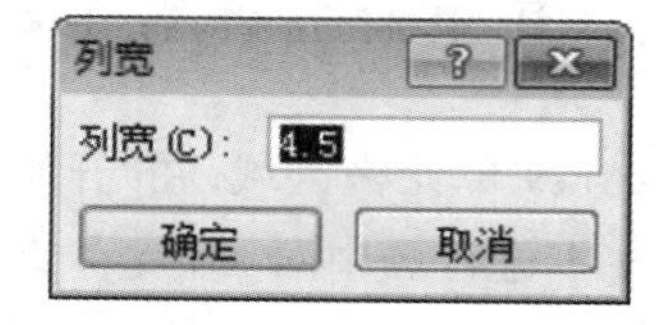

图 3-12　“列宽”对话框

STEP 6　参照 STEP4 和 STEP5 的操作方法，依次调整其他列的列宽参数，工作表效果如图 3-13 所示。

	A	B	C	D	E	F	G	H	I	J
1	学生信息表									
2	编号	姓名	性别	出生年月	政治面貌	籍贯	所在公寓	入学成绩	平均成绩	名次
3	1	高小英	女	1982/5/13	党员	山东省滨州市无棣县	19#N713	639		
4	2	黄艳霞	女	1981/2/18	党员	山东省济宁市开发区	19#N713	599		
5	3	陈丽娜	女	1983/2/9	团员	河北省廊坊市	19#N713	596		
6	4	王丽	女	1982/7/6	团员	河北省廊坊市	19#N713	595		
7	5	周立新	男	1981/9/9	党员	山东省荷泽市郓城县	17#E103	616		
8	6	张琳	女	1982/5/18	党员	云南省大理市永平镇	17#E103	611		
9	7	马思婷	女	1984/9/20	团员	甘肃省天水市成县	18#E605	609		
10	8	郑艳	女	1982/7/13	党员	浙江省嘉兴市	19#N713	588		
11	9	胡强	男	1983/9/10	党员	江苏省杭州市	19#N713	587		
12	10	马春铃	女	1982/12/21	团员	山东省荷泽市郓城县	19#N713	568		
13	11	王妤	女	1982/3/14	党员	江西省南昌市	19#N713	565		
14	12	田玉清	男	1980/7/19	团员	山西省阳泉市	18#E605	603		
15	13	白新源	男	1982/6/25	党员	吉林省九台市	18#E605	602		
16	14	张心心	女	1982/12/17	团员	云南省大理市永平镇	18#E605	601		
17	15	马依兰	男	1982/8/15	党员	甘肃省天水市成县	17#E103	640		
18	16	方建华	男	1981/7/2	团员	山西省阳泉市	17#E103	637		
19	17	张可信	男	1981/6/1	党员	河北省唐山市玉田县	17#E103	618		

图 3-13　调整表格列宽

四、合并单元格

选择 A1:J1 单元格区域，在“开始”选项卡的“对齐方式”组中，单击“合并后居中”按钮，合并选择的单元格区域，如图 3-14 所示。

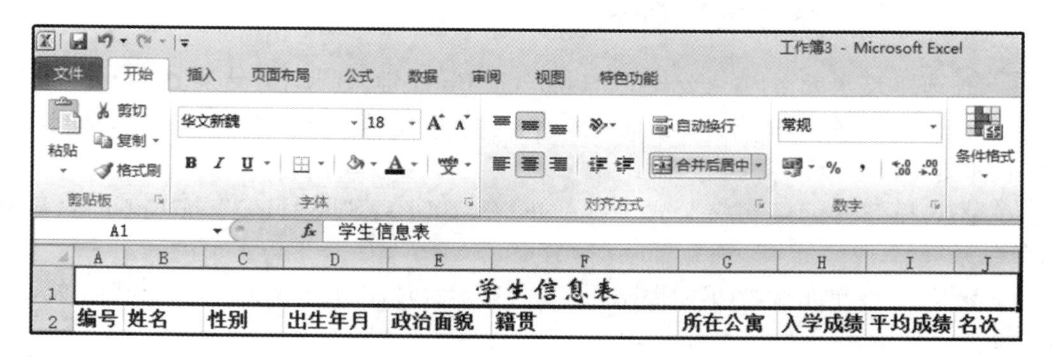

图 3-14　合并单元格

> 💡**提示**
>
> 如果需要拆分单元格，则可以单击“合并后居中”下三角按钮，展开下拉列表，选择“取消单元格合并”命令。

五、居中对齐表格文本

选择 A2:J19 单元格区域，在“开始”选项卡的“对齐方式”组中，单击“居中”按钮，将选择的单元格区域内的文本进行居中对齐，效果如图 3-15 所示。

	A	B	C	D	E	F	G	H	I	J
1	学生信息表									
2	编号	姓名	性别	出生年月	政治面貌	籍贯	所在公寓	入学成绩	平均成绩	名次
3	1	高小英	女	1982/5/13	党员	山东省滨州市无棣县	19#N713	639		
4	2	黄艳霞	女	1981/2/18	党员	山东省济宁市开发区	19#N713	599		
5	3	陈丽娜	女	1983/2/9	团员	河北省廊坊市	19#N713	596		
6	4	王丽	女	1982/7/6	团员	河北省廊坊市	19#N713	595		
7	5	周立新	男	1981/9/9	党员	山东省荷泽市郓城县	17#E103	616		
8	6	张琳	女	1982/5/18	党员	云南省大理市永平镇	17#E103	611		
9	7	马思婷	女	1984/9/20	团员	甘肃省天水市成县	18#E605	609		
10	8	郑艳	女	1982/7/13	党员	浙江省嘉兴市	19#N713	588		
11	9	胡强	男	1983/9/10	党员	江苏省杭州市	19#N713	587		
12	10	马春铃	女	1982/12/21	团员	山东省荷泽市郓城县	19#N713	568		
13	11	王妤	女	1982/3/14	党员	江西省南昌市	19#N713	565		
14	12	田玉清	男	1980/7/19	团员	山西省阳泉市	18#E605	603		
15	13	白新源	男	1982/6/25	党员	吉林省九台市	18#E605	602		
16	14	张心心	女	1982/12/17	团员	云南省大理市永平镇	18#E605	601		
17	15	马依兰	男	1982/8/15	党员	甘肃省天水市成县	17#E103	640		
18	16	方建华	男	1981/7/2	团员	山西省阳泉市	17#E103	637		
19	17	张可信	男	1981/6/1	党员	河北省唐山市玉田县	17#E103	618		

图 3-15　居中对齐表格文本

> 💡**提示**
>
> 在对齐表格中的数据时，在“对齐方式”组中，单击“左对齐”按钮，可左对齐表格文本；单击“右对齐”按钮，可右对齐表格文本。

六、计算平均成绩与名次

STEP 1 选择 I3 单元格，输入公式“=H3/5”，按 Enter 键，显示计算结果。

STEP 2 选择 I3 单元格，当鼠标指针呈黑色十字形状时，向下拖曳鼠标，填充其他单元格中的平均成绩，如图 3-16 所示。

STEP 3 选择 J3 单元格，输入公式“=RANK(I3,$I$3:$I$19,0)”，按 Enter 键，显示出名次的计算结果。

STEP 4 选择 J3 单元格，当鼠标指针呈黑色十字形状时，向下拖曳鼠标，填充其他单元格中的名次，如图 3-17 所示。

	A	B	C	D	E	F	G	H	I	J
1	学生信息表									
2	编号	姓名	性别	出生年月	政治面貌	籍贯	所在公寓	入学成绩	平均成绩	名次
3	1	高小英	女	1982/5/13	党员	山东省滨州市无棣县	19#N713	639	127.8	
4	2	黄艳霞	女	1981/2/18	党员	山东省济宁市开发区	19#N713	599	119.8	
5	3	陈丽娜	女	1983/2/9	团员	河北省廊坊市	19#N713	596	119.2	
6	4	王丽	女	1982/7/6	团员	河北省廊坊市	19#N713	595	119	
7	5	周立新	男	1981/9/9	党员	山东省荷泽市郓城县	17#E103	616	123.2	
8	6	张琳	女	1982/5/18	党员	云南省大理市永平镇	17#E103	611	122.2	
9	7	马思婷	女	1984/9/20	团员	甘肃省天水市成县	18#E605	609	121.8	
10	8	郑艳	女	1982/7/13	党员	浙江省嘉兴市	19#N713	588	117.6	
11	9	胡强	男	1983/9/10	党员	江苏省杭州市	19#N713	587	117.4	
12	10	马春铃	女	1982/12/21	团员	山东省荷泽市郓城县	19#N713	568	113.6	
13	11	王妤	女	1982/3/14	党员	江西省南昌市	19#N713	565	113	
14	12	田玉清	男	1980/7/19	团员	山西省阳泉市	18#E605	603	120.6	
15	13	白新源	男	1982/6/25	党员	吉林省九台市	18#E605	602	120.4	
16	14	张心心	女	1982/12/17	团员	云南省大理市永平镇	18#E605	601	120.2	
17	15	马依兰	男	1982/8/15	党员	甘肃省天水市成县	17#E103	640	128	
18	16	方建华	男	1981/7/2	团员	山西省阳泉市	17#E103	637	127.4	
19	17	张可信	男	1981/6/1	党员	河北省唐山市玉田县	17#E103	618	123.6	

图 3-16　计算平均成绩

	A	B	C	D	E	F	G	H	I	J
1	学生信息表									
2	编号	姓名	性别	出生年月	政治面貌	籍贯	所在公寓	入学成绩	平均成绩	名次
3	1	高小英	女	1982/5/13	党员	山东省滨州市无棣县	19#N713	639	127.8	2
4	2	黄艳霞	女	1981/2/18	党员	山东省济宁市开发区	19#N713	599	119.8	11
5	3	陈丽娜	女	1983/2/9	团员	河北省廊坊市	19#N713	596	119.2	12
6	4	王丽	女	1982/7/6	团员	河北省廊坊市	19#N713	595	119	13
7	5	周立新	男	1981/9/9	党员	山东省荷泽市郓城县	17#E103	616	123.2	5
8	6	张琳	女	1982/5/18	党员	云南省大理市永平镇	17#E103	611	122.2	6
9	7	马思婷	女	1984/9/20	团员	甘肃省天水市成县	18#E605	609	121.8	7
10	8	郑艳	女	1982/7/13	党员	浙江省嘉兴市	19#N713	588	117.6	14
11	9	胡强	男	1983/9/10	党员	江苏省杭州市	19#N713	587	117.4	15
12	10	马春铃	女	1982/12/21	团员	山东省荷泽市郓城县	19#N713	568	113.6	16
13	11	王妤	女	1982/3/14	党员	江西省南昌市	19#N713	565	113	17
14	12	田玉清	男	1980/7/19	团员	山西省阳泉市	18#E605	603	120.6	8
15	13	白新源	男	1982/6/25	党员	吉林省九台市	18#E605	602	120.4	9
16	14	张心心	女	1982/12/17	团员	云南省大理市永平镇	18#E605	601	120.2	10
17	15	马依兰	男	1982/8/15	党员	甘肃省天水市成县	17#E103	640	128	1
18	16	方建华	男	1981/7/2	团员	山西省阳泉市	17#E103	637	127.4	3
19	17	张可信	男	1981/6/1	党员	河北省唐山市玉田县	17#E103	618	123.6	4

图 3-17　计算名次

七、添加边框

STEP 1　选择 A2:J19 单元格区域，在“开始”选项卡的“字体”组中，单击“边框”下三角按钮，展开下拉列表，选择“所有框线”命令，添加边框，如图 3-18 所示。

STEP 2　选择 A2:J19 单元格区域，在“开始”选项卡的“字体”组中，单击“边框”下三角按钮，展开下拉列表，选择“粗匣框线”命令，添加边框，如图 3-19 所示。

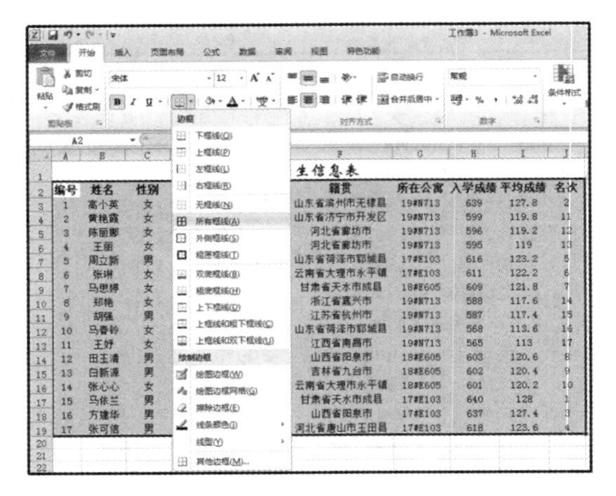

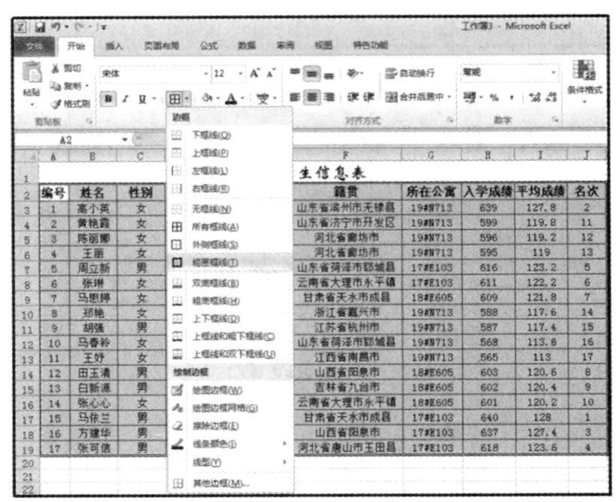

图 3-18　选择“所有框线”命令　　　　图 3-19　选择“粗匣框线”命令

八、保存工作表

STEP 1 单击“文件”选项卡，进入“文件”界面，选择“保存”命令，如图 3-20 所示。

STEP 2 弹出“另存为”对话框，设置好文件名和保存类型，单击“保存”按钮，如图 3-21 所示。

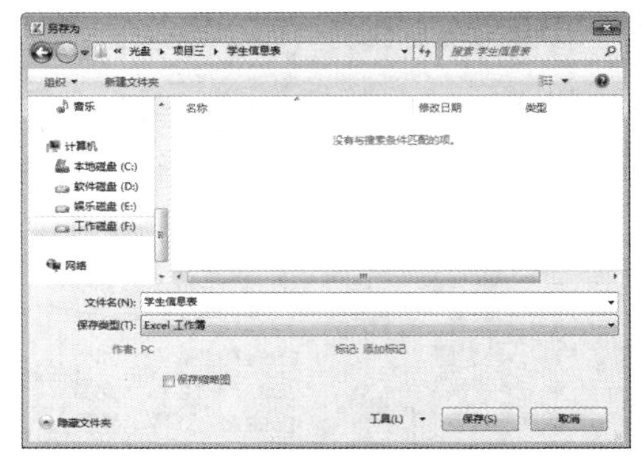

图 3-20　选择“保存”命令　　　　图 3-21　“另存为”对话框

STEP 3 将已制作好的工作表保存在“素材\项目三\学生信息表”文件夹中，最终的工作表如图 3-22 所示。

	A	B	C	D	E	F	G	H	I	J
1	学生信息表									
2	编号	姓名	性别	出生年月	政治面貌	籍贯	所在公寓	入学成绩	平均成绩	名次
3	1	高小英	女	1982/5/13	党员	山东省滨州市无棣县	19#N713	639	127.8	2
4	2	黄艳霞	女	1981/2/18	党员	山东省济宁市开发区	19#N713	599	119.8	11
5	3	陈丽鄉	女	1983/2/9	团员	河北省廊坊市	19#N713	596	119.2	12
6	4	王丽	女	1982/7/6	团员	河北省廊坊市	19#N713	595	119	13
7	5	周立新	男	1981/9/9	党员	山东省荷泽市郓城县	17#E103	616	123.2	5
8	6	张琳	女	1982/5/18	党员	云南省大理市永平镇	17#E103	611	122.2	6
9	7	马思婷	女	1984/9/20	团员	甘肃省天水市成县	18#E605	609	121.8	7
10	8	郑艳	女	1982/7/13	党员	浙江省嘉兴市	19#N713	588	117.6	14
11	9	胡强	男	1983/9/10	党员	江苏省杭州市	19#N713	587	117.4	15
12	10	马春铃	女	1982/12/21	团员	山东省荷泽市郓城县	19#N713	568	113.6	16
13	11	王妤	女	1982/3/14	党员	江西省南昌市	19#N713	565	113	17
14	12	田玉清	男	1980/7/19	团员	山西省阳泉市	18#E605	603	120.6	8
15	13	白新源	男	1982/6/25	党员	吉林省九台市	18#E605	602	120.4	9
16	14	张心心	女	1982/12/17	团员	云南省大理市永平镇	18#E605	601	120.2	10
17	15	马依兰	男	1982/8/15	党员	甘肃省天水市成县	17#E103	640	128	1
18	16	方建华	男	1981/7/2	团员	山西省阳泉市	17#E103	637	127.4	3
19	17	张可信	男	1981/6/1	党员	河北省唐山市玉田县	17#E103	618	123.6	4

图 3-22　学生信息表效果图

提示

可以在快速访问工具栏中单击“保存”按钮，或者按 Ctrl+S 键保存工作表。

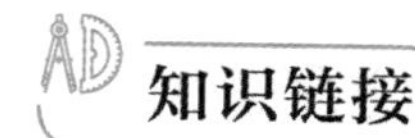

知识链接

一、工作簿与工作表的认识

启动 Excel 后，会自动创建并打开一个新的工作簿。工作簿文件扩展名为“. xlsx”。每一个工作簿最多可包含 255 个不同类型的工作表。默认情况下，一个工作簿中包含三个工作表。

在 Excel 中工作表是一个表格，行号为 1、2、3……，列号为 A、B、C……。每个工作表由多个纵横排列的单元格构成，单元格的名称由列号和行号一起组成，如第一个单元格为“A1 单元格”。

二、工作簿的新建

新建工作簿的方式有多种，比如可以启动 Excel 2010 程序来新建工作簿，也可以通过快捷菜单来新建工作簿，还可以使用 Excel 操作界面中的“文件”选项卡按用户指定的模板新建工作簿。

1. 通过启动 Excel 2010 程序来新建工作簿

单击桌面左下角的“开始”按钮，在弹出的“开始”菜单中选择“所有程序＞Microsoft Office＞Microsoft Excel 2010”命令，即可启动 Microsoft Excel 2010 程序，并自动新建一个空白工作簿。

2. 通过快捷菜单创建工作簿

在桌面上的空白区域右击，打开快捷菜单，选择“新建”命令，然后在展开的级联菜单中选择“Microsoft Excel 工作表”命令即可，如图 3-23 所示。

3. 使用“文件”选项卡新建工作簿

在 Excel 工作簿窗口中单击“文件”选项卡，进入“文件”界面，选择“新建”命令，进入“文件”界面，如图 3-24 所示。单击“空白工作簿”图标，可以创建空白工作簿；单击其他模板工作簿，可以按相应模板创建工作簿。

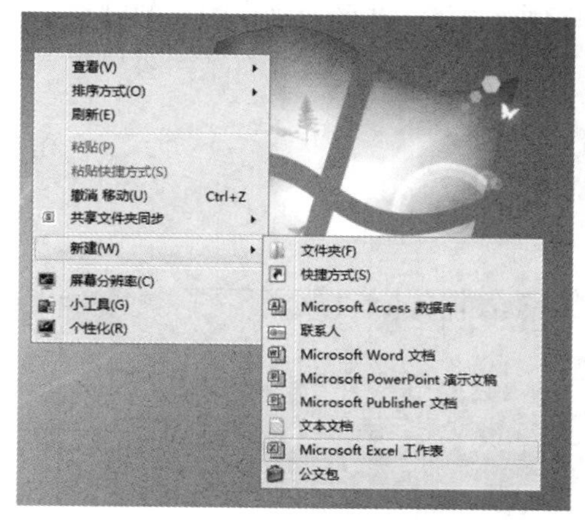

图 3-23　选择“Microsoft Excel 工作表”命令

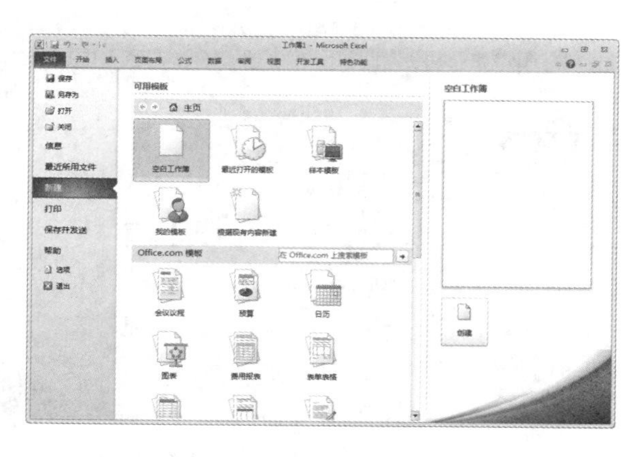

图 3-24　“文件”界面

三、工作簿的保护

为了防止 Excel 工作簿中的数据内容泄露和丢失，通常采用“保护”功能保护工作簿的安全，其保护手段有以下几种。

1.设置密码保护工作簿

Excel 通常是通过设置密码来保护工作簿的安全，在使用设置有密码保护的文件时会要求用户输入密码，只有合法的用户才能对文件进行操作，没有授权的用户将不能对文件进行任何的读写操作。

单击“文件”选项卡，进入“文件”界面，选择“信息”命令，进入“信息”界面，单击“保护工作簿”下三角按钮，展开下拉列表，选择“用密码进行加密”命令，如图 3-25 所示；弹出“加密文档”对话框，如图 3-26 所示，输入密码，然后在弹出的对话框中确认密码即可。

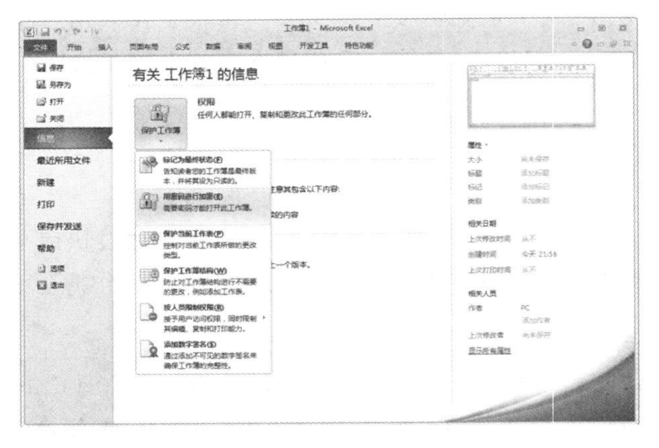

图 3-25 选择“用密码进行加密”命令

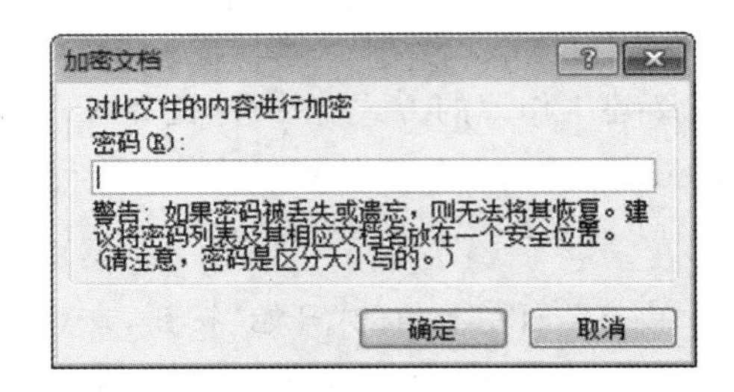

图 3-26 “加密文档”对话框

2.设置只读方式

如果只是让用户查看该工作簿中的内容，可以以只读方式打开工作簿，此时不允许对工作簿进行设置。

单击“文件”选项卡，进入“文件”界面，选择“信息”命令，进入“信息”界面，单击“保护工作簿”下三角按钮，展开下拉列表，选择“标记为最终状态”命令，如图 3-27 所示。弹出提示对话框，提示是否将工作簿标记并保存为最终版本，如图 3-28 所示。单击“确定”按钮，弹出“另存为”对话框，重新设置好工作簿的保存名称和路径，单击“保存”按钮，即可将保存后的工作簿设置为只读模式。

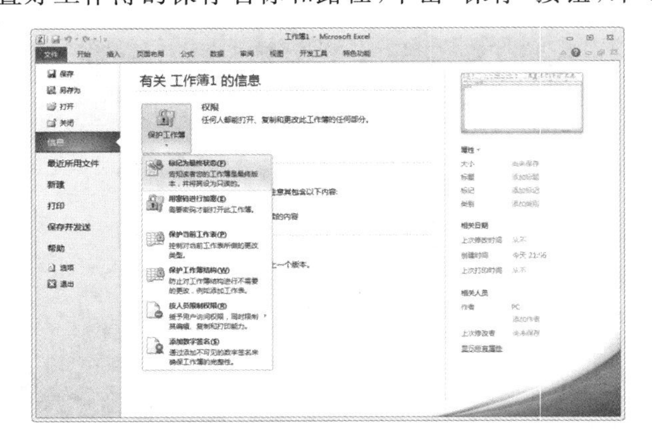

图 3-27 选择“标记为最终状态”命令

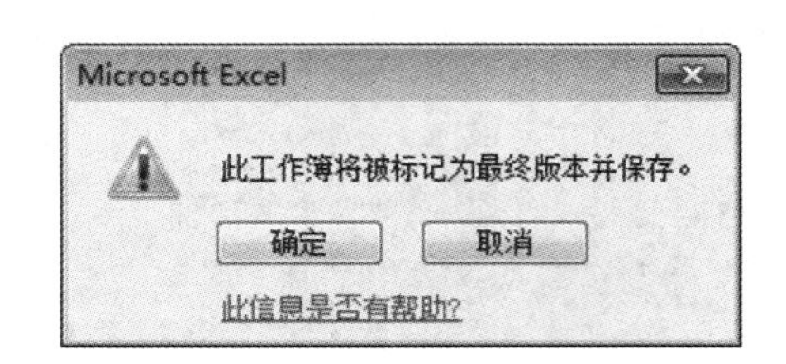

图 3-28 提示对话框

3.保护工作簿结构

对Excel工作簿进行保护，就可以完全防止他人对工作簿的结构做任何更改，对于已经设置过保护结构的工作簿，用户将不能在工作簿中进行插入与删除工作表的操作。

单击“文件”选项卡，进入“文件”界面，选择“信息”命令，进入“信息”界面，单击“保护工作簿”下三角按钮，展开下拉列表，选择“保护工作簿结构”命令，如图3-29所示。弹出“保护结构和窗口”对话框，勾选“结构”和“窗口”复选框，然后输入密码即可，如图3-30所示。

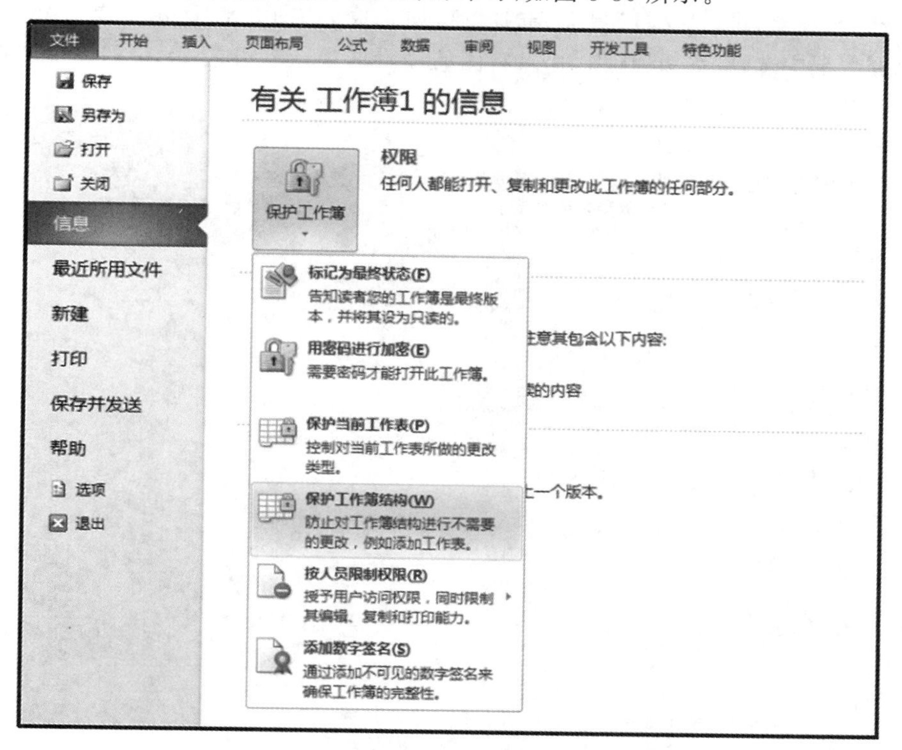

图3-29 选择“保护工作簿结构”命令

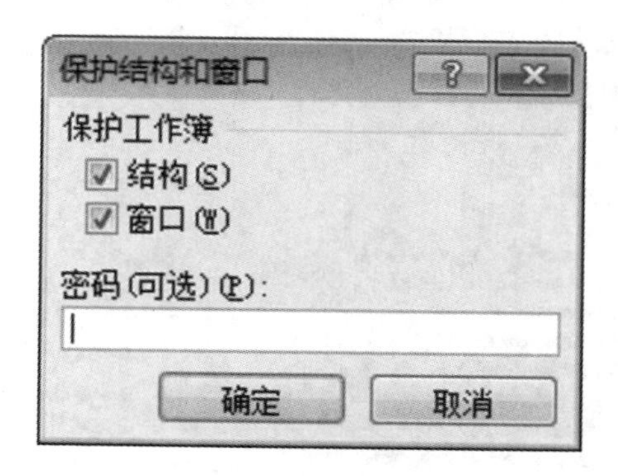

图3-30 “保护结构和窗口”对话框

四、手动调整表格行高和列宽

将鼠标指针移动到行(列)的边界上，当鼠标指针变成双向箭头时，按住鼠标左键，拖曳行(列)标题的下(右)边界来设置所需的行高(列宽)，调整到合适的高度(宽度)后松开鼠标左键。

在行的下边界线和列的右边界线上双击，即可使行高、列宽与其中内容相适应。

五、设置 Enter 和 Tab 的默认移动方向

用户在单元格中输入数据时，在默认情况下，按下 Enter 键时，当前单元格自动向下移动一个单元格；按 Tab 键时，当前单元格自动向右移动一个单元格。用户可以根据自己的使用习惯，更改这两个键的默认移动方向。

单击“文件”选项卡，进入“文件”界面，选择“选项”命令，如图 3-31 所示。弹出“Excel 选项”对话框，在左侧列表框中选择“高级”选项，弹出右侧的编辑选项，在“方向”下拉列表中选择“向右”选项，单击“确定”按钮即可，如图 3-32 所示。

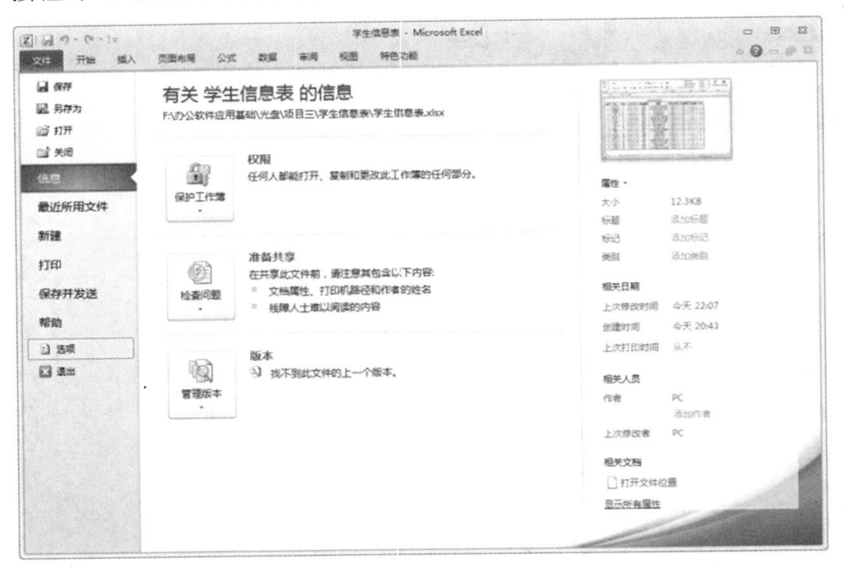

图 3-31　选择“选项”命令

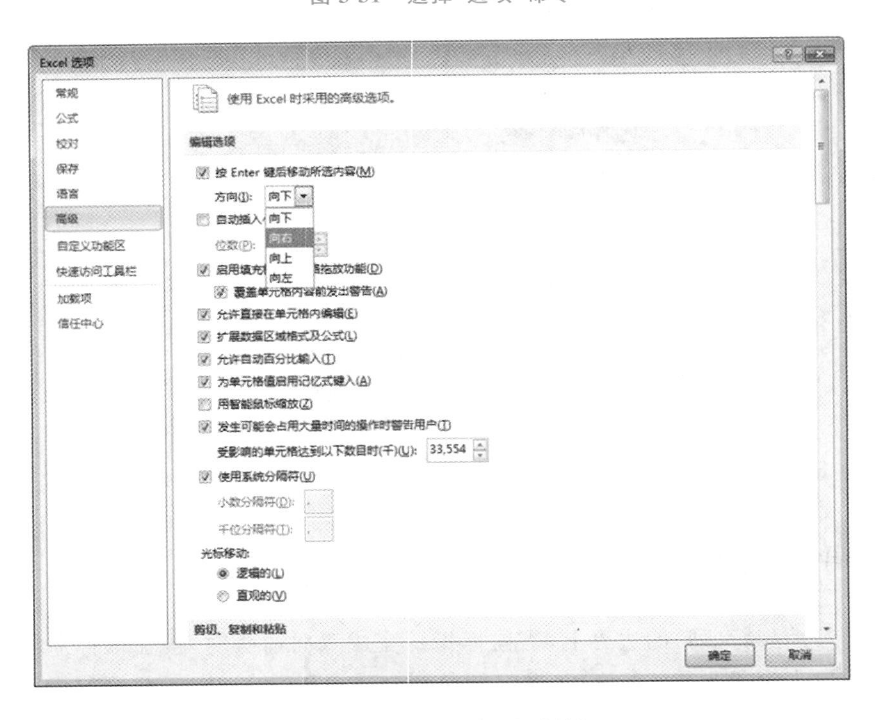

图 3-32　“Excel 选项”对话框

任务二　排序与筛选班级期末成绩表

任务描述

考试是学校用来检验学生学习成果的一种方法。为了更好地记录班级中每个学生的各科考试成绩，王老师需要使用 Excel 2010 电子表格软件制作出班级期末成绩表。

任务分析

制作班级成绩表，首先要收集和整理出班级中每个学生的考试成绩数据，并调整工作表中的单元格，再使用“排序”和“筛选”功能对每个学生的成绩进行排序和筛选操作。

任务实现

一、制作基础数据表

STEP 1 启动 Excel 2010 应用程序，在程序界面中，单击“文件”选项卡，选择“新建”命令，在“新建”界面中单击“空白工作簿”图标，并单击“创建”按钮，创建一个空白工作簿。

STEP 2 选择 A1:H1 单元格区域，在“开始”选项卡的“对齐方式”组中，单击“合并后居中”按钮，合并单元格。

STEP 3 选择 A1 单元格，输入文本“班级期末成绩表”，在“字体”组中设置字体为“宋体、16、加粗文本”。

STEP 4 使用同样的方法，依次在其他的单元格中输入文本，然后在“字体”组中设置文本的字体格式，效果如图 3-33 所示。

	A	B	C	D	E	F	G	H
1	班级期末成绩表							
2	姓名	语文	数学	英语	化学	物理	生物	总分
3	占欣雨	93	93	96	95	96	90	
4	王婉婷	91.5	97	96	90	96	82	
5	邵林校	93	93	92	93	85	92	
6	郑静	85.5	94	94	86.5	89	94	
7	林飞宇	88	94	90	89	90	86	
8	王思敏	88	97.5	94	86	89	82	
9	吴雪妮	89	93.5	92	90.5	86	84	
10	程小强	69.5	88.5	94	89	97.5	92	
11	王璐	95	92	96	74	88	84	
12	徐铭佑	91.5	94	92	84	75	86	
13	杨霞	92.5	91.5	92	84.5	89.5	70	
14	施骏益	77.5	88	90	92	86	84	
15	柳娅琦	80.5	84.5	94	81	83	90	
16	刘文博	83.5	96	94	80	90	52	
17	周起任	89	91	92	76	84	62	
18	钱琳	86.5	93.5	92	79.5	85	46	

图 3-33　输入文本的工作表

STEP 5 选择 A2:H18 单元格区域，在“开始”选项卡的“对齐方式”组中，单击“居中”按钮，将文本居中对齐。

STEP 6 选择相应的行对象，右击打开快捷菜单，选择“行高”命令，在弹出的“行高”对话框中，设置“行高”参数为“16”，单击“确定”按钮。

STEP 7 选择 H3 单元格，输入公式“=SUM(B3:G3)”，按 Enter 键确认，显示出总分的计算结果。

STEP 8 选择 H3 单元格，当鼠标指针呈黑色十字形状时，按住鼠标左键并向下拖曳至 H18 单元格，释放鼠标，填充数据。

STEP 9 选择 A2:H18 单元格区域，在“开始”选项卡的“字体”组中，单击“边框”下三角按钮，展开下拉列表，选择“其他边框”命令，如图 3-34 所示。

STEP 10 弹出“设置单元格格式”对话框，切换至“边框”选项卡，在“样式”列表中选择线型样式，单击“外边框”和“内部”按钮，如图 3-35 所示。

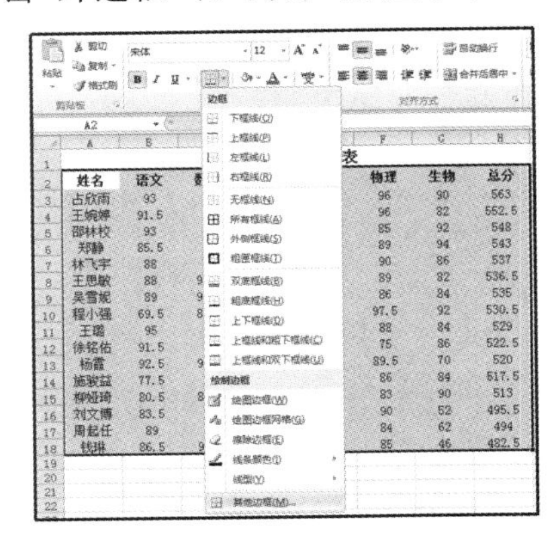

图 3-34 选择“其他边框”命令

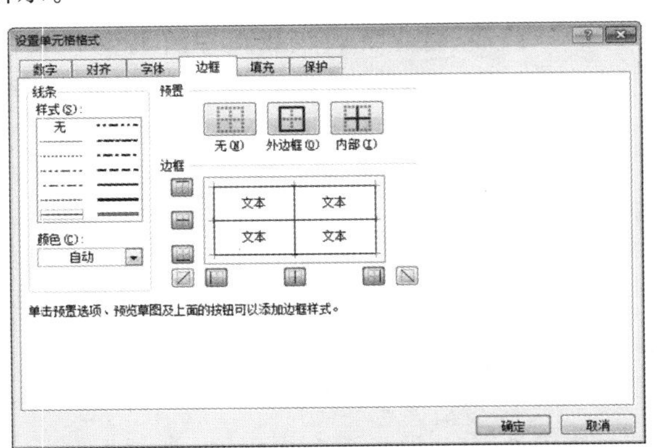

图 3-35 设置边框样式

STEP 11 切换至“填充”选项卡，在“背景色”选项组中选择第 3 行最左侧的背景色，如图 3-36 所示。单击“确定”按钮，为工作表添加边框和填充，工作表效果如图 3-37 所示。

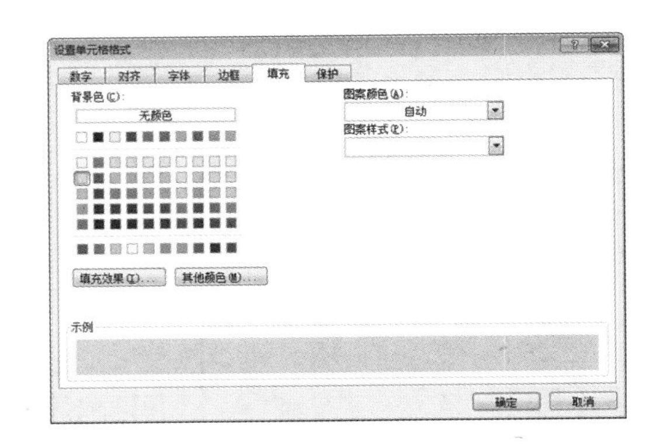

图 3-36 选择背景色

班级期末成绩表							
姓名	语文	数学	英语	化学	物理	生物	总分
占欣雨	93	93	96	95	96	90	563
王婉婷	91.5	97	96	90	96	82	552.5
邵林校	93	93	92	93	85	92	548
郑静	85.5	94	94	86.5	89	94	543
林飞宇	88	94	90	89	90	86	537
王思敏	88	97.5	94	86	89	82	536.5
吴雪妮	89	93.5	92	90.5	86	84	535
程小强	69.5	88.5	94	89	97.5	92	530.5
王璐	95	92	96	74	88	84	529
徐铭佑	91.5	94	92	84	75	86	522.5
杨霞	92.5	91.5	92	84.5	89.5	70	520
施骏益	77.5	88	90	92	86	84	517.5
柳娅琦	80.5	84.5	94	81	83	90	513
刘文博	83.5	96	94	80	90	52	495.5
周起任	89	91	92	76	84	62	494
钱琳	86.5	93.5	92	79.5	85	46	482.5

图 3-37 添加边框和填充

二、从低到高排序数据

STEP 1 选择 B2 单元格，在“开始”选项卡的“编辑”组中，单击“排序和筛选”下三角按钮，展开下拉列表，选择“升序”命令，如图 3-38 所示。

STEP 2 完成上述操作，即可按从低到高的顺序排列当前列中的数据，如图 3-39 所示。

图 3-38　选择“升序”命令

班级期末成绩表							
姓名	语文	数学	英语	化学	物理	生物	总分
程小强	69.5	88.5	94	89	97.5	92	530.5
施骏益	77.5	88	90	92	86	84	517.5
柳娅琦	80.5	84.5	94	81	83	90	513
刘文博	83.5	96	94	80	90	52	495.5
郑静	85.5	94	94	86.5	89	94	543
钱琳	86.5	93.5	92	79.5	85	46	482.5
林飞宇	88	94	90	89	90	86	537
王思敏	88	97.5	94	86	89	82	536.5
吴雪妮	89	93.5	92	90.5	86	84	535
周起任	89	91	92	76	84	62	494
王婉婷	91.5	97	96	90	96	82	552.5
徐铭佑	91.5	94	92	84	75	86	522.5
杨霞	92.5	91.5	92	84.5	89.5	70	520
占欣雨	93	93	96	95	96	90	563
邵林校	93	93	92	93	85	92	548
王璐	95	92	96	74	88	84	529

图 3-39　从低到高排列数据

三、多个关键字排序数据

STEP 1 选择 B2 单元格，在“开始”选项卡的“编辑”组中，单击“排序和筛选”下三角按钮，展开下拉列表，选择“自定义排序”命令，如图 3-40 所示。

STEP 2 弹出“排序”对话框，单击“添加条件”按钮，添加一个“次要关键字”条件。在“主要关键字”行中，设置“列”为“总分”，设置“排序依据”为“数值”，设置“次序”为“降序”；在“次要关键字”行中，设置“列”为“姓名”，设置“排序依据”为“数值”，设置“次序”为“升序”，如图 3-41 所示。

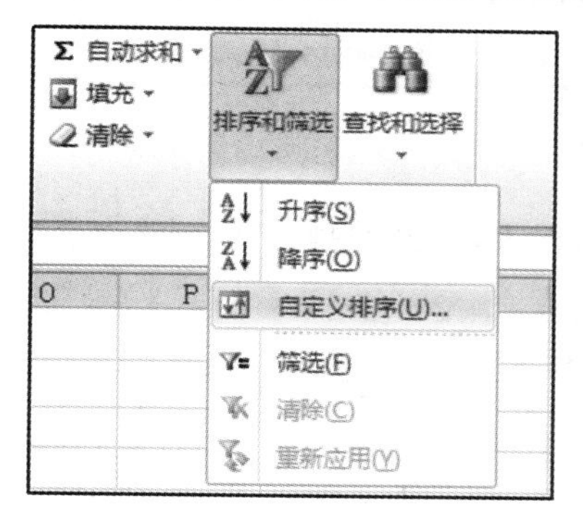

图 3-40　选择“自定义排序”命令

图 3-41　“排序”对话框

STEP 3 单击“选项”按钮，弹出“排序选项”对话框，在“方法”选项组中，选中“笔划排序”单选按钮，如图 3-42 所示。单击“确定”按钮，完成多个关键字的排序操作，效果如图 3-43 所示。

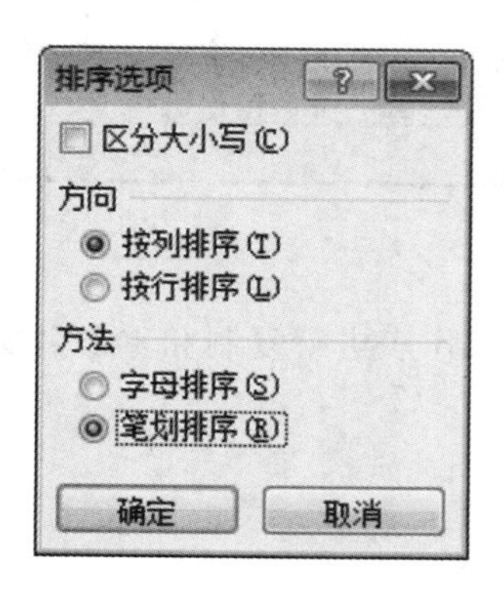

图 3-42　“排序选项”对话框

班级期末成绩表							
姓名	语文	数学	英语	化学	物理	生物	总分
占欣雨	93	93	96	95	96	90	563
王婉婷	91.5	97	96	90	96	82	552.5
邵林校	93	93	92	93	85	92	548
郑静	85.5	94	94	86.5	89	94	543
林飞宇	88	94	90	89	90	86	537
王思敏	88	97.5	94	86	89	82	536.5
吴雪妮	89	93.5	92	90.5	86	84	535
程小强	69.5	88.5	94	89	97.5	92	530.5
王璐	95	92	96	74	88	84	529
徐铭佑	91.5	94	92	84	75	86	522.5
杨霞	92.5	91.5	92	84.5	89.5	70	520
施骏益	77.5	88	90	92	86	84	517.5
柳娅琦	80.5	84.5	94	81	83	90	513
刘文博	83.5	96	94	80	90	52	495.5
周起任	89	91	92	76	84	62	494
钱琳	86.5	93.5	92	79.5	85	46	482.5

图 3-43　多个关键字排序的效果

提示

在“数据”选项卡的“排序和筛选”组中，单击“排序”按钮，也可以弹出“排序”对话框进行排序。

四、复制并重命名工作表

STEP 1 右击 Sheet1 工作表，打开快捷菜单，选择“移动或复制”命令，如图 3-44 所示。

STEP 2 弹出“移动或复制工作表”对话框，在“下列选定工作表之前”列表框中选择“(移至最后)”选项，勾选“建立副本”复选框，如图 3-45 所示。

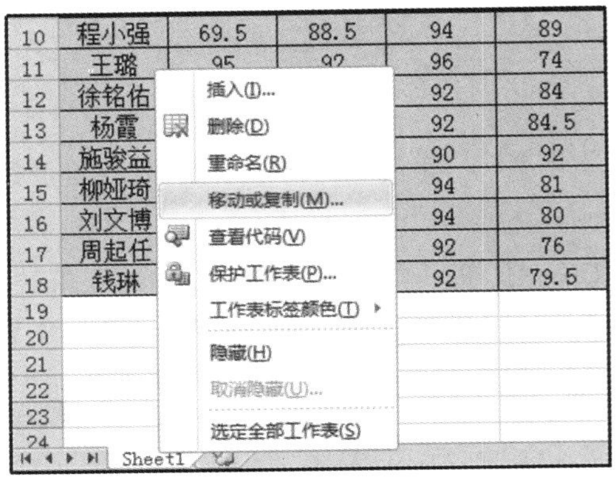

图 3-44　选择“移动或复制”命令

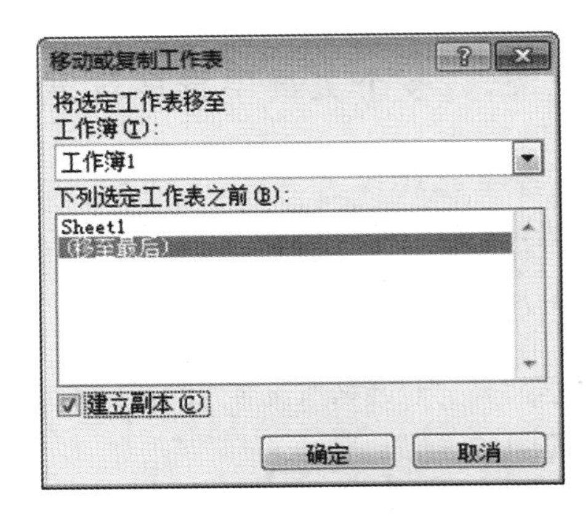

图 3-45　“移动或复制工作表”对话框

STEP 3 单击“确定”按钮，复制工作表。右击复制后的工作表，打开快捷菜单，选择“重命名”命令，如图 3-46 所示。

STEP 4 在文本输入框中输入“筛选指定数据”，重命名工作表，如图 3-47 所示。

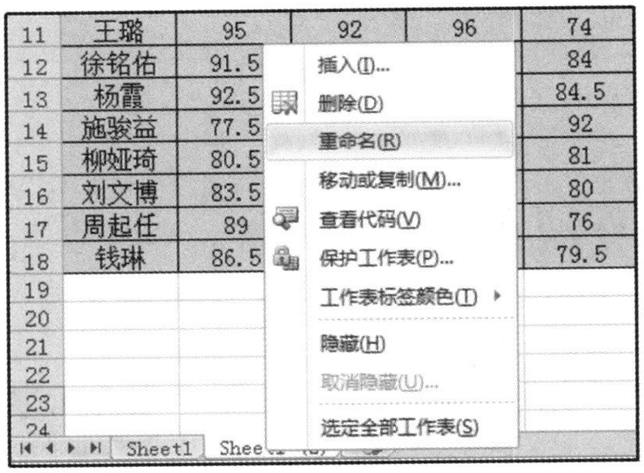

图 3-46　选择“重命名”命令

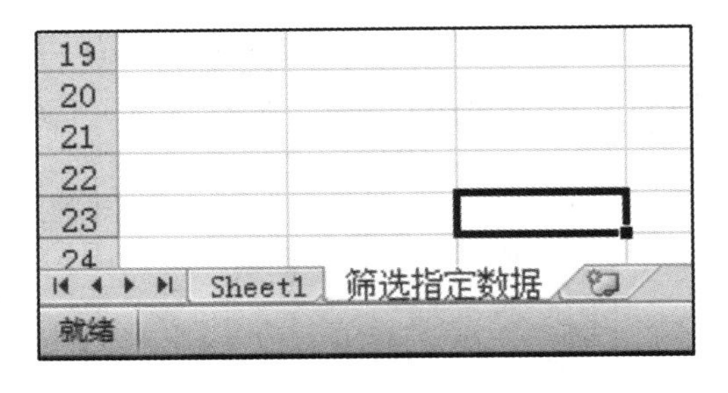

图 3-47　重命名工作表

STEP 5 参照上述 STEP1～STEP4 的操作方法，将 Sheet1 工作表进行复制和重命名操作，得到“自定义筛选数据”工作表。

提示

在重命名工作表时，双击工作表名称，也可重新输入工作表名称。

五、筛选指定数据

STEP 1 单击“筛选指定数据”工作表，选择 A2:H18 单元格区域，在“数据”选项卡的“排序和筛选”组中，单击“筛选”按钮，开启筛选功能。

STEP 2 单击“总分”单元格中的下三角按钮，展开下拉列表，取消勾选“全选”复选框，并勾选带有小数位数的数值复选框，如图 3-48 所示。

STEP 3 单击“确定”按钮，完成带小数位数的总分数据的筛选，筛选结果如图 3-49 所示。

班级期末成绩表			
姓名	语文	数学	英语
占欣雨	93	93	96
王婉婷	91.5	97	96
邵林校	93	93	92
郑静	85.5	94	94
林飞宇	88	94	90
王思敏	88	97.5	94
吴雪妮	89	93.5	92
程小强	69.5	88.5	94
王璐	95	92	96
徐铭佑	91.5	94	92
杨霞	92.5	91.5	92
施骏益	77.5	88	90
柳娅琦	80.5	84.5	94
刘文博	83.5	96	94
周起任	89	91	92
钱琳	86.5	93.5	92

图 3-48　勾选复选框

班级期末成绩表							
姓名	语文	数学	英语	化学	物理	生物	总分
王婉婷	91.5	97	96	90	96	82	552.5
王思敏	88	97.5	94	86	89	82	536.5
程小强	69.5	88.5	94	89	97.5	92	530.5
徐铭佑	91.5	94	92	84	75	86	522.5
施骏益	77.5	88	90	92	86	84	517.5
刘文博	83.5	96	94	80	90	52	495.5
钱琳	86.5	93.5	92	79.5	85	46	482.5

图 3-49　数据筛选结果

六、自定义筛选数据

STEP 1 单击“自定义筛选数据”工作表，选择 A2:H18 单元格区域，在“数据”选项卡的“排序和筛选”组中，单击“筛选”按钮，开启筛选功能。

STEP 2 单击“化学”单元格右侧的下三角按钮，展开下拉列表，选择“数字筛选>大于或等于”命令，如图 3-50 所示。

STEP 3 弹出“自定义自动筛选方式”对话框，输入筛选条件为“82”，如图 3-51 所示。

图 3-50　选择“大于或等于”命令

图 3-51　输入筛选条件

STEP 4 单击“确定”按钮，即可筛选出“化学”列中大于或等于 82 分的成绩数据，并显示筛选结果，如图 3-52 所示。

	A	B	C	D	E	F	G	H
1	班级期末成绩表							
2	姓名	语文	数学	英语	化学	物理	生物	总分
3	占欣雨	93	93	96	95	96	90	563
4	王婉婷	91.5	97	96	90	96	82	552.5
5	邵林校	93	93	92	93	85	92	548
6	郑静	85.5	94	94	86.5	89	94	543
7	林飞宇	88	94	90	89	90	86	537
8	王思敏	88	97.5	94	86	89	82	536.5
9	吴雪妮	89	93.5	92	90.5	86	84	535
10	程小强	69.5	88.5	94	89	97.5	92	530.5
12	徐铭佑	91.5	94	92	84	75	86	522.5
13	杨霞	92.5	91.5	92	84.5	89.5	70	520
14	施骏益	77.5	88	90	92	86	84	517.5

图 3-52　筛选数据

七、高级筛选数据

STEP 1 选择 J1:O2 单元格区域,依次输入文本内容,如图 3-53 所示。

	A	B	C	D	E	F	G	H	I	J	K	L	M	N	O
1	班级期末成绩表									语文	数学	英语	化学	物理	生物
2	姓名	语文	数学	英语	化学	物理	生物	总分		>=86	>=86	>=86	>=86	>=86	>=86
3	占欣雨	93	93	96	95	96	90	563							
4	王婉婷	91.5	97	96	90	96	82	552.5							
5	邵林校	93	93	92	93	85	92	548							
6	郑静	85.5	94	94	86.5	89	94	543							
7	林飞宇	88	94	90	89	90	86	537							
8	王思敏	88	97.5	94	86	89	82	536.5							
9	吴雪妮	89	93.5	92	90.5	86	84	535							
10	程小强	69.5	88.5	94	89	97.5	92	530.5							
11	王璐	95	92	96	74	88	84	529							
12	徐铭佑	91.5	94	92	84	75	86	522.5							
13	杨霞	92.5	91.5	92	84.5	89.5	70	520							
14	施骏益	77.5	88	90	92	86	84	517.5							
15	柳娅琦	80.5	84.5	94	81	83	90	513							
16	刘文博	83.5	96	94	80	90	52	495.5							
17	周起任	89	91	92	76	84	62	494							
18	钱琳	86.5	93.5	92	79.5	85	46	482.5							

图 3-53　输入文本内容

STEP 2 单击"数据"选项卡,在"排序和筛选"组中,单击"高级"按钮,如图 3-54 所示。

STEP 3 打开"高级筛选"对话框,选中"将筛选结果复制到其他位置"单选按钮,并依次在"列表区域""条件区域"和"复制到"文本框中添加单元格区域,如图 3-55 所示。

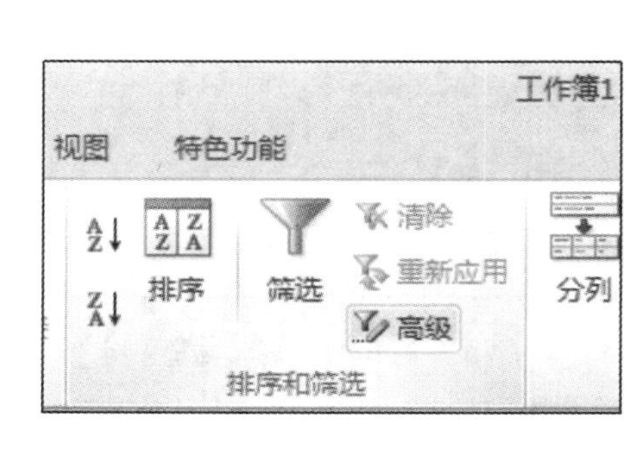

图 3-54　单击"高级"按钮

图 3-55　"高级筛选"对话框

STEP 4 单击“确定”按钮，完成数据的筛选操作，工作表效果如图 3-56 所示。

	A	B	C	D	E	F	G	H
1	班级期末成绩表							
2	姓名	语文	数学	英语	化学	物理	生物	总分
3	占欣雨	93	93	96	95	96	90	563
4	王婉婷	91.5	97	96	90	96	82	552.5
5	邵林校	93	93	92	93	85	92	548
6	郑静	85.5	94	94	86.5	89	94	543
7	林飞宇	88	94	90	89	90	86	537
8	王思敏	88	97.5	94	86	89	82	536.5
9	吴雪妮	89	93.5	92	90.5	86	84	535
10	程小强	69.5	88.5	94	89	97.5	92	530.5
11	王璐	95	92	96	74	88	84	529
12	徐铭佑	91.5	94	92	84	75	86	522.5
13	杨霞	92.5	91.5	92	84.5	89.5	70	520
14	施骏益	77.5	88	90	92	86	84	517.5
15	柳娅琦	80.5	84.5	94	81	83	90	513
16	刘文博	83.5	96	94	80	90	52	495.5
17	周起任	89	91	92	76	84	62	494
18	钱琳	86.5	93.5	92	79.5	85	46	482.5

	J	K	L	M	N	O	P	Q
1	语文	数学	英语	化学	物理	生物		
2	>=86	>=86	>=86	>=86	>=86	>=86		
3	姓名	语文	数学	英语	化学	物理	生物	总分
4	占欣雨	93	93	96	95	96	90	563
5	林飞宇	88	94	90	89	90	86	537

图 3-56　高级筛选数据

八、保存工作表

单击“文件”选项卡，进入“文件”界面，选择“保存”命令，弹出“另存为”对话框。设置好保存路径和文件名，单击“保存”按钮，即可保存工作表。

知识链接

一、工作表的操作

工作表是显示在工作簿窗口中的表格，工作簿默认情况下包含三张工作表，分别为 Sheet1、Sheet2 和 Sheet3。在实际操作中，根据需要还可以对工作表进行插入、删除等操作。

1. 选择工作表

工作表最基础的操作就是工作表的选择，只有先选择工作表，才能进行更改名称，在工作表之间切换等操作。工作表的选择分为选择一个工作表和选择多个工作表两种。

(1)选择一个工作表：单击工作簿中需要选择的工作表标签，如“Sheet1”，该工作表即成为活动工作表，工作表标签显示为白色。此时，任何操作都只能在当前工作表里进行，而不会影响到其他的工作表。

(2)选择多个工作表：如果需要同时选择多个工作表，可以先按住 Ctrl 键，然后单击需要选择的工作表标签，被选中的多个工作表标签均显示为白色，成为当前编辑窗口，此时的操作能够同时改变所选择的多个工作表。

(3)选择多个相邻工作表：选择多个相邻的工作表时，只需按住 Shift 键，再单击第一个和最后一个工作表标签。

2. 插入工作表

如果所需的工作表超过了 Excel 2010 中默认的三个，用户可以直接在工作簿中插入更多数目的工作表。插入工作表有以下三种方法。

(1)通过“插入工作表”按钮快速插入：在工作簿窗口中直接单击工作表标签右侧的“插入工作表”按钮，系统会自动在最右侧插入新的工作表，并自动命名，如图 3-57 所示。

(2)通过功能区插入工作表:在“开始”选项卡的“单元格”组中,单击“插入”下三角按钮,展开下拉列表,选择“插入工作表”命令即可,如图 3-58 所示。

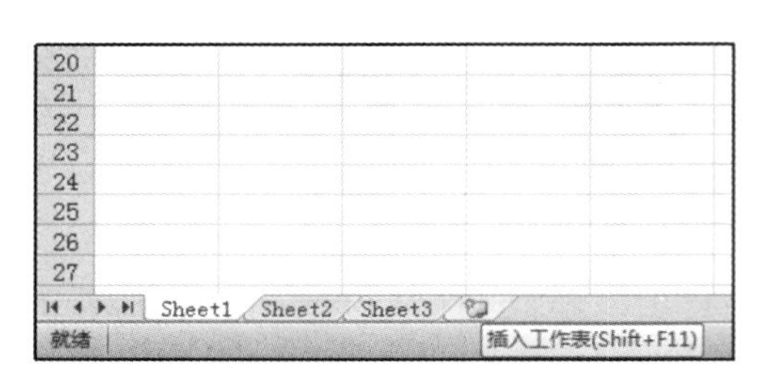

图 3-57 单击“插入工作表”按钮

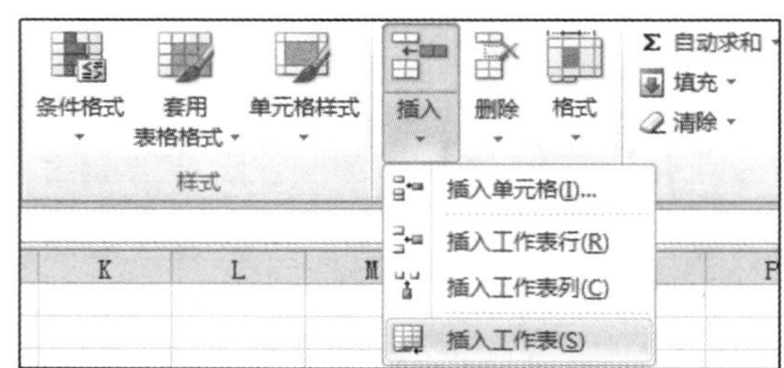

图 3-58 选择“插入工作表”命令

(3)通过“插入”对话框插入新工作表:在 Excel 2010 工作簿窗口中右击工作表,弹出快捷菜单,选择“插入”命令,如图 3-59 所示。弹出“插入”对话框,选择“工作表”选项,如图 3-60 所示。单击“确定”按钮,即可新建工作表。

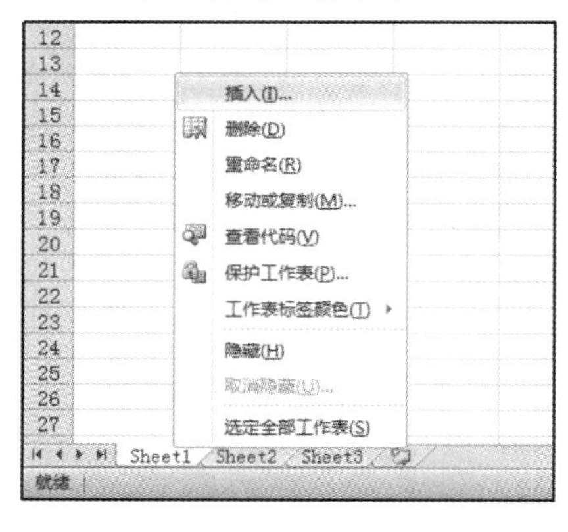

图 3-59 选择“插入”命令

图 3-60 新建工作表

3.删除工作表

如果不再需要工作簿中的某一个工作表,可以将它从工作簿中删除。删除工作表有以下两种方法。

(1)通过功能区删除工作表:选择需要删除的工作表,在“开始”选项卡的“单元格”组中单击“删除”下三角按钮,展开下拉列表,选择“删除工作表”命令,如图 3-61 所示。

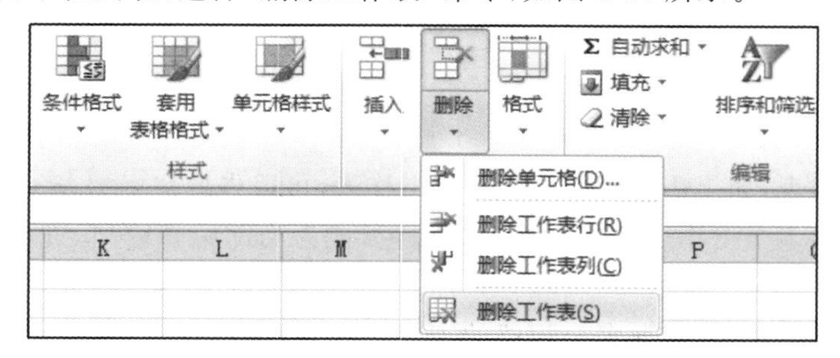

图 3-61 选择“删除工作表”命令

(2)通过快捷菜单删除:右击需要删除的工作表标签,弹出快捷菜单,选择“删除”命令,如图 3-62 所示。只有当要删除的工作表中包含数据时,才会弹出提示对话框(见图 3-63),在对话框中提示用户确认删除,单击“删除”按钮即可删除工作表。

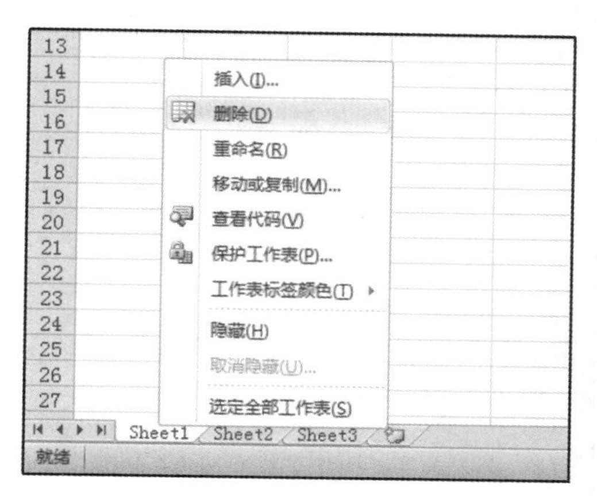

图 3-62　选择"删除"命令

图 3-63　提示对话框

4.移动工作表

在工作簿内可以随意移动工作表，调整工作表的次序，甚至可以在不同的工作簿之间进行移动，将一个工作簿中的工作表移动到另一个工作簿中。

(1)直接拖曳法：在需要移动的工作表标签上单击并横向拖曳，同时标签的左端显示一个黑色三角形，拖曳时黑色三角形的位置即为移动到的位置，释放鼠标，工作表即可被移到指定位置。

(2)使用对话框移动工作表：除了可以使用鼠标直接拖曳实现工作表的移动外，还可以使用对话框来移动工作表，右击需要移动的工作表标签，在弹出的快捷菜单中，选择"移动或复制"命令，如图 3-64 所示。在弹出的"移动或复制工作表"对话框中选定移动到的位置，然后单击"确定"按钮即可，如图 3-65 所示。

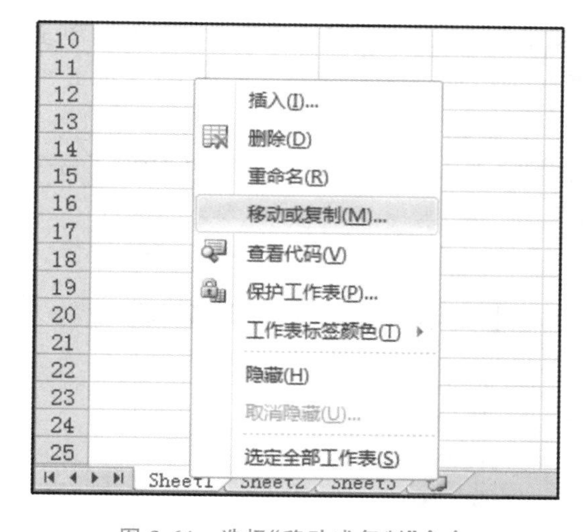

图 3-64　选择"移动或复制"命令

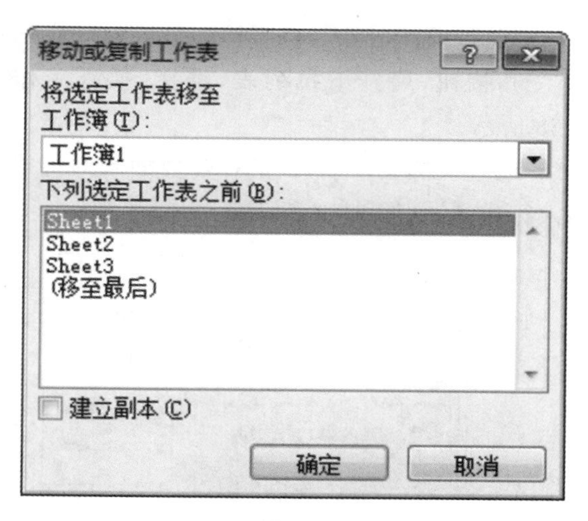

图 3-65　"移动或复制工作表"对话框

5.显示或隐藏工作表

用户在实际工作中，有时需要将工作簿共享给其他的用户查阅，但如果你不希望别人看到某个工作表中的数据，可以将该工作表隐藏起来，待其他用户查阅完毕，自己需要时再显示出来。具体操作方法如下。

(1)隐藏工作表：在需要隐藏的工作表的工作表标签上右击，然后在弹出的快捷菜单中选择"隐藏"命令，即可隐藏工作表，如图 3-66 所示。

(2)显示工作表：在工作表标签上右击，在弹出的快捷菜单中选择"取消隐藏"命令，即可显示工作表，如图 3-67 所示。

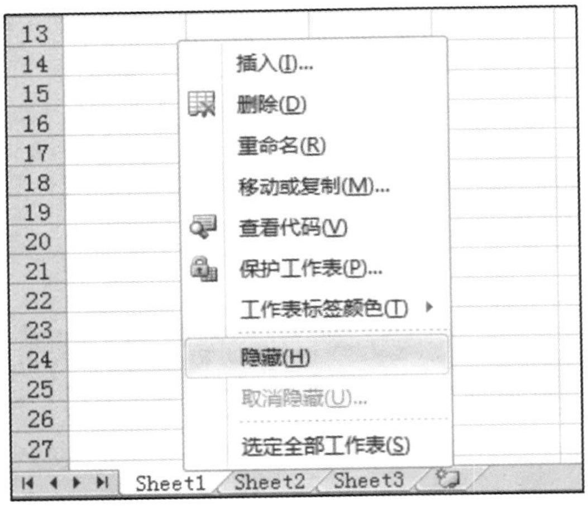

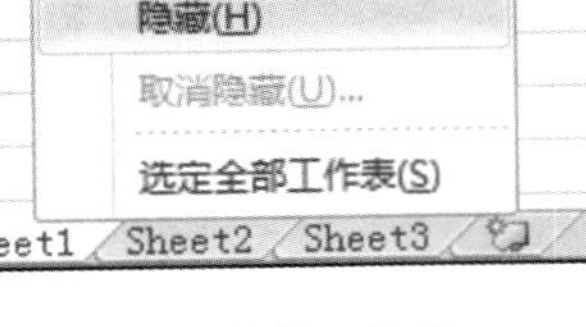

图 3-66 隐藏工作表

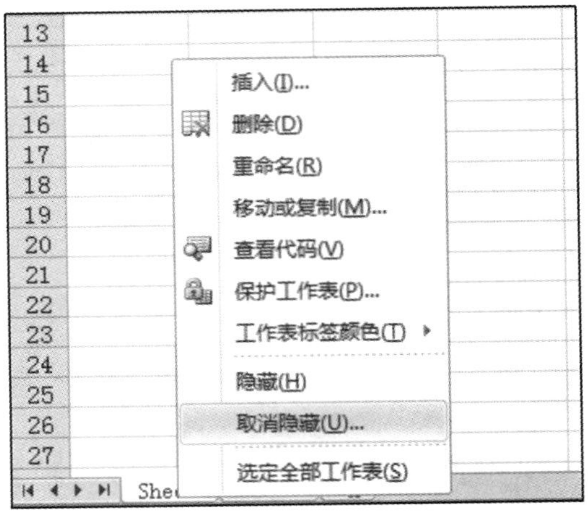

图 3-67 显示工作表

二、行和列的操作

在 Excel 2010 中，行和列是构成工作表的基本单位，一个工作表可以包含 16 384 列和 1 048 576 行，行的编号为 1,2,3……，列的编号为 A,B,C……，行号显示在工作簿窗口的左边，列号显示在工作簿窗口的上边。在工作表中也可以对行和列进行插入与删除操作。

1. 插入行和列

插入行和列有以下两种方法。

(1)通过功能区插入：选择需要插入的行或列对象，在“开始”选项卡的“单元格”组中，单击“插入”下三角按钮，展开下拉列表，选择“插入工作表行”或“插入工作表列”命令，插入行或列，如图 3-68 所示。

(2)通过快捷菜单插入：选择需要插入的行或列对象，右击打开快捷菜单，选择“插入”命令，选择插入行或列，如图 3-69 所示。

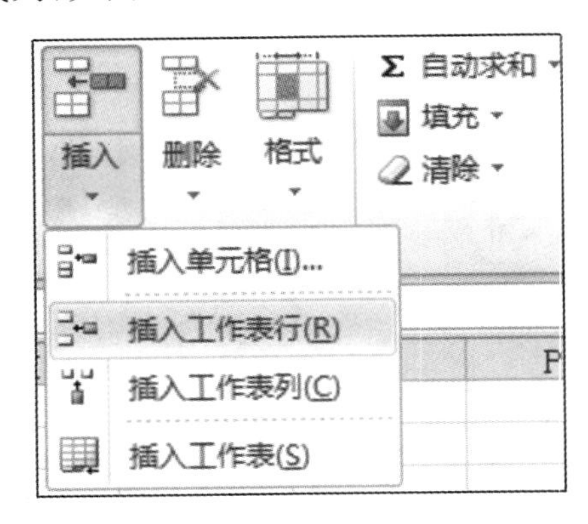

图 3-68 “插入”下拉列表

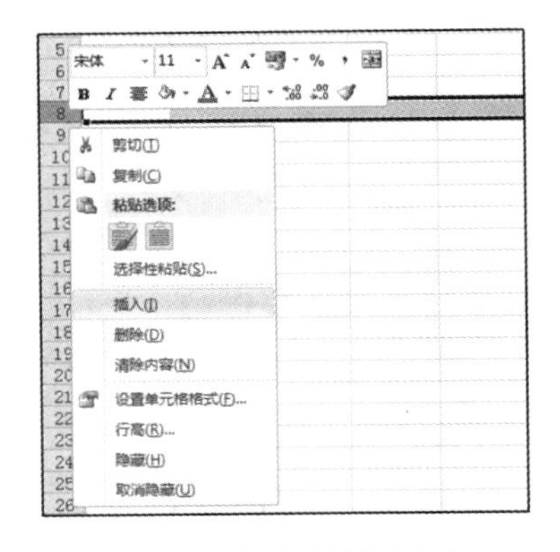

图 3-69 选择“插入”命令

2. 删除行和列

删除行和列有以下两种方法。

(1)通过功能区删除：选择需要删除的行或列对象，在“开始”选项卡的“单元格”组中，单击“删除”下三角按钮，展开下拉列表，选择“删除工作表行”或“删除工作表列”命令，删除行和列，如图 3-70 所示。

(2)通过快捷菜单删除:选择需要删除的行或列对象,右击打开快捷菜单,选择“删除”命令,删除行和列,如图 3-71 所示。

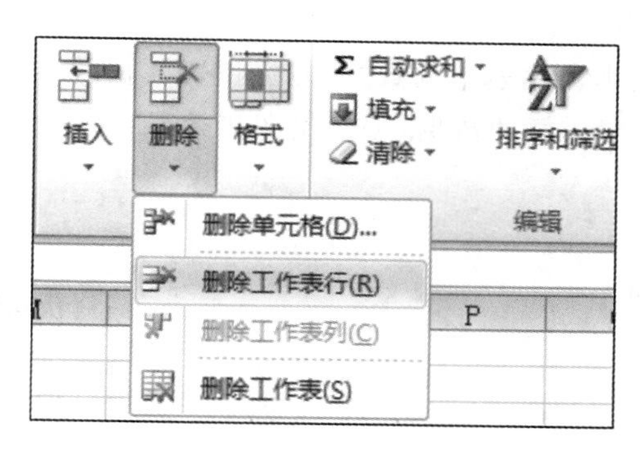

图 3-70　“删除”下拉列表

图 3-71　选择“删除”命令

三、自定义填充序列

Excel 2010 中包含了一些常见的、有规律的数据序列,如等差序列、等比序列等,如果这些不能满足用户的需求,当遇到一些特殊的、有一定规律的数据时,用户可以自定义序列填充。

STEP 1　单击“文件”选项卡,进入“文件”界面,选择“选项”命令,弹出“Excel 选项”对话框。在左侧列表框中选择“高级”选项,在右侧单击“编辑自定义列表”按钮,如图 3-72 所示。

STEP 2　弹出“自定义序列”对话框,在“输入序列”列表框中输入序列,单击“添加”按钮,最后单击“确定”按钮,完成自定义序列的添加,如图 3-73 所示。

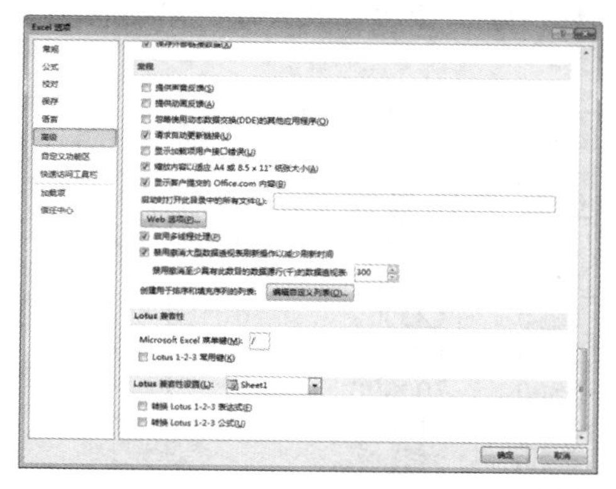

图 3-72　“Excel 选项”对话框

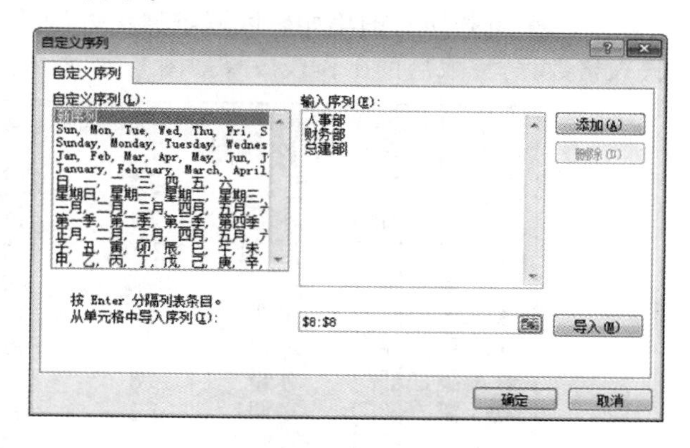

图 3-73　“自定义序列”对话框

任务三　制作电器产品销量图表

任务描述

图表是 Excel 中不可或缺的一种数据分析工具,它直观、简洁、明了的特点深受广大 Excel 用户的青睐。为了更加直观地展示每种电器产品的销量和盈利,小李需要制作出工作表进行数据分析,再通过图表进行数据对比。

任务分析

用户在制作电器产品销量表时，需要输入基本数据表中的数据，然后设置数据的字体格式，并设置好基本数据表的边框和底纹，最后通过已经制作好的数据，创建出图表效果，并对图表进行美化操作，得到最终的电器产品销量图表。

任务实现

一、新建工作表并输入数据

STEP 1 启动 Excel 2010 应用程序，在程序界面中，单击“文件”选项卡，选择“新建”命令，在“新建”界面中单击“空白工作簿”图标，并单击“创建”按钮，创建空白工作簿。

STEP 2 选择 A1 单元格，输入“电器产品销量图表”，在“字体”组中，设置“字体”为“经典叠圆体简”，设置“字号”为“20”，并加粗文本。

STEP 3 选择 A2:G2 单元格区域以及 C11 单元格，依次输入文本，并在“字体”组中，设置“字体”为“黑体”，设置“字号”为“14”。

STEP 4 选择 A3:G10 单元格区域，依次输入文本和数据，并在“字体”组中，设置“字体”为“宋体”，设置“字号”为“11”。

STEP 5 选择所有的单元格区域，在“开始”选项卡的“对齐方式”组中，单击“居中”按钮，居中对齐表格数据，完成后的工作表效果如图 3-74 所示。

	A	B	C	D	E	F	G
1	产品销量图表						
2	部门	名称	销量	单位	单价	销量额	每台盈利
3	第一部门	冰箱	30	台	1800	54000	80
4	第一部门	洗衣机	200	台	3400	680000	100
5	第一部门	电风扇	140	台	3000	420000	70
6	第三部门	空调	40	台	2800	112000	50
7	第三部门	彩电	200	台	3500	700000	150
8	第二部门	冰箱	78	台	3200	249600	100
9	第二部门	空调	58	台	4000	232000	90
10	第二部门	微波炉	246	台	4200	1033200	100
11			迷你图表展示				

图 3-74　工作表居中对齐效果

想一想

在 Excel 表格中录入数据时，偶尔会因为操作速度过快而导致数据录入错误，应该怎么规避这个问题呢？

为了有效防止录入错误，可以在工作表中设置数据有效性，之后再进行数据录入。

二、设置工作表格式

STEP 1 选择 A1:G1 和 C11:D11 单元格区域，在“开始”选项卡的“对齐方式”组中，单击“合并后居中”按钮，合并单元格，如图 3-75 所示。

	A	B	C	D	E	F	G
1	电器产品销量图表						
2	部门	名称	销量	单位	单价	销量额	每台盈利
3	第一部门	冰箱	30	台	1800	54000	80
4	第一部门	洗衣机	200	台	3400	680000	100
5	第一部门	电风扇	140	台	3000	420000	70
6	第三部门	空调	40	台	2800	112000	50
7	第三部门	彩电	200	台	3500	700000	150
8	第二部门	冰箱	78	台	3200	249600	100
9	第二部门	空调	58	台	4000	232000	90
10	第二部门	微波炉	246	台	4200	1033200	100
11			迷你图表展示				

图 3-75　合并单元格

STEP 2 将鼠标移至需要调整的行或列上，当鼠标指针呈黑色双向箭头形状时，按住鼠标左键并拖曳，调整表格的行高和列宽，如图 3-76 所示。

STEP 3 选择 E3:G10 单元格区域，右击打开快捷菜单，选择“设置单元格格式”命令，如图 3-77 所示。

	A	B	C	D	E	F	G
1	电器产品销量图表						
2	部门	名称	销量	单位	单价	销量额	每台盈利
3	第一部门	冰箱	30	台	1800	54000	80
4	第一部门	洗衣机	200	台	3400	680000	100
5	第一部门	电风扇	140	台	3000	420000	70
6	第三部门	空调	40	台	2800	112000	50
7	第三部门	彩电	200	台	3500	700000	150
8	第二部门	冰箱	78	台	3200	249600	100
9	第二部门	空调	58	台	4000	232000	90
10	第二部门	微波炉	246	台	4200	1033200	100
11		迷你图表展示					

图 3-76　调整行高和列宽

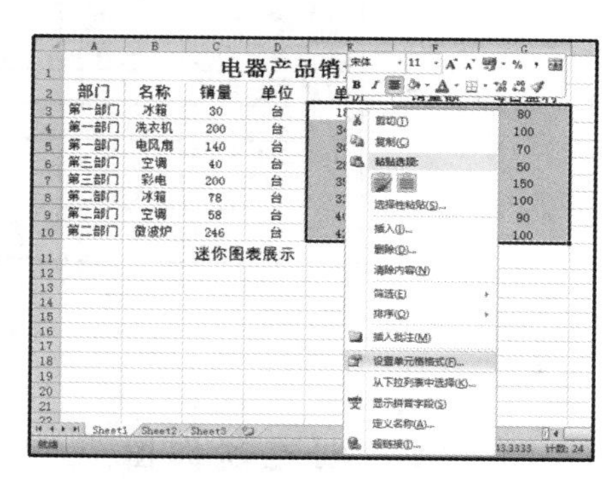

图 3-77　选择“设置单元格格式”命令

STEP 4 弹出“设置单元格格式”对话框，在“分类”列表框中选择“货币”选项，设置“小数位数”为“0”，如图 3-78 所示。

STEP 5 单击“确定”按钮，即可为选择的单元格区域设置数字格式，工作表效果如图 3-79 所示。

设置单元格格式

数字　对齐　字体　边框　填充　保护

分类(C):
常规
数值
货币
会计专用
日期
时间
百分比
分数
科学记数
文本
特殊
自定义

示例
¥1,800

小数位数(D): 0

货币符号(国家/地区)(S): ¥

负数(N):
(¥1,234)
(¥1,234)
¥1,234
¥-1,234
¥-1,234

货币格式用于表示一般货币数值。会计格式可以对一列数值进行小数点对齐。

确定　取消

图 3-78　“设置单元格格式”对话框

	A	B	C	D	E	F	G
1	电器产品销量图表						
2	部门	名称	销量	单位	单价	销量额	每台盈利
3	第一部门	冰箱	30	台	¥1,800	¥54,000	¥80
4	第一部门	洗衣机	200	台	¥3,400	¥680,000	¥100
5	第一部门	电风扇	140	台	¥3,000	¥420,000	¥70
6	第三部门	空调	40	台	¥2,800	¥112,000	¥50
7	第三部门	彩电	200	台	¥3,500	¥700,000	¥150
8	第二部门	冰箱	78	台	¥3,200	¥249,600	¥100
9	第二部门	空调	58	台	¥4,000	¥232,000	¥90
10	第二部门	微波炉	246	台	¥4,200	¥1,033,200	¥100
11		迷你图表展示					

图 3-79　设置数字格式效果

STEP 6 选择 A2:G2 单元格区域，在“样式”组中，单击“单元格样式”下三角按钮，展开下拉列表，选择“标题 4”样式，如图 3-80 所示。

STEP 7 选择 A2:G10 和 C11:G11 单元格区域，在“字体”组中，单击“边框”下三角按钮，展开下拉列表，选择“所有框线”命令，如图 3-81 所示。

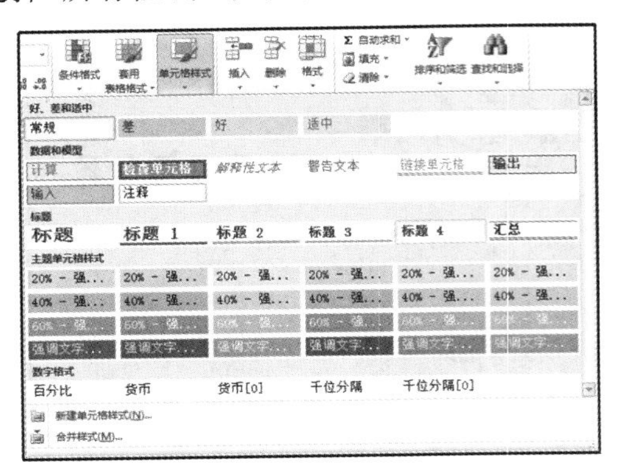

图 3-80　选择“标题 4”样式

图 3-81　选择“所有框线”命令

STEP 8 为单元格区域添加标题样式和边框后，工作表效果如图 3-82 所示。

	A	B	C	D	E	F	G
1	电器产品销量图表						
2	部门	名称	销量	单位	单价	销量额	每台盈利
3	第一部门	冰箱	30	台	¥1,800	¥54,000	¥80
4	第一部门	洗衣机	200	台	¥3,400	¥680,000	¥100
5	第一部门	电风扇	140	台	¥3,000	¥420,000	¥70
6	第三部门	空调	40	台	¥2,800	¥112,000	¥50
7	第三部门	彩电	200	台	¥3,500	¥700,000	¥150
8	第二部门	冰箱	78	台	¥3,200	¥249,600	¥100
9	第二部门	空调	58	台	¥4,000	¥232,000	¥90
10	第二部门	微波炉	246	台	¥4,200	¥1,033,200	¥100
11			迷你图表展示				

图 3-82　工作表效果

三、创建迷你图

STEP 1 选择 E11 单元格，在“插入”选项卡的“迷你图”组中，单击“折线图”按钮，如图 3-83 所示。

STEP 2 弹出“创建迷你图”对话框，设置“数据范围”和“位置范围”条件，单击“确定”按钮，创建出“单价”的迷你图，如图 3-84 所示。

图 3-83　单击“折线图”按钮

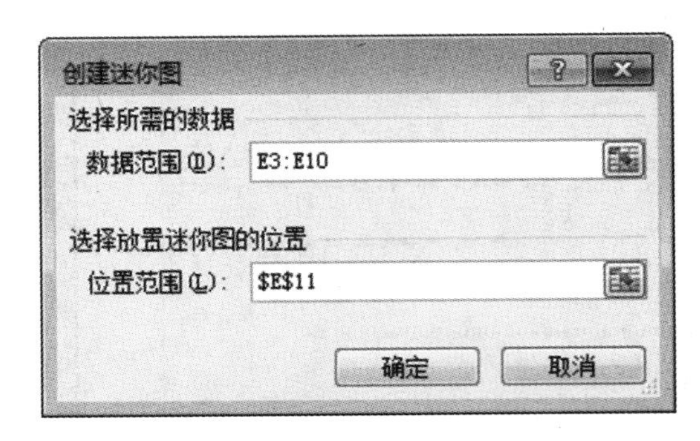

图 3-84　“创建迷你图”对话框

STEP 3 使用上述方法，创建出“销量额”和“每台盈利”的迷你图，如图 3-85 所示。

	A	B	C	D	E	F	G
1	电器产品销量图表						
2	部门	名称	销量	单位	单价	销量额	每台盈利
3	第一部门	冰箱	30	台	¥1,800	¥54,000	¥80
4	第一部门	洗衣机	200	台	¥3,400	¥680,000	¥100
5	第一部门	电风扇	140	台	¥3,000	¥420,000	¥70
6	第三部门	空调	40	台	¥2,800	¥112,000	¥50
7	第三部门	彩电	200	台	¥3,500	¥700,000	¥150
8	第二部门	冰箱	78	台	¥3,200	¥249,600	¥100
9	第二部门	空调	58	台	¥4,000	¥232,000	¥90
10	第二部门	微波炉	246	台	¥4,200	¥1,033,200	¥100
11			迷你图表展示				

图 3-85　创建迷你图

四、插入图表

STEP 1 选择 F2:G10 单元格区域，在“插入”选项卡的“图表”组中，单击“柱形图”下三角按钮，展开下拉列表，选择“百分比堆积柱形图”图表，如图 3-86 所示。

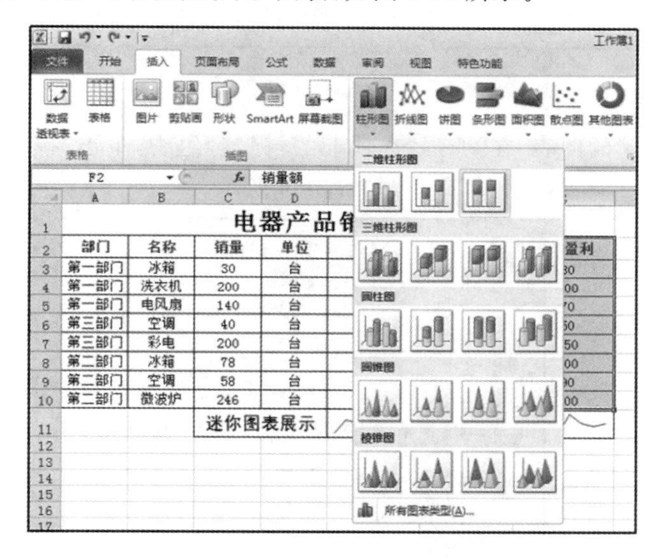

图 3-86　选择“百分比堆积柱形图”图表

STEP 2 完成柱形图图表的创建，效果如图 3-87 所示。

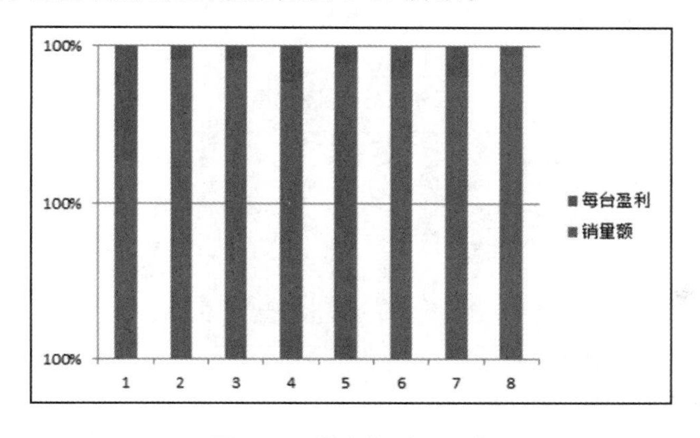

图 3-87　创建柱形图图表

五、添加图表元素

STEP 1 选择新创建的图表，在“布局”选项卡的“标签”组中，单击“图表标题”下三角按钮，展开下拉列表，选择“图表上方”命令，如图 3-88 所示。

STEP 2 在图表的上方显示“图表标题”文本框，设置标题名称为“产品销量与盈利对比图表”，并设置文本为“宋体、14”，然后加粗文本，如图 3-89 所示。

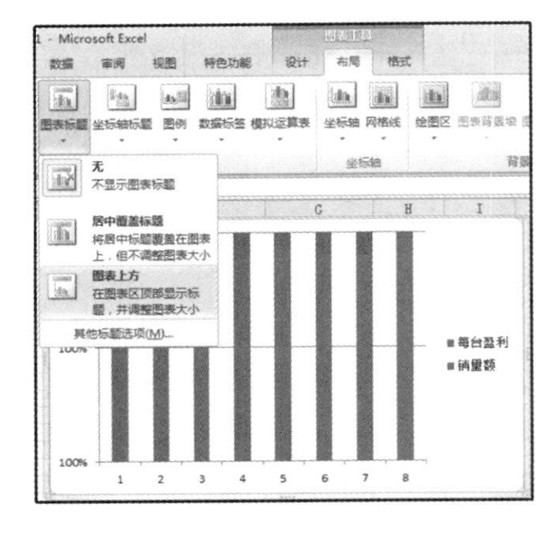

图 3-88　选择“图表上方”命令

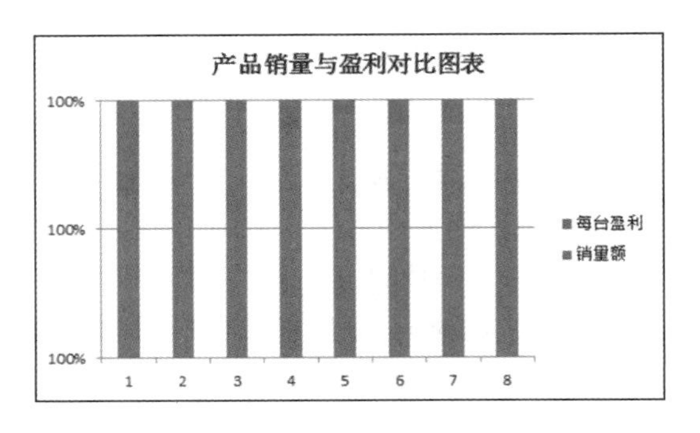

图 3-89　添加图表标题

STEP 3 选择新创建的图表，在“布局”选项卡的“标签”组中，单击“模拟运算表”下三角按钮，展开下拉列表，选择“显示模拟运算表”命令，如图 3-90 所示。

图 3-90　选择“显示模拟运算表”命令

STEP 4 完成模拟运算表的添加后，图表效果如图 3-91 所示。

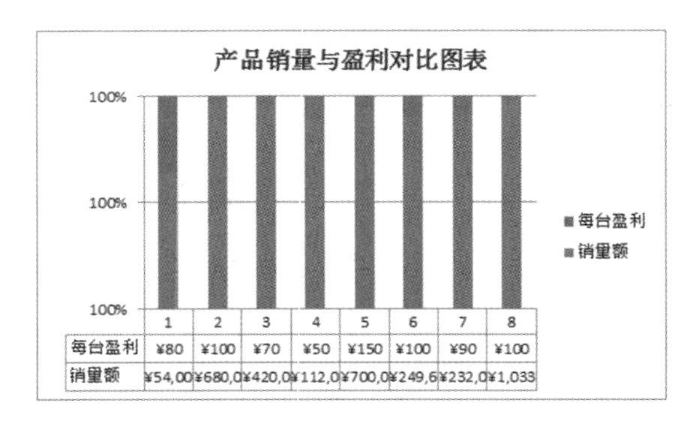

图 3-91　添加模拟运算表

六、美化图表

STEP 1 选择图表，将鼠标移至图表的右下角，当鼠标指针呈黑色双向箭头形状时，按住鼠标左键并拖曳，调整图表的大小，如图 3-92 所示。

STEP 2 选择图表，在“图表工具>设计”选项卡的“图表样式”列表中选择“样式 34”图表样式，如图 3-93 所示。

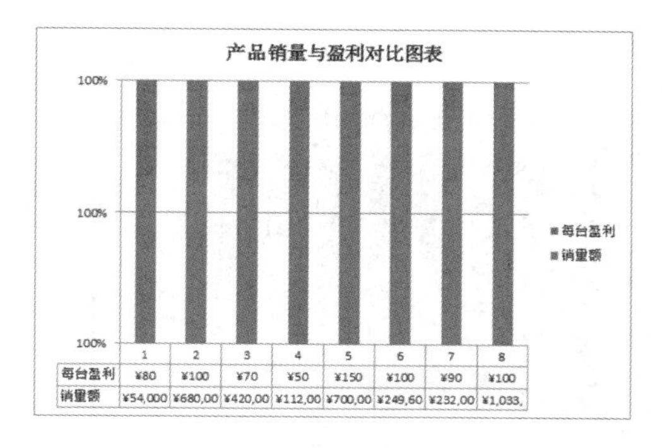

图 3-92　调整图表大小

图 3-93　选择图表样式

STEP 3 为图表应用图表样式，完成后的图表效果如图 3-94 所示。

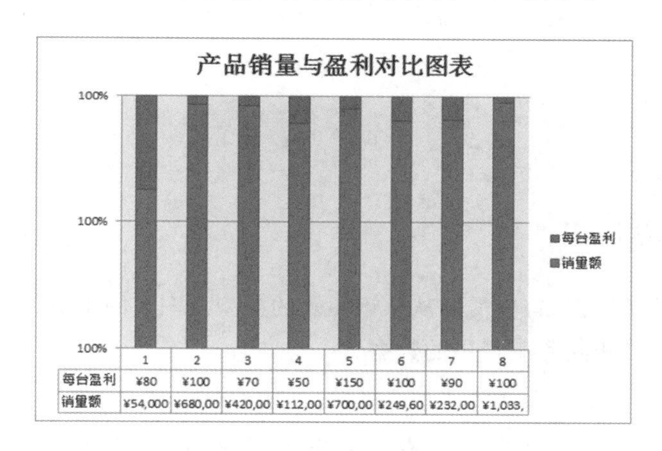

图 3-94　应用图表样式效果

STEP 4 继续选择图表，在“图表工具>格式”选项卡的“形状样式”列表中选择“细微效果，橄榄色-强调颜色 3”形状样式，如图 3-95 所示。即可更改图表的形状样式，图表效果如图 3-96 所示。

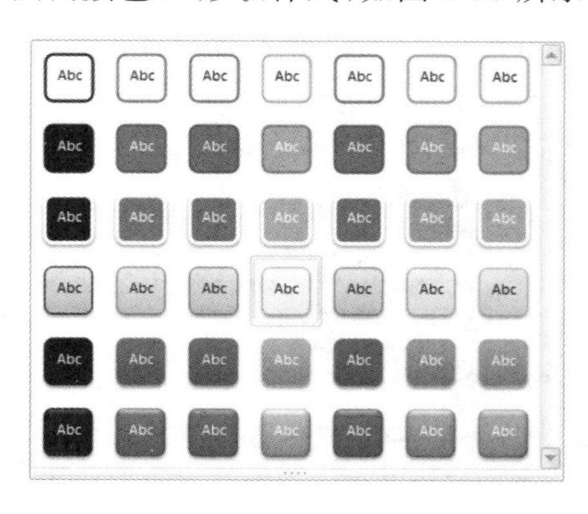

图 3-95　选择形状样式

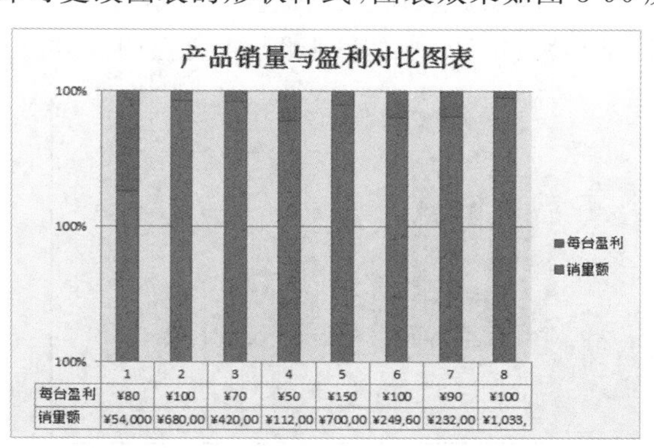

图 3-96　更改图表形状样式效果

STEP 5 选择图表，按住鼠标左键并拖曳，将选择的图表移动至基本数据表的右侧位置。

七、保存工作表

单击“文件”选项卡，进入“文件”界面，选择“保存”命令，弹出“另存为”对话框。设置好保存路径和文件名，单击“保存”按钮，即可保存工作表。工作表的最终效果如图 3-97 所示。

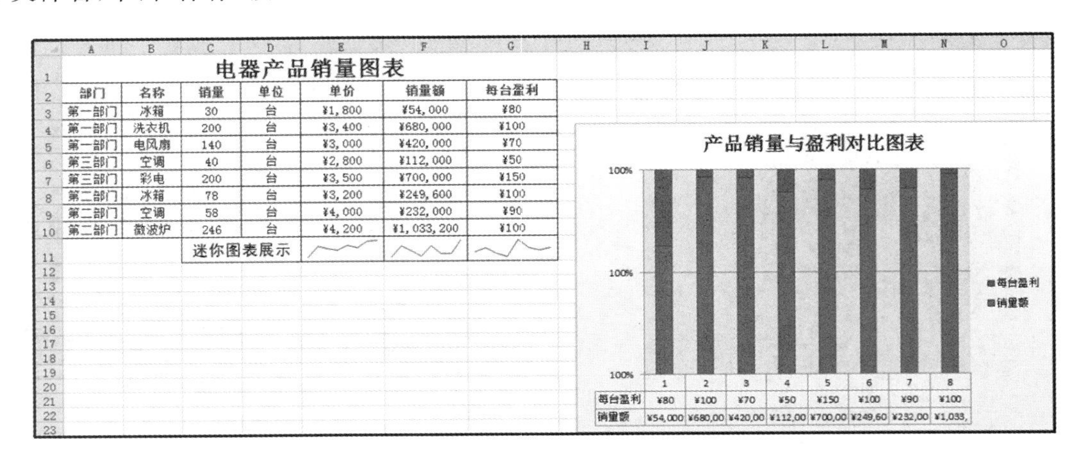

电器产品销量图表

部门	名称	销量	单位	单价	销量额	每台盈利
第一部门	冰箱	30	台	¥1,800	¥54,000	¥80
第一部门	洗衣机	200	台	¥3,400	¥680,000	¥100
第一部门	电风扇	140	台	¥3,000	¥420,000	¥70
第三部门	空调	40	台	¥2,800	¥112,000	¥50
第三部门	彩电	200	台	¥3,500	¥700,000	¥150
第二部门	冰箱	78	台	¥3,200	¥249,600	¥100
第二部门	空调	58	台	¥4,000	¥232,000	¥90
第二部门	微波炉	246	台	¥4,200	¥1,033,200	¥100
		迷你图表展示				

图 3-97 电器产品销量图表效果图

知识链接

一、图表的认识

要准确使用图表分析数据，首先需要从认识图表的类型及图表的组成开始，一步一步掌握图表并最终熟练使用图表来分析实际工作中的数据。

1.图表的类型

Excel 为用户提供了众多的图表类型，包括柱形图、条形图、折线图、饼图、面积图、圆环图和雷达图等。下面将对图表的类型分别进行介绍。

(1)柱形图：实际工作中最常用的图表类型之一，它可以直观地反映出一段时间内的数据变化或显示各项之间的比较情况。图 3-98 所示为三维堆积柱形图。

(2)条形图：旋转 90°的柱形图，主要强调各数值之间的比较。图 3-99 所示为三维堆积条形图。

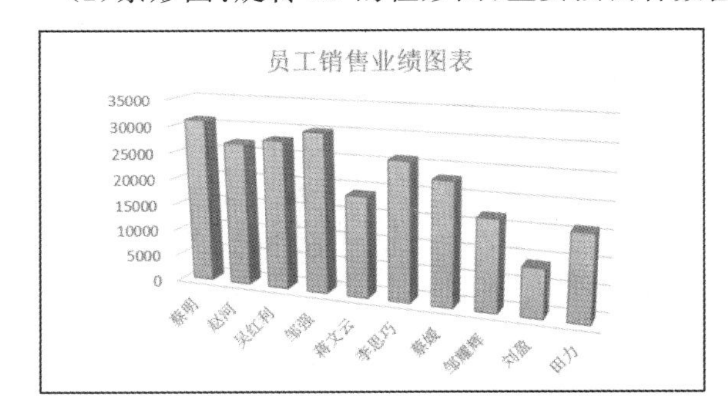

图 3-98 三维堆积柱形图

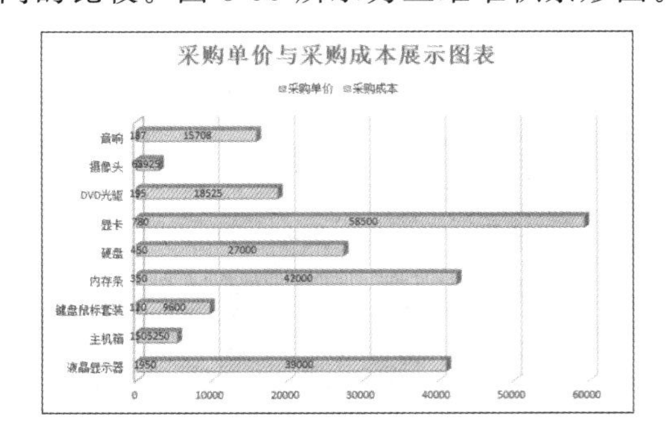

图 3-99 三维堆积条形图

(3)折线图:主要用来表示数据的连续性和变化趋势,也可以显示相同时间间隔内数据的预测趋势。该类型的图表强调的是数据的实践性和变动率,而不是变动量。图 3-100 所示为带标记的堆积折线图。

(4)饼图:用来显示一个数据系列中各个项目与项目总和之间的比例关系。由于它只能显示一个系列的比例关系,因此,当选中多个系列时也只能显示其中的一个系列。图 3-101 所示为三维饼图。

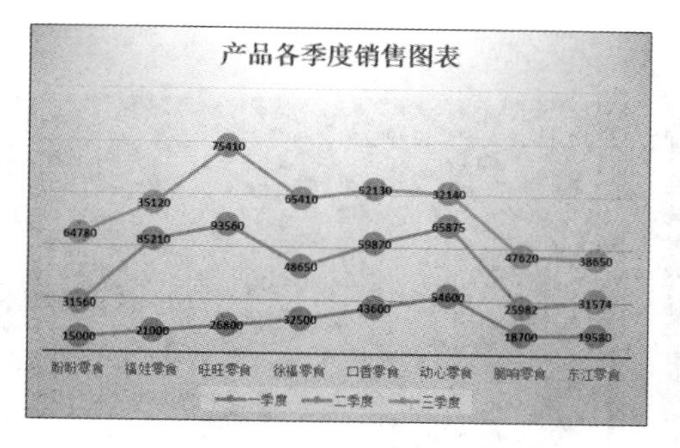

图 3-100　带标记的堆积折线图

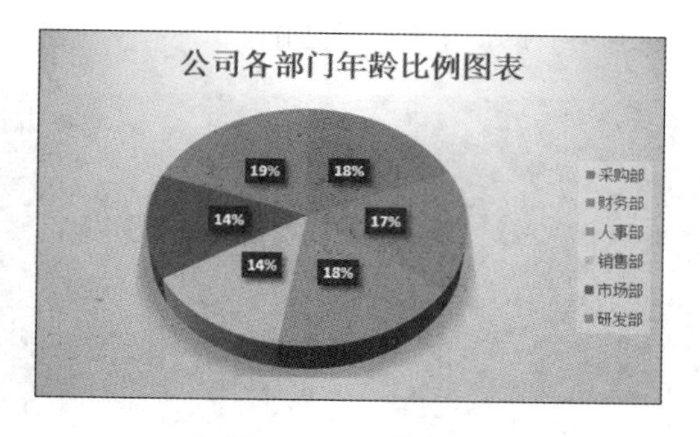

图 3-101　三维饼图

(5)面积图:主要用来显示每个数据的变化量。它强调的是数据随时间变化的幅度,通过显示数据的总和,直观地表达出整体和部分的关系。图 3-102 所示为三维面积图。

(6)散点图:用来显示若干数据系列中各数值之间的关系,或者将两组数据绘制为 XY 坐标的一个系列。图 3-103 所示为带平滑线的散点图。

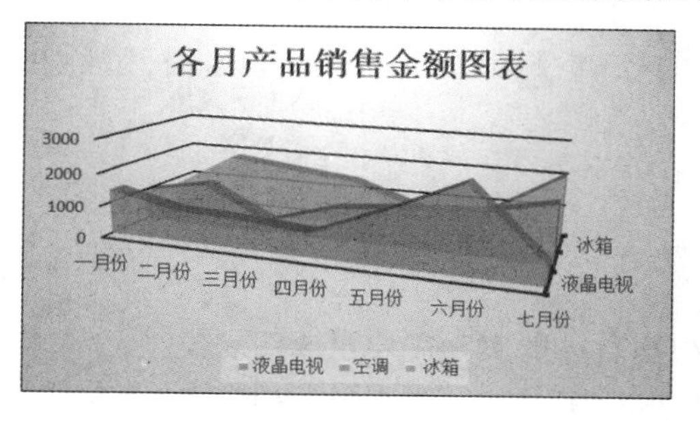

图 3-102　三维面积图

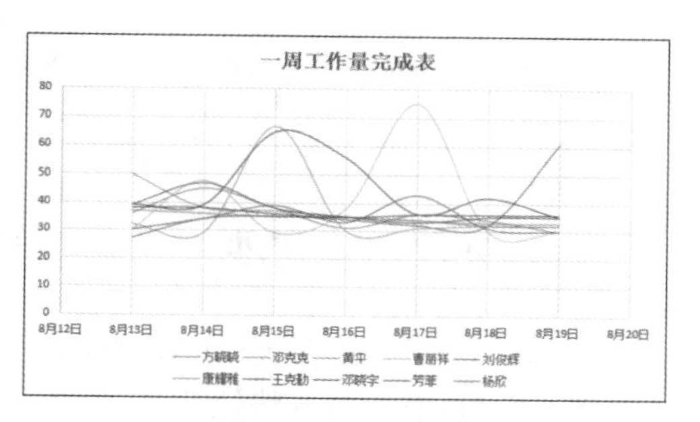

图 3-103　带平滑线的散点图

(7)股价图:主要用来描绘股票的走势。股价图包括盘高-盘低-收盘图、开盘-盘高-盘低-收盘图、成交量-盘高-盘低-收盘图,以及成交量-开盘-盘高-盘低-收盘图四种,工作表中的数据不一样,创建出的股价图也不一样。图 3-104 所示为开盘-盘高-盘低-收盘图的股价图。

(8)曲面图:主要通过不同的平面来显示数据的变化情况和趋势,其中同一种颜色和图案代表源数据中同一取值范围内的区域。图 3-105 所示为带俯视框架图的曲面图。

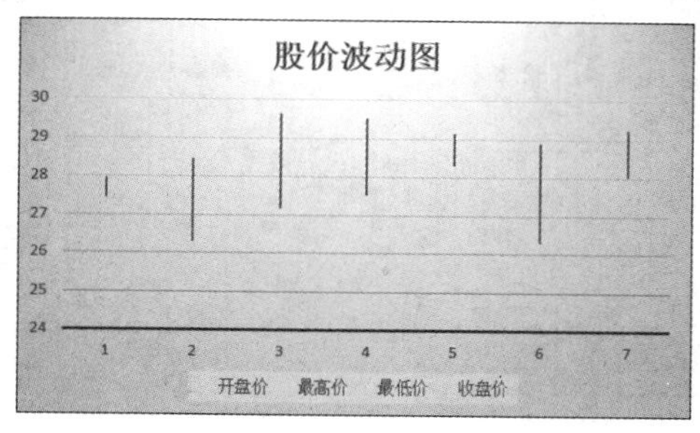

图 3-104　股价图

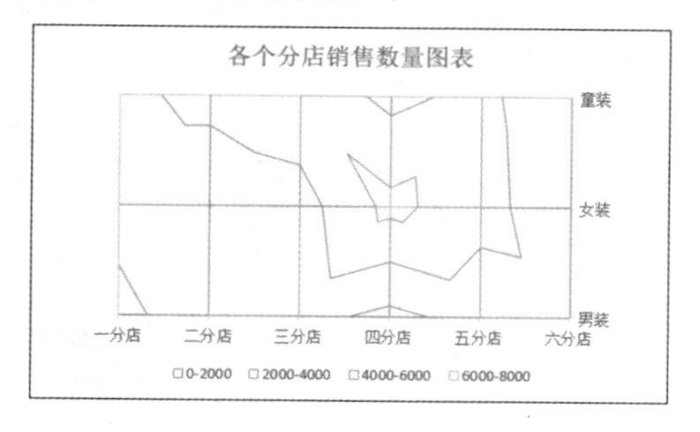

图 3-105　带俯视框架图的曲面图

(9)圆环图：与饼图一样，用来显示数据间的比例关系。与饼图有所不同的是，它可以包含多个数据序列。

(10)气泡图：是一种特殊类型的散点图，默认情况下使用气泡的面积代替数值的大小。图 3-106 所示为三维气泡图。

(11)雷达图：主要用于显示数据系列相对于中心点以及相对于彼此数据类别间的变化。其中每个分类都有自己的坐标轴，这些坐标轴由中心向外辐射，并用折线将同一系列中的数值连接起来。图 3-107 所示为填充雷达图。

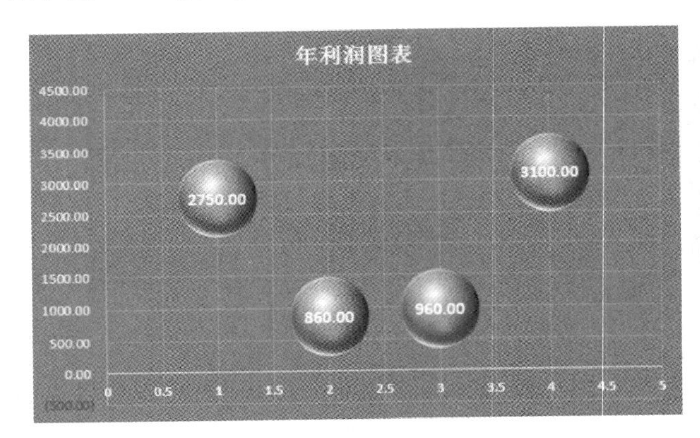

图 3-106　三维气泡图

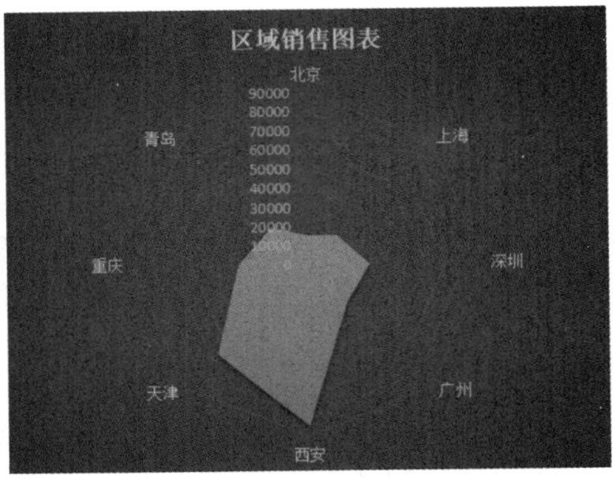

图 3-107　填充雷达图

2. 图表的组成

通常一个完整的图表由图表标题、图表区、绘图区、背景墙、数据系列、坐标轴、图例和基底组成。

二、更改图表类型

Excel 2010 中提供了 11 种图表类型，用户可以根据自己的实际需要更改图表类型。

选择图表对象，右击打开快捷菜单，选择“更改图表类型”命令，如图 3-108 所示。在弹出的“更改图表类型”对话框中，选择需要更改的图表类型，如图 3-109 所示，单击“确定”按钮即可。

图 3-108　选择“更改图表类型”命令

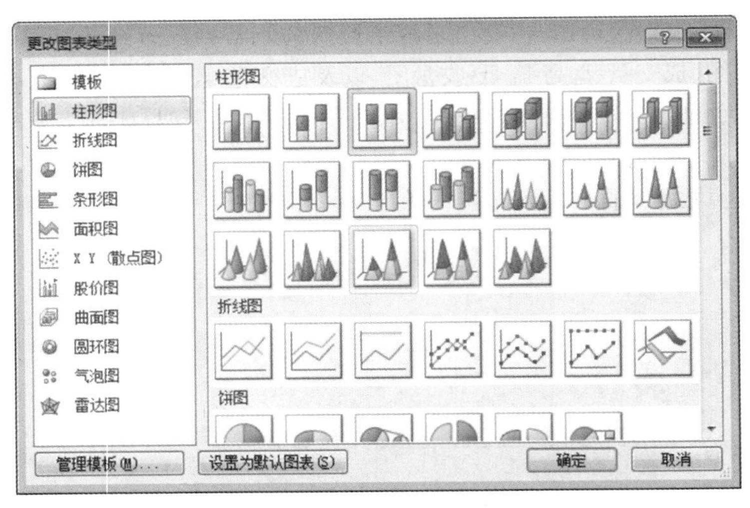

图 3-109　“更改图表类型”对话框

三、将图表保存为模板

在 Excel 2010 中编辑好图表的样式和布局等参数后，可以使用“另存为模板”功能将图表保存为模板，以备以后使用。

选择图表，在“图表工具＞设计”选项卡中，单击“类型”组中的“另存为模板”按钮，如图 3-110 所示。打开“保存图表模板”对话框，设置文件名和保存路径，单击“保存”按钮即可，如图 3-111 所示。

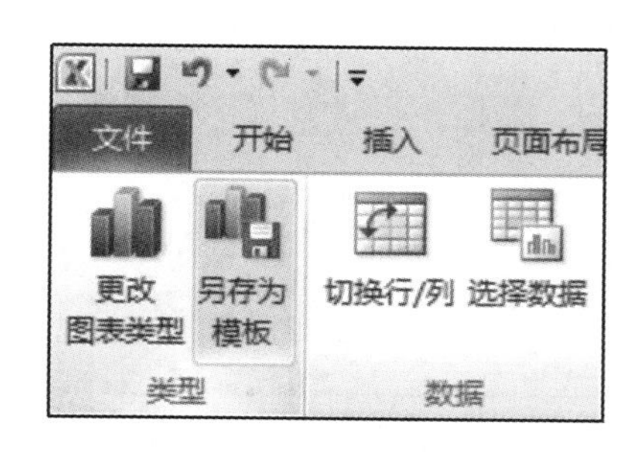

图 3-110　选择“另存为模板”命令

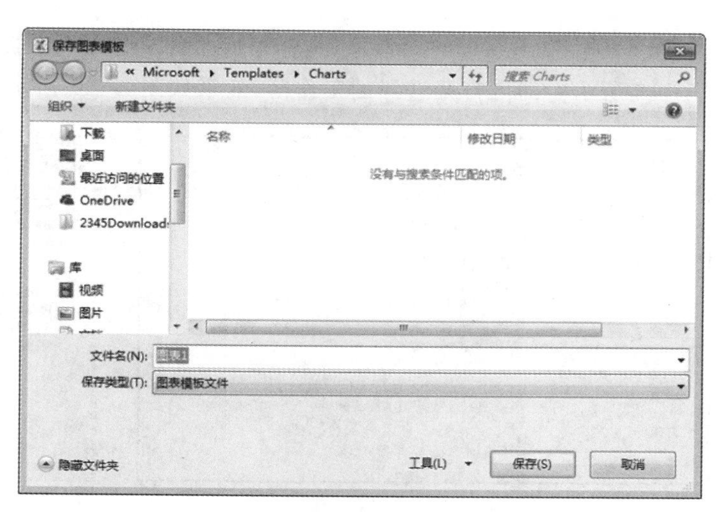

图 3-111　“保存图表模板”对话框

任务四　使用公式和函数计算工资表

任务描述

员工工资统计表是反映各项工资明细情况的表格。公司财务人员每个月都会制作一份当月的员工工资统计表，需要对每位员工的基本工资、奖金、补贴、加班工资和特殊情况下支付的工资等进行计算核实，以便支付给每位员工的工资金额都准确无误。

任务分析

财务人员在制作工资表时，需要使用 IF 函数计算基本工资和个人所得税，然后使用 SUM 函数计算实发工资总额，再使用“数据透视表”命令统计各部门的工资总额，最后制作出工资条并打印。

任务实现

一、打开工作簿

STEP 1 在 Excel 2010 中，单击“文件”选项卡，进入“文件”界面，选择“打开”命令，如图 3-112 所示。

STEP 2 弹出“打开”对话框，选择对应文件夹中的“员工工资表”工作簿，单击“打开”按钮，如图 3-113 所示。即可打开选择的工作簿，效果如图 3-114 所示。

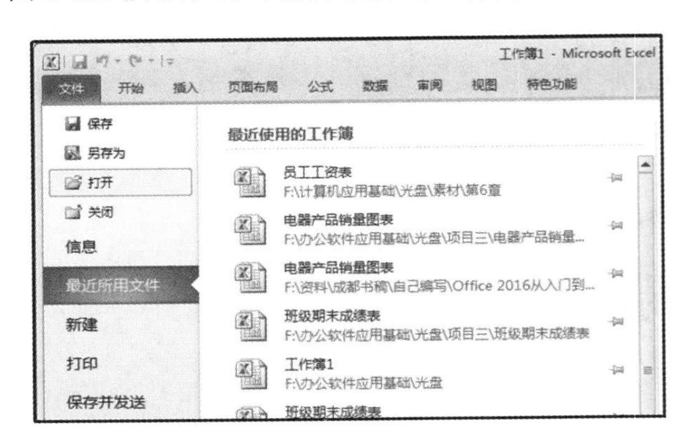

图 3-112 选择“打开”命令

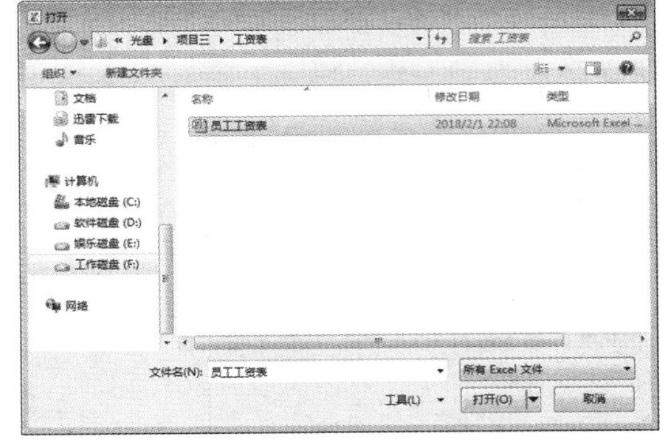

图 3-113 选择工作簿

	A	B	C	D	E	F	G	H	I	J	K
1	员工工资统计表										
2	员工编号	员工姓名	工作部门	基本工资	绩效工资	奖金	津贴	社保扣款	个人所得税	缺勤扣款	实发工资
3	PL001	员工1	行政部		2500	500	200	318		100	
4	PL002	员工2	人事部		1900	500	150	230		50	
5	PL003	员工3	人事部		1800	500	150	230		50	
6	PL004	员工4	销售部		2100	350	200	285		100	
7	PL005	员工5	销售部		2500	300	200	285		¥-	
8	PL006	员工6	销售部		2400	300	200	285		¥-	
9	PL007	员工7	策划部		2100	500	200	340		100	
10	PL008	员工8	策划部		2150	500	150	385		50	
11	PL009	员工9	行政部		2250	300	150	256		50	
12	PL010	员工10	行政部		2180	600	200	365		¥-	

图 3-114 打开工作簿

二、计算基本工资

STEP 1 选择 D3 单元格，单击“公式”选项卡，在“函数库”组中单击“插入函数”按钮，弹出“插入函数”对话框，选择“IF”，如图 3-115 所示。

STEP 2 单击“确定”按钮，弹出“函数参数”对话框，设置函数参数，如图 3-116 所示。

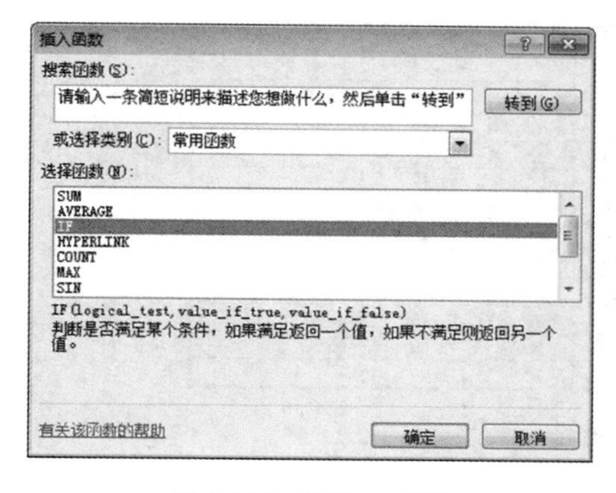

图 3-115　选择 IF 函数

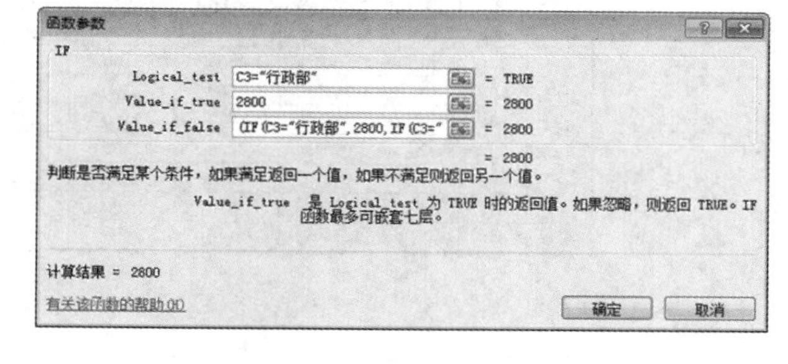

图 3-116　设置函数参数

STEP 3 完成公式的输入和计算后，选择 D3 单元格，将鼠标指针移至 D3 单元格右下方的填充柄上，当鼠标指针呈黑色十字形状时，按住鼠标左键并向下拖曳至 D12 单元格后释放鼠标左键，即可填充公式，显示基本工资的计算结果，如图 3-117 所示。

	A	B	C	D	E	F	G	H	I	J	K
1	员工工资统计表										
2	员工编号	员工姓名	工作部门	基本工资	绩效工资	奖金	津贴	社保扣款	个人所得税	缺勤扣款	实发工资
3	PL001	员工1	行政部	2800	2500	500	200	318		100	
4	PL002	员工2	人事部	2000	1900	500	150	230		50	
5	PL003	员工3	人事部	2000	1800	500	150	230		50	
6	PL004	员工4	销售部	2500	2100	350	200	285		100	
7	PL005	员工5	销售部	2500	2500	300	200	285		¥-	
8	PL006	员工6	销售部	2500	2400	300	200	285		¥-	
9	PL007	员工7	策划部	3000	2100	500	200	340		100	
10	PL008	员工8	策划部	3000	2150	500	150	385		50	
11	PL009	员工9	行政部	2800	2250	300	150	256		50	
12	PL010	员工10	行政部	2800	2180	600	200	365		¥-	

图 3-117　计算基本工资

三、计算个人所得税

STEP 1 选择 I3 单元格，单击"公式"选项卡，在"函数库"组中，单击"插入函数"按钮，弹出"插入函数"对话框，选择"IF"。

STEP 2 单击"确定"按钮，弹出"函数参数"对话框，设置函数参数，如图 3-118 所示。

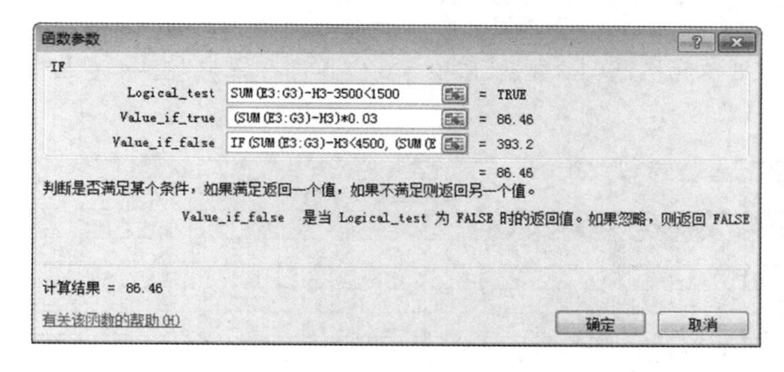

图 3-118　设置函数参数

STEP 3 完成公式的输入和计算后，选择 I3 单元格，将鼠标指针移至 I3 单元格右下方的填充柄上，当鼠标指针呈黑色十字形状时，按住鼠标左键并向下拖曳至 I12 单元格后释放鼠标左键，即可填充公式，显示个人所得税的计算结果，如图 3-119 所示。

	A	B	C	D	E	F	G	H	I	J	K
1	员工工资统计表										
2	员工编号	员工姓名	工作部门	基本工资	绩效工资	奖金	津贴	社保扣款	个人所得税	缺勤扣款	实发工资
3	PL001	员工1	行政部	2800	2500	500	200	318	86.46	100	
4	PL002	员工2	人事部	2000	1900	500	150	230	69.6	50	
5	PL003	员工3	人事部	2000	1800	500	150	230	66.6	50	
6	PL004	员工4	销售部	2500	2100	350	200	285	70.95	100	
7	PL005	员工5	销售部	2500	2500	300	200	285	81.45	¥-	
8	PL006	员工6	销售部	2500	2400	300	200	285	78.45	¥-	
9	PL007	员工7	策划部	3000	2100	500	200	340	73.8	100	
10	PL008	员工8	策划部	3000	2150	500	150	385	72.45	50	
11	PL009	员工9	行政部	2800	2250	300	150	256	73.32	50	
12	PL010	员工10	行政部	2800	2180	600	200	365	78.45	¥-	

图 3-119 计算个人所得税

四、计算实发工资

STEP 1 选择 K3 单元格，输入公式“＝SUM(D3:G3)-SUM(H3:J3)”，按 Enter 键，显示计算结果。

STEP 2 选择 K3 单元格，将鼠标指针移至 K3 单元格右下方的填充柄上，当鼠标指针呈黑色十字形状时，按住鼠标左键并向下拖曳至 K12 单元格后释放鼠标左键，即可填充公式，显示实发工资的计算结果，如图 3-120 所示。

	A	B	C	D	E	F	G	H	I	J	K
1	员工工资统计表										
2	员工编号	员工姓名	工作部门	基本工资	绩效工资	奖金	津贴	社保扣款	个人所得税	缺勤扣款	实发工资
3	PL001	员工1	行政部	2800	2500	500	200	318	86.46	100	5495.54
4	PL002	员工2	人事部	2000	1900	500	150	230	69.6	50	4200.4
5	PL003	员工3	人事部	2000	1800	500	150	230	66.6	50	4103.4
6	PL004	员工4	销售部	2500	2100	350	200	285	70.95	100	4694.05
7	PL005	员工5	销售部	2500	2500	300	200	285	81.45	¥-	5133.55
8	PL006	员工6	销售部	2500	2400	300	200	285	78.45	¥-	5036.55
9	PL007	员工7	策划部	3000	2100	500	200	340	73.8	100	5286.2
10	PL008	员工8	策划部	3000	2150	500	150	385	72.45	50	5292.55
11	PL009	员工9	行政部	2800	2250	300	150	256	73.32	50	5120.68
12	PL010	员工10	行政部	2800	2180	600	200	365	78.45	¥-	5336.55

图 3-120 计算实发工资

五、使用“分类汇总”功能统计数据

STEP 1 选择 C8 单元格，单击“数据”选项卡，在“排序和筛选”组中，单击“升序”按钮，即可升序排列数据，如图 3-121 所示。

	A	B	C	D	E	F	G	H	I	J	K
1	员工工资统计表										
2	员工编号	员工姓名	工作部门	基本工资	绩效工资	奖金	津贴	社保扣款	个人所得税	缺勤扣款	实发工资
3	PL007	员工7	策划部	3000	2100	500	200	340	73.8	100	5286.2
4	PL008	员工8	策划部	3000	2150	500	150	385	72.45	50	5292.55
5	PL001	员工1	行政部	2800	2500	500	200	318	86.46	100	5495.54
6	PL009	员工9	行政部	2800	2250	300	150	256	73.32	50	5120.68
7	PL010	员工10	行政部	2800	2180	600	200	365	78.45	¥-	5336.55
8	PL002	员工2	人事部	2000	1900	500	150	230	69.6	50	4200.4
9	PL003	员工3	人事部	2000	1800	500	150	230	66.6	50	4103.4
10	PL004	员工4	销售部	2500	2100	350	200	285	70.95	100	4694.05
11	PL005	员工5	销售部	2500	2500	300	200	285	81.45	¥-	5133.55
12	PL006	员工6	销售部	2500	2400	300	200	285	78.45	¥-	5036.55

图 3-121 升序排列数据

STEP② 选择A2:K12单元格区域，单击“数据”选项卡，在“分级显示”组中，单击“分类汇总”按钮，弹出“分类汇总”对话框。设置“分类字段”为“工作部门”，设置“汇总方式”为“求和”，并勾选“选定汇总项”列表框中的“实发工资”复选框，如图3-122所示。单击“确定”按钮，创建分类汇总，如图3-123所示。

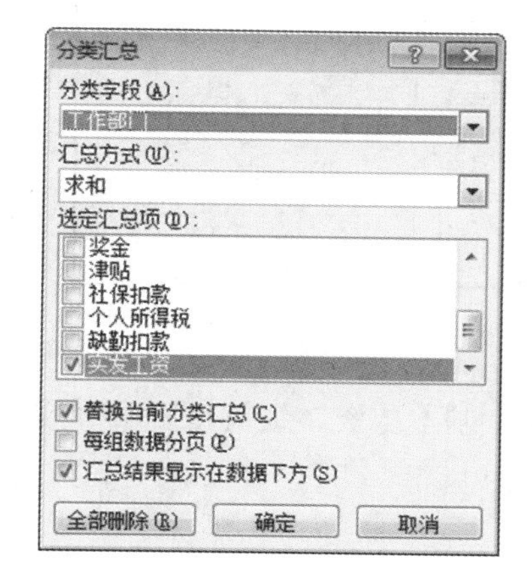

图3-122 “分类汇总”对话框

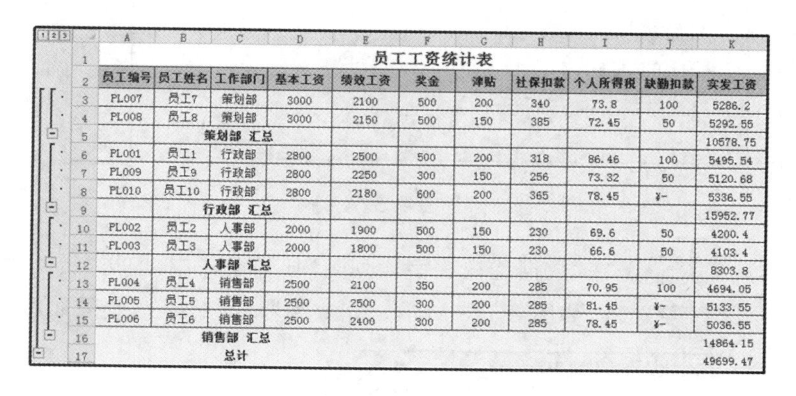

	A	B	C	D	E	F	G	H	I	J	K
1	员工工资统计表										
2	员工编号	员工姓名	工作部门	基本工资	绩效工资	奖金	津贴	社保扣款	个人所得税	缺勤扣款	实发工资
3	PL007	员工7	策划部	3000	2100	500	200	340	73.8	100	5286.2
4	PL008	员工8	策划部	3000	2150	500	150	385	72.45	50	5292.55
5		策划部 汇总									10578.75
6	PL001	员工1	行政部	2800	2500	500	200	318	86.46	100	5495.54
7	PL009	员工9	行政部	2800	2250	300	150	256	73.32	50	5120.68
8	PL010	员工10	行政部	2800	2180	600	200	365	78.45	¥-	5336.55
9		行政部 汇总									15952.77
10	PL002	员工2	人事部	2000	1900	500	150	230	69.6	50	4200.4
11	PL003	员工3	人事部	2000	1800	500	150	230	66.6	50	4103.4
12		人事部 汇总									8303.8
13	PL004	员工4	销售部	2500	2100	350	200	285	70.95	100	4694.05
14	PL005	员工5	销售部	2500	2500	300	200	285	81.45	¥-	5133.55
15	PL006	员工6	销售部	2500	2400	300	200	285	78.45	¥-	5036.55
16		销售部 汇总									14864.15
17		总计									49699.47

图3-123 创建分类汇总

六、创建数据透视表

STEP① 右击Sheet1工作表，打开快捷菜单，选择“移动或复制”命令，弹出“移动或复制工作表”对话框。选择“(移至最后)”选项，勾选“建立副本”复选框，单击“确定”按钮，复制工作表。然后将工作表重命名为“工资表”。

STEP② 选择汇总数据，单击“数据”选项卡，在“分级显示”组中，单击“分类汇总”按钮，弹出“分类汇总”对话框。单击“全部删除”按钮，删除汇总数据，如图3-124所示。

STEP③ 选择A2:K12单元格区域，在“插入”选项卡的“表格”组中，单击“数据透视表”下三角按钮，展开下拉列表，选择“数据透视表”命令，如图3-125所示。

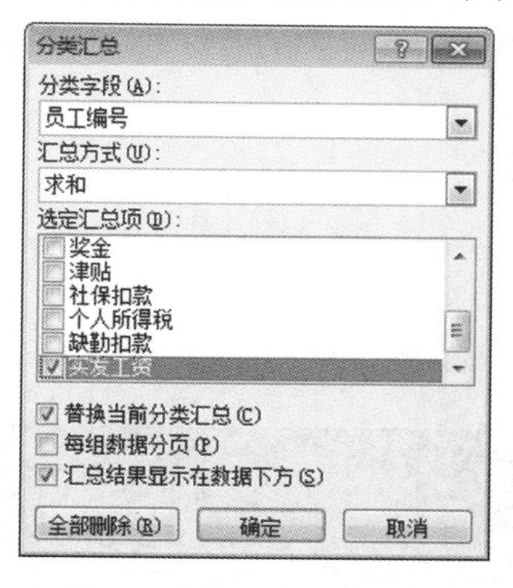

图3-124 单击“全部删除”按钮

图3-125 选择“数据透视表”命令

STEP④ 弹出“创建数据透视表”对话框，选择单元格区域，选中“现有工作表”单选按钮，并设置位置，如图3-126所示。

STEP⑤ 单击“确定”按钮，创建出数据透视表，如图3-127所示。

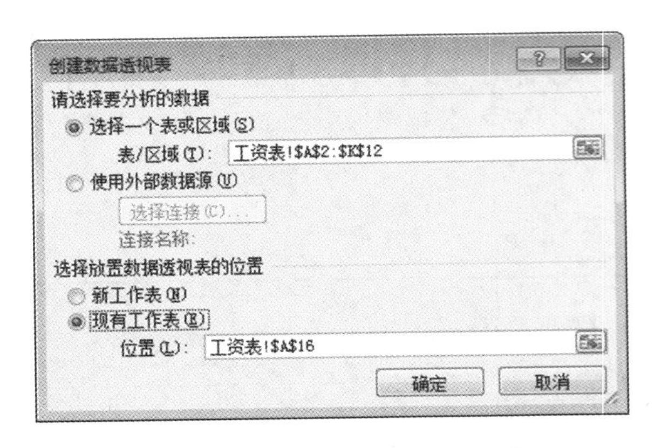

图 3-126 “创建数据透视表”对话框

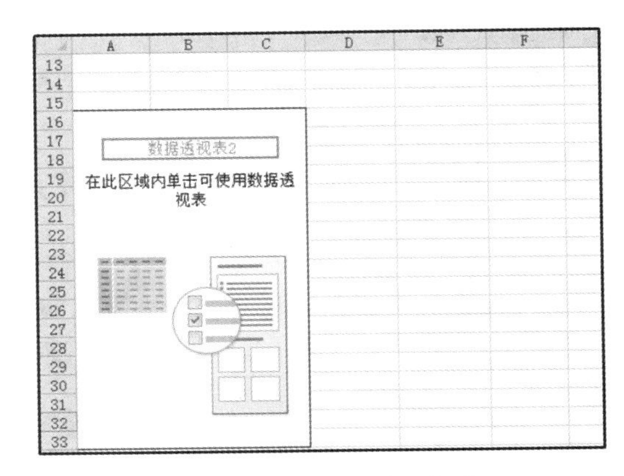

图 3-127 创建数据透视表

STEP 6 在“数据透视表字段列表”任务窗格中，勾选“员工姓名”“基本工资”“绩效工资”和“实发工资”复选框，如图 3-128 所示。完成字段的添加后，效果如图 3-129 所示。

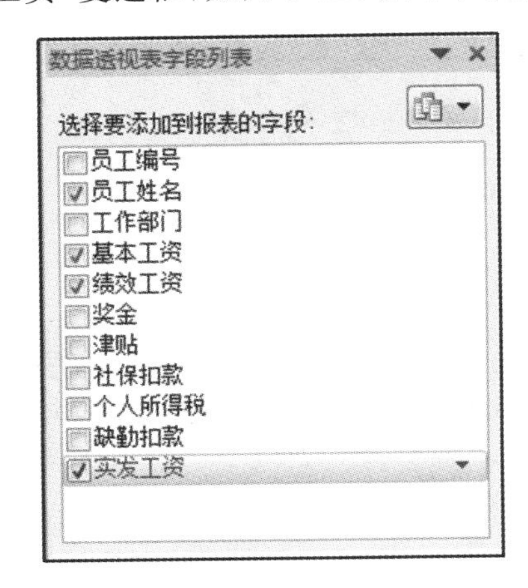

图 3-128 勾选复选框

16	行标签	求和项:绩效工资	求和项:基本工资	求和项:实发工资
17	员工1	2500	2800	5495.54
18	员工10	2180	2800	5336.55
19	员工2	1900	2000	4200.4
20	员工3	1800	2000	4103.4
21	员工4	2100	2500	4694.05
22	员工5	2500	2500	5133.55
23	员工6	2400	2500	5036.55
24	员工7	2100	3000	5286.2
25	员工8	2150	3000	5292.55
26	员工9	2250	2800	5120.68
27	总计	21880	25900	49699.47

图 3-129 添加字段

STEP 7 选择数据透视表中的任意单元格，在“数据透视表工具＞设计”选项卡中，在“数据透视表样式”下拉列表中，选择“数据透视表样式深色 16”样式，如图 3-130 所示。完成数据透视表样式的更改，效果如图 3-131 所示。

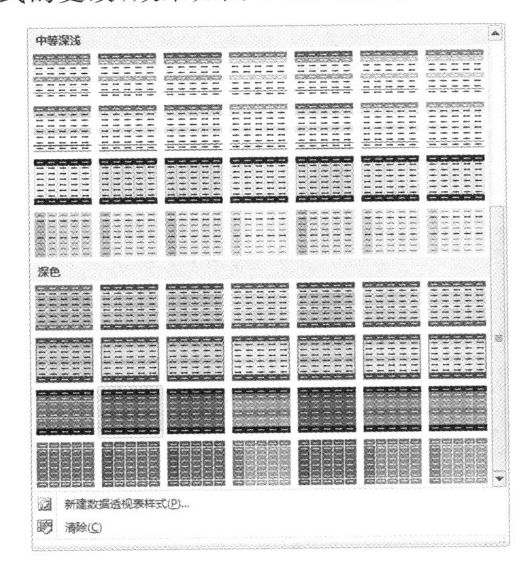

图 3-130 选择样式

16	行标签	求和项:绩效工资	求和项:基本工资	求和项:实发工资
17	员工1	2500	2800	5495.54
18	员工10	2180	2800	5336.55
19	员工2	1900	2000	4200.4
20	员工3	1800	2000	4103.4
21	员工4	2100	2500	4694.05
22	员工5	2500	2500	5133.55
23	员工6	2400	2500	5036.55
24	员工7	2100	3000	5286.2
25	员工8	2150	3000	5292.55
26	员工9	2250	2800	5120.68
27	总计	21880	25900	49699.47

图 3-131 数据透视表样式效果

七、生成工资条

STEP 1 右击 Sheet1 工作表，打开快捷菜单，选择“移动或复制”命令，弹出“移动或复制工作表”对话框。选择“(移至最后)”选项，勾选“建立副本”复选框，单击“确定”按钮，复制工作表。再次复制工作表，然后将工作表重命名为“工资条 1”和“工资条 2”。

STEP 2 选择复制的两张工作表中的汇总数据，单击“数据”选项卡，在“分级显示”组中，单击“分类汇总”按钮，弹出“分类汇总”对话框，单击“全部删除”按钮，删除汇总数据。

STEP 3 单击“工资条 2”工作表标签，对复制的工作表的相应数据进行删除和修改操作，效果如图 3-132 所示。

	A	B	C	D	E	F	G	H	I	J	K
1	工资条										
2	员工编号	员工姓名	工作部门	基本工资	绩效工资	奖金	津贴	社保扣款	个人所得税	缺勤扣款	实发工资
3											

图 3-132　删除相应数据

STEP 4 在 A3 单元格中输入“PL001”，选择 B3 单元格，单击“公式”选项卡，在“函数库”组中，单击“插入函数”按钮，弹出“插入函数”对话框。选择“VLOOKUP”函数，单击“确定”按钮，弹出“函数参数”对话框。输入函数参数，如图 3-133 所示。

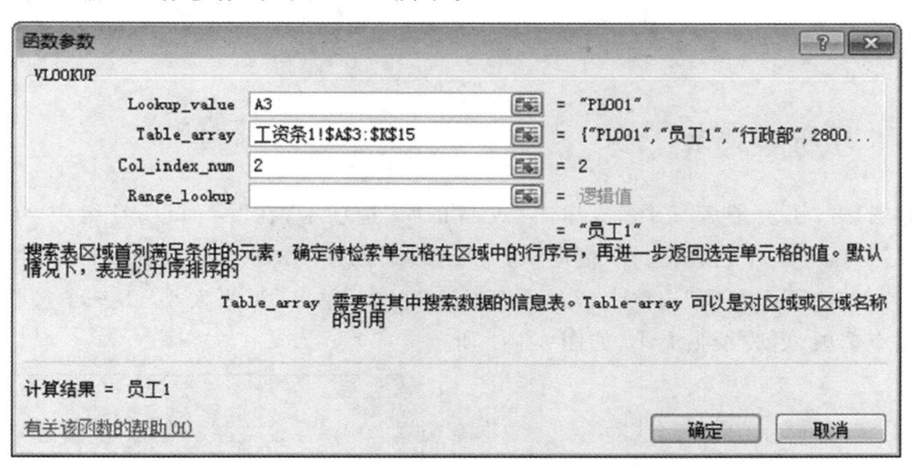

图 3-133　“函数参数”对话框

STEP 5 完成公式的输入和计算后，使用同样的方法，在其他单元格中依次输入公式，并将“函数参数”对话框中的“Col_index_num”依次设置为 3～11，结果如图 3-134 所示。

	A	B	C	D	E	F	G	H	I	J	K
1	工资条										
2	员工编号	员工姓名	工作部门	基本工资	绩效工资	奖金	津贴	社保扣款	个人所得税	缺勤扣款	实发工资
3	PL001	员工1	行政部	2800	2500	500	200	318	86.46	100	5495.54

图 3-134　公式计算结果

STEP 6 选择 A1:K3 单元格区域，将鼠标指针移动到单元格右下角，当鼠标指针呈黑色十字形状时，按住鼠标左键并拖曳至第 30 行单元格，释放鼠标左键，可生成每位员工的工资条，结果如图 3-135 所示。

	A	B	C	D	E	F	G	H	I	J	K
1						工资条					
2	员工编号	员工姓名	工作部门	基本工资	绩效工资	奖金	津贴	社保扣款	个人所得税	缺勤扣款	实发工资
3	PL001	员工1	行政部	2800	2500	500	200	318	86.46	100	5495.54
4						工资条					
5	员工编号	员工姓名	工作部门	基本工资	绩效工资	奖金	津贴	社保扣款	个人所得税	缺勤扣款	实发工资
6	PL002	员工2	人事部	2000	1900	500	150	230	69.6	50	4200.4
7						工资条					
8	员工编号	员工姓名	工作部门	基本工资	绩效工资	奖金	津贴	社保扣款	个人所得税	缺勤扣款	实发工资
9	PL003	员工3	人事部	2000	1800	500	150	230	66.6	50	4103.4
10						工资条					
11	员工编号	员工姓名	工作部门	基本工资	绩效工资	奖金	津贴	社保扣款	个人所得税	缺勤扣款	实发工资
12	PL004	员工4	销售部	2500	2100	350	200	285	70.95	100	4694.05
13						工资条					
14	员工编号	员工姓名	工作部门	基本工资	绩效工资	奖金	津贴	社保扣款	个人所得税	缺勤扣款	实发工资
15	PL005	员工5	销售部	2500	2500	300	200	285	81.45	¥-	5133.55
16						工资条					
17	员工编号	员工姓名	工作部门	基本工资	绩效工资	奖金	津贴	社保扣款	个人所得税	缺勤扣款	实发工资
18	PL006	员工6	销售部	2500	2400	300	200	285	78.45	¥-	5036.55
19						工资条					
20	员工编号	员工姓名	工作部门	基本工资	绩效工资	奖金	津贴	社保扣款	个人所得税	缺勤扣款	实发工资
21	PL007	员工7	策划部	3000	2100	500	200	340	73.8	100	5286.2
22						工资条					
23	员工编号	员工姓名	工作部门	基本工资	绩效工资	奖金	津贴	社保扣款	个人所得税	缺勤扣款	实发工资
24	PL008	员工8	策划部	3000	2150	500	150	385	72.45	50	5292.55
25						工资条					
26	员工编号	员工姓名	工作部门	基本工资	绩效工资	奖金	津贴	社保扣款	个人所得税	缺勤扣款	实发工资
27	PL009	员工9	行政部	2800	2250	300	150	256	73.32	50	5120.68
28						工资条					
29	员工编号	员工姓名	工作部门	基本工资	绩效工资	奖金	津贴	社保扣款	个人所得税	缺勤扣款	实发工资
30	PL010	员工10	行政部	2800	2180	600	200	365	78.45	¥-	5336.55

图 3-135　生成工资条

八、打印工资条

STEP 1 打开"工资条 2"工作表，单击"页面布局"选项卡，在"页面设置"组中，单击"纸张方向"下三角按钮，展开下拉列表，选择"横向"命令，更改纸张方向，如图 3-136 所示。

STEP 2 单击"页面布局"选项卡，在"页面设置"组中，单击"纸张大小"下三角按钮，展开下拉列表，选择相应选项，更改纸张大小，如图 3-137 所示。

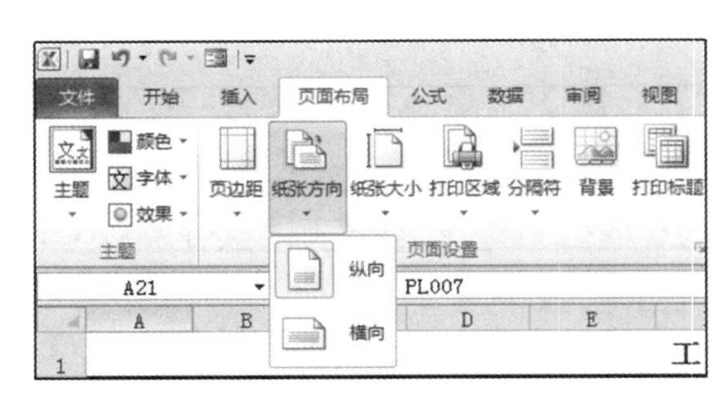

图 3-136　更改纸张方向

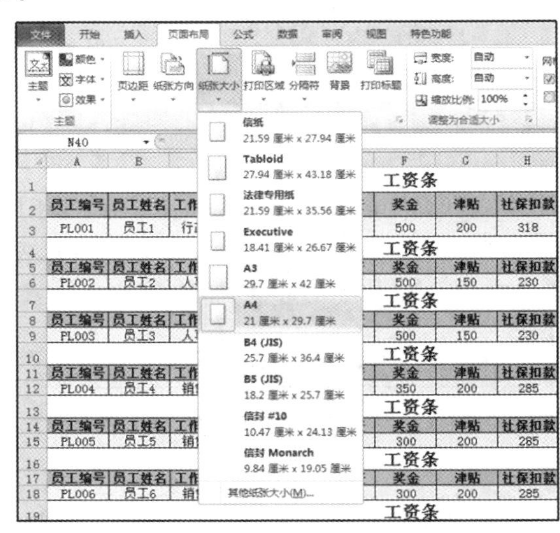

图 3-137　更改纸张大小

STEP 3 单击"页面布局"选项卡，在"页面设置"组中，单击"打印区域"下三角按钮，展开下拉列表，选择对应命令，更改打印区域，如图 3-138 所示。

STEP 4 单击“文件”选项卡，选择“打印”命令，进入“打印”界面，设置打印机，输入打印份数，单击“打印”按钮，打印工资条，如图 3-139 所示。

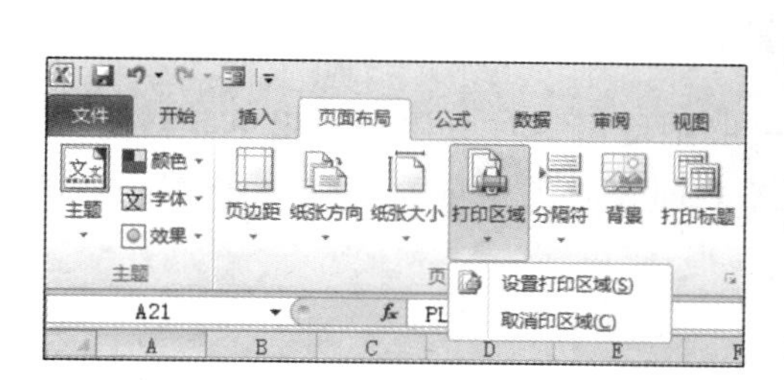

图 3-138　更改打印区域

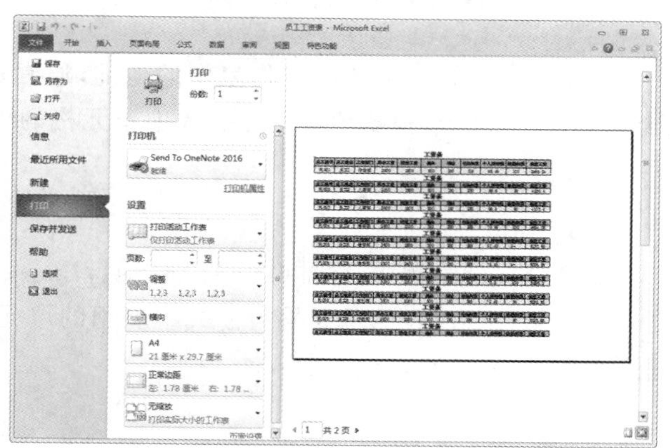

图 3-139　打印工资条

九、保存工作表

单击“文件”选项卡，进入“文件”界面，选择“另存为”命令，弹出“另存为”对话框。设置文件名和保存路径，单击“保存”按钮，即可保存工作表。

知识链接

一、套用表格格式

使用 Excel 提供的“套用表格格式”功能，可以非常有效地节省时间、提高效率，使编排出的表格规范。

选择单元格区域，在“开始”选项卡的“样式”组中，单击“套用表格格式”下三角按钮，展开下拉列表，选择合适的表格样式即可，如图 3-140 所示。如果对已有的表格样式不满意，则可以通过“套用表格格式”下拉列表打开“新建表快速样式”对话框，如图 3-141 所示。在对话框中设置各个表元素的格式，然后单击“确定”按钮即可。

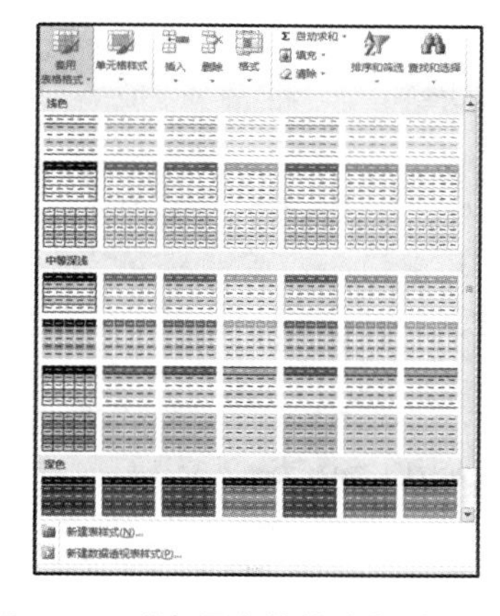

图 3-140　“套用表格格式”下拉列表

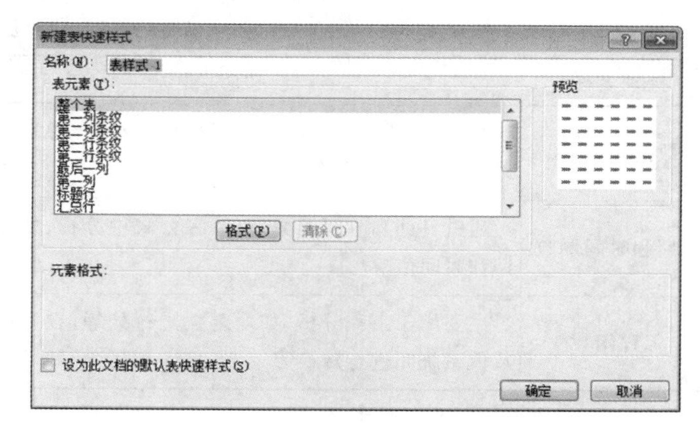

图 3-141　“新建表快速样式”对话框

二、单元格的引用

单元格地址即该单元格在工作表中的地址，通常是由该单元格所在位置的行号和列标组合所得到的。在 Excel 中，根据地址划分公式中单元格的引用方式有三种：相对引用、绝对引用和混合引用。

1. 相对引用

在输入公式的过程中，除非用户特别指明，Excel 一般是使用相对引用来引用单元格的位置。相对引用是指公式所在的单元格与公式中引用的单元格之间建立了相对关系，单元格引用会随着公式所在单元格的位置变化而变化。

2. 绝对引用

绝对引用是指引用特定位置的单元格，表示方法是在单元格的行号和列标的前面添加一个绝对引用标识符（$）。

3. 混合引用

混合引用是一种介于相对引用和绝对引用之间的引用。也就是说，引用单元格的行和列中一个是相对的，一个是绝对的。

提示

将光标定位在单元格引用中，按下 F4 键，即可在相对引用、绝对引用和混合引用之间相互转换。

三、如何正确使用函数

Excel 中的函数是一些预定义的公式，可以将其引入工作表中进行简单或复杂的运算。使用函数可以大大简化公式并能实现一般公式无法实现的计算，典型的函数可以有一个或多个参数，并能够返回一个计算结果。在 Excel 中，要想正确使用函数，用户需要清楚使用函数的常见错误，以及函数的类别。

1. 认识函数类别

函数的种类很多，按照功能主要分为以下 11 种，如表 3-1 所示。

表 3-1　函数的类别、功能及示例

类别名称	功能	示例
数据库函数	当需要分析数据清单中的数值是否符合特定的条件时，可以使用数据库函数	DCOUNT、DAVERAGE、DMAX
日期和时间函数	通过日期和时间函数，可以在公式中分析、处理日期和时间值	DATE、DAY、MONTH
工程函数	主要用于工程分析，如对复数进行处理，在不同的数值系统间进行转换等	BESSELI、DELTA

续表

类别名称	功能	示例
财务函数	可以进行一般的财务计算，如确定贷款的支付额、投资未来值等	DB、NPV、PMT
信息函数	可以使用该类函数确定存储在单元格中数据的类型	ISERR、INFO
逻辑函数	可以进行真假判断，或者进行复合检验	IF、AND、NOT、OR
查询与引用函数	当需要在数据清单或表格中查找特定的数值，或者需要查找某一单元格的引用时使用	VLOOKUP、INDEX、MATCH
数学和三角函数	进行数学和三角运算	ABS、EXP、SIN、SUM
统计函数	用于对数据区域进行统计分析	COUNT、MAX
文本函数	通过此类函数可以在公式中处理字符串	CHAR、CODE
用户自定义函数	如果要在公式或计算中使用特别复杂的计算，而预定义函数无法满足需要，则需要创建用户自定义函数	—

2.函数运算的常见错误值

使用函数进行计算时，可能会因为某种原因而无法得到或显示正确结果，在单元格中返回错误值信息。表3-2中列举了常见的错误值及其含义。

表3-2　函数运算的常见错误值

错误值类型	含义
#####	当列宽不够显示数字，或者使用了负的日期或负的时间时出现错误
#VALUE!	当使用的参数或者操作数类型错误时出现错误
#DIV/0!	当公式被零除时出现错误
#NAME?	当Excel未识别公式中的文本时，如未加载宏或定义名称出现错误
#N/A	当数值对函数或公式不可用时出现错误
#REF!	当单元格引用无效时出现错误
#NUM!	当公式或函数中使用无效数值时出现错误
#NULL!	当用空格表示两个引用单元格之间的相交运算符，但指定并不相交的两个区域的交点时，出现错误，如公式=A:A B:B，A列与B列不相交

3.检查公式中的错误

当公式返回错误值时，应该及时查找错误原因，并设置公式以解决问题。Excel提供了后台检查错误的功能，非常方便实用。

单击“文件”选项卡，选择“选项”命令，打开“Excel选项”对话框。在左侧列表框中，选择“公式”选项，在右侧的“错误检查”选项组中，勾选“允许后台错误检查”复选框，并在“错误检查规则”选项组中，勾选9个规则对应的复选框，如图3-142所示。

当单元格中的公式或值出现与上述错误情况相符的状况时，单元格左上角会显示一个绿色的小三角形智能标记，当选定包含该智能标记的单元格时，单元格左侧将出现感叹号形状的“错误指示器”下三角按钮，展开下拉列表，选择对应的选项，即可对计算步骤、错误进行检查，以得到正确的计算结果，如图 3-143 所示。

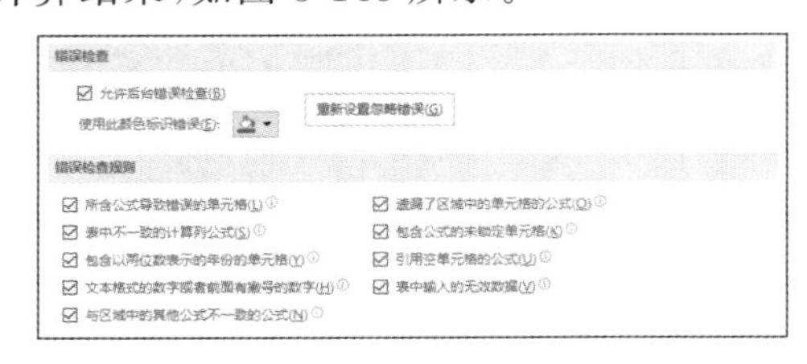

图 3-142　设置错误检查

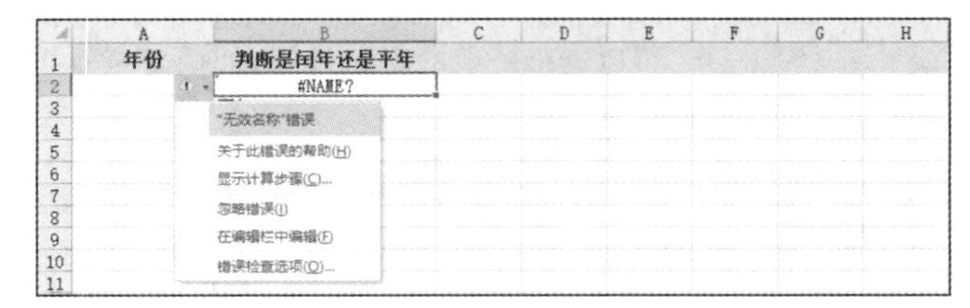

图 3-143　“错误指示器”下拉列表

四、拆分与冻结窗口

在制作工作表时，当工作表中的数据太多太长时，为了方便查看和编辑工作表中的数据，会经常用到拆分和冻结窗口功能。

1. 拆分工作表窗口

拆分工作表的操作可以将同一个工作表窗口拆分成多个窗格，在每一个窗格中可以通过拖曳滚动条显示工作表的一部分，此时用户可以通过多个窗格查看数据信息。

打开工作表，单击相应的单元格作为工作表窗口拆分标准，然后在“视图”选项卡的“窗口”组中单击“拆分”按钮即可，如图 3-144 所示。

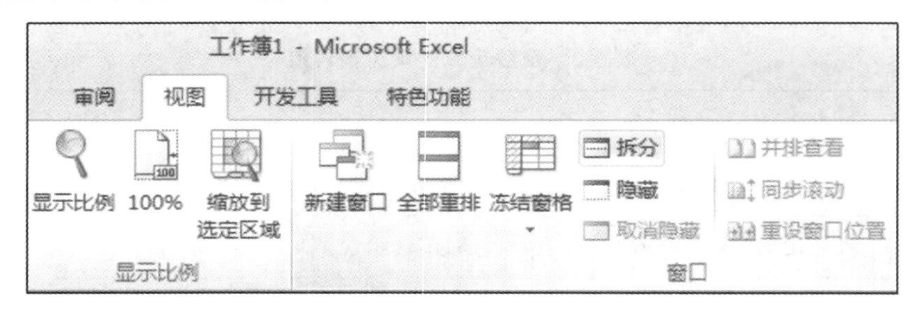

图 3-144　单击“拆分”按钮

2. 冻结工作表窗口

当工作表中的数据过多时，为了方便查看，用户可以将工作表的行标题和列标题冻结起来。

打开工作表，选择首行或首列对象，然后在“视图”选项卡的“窗口”组中，单击“冻结窗格”下三角按钮，展开下拉列表，选择“冻结首行”命令，即可冻结首行；选择“冻结首列”命令，即可冻结首列；如果需要冻结拆分后的窗格，则可以选择“冻结拆分窗格”命令，如图 3-145 所示。

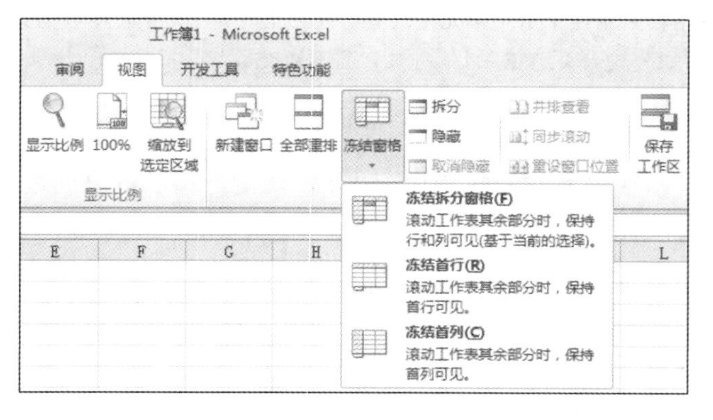

图 3-145　“冻结窗格”下拉列表

任务五　设计化妆品问卷调查表

任务描述

化妆品问卷调查表是当需要通过社会调查来研究一个化妆品的使用现象时，使用问卷调查收集数据的工作表。该问卷调查表中假定了用户已经确定所要问的问题，这些问题被编制成书面格式打印在调查表上，交由调查对象填写，然后收回整理分析，从而得出结论。

任务分析

在制作化妆品问卷调查表时，需要创建用户登录界面，然后定义控制事件，并创建分组框以及选项按钮控件，再统计出各类数据，从而完成化妆品问卷调查表的制作。

任务实现

一、创建用户登录界面

STEP 1 单击“文件”选项卡，进入“文件”界面，选择“新建”命令，进入“新建”界面，单击“空白工作簿”图标，再单击“创建”按钮，新建工作簿。

STEP 2 单击“开发工具”选项卡，在“代码”组中，单击 Visual Basic 按钮，打开 VBA 操作界面，选择“插入>用户窗体”命令，如图 3-146 所示。

STEP 3 完成上述操作即可创建窗体，调整窗体的大小，如图 3-147 所示。

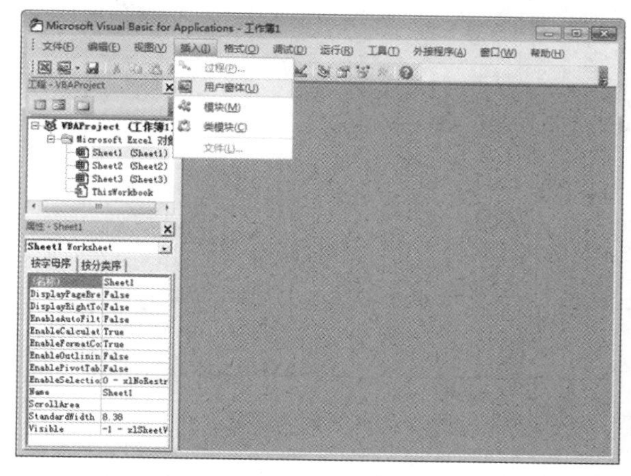

图 3-146　选择“用户窗体”命令

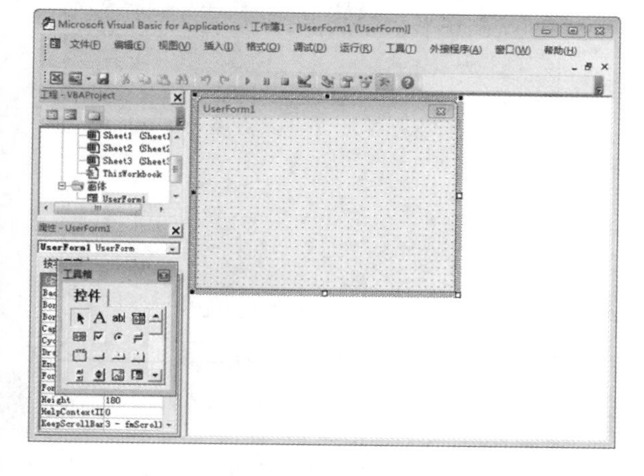

图 3-147　创建窗体

STEP 4 在左侧的“属性”窗格的 Caption 文本框中输入“登录界面”，如图 3-148 所示。

STEP 5 在工具箱中，单击“标签”控件，如图 3-149 所示。

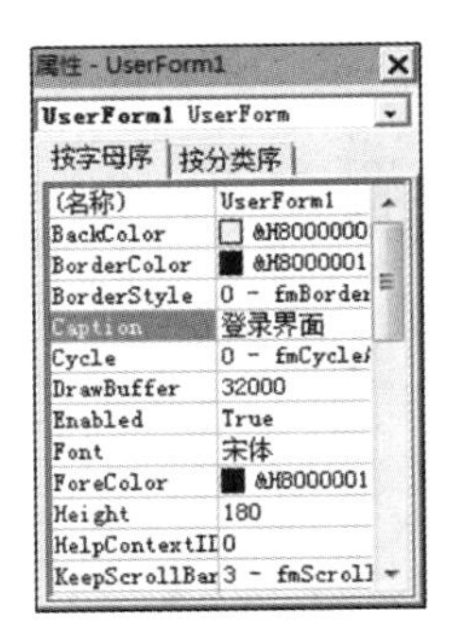

图 3-148 设置属性值

图 3-149 单击“标签”控件

STEP 6 在窗体中，按住鼠标左键并拖曳，创建标签，并设置其 Caption 属性值为“用户名:”，如图 3-150 所示。

STEP 7 在“属性”窗格的 Font 文本框中，单击 ... 按钮，打开“字体”对话框。在“大小”列表框中选择“小三”选项，如图 3-151 所示。单击“确定”按钮，即可设置字体的大小。

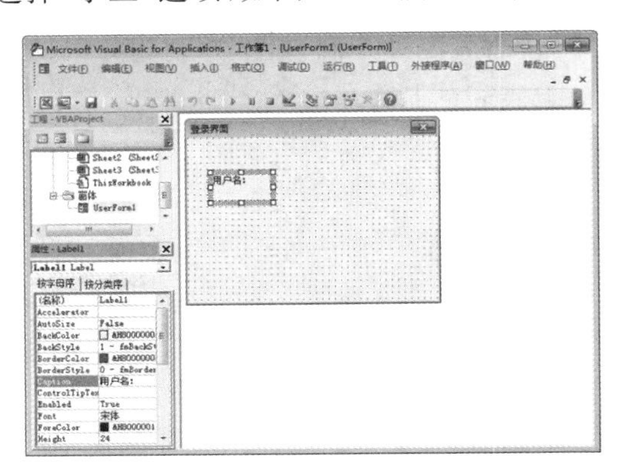

图 3-150 创建标签

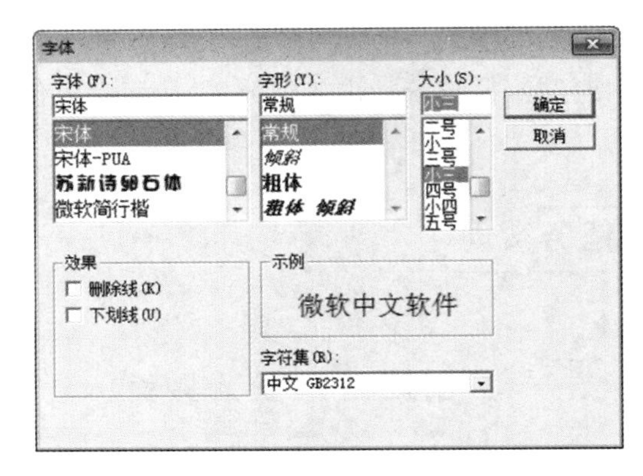

图 3-151 “字体”对话框

STEP 8 在窗体中调整标签的大小和位置，创建的“用户名:”标签如图 3-152 所示。

STEP 9 在窗体中选择标签进行复制，设置其 Caption 属性值为“密码:”，并调整标签的大小，如图 3-153 所示。

图 3-152 “用户名:”标签

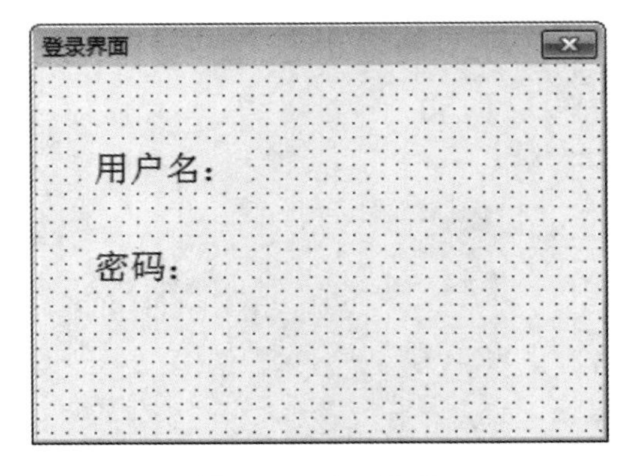

图 3-153 复制标签

STEP 10 在工具箱中，单击“文本框”标签，在窗体中按住鼠标左键并拖曳，绘制一个文本框，然后进行复制，如图 3-154 所示。

STEP 11 在工具箱中，单击“命令按钮”标签，在窗体中按住鼠标左键并拖曳，绘制一个命令按钮，设置其 Caption 属性值为“确定”。

STEP 12 在"属性"窗口的 Font 文本框中，单击 ... 按钮，打开"字体"对话框，在"大小"列表框中，选择"三号"选项。单击"确定"按钮，即可设置字体的大小。

STEP 13 在窗体中调整标签的大小和位置，创建的"确定"命令按钮如图 3-155 所示。

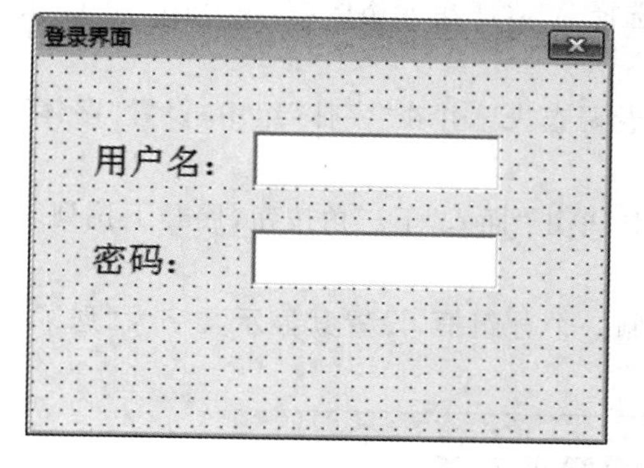

图 3-154　绘制文本框

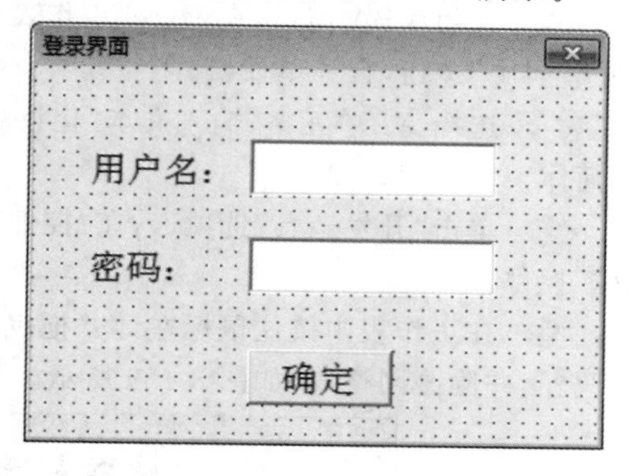

图 3-155　"确定"命令按钮

二、编辑代码

STEP 1 在窗体上右击，打开快捷菜单，选择"查看代码"命令，如图 3-156 所示。

STEP 2 完成上述操作后，即可打开代码编辑窗口，输入代码，如图 3-157 所示。

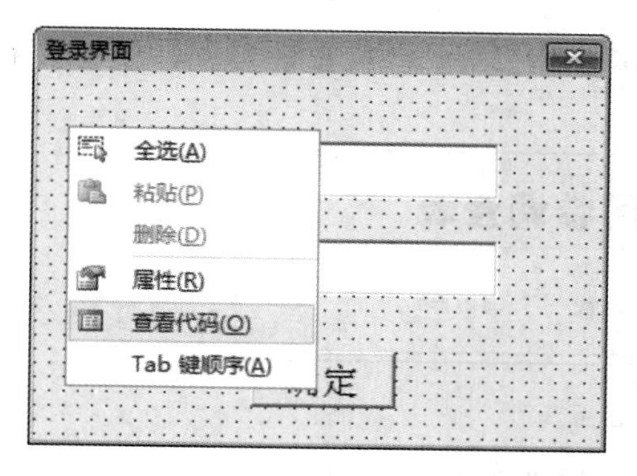

图 3-156　选择"查看代码"命令

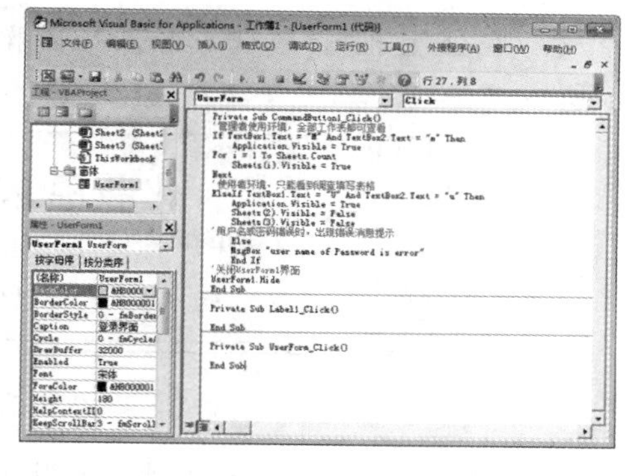

图 3-157　输入代码

STEP 3 在 VBA 操作界面的左侧窗格中，选择 ThisWorkbook 选项并双击，打开代码编辑窗口，输入相应的代码，如图 3-158 所示。

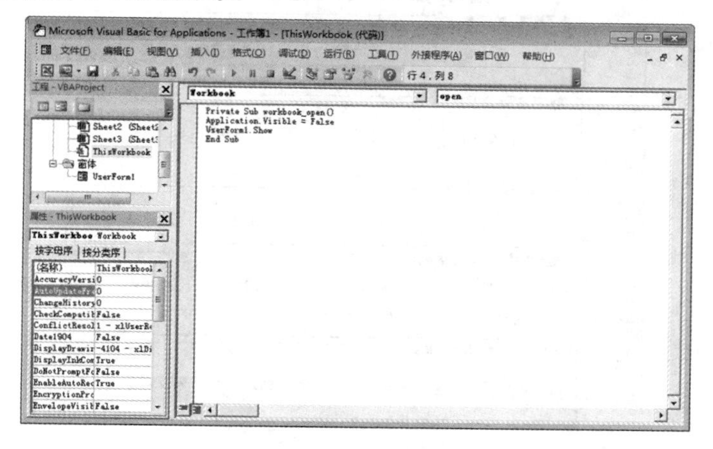

图 3-158　输入代码

三、创建分组框及选项按钮控件

STEP 1 关闭 VBA 窗口，在 Excel 工作表中，选择 A1:G1 单元格区域，在“对齐方式”组中，单击“合并后居中”按钮，合并单元格。

STEP 2 选择 A1 单元格，输入文本“化妆品问卷调查表”，并在“字体”组中，设置“字体”为“方正大黑简体”、“字号”为“20”。

STEP 3 单击“开发工具”选项卡，在“控件”组中，单击“插入”下三角按钮，展开下拉列表，单击“分组框”控件。

STEP 4 在工作表中按住鼠标左键并拖曳，绘制一个分组框，设置其显示文字为“您了解自己的皮肤吗?”，并隐藏网格线，如图 3-159 所示。

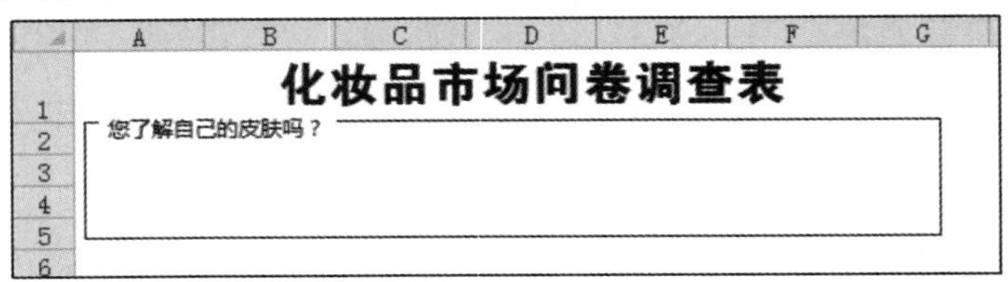

图 3-159　绘制分组框

STEP 5 在“开发工具”选项卡的“控件”组中，单击“插入”下三角按钮，展开下拉列表，选择“选项按钮”控件。

STEP 6 在分组框中单击，插入“了解”“不是很了解”“不了解”三个选项按钮，如图 3-160 所示。

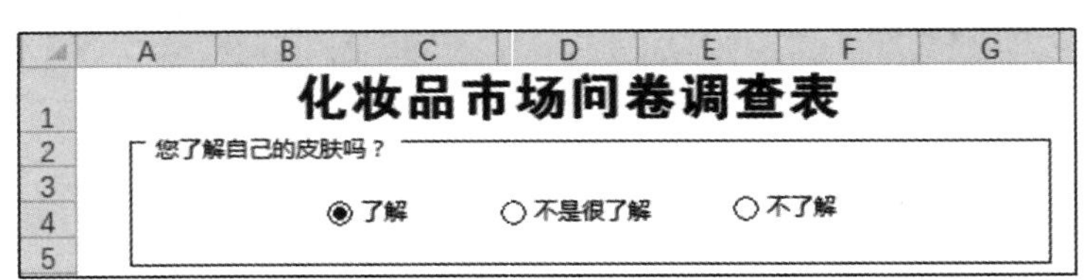

图 3-160　插入选项按钮

STEP 7 用同样的方法，创建其他的分组框和选项按钮控件，并设置相应的显示文字，如图 3-161 所示。

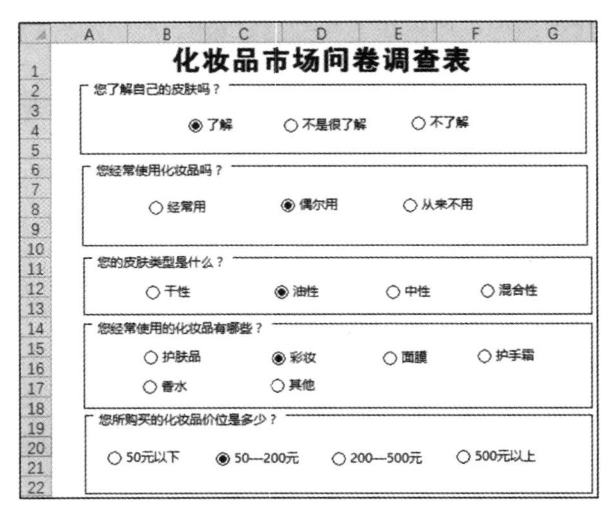

图 3-161　创建其他分组框和选项按钮

STEP 8 右击第一个分组框中的选项按钮控件，打开快捷菜单，选择“设置控件格式”命令，如图 3-162 所示。

STEP 9 打开“设置控件格式”对话框，选中“未选择”单选按钮，在“单元格链接”文本框中输入“J1”，如图 3-163 所示。

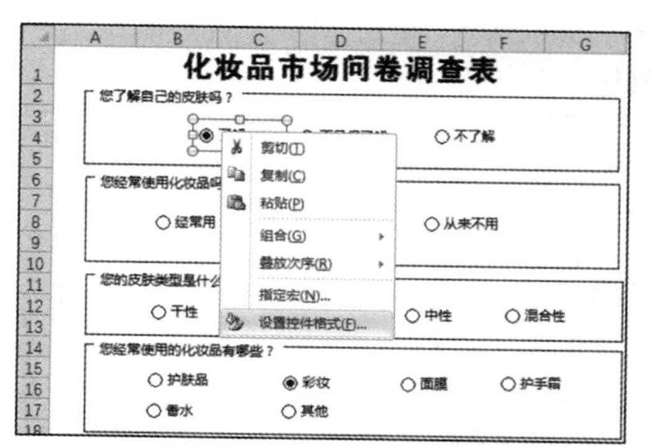

图 3-162 选择“设置控件格式”命令

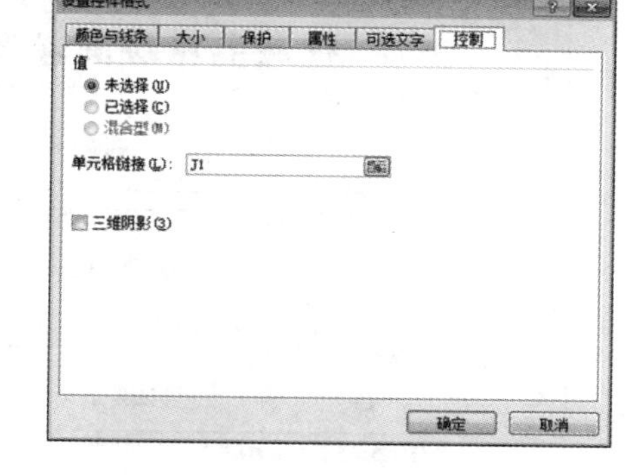

图 3-163 “设置控件格式”对话框

STEP 10 用上述方法，设置其他分组框中选项按钮控件的链接单元格，分别为 J2、J3、J4、J5，并在单元格中显示内容，如图 3-164 所示。

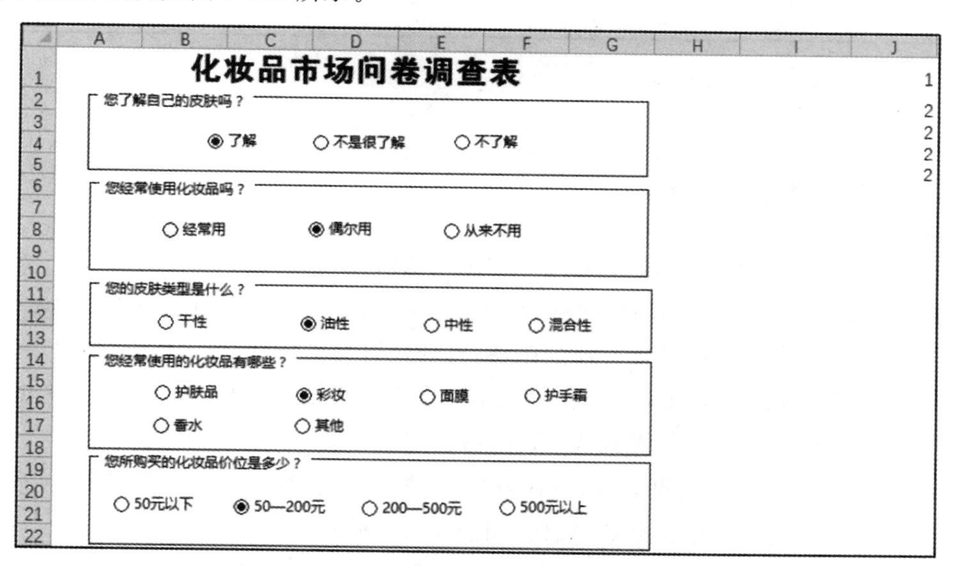

图 3-164 设置选项按钮的链接单元格

四、输入公式

STEP 1 选择 I1 单元格，输入公式“=IF(J1=1,"了解",IF(J1=2,"不是很了解",IF(J1=3,"不了解")))”，按 Enter 键显示计算结果。

STEP 2 选择 I2 单元格，输入公式“=IF(J2=1,"经常用",IF(J2=2,"偶尔用",IF(J1=3,"从来不用")))”，按 Enter 键即可。

STEP 3 选择 I3 单元格，输入公式“=IF(J3=1,"干性",IF(J3=2,"油性",IF(J3=3,"中性",IF(J3=4,"混合性"))))”，按 Enter 键即可。

STEP 4 选择 I4 单元格，输入公式“=IF(J4=1,"护肤品",IF(J4=2,"彩妆",IF(J4=3,"面膜",IF(J4=4,"护手霜",IF(J4=5,"香水",IF(J4=6,"其他"))))))”，按 Enter 键即可。

STEP 5 选择 I5 单元格，输入公式“=IF(J5=1,"50 元以下",IF(J5=2,"50—200 元",IF(J5=3,"200—500 元",IF(J5=4,"500 元以上"))))”，按 Enter 键即可。

STEP 6 在工作表中，选中相应的选项按钮控件，即可在输入公式的单元格中显示公式的计算结果，如图 3-165 所示。

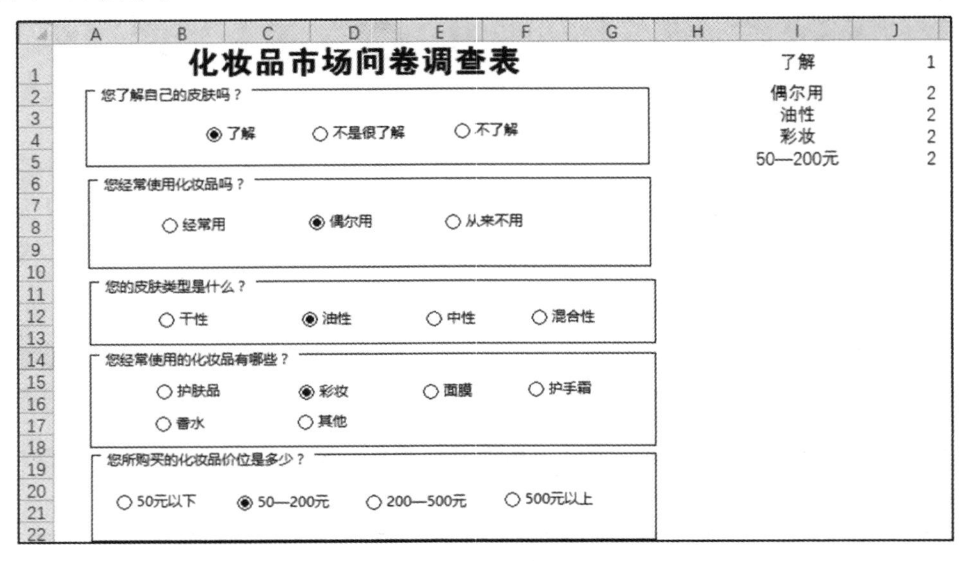

图 3-165　显示公式计算结果

五、统计各类数据

STEP 1 新建一个工作表，并将其重命名为“统计数据”。

STEP 2 在“开发工具”选项卡的“代码”组中，单击 Visual Basic 按钮，打开 VBA 操作界面。打开“插入”菜单，选择“模块”命令，即可添加模块，打开代码编辑窗口，输入代码，如图 3-166 所示。

STEP 3 关闭 VBA 操作界面，切换至“调查表填写”工作表，在“开发工具”选项卡的“控件”组中，单击“插入”下三角按钮，展开下拉列表，选择“按钮”控件。

STEP 4 在最后一个分组框的下方，按住鼠标左键并拖曳，绘制一个按钮控件，并打开“指定宏”对话框，选择合适的选项，单击“确定”按钮，如图 3-167 所示。

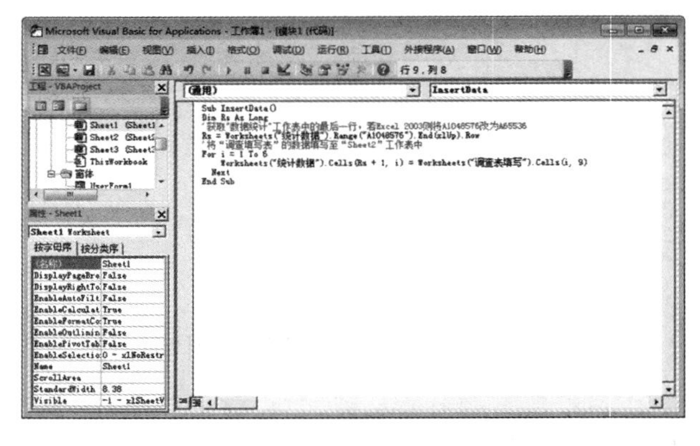

图 3-166　输入代码

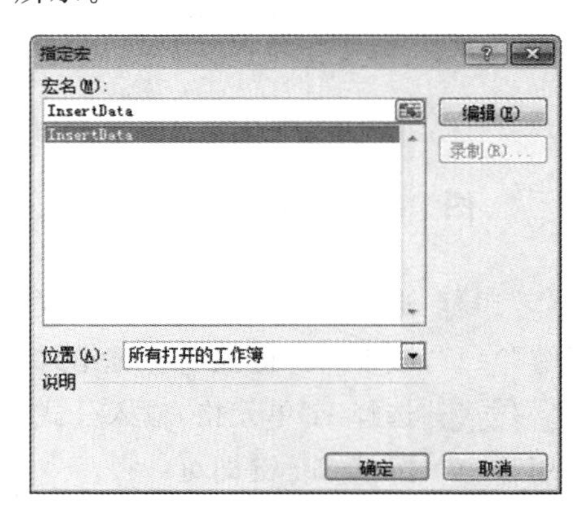

图 3-167　“指定宏”对话框

STEP 5 返回工作表中，设置控件名称为“提交”。

STEP 6 单击“提交”按钮，切换至“统计数据”工作表，查看提交的数据即可。

六、保存工作表

单击“文件”选项卡，进入“文件”界面，选择“另存为”命令，弹出“另存为”对话框。设置保存类型为“Excel 启用宏的工作簿”，设置文件名和保存路径，单击“保存”按钮，即可保存工作表。

知识链接

一、认识宏

宏是一个指令集，用来告诉 Excel 完成用户指定的动作。宏类似于计算机程序，但是它是完全运行于 Excel 之中的，用户可以使用宏来完成枯燥的、频繁的重复性工作。宏完成动作的速度比用户自己做要快得多。例如，用户可以创建一个宏，用来在工作表的每一行上输入一组日期，并使日期居中对齐，然后对此行应用边框格式；还可以创建一个宏，在“页面设置”对话框中指定打印设置并打印文档。

由于宏病毒的影响和对编程的畏惧心理，很多人不敢用“宏”，或者不知道什么时候可以找“宏”来帮忙。其实用户可以放心大胆地用，如果只是用“录制宏”的方法，根本就不难，只是把一些操作像用录音机一样录下来，待使用的时候，只要执行这个宏命令，Excel 就会把那些操作再执行一遍。因此，宏具有以下特点。

(1)简化操作步骤：创建宏后，原本需要繁琐的操作步骤才能完成的设置，只需要简单的几步操作就可以实现相同的功能，简化操作步骤的同时也节约了时间。

(2)减少错误发生率：由于宏的操作步骤是固定的，因此只要用户在相同的环境下执行命令，均能获得相同的结果，所以避免了因人为的错误操作而导致的错误。

(3)具有重复性：用户建立的宏可以不断执行，并且还能应用到其他不同的工作簿中，其中执行的操作内容不会发生变化。

二、设置软件的宏安全等级

Excel 不会像杀毒软件一样扫描硬盘中的文件夹、文件或磁盘驱动器，但是每当用户打开 Excel 工作簿文件时，Excel 便会主动检查文件中是否含有宏，而且由于宏病毒只有在执行的时候才具有病毒特性，因此，将宏功能暂时关闭即可安全地打开工作簿文件，从而避免了宏病毒的发作。

单击“文件”选项卡，进入“文件”界面，选择“选项”命令，打开“Excel 选项”对话框。在左侧列表框中，选择“信任中心”选项，在右侧单击“信任中心设置”按钮，如图 3-168 所示。打开“信任中心”对话框，在左侧列表框中，选择“宏设置”选项，在右侧的“宏设置”选项组中，选中“禁用所有宏，并发出通知”选项，单击“确定”按钮即可，如图 3-169 所示。

图 3-168　单击“信任中心设置”按钮

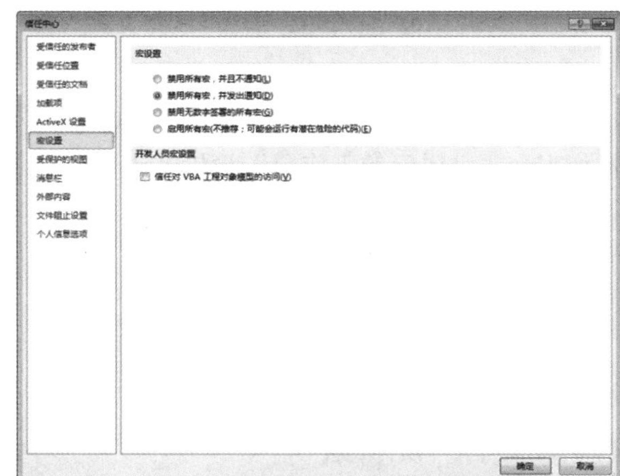

图 3-169　“信任中心”对话框

三、认识控件

控件是放置于窗体上的图形对象，具有显示或输入数据、执行特定操作等功能。这些对象包括命令按钮、文本框、单选按钮、列表框等，主要为用户提供选项、命令按钮，以及执行预置的宏或脚本。在 Excel 2010 中有两种类型的控件：ActiveX 控件和表单控件。ActiveX 控件比较常用，多与 VBA 和 Web 脚本一起工作；而表单控件与 Excel 5.0 之后的早期版本兼容，能在 XLM 宏工作表中使用。

在 Excel 2010 中，与控件相关的操作的命令按钮均放在“开发工具”选项卡的“控件”组中，如图 3-170 所示。

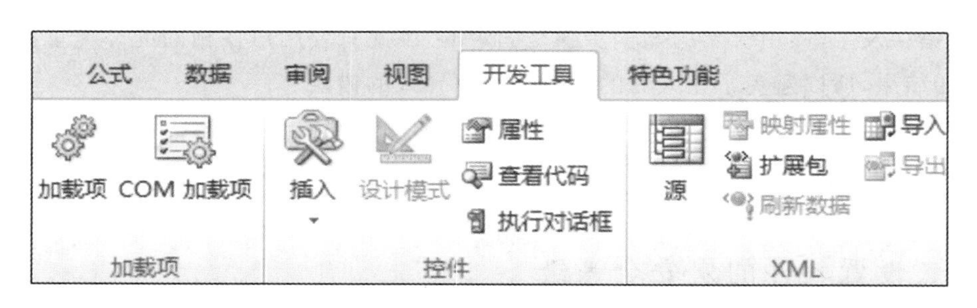

图 3-170　“开发工具”选项卡中的“控件”组

自主实践活动

一、实践活动一

根据本项目所学知识，尝试自己制作一份员工销售业绩表，工作表效果如图 3-171 所示。

难易指数：★★★★★

学习目标：掌握新建工作表、输入文本和数据、设置数字格式、添加边框和设置条件格式等的方法。

第一季度员工销售业绩报表				
产品名称	1月份	2月份	3月份	汇总
蔡媛	¥8,088.60	¥10,370.00	¥8,503.40	¥26,962.00
邓雨欣	¥6,014.60	¥8,088.60	¥8,192.30	¥22,295.50
刘忻洪	¥9,851.50	¥8,710.80	¥6,014.60	¥24,576.90
齐可	¥8,192.30	¥6,325.70	¥6,947.90	¥21,465.90
张城	¥9,747.80	¥9,021.90	¥6,636.80	¥25,406.50
王兰	¥9,851.50	¥10,266.30	¥5,496.10	¥25,613.90
赵敏	¥8,710.80	¥5,392.40	¥6,118.30	¥20,221.50
杨洪	¥5,910.90	¥9,747.80	¥6,740.50	¥22,399.20

图 3-171　员工销售业绩表

二、实践活动二

根据本项目所学知识，尝试自己制作一份班级成绩表，工作表效果如图 3-172 所示。

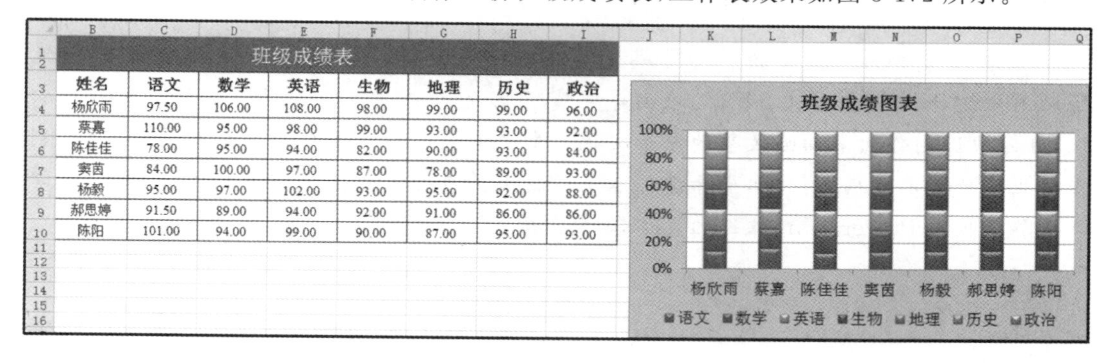

班级成绩表							
姓名	语文	数学	英语	生物	地理	历史	政治
杨欣雨	97.50	106.00	108.00	98.00	99.00	99.00	96.00
蔡嘉	110.00	95.00	98.00	99.00	93.00	93.00	92.00
陈佳佳	78.00	95.00	94.00	82.00	90.00	93.00	84.00
窦茵	84.00	100.00	97.00	87.00	78.00	89.00	93.00
杨毅	95.00	97.00	102.00	93.00	95.00	92.00	88.00
郝思婷	91.50	89.00	94.00	92.00	91.00	86.00	86.00
陈阳	101.00	94.00	99.00	90.00	87.00	95.00	93.00

图 3-172　班级成绩表

难易指数：★★★★★

学习目标：掌握新建工作表、输入文本和数据、设置数字格式、添加边框和创建图表等的方法。

项目小结

利用 Excel 软件可以快速录入文本和数据，并对录入后的文本和数据进行字体格式设置，然后为表格添加边框、底纹和图表效果。本项目中的任务采用知识点讲解与动手练习相结合的方式，详细讲解了 Excel 软件的应用，帮助读者在快速学会软件基本使用方法的同时，也能熟练掌握各类电子表格的制作技巧。

项目四 PowerPoint演示文稿的应用

情境描述

PowerPoint 2010是微软Office办公软件中一款专门用于设计演示文稿的软件，它能帮助用户设计出包含图文、影音、动画等丰富内容的幻灯片。掌握PowerPoint 2010软件，可以快速制作出带动画效果的演示文稿。本项目通过制作体育产品介绍演示文稿、制作毕业设计演示文稿、制作江南春课件以及放映鸡蛋市场调查报告演示文稿四个任务，详细讲解了应用PowerPoint软件的具体操作方法。

任务一 制作体育产品介绍演示文稿

任务描述

体育产品就是在进行体育教育、竞技运动和身体锻炼的过程中所使用到的所有物品的统称，其种类繁多，包含球类产品、防护产品等。为了更好地介绍体育产品，小美需要通过PowerPoint软件制作体育产品介绍演示文稿。

任务分析

在制作体育产品介绍演示文稿时，首先需要新建演示文稿，为演示文稿确定应用主题，然后在演示文稿中添加文本、形状、图片等，完成体育产品介绍演示文稿的制作。

任务实现

一、新建演示文稿

启动 PowerPoint 2010 应用程序，在程序界面中，单击“文件”选项卡，选择“新建”命令，在“新建”界面中单击“空白演示文稿”图标，并单击“创建”按钮，如图 4-1 所示，即可新建一个空白演示文稿。

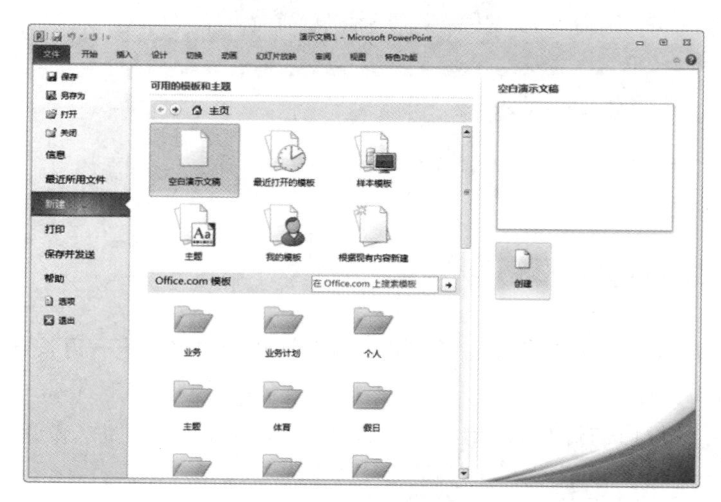

图 4-1　单击“创建”按钮

二、应用主题

STEP 1　单击“设计”选项卡，在“主题”组的“主题”下拉列表中，选择“浏览主题”命令，如图 4-2 所示。

STEP 2　弹出“选择主题或主题文档”对话框，在对应的文件夹中选择“红利”主题，单击“应用”按钮，如图 4-3 所示。

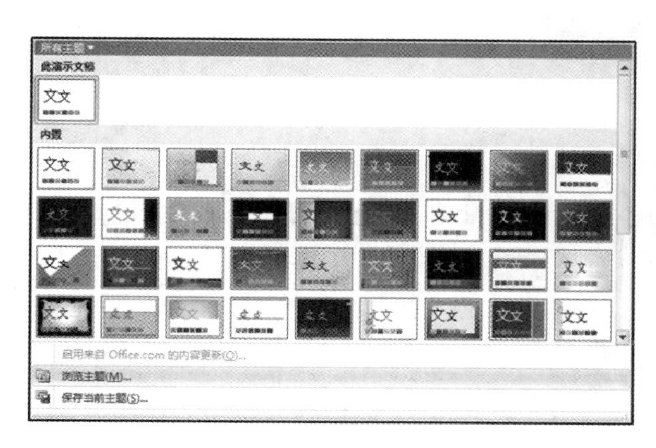

图 4-2　选择“浏览主题”命令

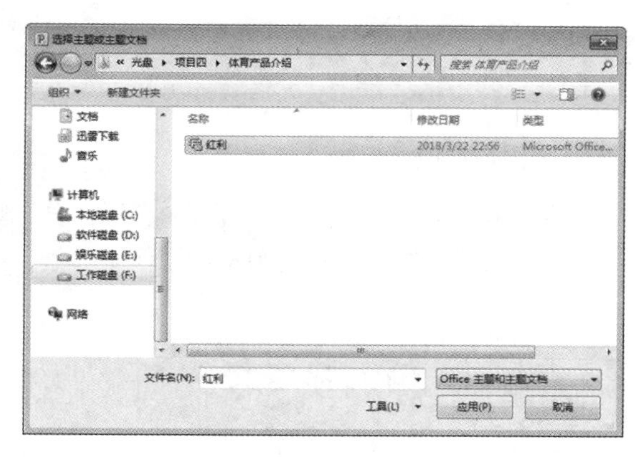

图 4-3　选择主题

STEP 3　完成上述操作即可应用主题，效果如图 4-4 所示。

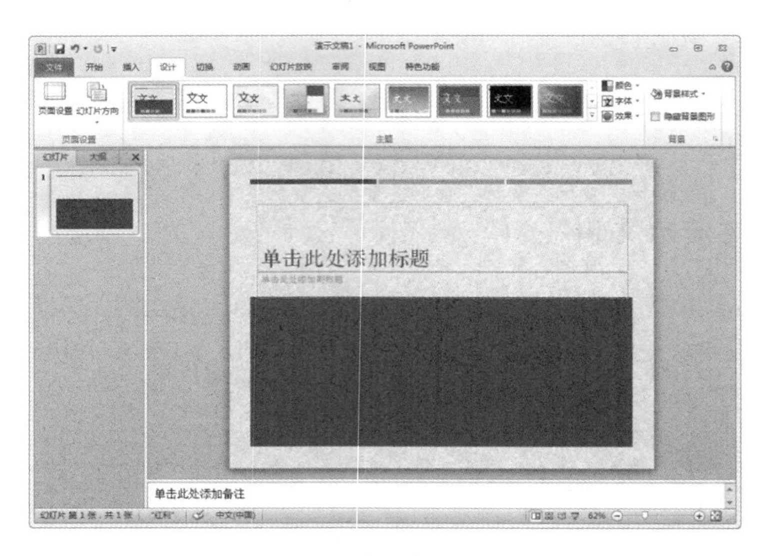

图 4-4　应用主题效果

三、新建幻灯片

STEP 1 在“开始”选项卡的“幻灯片”组中，单击“新建幻灯片”下三角按钮，展开下拉列表，单击“空白”图标，如图 4-5 所示。

STEP 2 新建一张空白幻灯片，使用同样的方法，再新建 7 张幻灯片，效果如图 4-6 所示。

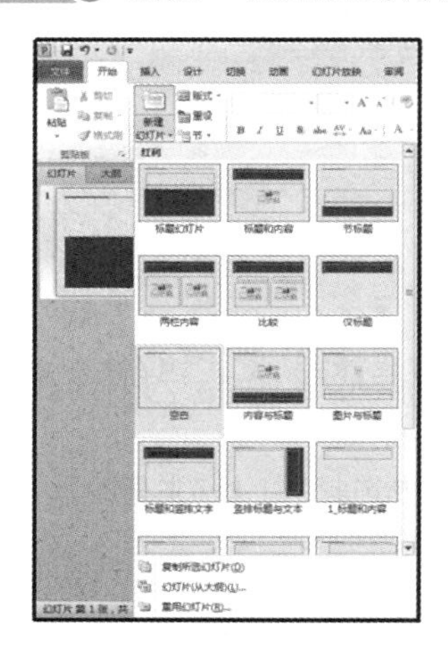

图 4-5　单击“空白”图标

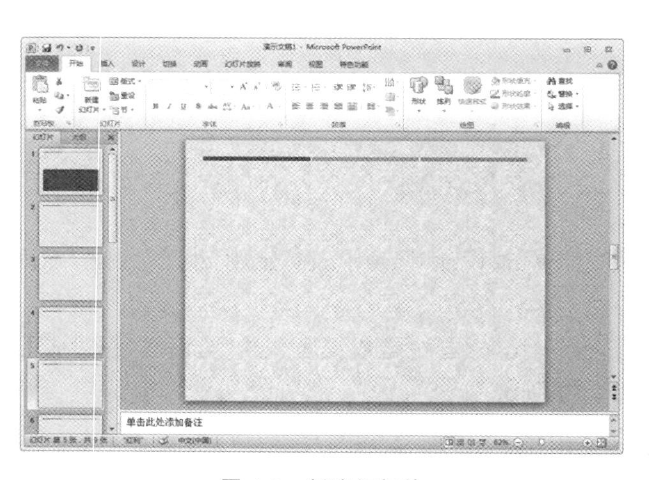

图 4-6　新建幻灯片

提示

插入新幻灯片时，还可以在“幻灯片”任务窗格中，右击鼠标，打开快捷菜单，选择“新建幻灯片”命令来新建幻灯片。

四、输入标题文本

STEP 1 选择第 1 张幻灯片中的标题文本框，输入文本“产品介绍”，并在“字体”组中设置“字体”为“黑体”，设置“字号”为“88”，“字体颜色”为“黄色”，然后单击“加粗”和“文字阴影”按钮，设置文本效果，如图 4-7 所示。

STEP 2 选择副标题文本框，输入文本“体育产品公司”，并在“字体”组中设置“字体”为“华文中宋”，设置“字号”为“40”，设置“字体颜色”为“白色”，将副标题文本移至合适的位置，如图4-8所示。

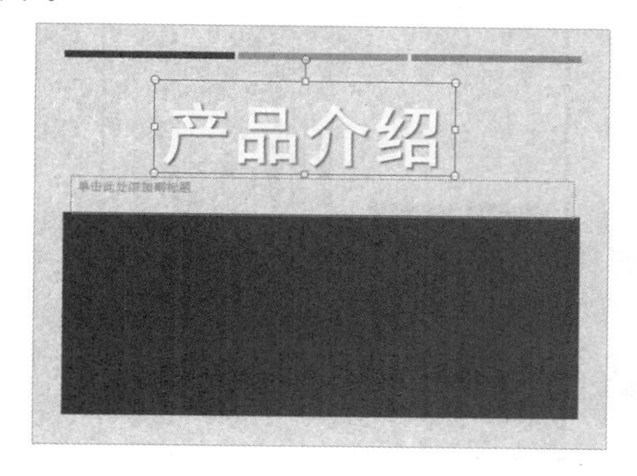

图4-7 标题效果

图4-8 副标题效果

 五、添加文本框文本

STEP 1 选择第2张幻灯片，切换至“插入”选项卡，单击“文本”组中的“文本框”下三角按钮，展开下拉列表，选择“横排文本框”命令，如图4-9所示。

STEP 2 当鼠标指针呈黑色十字形状时，按住鼠标左键并拖曳，绘制一个横排文本框。

STEP 3 在新绘制的文本框中输入文本，并在“字体”组中设置字体格式为“华文中宋、24、深蓝色”，如图4-10所示。

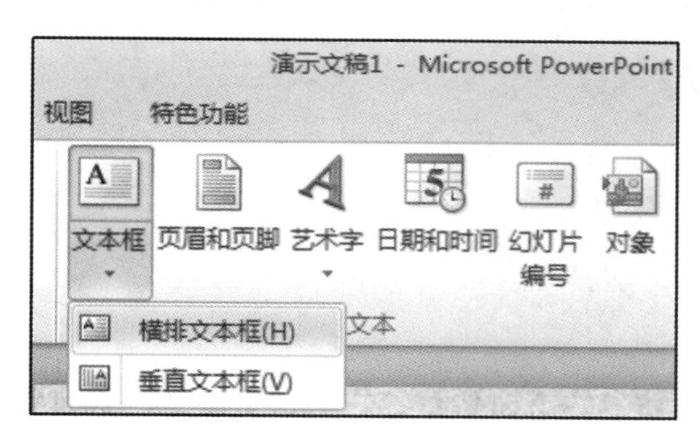

图4-9 选择“横排文本框”命令

图4-10 输入并设置字体格式

STEP 4 继续在“文本框”下拉列表中选择“横排文本框”命令，在幻灯片中绘制一个文本框，在新绘制的文本框中输入文本，并在“字体”组中设置字体格式为“华文中宋、24、深蓝色”。

STEP 5 继续在“文本框”下拉列表中选择“横排文本框”命令，在幻灯片中绘制一个文本框，在新绘制的文本框中输入文本“防护产品”，并在“字体”组中设置字体格式为“黑体、66、白色”，并加粗文本。

STEP 6 选择新绘制的文本框，在“格式”选项卡的“形状样式”组中，在“形状填充”下拉列表中选择“浅绿”，如图4-11所示。

STEP 7 继续选择新绘制的文本框，在“格式”选项卡的“形状样式”组中，在“形状轮廓”下拉列表中选择“浅绿”，如图4-12所示。

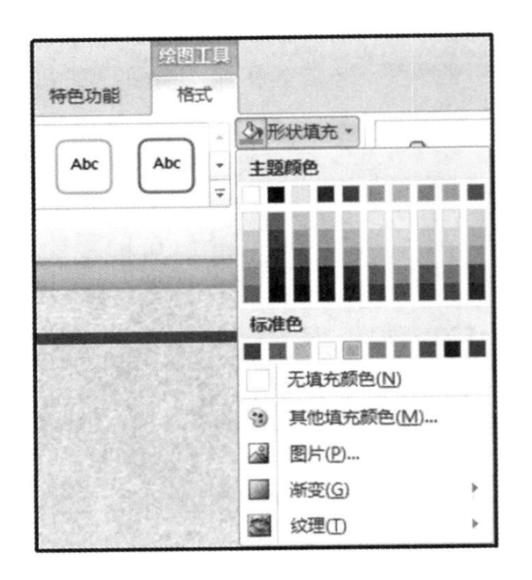

图 4-11 “形状填充”下拉列表

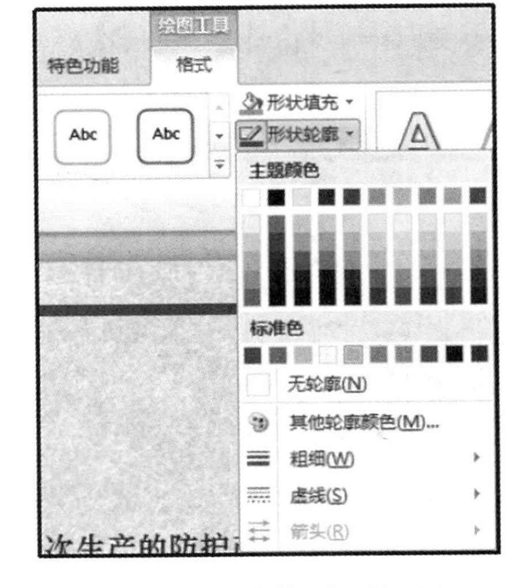

图 4-12 “形状轮廓”下拉列表

STEP 8 在“格式”选项卡的“形状效果”下拉列表中，选择“阴影”命令，展开列表，选择“居中偏移”阴影效果，如图 4-13 所示。

STEP 9 为文本框添加阴影效果，效果如图 4-14 所示。

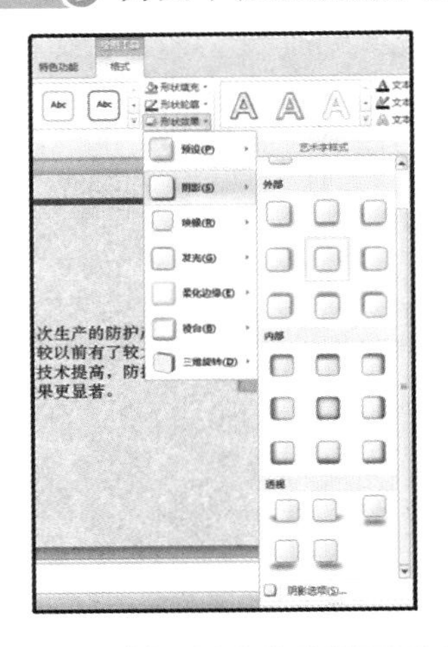

图 4-13 选择“居中偏移”阴影效果

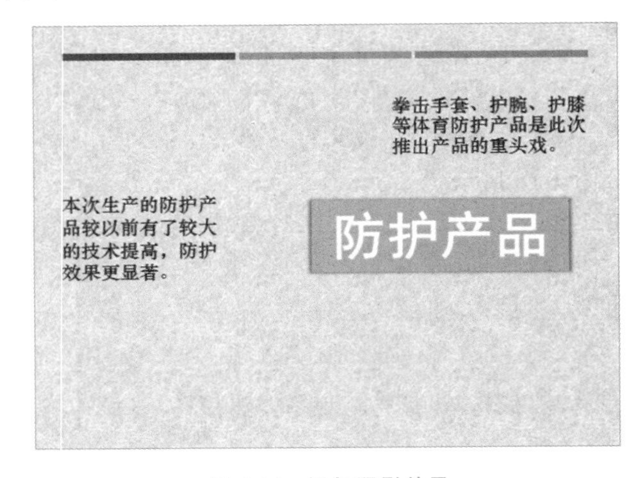

图 4-14 添加阴影效果

STEP 10 选择第 3～9 张幻灯片，在幻灯片中依次添加文本框文本，并在“字体”组中设置文本的属性，效果如图 4-15 所示。

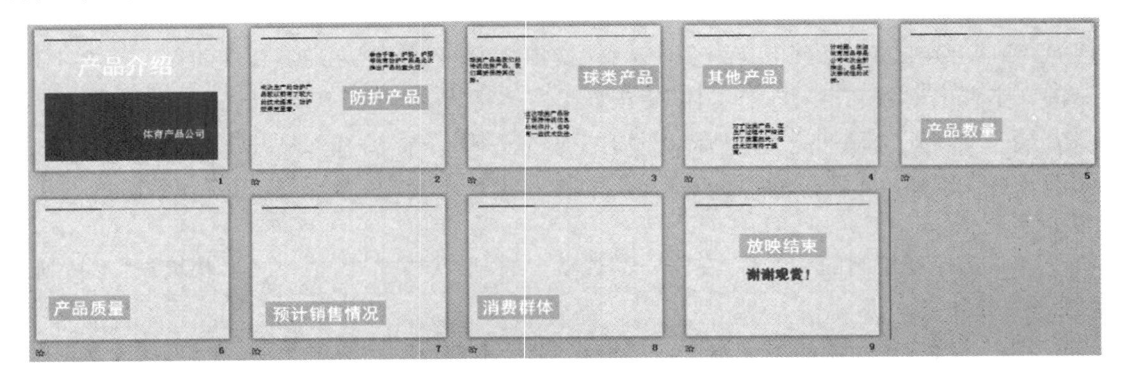

图 4-15 添加文本框文本效果

想一想

在幻灯片中添加垂直文本框要怎么操作呢？

在“插入”选项卡的“文本”组中，选择“文本框”下拉列表中的“垂直文本框”命令，可以绘制一个垂直文本框。

六、插入形状

STEP 1 选择第 2 张幻灯片，在“插入”选项卡的“插图”组中，在“形状”下拉列表中，选择“直线”形状，如图 4-16 所示。

STEP 2 当鼠标指针呈黑色十字形状时，按住 Shift 键的同时，按住鼠标左键并拖曳，绘制一条长度为“17”的水平直线。

STEP 3 选择新绘制的水平直线，在“格式”选项卡下“形状样式”组的“形状轮廓”下拉列表中，选择“黄色”，如图 4-17 所示。

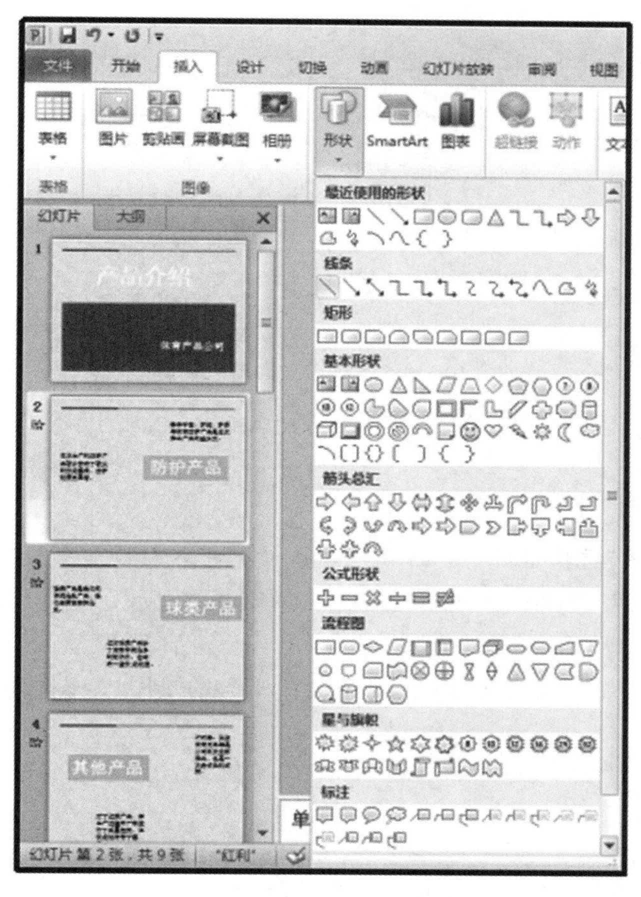

图 4-16　选择“直线”形状

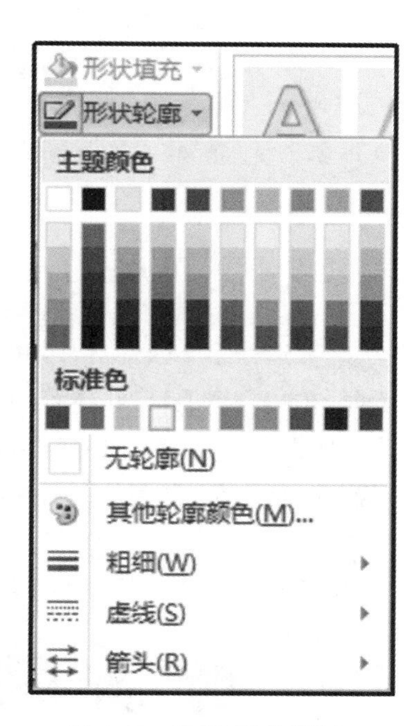

图 4-17　选择“黄色”颜色

STEP 4 继续在“形状轮廓”下拉列表中，选择“粗细＞6 磅”命令，完成形状轮廓颜色和粗细的更改，如图 4-18 所示。

STEP 5 参照上述 STEP1～STEP4 的操作方法，在第 2 张幻灯片中，绘制一条垂直的直线，效果如图 4-19 所示。

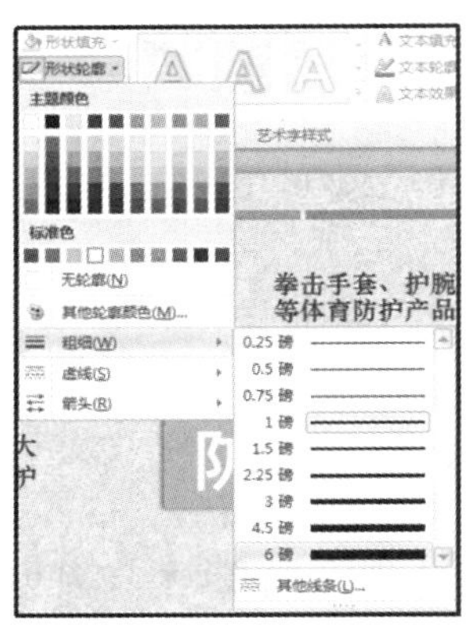
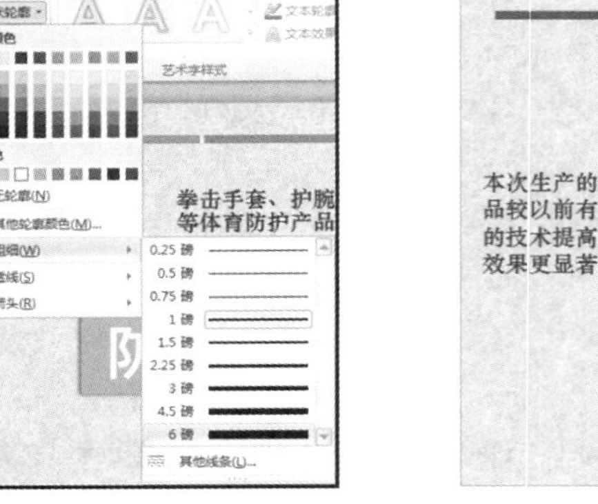

图 4-18　选择“6 磅”命令

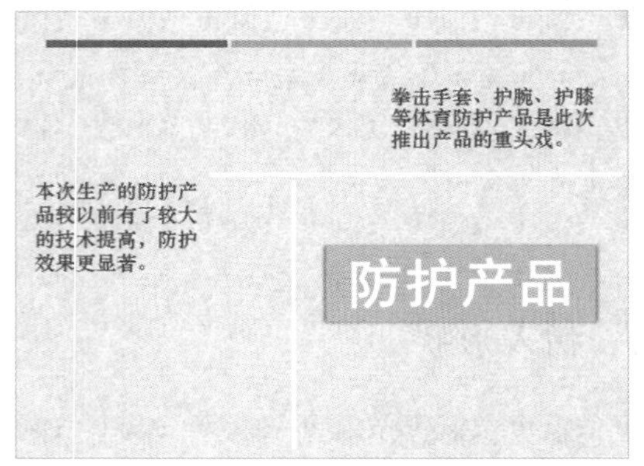

图 4-19　第 2 张幻灯片绘制直线效果

STEP 6　参照上述 STEP1～STEP4 的操作方法，在第 3 张幻灯片中，绘制两条相互垂直的直线，效果如图 4-20 所示。

STEP 7　参照上述 STEP1～STEP4 的操作方法，在第 4 张幻灯片中，绘制两条相互垂直的直线，效果如图 4-21 所示。

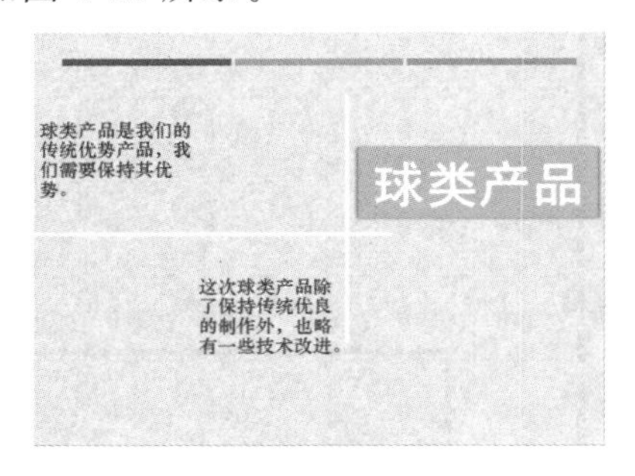

图 4-20　第 3 张幻灯片绘制直线效果

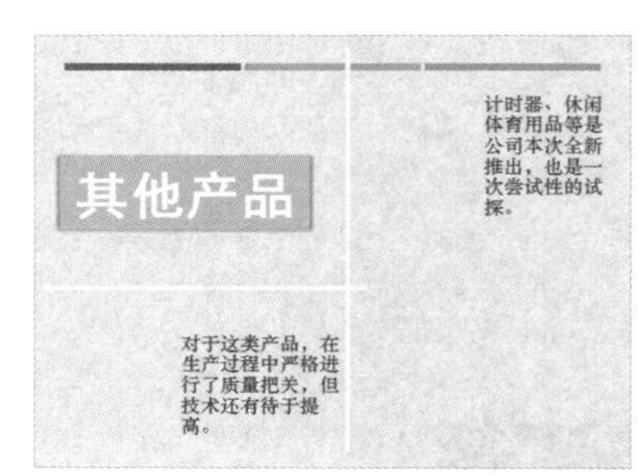

图 4-21　第 4 张幻灯片绘制直线效果

七、插入图片

STEP 1　选择第 2 张幻灯片，在“插入”选项卡的“图像”组中，单击“图片”按钮，弹出“插入图片”对话框，在“素材\项目四\体育产品介绍”文件夹中，选择“图片 1”，如图 4-22 所示。单击“插入”按钮，即可插入图片。

STEP 2　再次单击“图片”按钮，将“图片 2”插入到第 2 张幻灯片中，并移动图片、文本框和形状的位置，如图 4-23 所示。

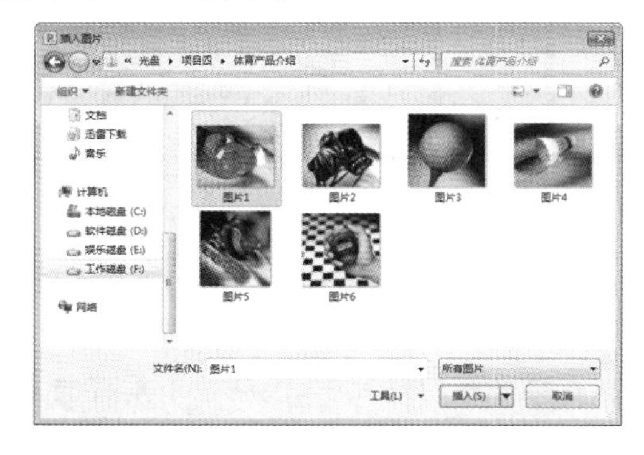

图 4-22　选择图片

图 4-23　插入图片

STEP 3 选择新插入的“图片 1”，在“图片工具＞格式”选项卡的“图片样式”列表中，选择“剪裁对角线，白色”图片样式，如图 4-24 所示。

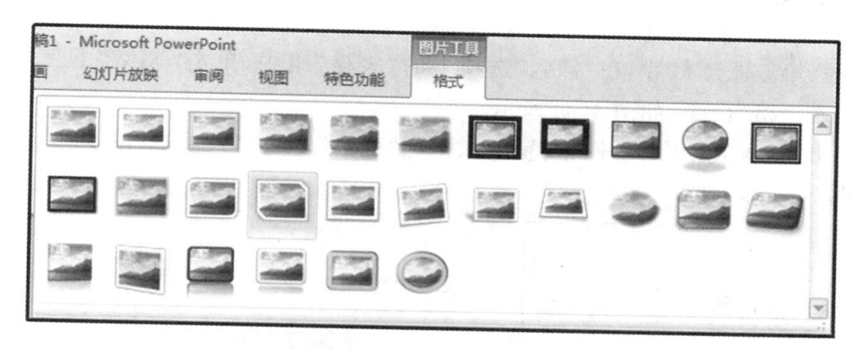

图 4-24　选择图片样式

STEP 4 选择新插入的“图片 2”，在“图片样式”下拉列表中，选择“剪裁对角线，白色”图片样式，应用图片样式，效果如图 4-25 所示。

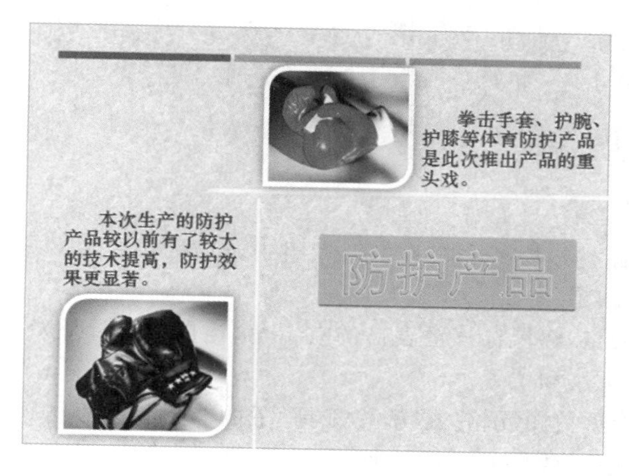

图 4-25　应用图片样式

STEP 5 参照上述 STEP1～STEP4 的操作方法，在第 3 张幻灯片中，插入两张图片，并为图片应用“柔化边缘矩形”图片样式，效果如图 4-26 所示。

STEP 6 参照上述 STEP1～STEP4 的操作方法，在第 4 张幻灯片中，插入两张图片，如图 4-27 所示。

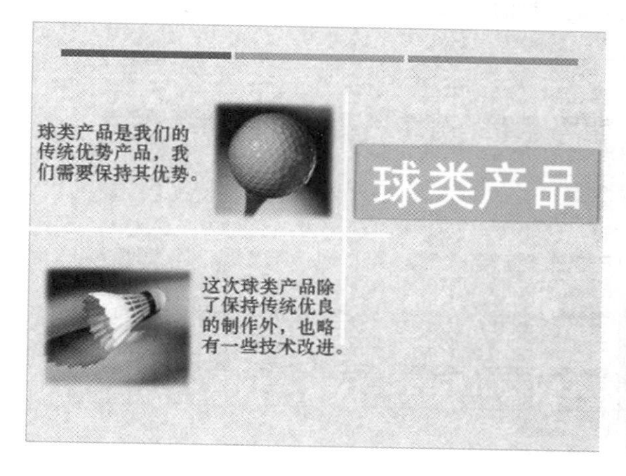

图 4-26　第 3 张幻灯片插入图片效果

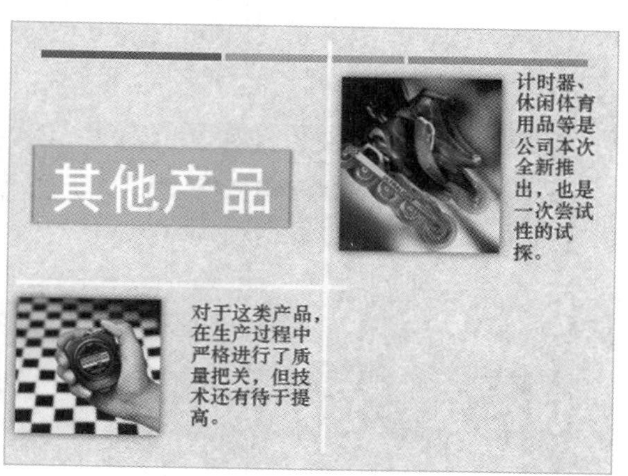

图 4-27　第 4 张幻灯片插入图片效果

八、插入表格

STEP 1 选择第 5 张幻灯片，在“插入”选项卡的“表格”组中，单击“表格”下三角按钮，展开下拉列表，选择“插入表格”命令，如图 4-28 所示。

STEP 2 弹出“插入表格”对话框，设置“行数”和“列数”均为“4”，单击“确定”按钮，即可插入表格，如图 4-29 所示。

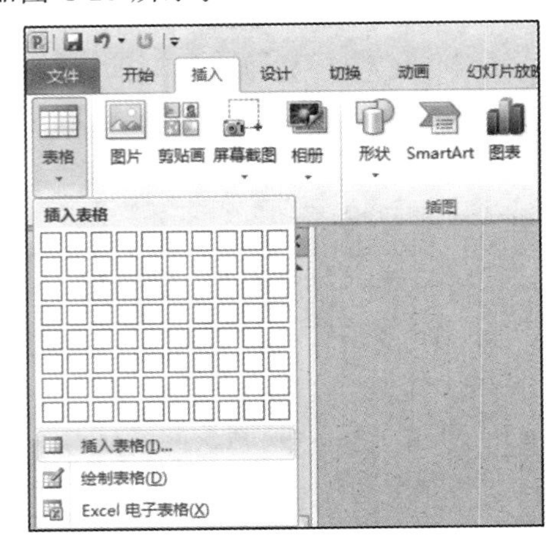

图 4-28 选择“插入表格”命令

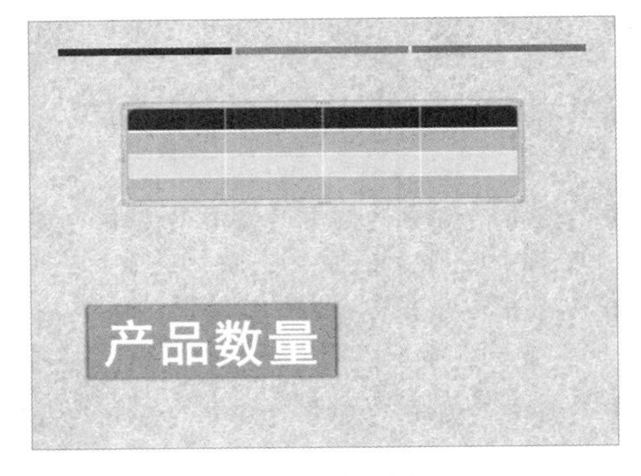

图 4-29 插入表格

STEP 3 在表格中输入文本数据，并在“字体”组中，设置“字体”为“宋体”，分别设置“字号”为“20”和“18”，将标题文本加粗。

STEP 4 选择整个表格，将鼠标移至表格的右下角，当鼠标指针呈双向箭头形状时，按住鼠标左键并拖曳，调整表格的大小和位置。

STEP 5 选择需要合并的单元格，在“表格工具”下的“布局”选项卡中，单击“合并”组中的“合并单元格”按钮，合并单元格，效果如图 4-30 所示。

STEP 6 选择表格，在“表格工具＞设计”选项卡的“表格样式”组中，展开“表格样式”下拉列表，选择“中等样式 2-强调 5”表格样式，如图 4-31 所示。

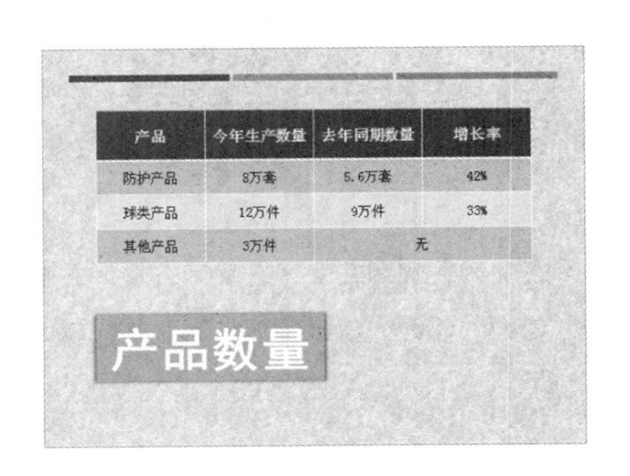

图 4-30 表格效果

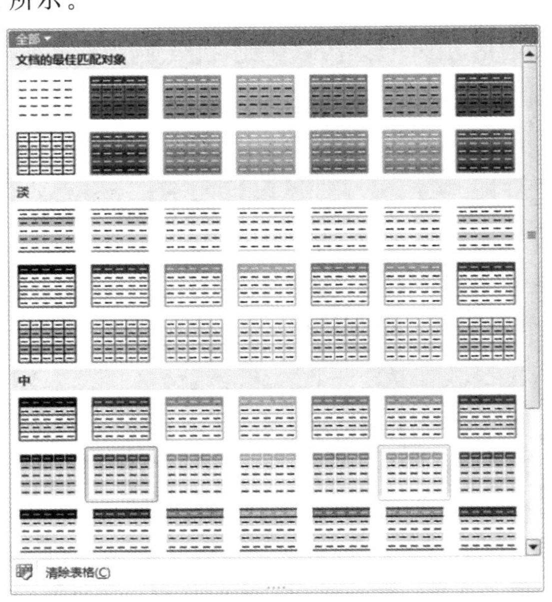

图 4-31 选择表格样式

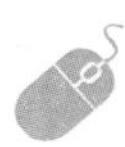

STEP 7 完成上述操作，即可更改表格样式，表格效果如图 4-32 所示。

STEP 8 选择第 6 张幻灯片，参照 STEP1～STEP7 的操作步骤，插入表格，并设置表格样式，幻灯片效果如图 4-33 所示。

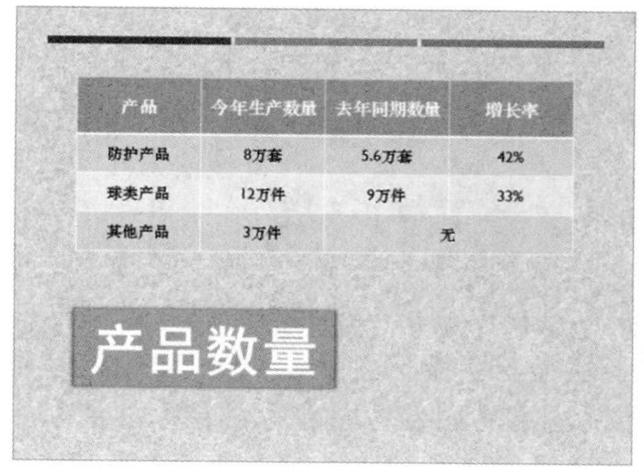

产品
今年生产数量
去年同期数量
增长率
防护产品
8万套
5.6万套
42%
球类产品
12万件
9万件
33%
其他产品
3万件
无
产品数量

图 4-32　更改表格样式

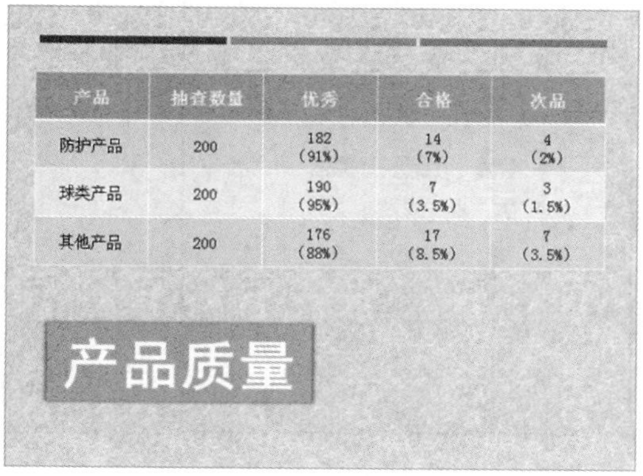

产品
抽查数量
优秀
合格
次品
防护产品
200
182 (91%)
14 (7%)
4 (2%)
球类产品
200
190 (95%)
7 (3.5%)
3 (1.5%)
其他产品
200
176 (88%)
17 (8.5%)
7 (3.5%)
产品质量

图 4-33　插入表格并设置表格样式

提示

PowerPoint 中的表格功能十分强大，除了通过“插入表格”命令快速插入表格，还可以通过拖曳的方法快速插入。在“表格”下拉列表中，在表格区域拖曳即可。

九、插入 SmartArt 图形

STEP 1 选择第 7 张幻灯片，在“插入”选项卡的“插图”组中，单击 SmartArt 按钮，弹出“选择 SmartArt 图形”对话框，选择“垂直图片重点列表”图形，如图 4-34 所示。

STEP 2 单击“确定”按钮，添加 SmartArt 图形，并在“在此处键入文字”对话框中输入文本，如图 4-35 所示。

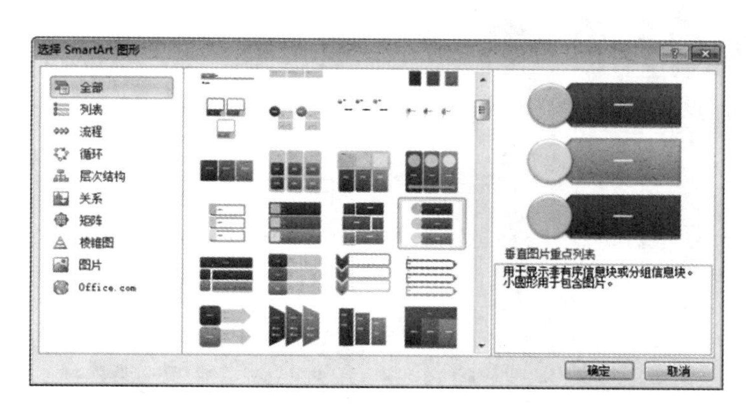

选择 SmartArt 图形
全部
列表
流程
循环
层次结构
关系
矩阵
棱锥图
图片
Office.com
垂直图片重点列表
用于显示垂直有序信息块或分组信息块。小圆形用于包含图片。
确定
取消

图 4-34　选择图形

在此处键入文字
防护产品：由于产品质量的提高，加上宣传计划的比重增加，预计销售量会比去年增加。
球类产品：本公司的老牌产品，拥有固定客户，销售量会稳中有升。
其他产品：宣传的重点对象，预计销量不会差。
垂直图片重点列表...

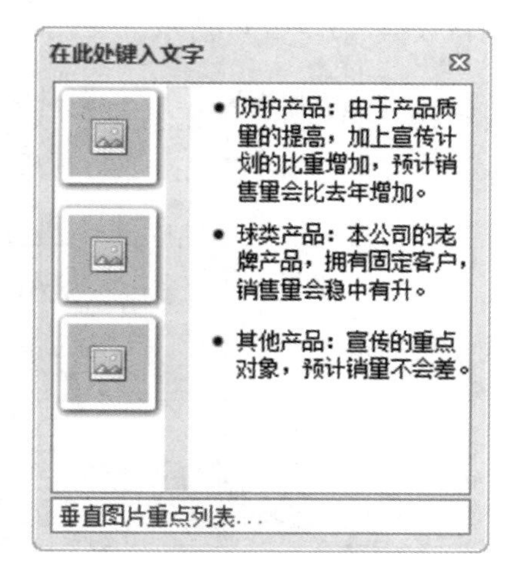

图 4-35　输入文本

STEP 3 选择 SmartArt 图形，在“设计”选项卡的“SmartArt 样式”组中，单击“更改颜色”下三角按钮，展开下拉列表，选择“彩色-强调文字颜色”颜色样式，如图 4-36 所示。完成 SmartArt 图形颜色的更改，如图 4-37 所示。

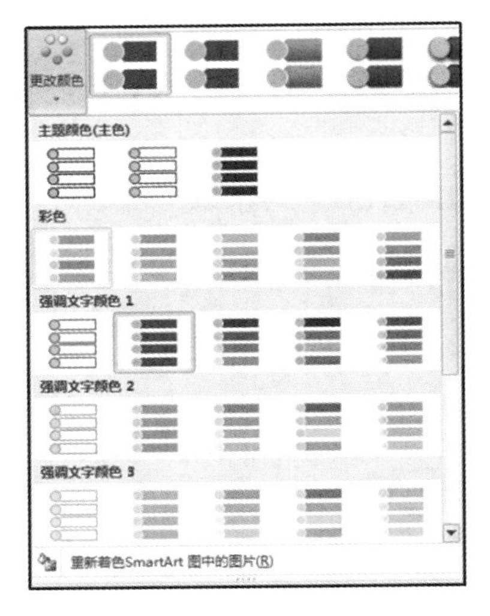

图 4-36　选择颜色

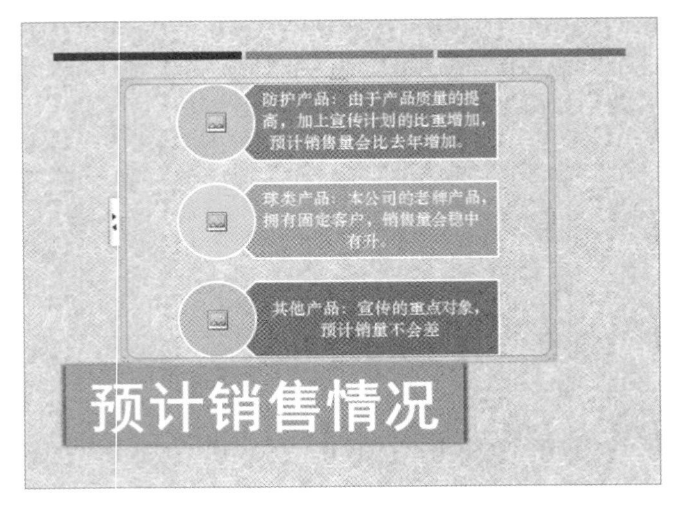

图 4-37　更改 SmartArt 图形颜色

提示

PowerPoint 中的转换功能十分强大，除了可以将文本转换为 SmartArt 图形以外，也可以使用“转换”功能，将 SmartArt 图形转换为文本。选择 SmartArt 图形，在“设计”选项卡的“重置”组中，单击“转换”下三角按钮，展开下拉列表，选择“转换为文本”命令即可。

十、插入图表

STEP 1　选择第 8 张幻灯片，在“插入”选项卡的“插图”组中，单击“图表”按钮，弹出“插入图表”对话框，在左侧列表框中，选择“饼图”选项，在右侧列表框中，选择“饼图”图表，如图 4-38 所示。

STEP 2　单击“确定”按钮，添加图表，并自动弹出 Microsoft PowerPoint 中的图表窗口，输入表格数据，如图 4-39 所示。

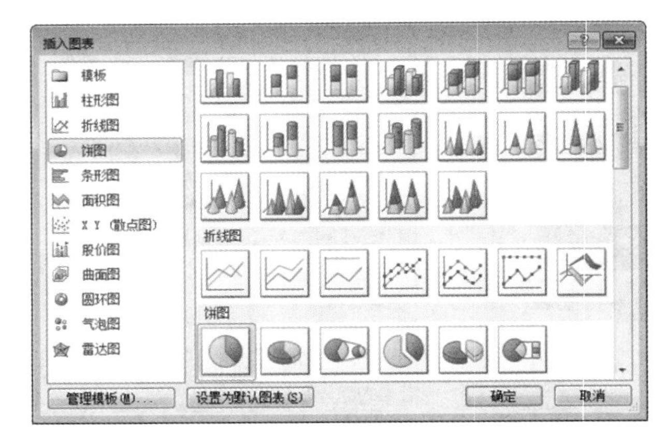

图 4-38　选择图表

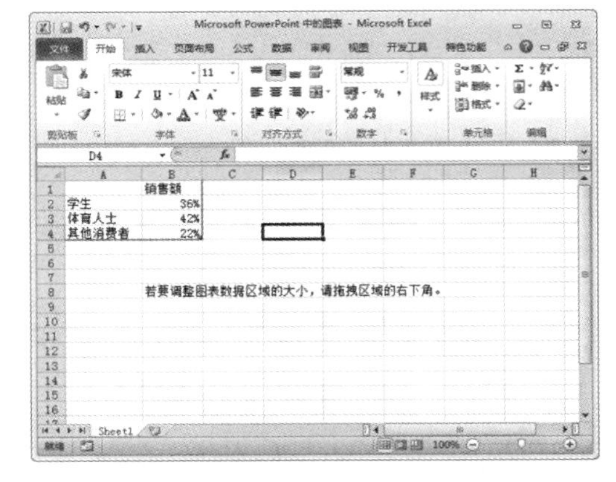

图 4-39　输入表格数据

STEP 3　选择图表，在“设计”选项卡的“图表布局”下拉列表中，选择“布局 1”图表布局，如图 4-40 所示。

STEP 4　在“设计”选项卡的“图表样式”下拉列表中，选择“样式 31”图表样式，如图 4-41 所示。

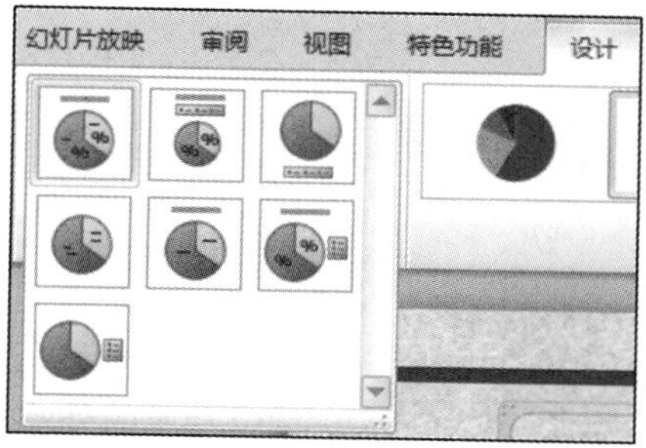

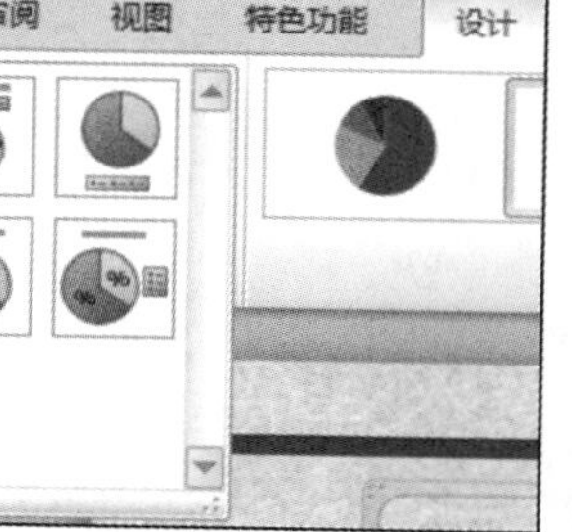

图 4-40　选择图表布局

图 4-41　选择图表样式

STEP 5 拖曳鼠标，调整图表的大小和位置，效果如图 4-42 所示。

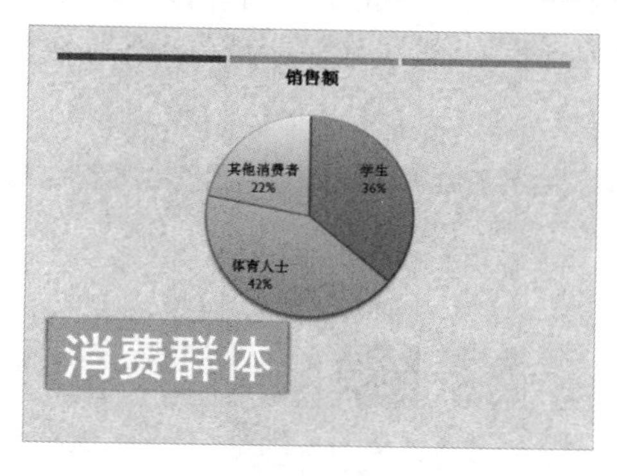

图 4-42　添加图表效果

十一、保存演示文稿

单击“文件”选项卡，进入“文件”界面，选择“保存”命令，弹出“另存为”对话框。设置文件名为“体育产品介绍演示文稿”，并设置保存路径，单击“保存”按钮，即可将演示文稿保存在“素材\项目四\体育产品介绍”文件夹中，最终的幻灯片效果如图 4-43 所示。

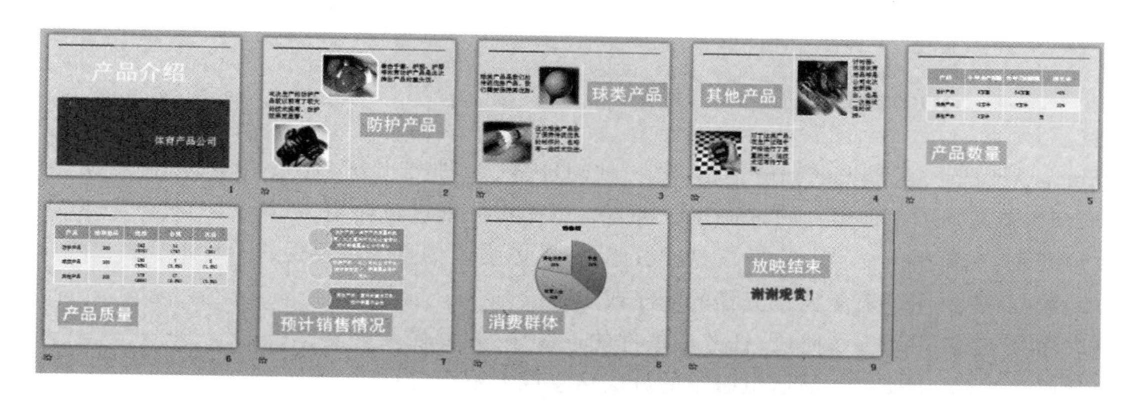

图 4-43　体育产品介绍幻灯片

提示

运用 PowerPoint 2010 版本制作的演示文稿在低版本的 Office 软件中不能正常使用，如果需要在低于 Office 2007 的版本中使用 PowerPoint 2010 制作的演示文稿，在保存时需要选择保存类型为“PowerPoint 97-2003 演示文稿(*.ppt)”。

知识链接

一、保存当前主题

PowerPoint 2010 提供可应用于演示文稿的主题，以便为演示文稿设计完整、专业的外观。

主题是包含演示文稿样式的文件，包括文字的类型和大小、占位符大小和位置、背景设计和填充、配色方案以及幻灯片母版和可选的标题母版等。

在“设计”选项卡中，单击“更多”按钮，弹出下拉列表，选择“保存当前主题”命令，如图 4-44 所示。在弹出的“保存当前主题”对话框中，设置好保存路径和保存名称，单击“保存”按钮，即可保存主题。

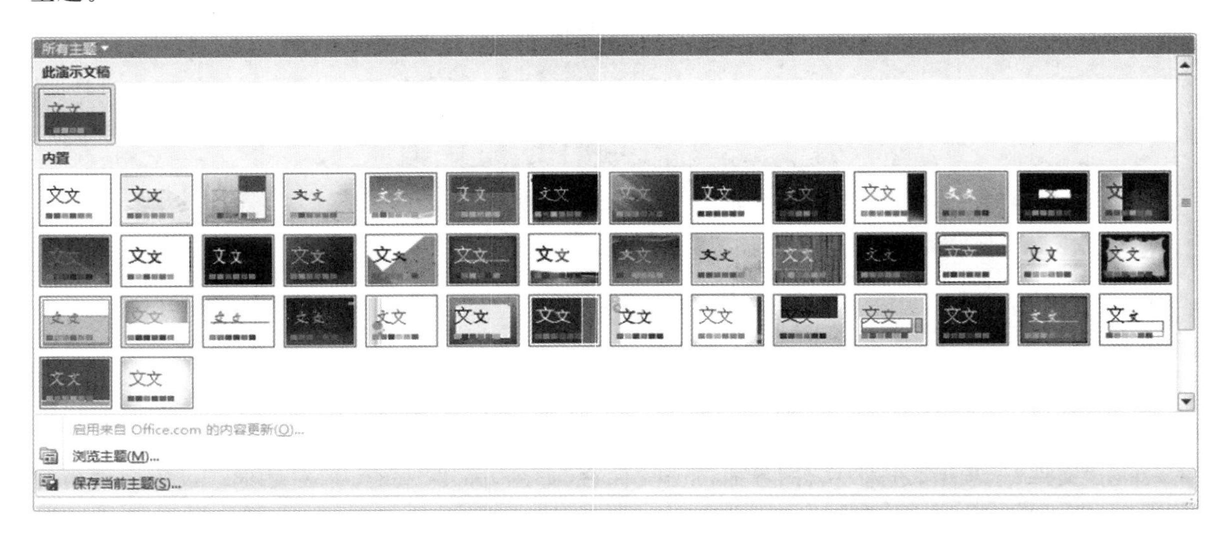

图 4-44　选择“保存当前主题”命令

二、SmartArt 图形的类型

SmartArt 图形是 PowerPoint 2010 中一种功能强大、种类丰富、效果生动的图形，在 PowerPoint 2010 中提供了 8 种类别的 SmartArt 图形，下面将分别进行介绍。

(1)列表：主要用于显示非有序信息或分组信息，以强调信息的重要性。

(2)流程：主要用于表示任务流程的顺序或步骤。

(3)循环：主要用于表示阶段、任务或事件的连续序列，以强调重复过程。

(4)层次结构：主要用于显示组织中的分层信息或上下级关系。

(5)关系：主要用于表示两个或多个项目之间的关系，或者多个信息集合之间的关系。

(6)矩阵：主要用于以象限的方式显示部分与整体的关系。

(7)棱锥图：主要用于显示与顶部或底部最大一部分之间的比例关系。

(8)图片：主要应用于包含图片的信息列表。

任务二 制作毕业设计演示文稿

任务描述

临近毕业时，每个学生都需要制作毕业设计，毕业设计是教学过程的最后阶段采用的一种总结性的实践教学环节。通过毕业设计，学生可以综合应用所学的各种理论知识和技能，进行全面、系统、严格的技术及基本能力的练习。

任务分析

制作毕业设计演示文稿时，首先需要新建幻灯片，然后输入文本，设置好幻灯片的页面大小、背景颜色，并为文本添加编号和项目符号，完成毕业设计演示文稿的制作。

任务实现

一、新建并插入幻灯片

STEP 1 启动 PowerPoint 2010 应用程序，在程序界面中，单击“文件”选项卡，选择“新建”命令，在“新建”界面中单击“空白演示文稿”图标，并单击“创建”按钮，创建空白演示文稿。

STEP 2 在“幻灯片”任务窗格中，单击鼠标右键打开快捷菜单，选择“新建幻灯片”命令，新建至少 9 张幻灯片，效果如图 4-45 所示。

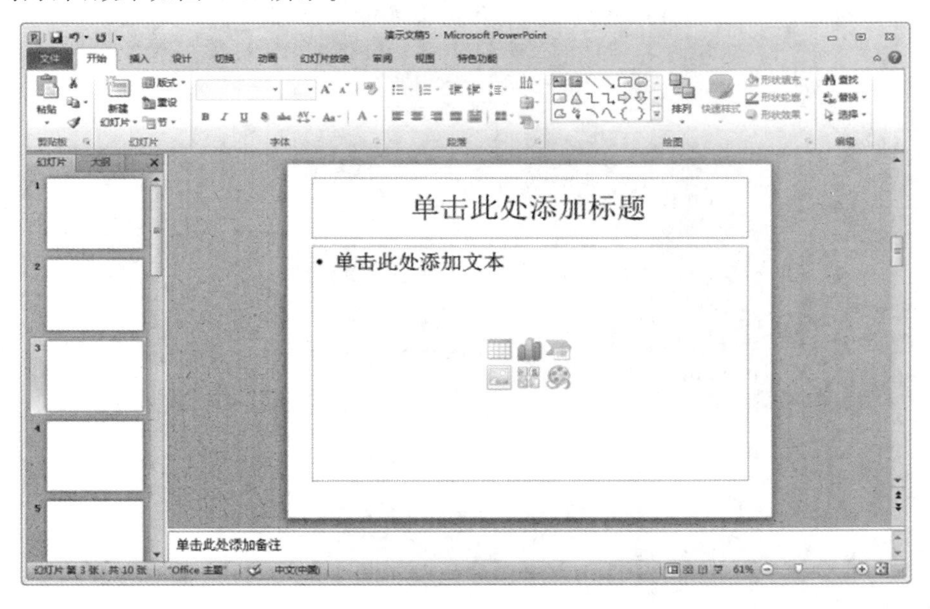

图 4-45 新建幻灯片

二、设置背景格式

STEP 1 单击“设计”选项卡，在“背景”组中，单击“背景样式”下三角按钮，展开下拉列表，选择“设置背景格式”命令，如图 4-46 所示。

STEP 2 弹出“设置背景格式”对话框，选中“渐变填充”单选按钮，选择预设颜色，单击“全部应用”按钮，如图 4-47 所示。

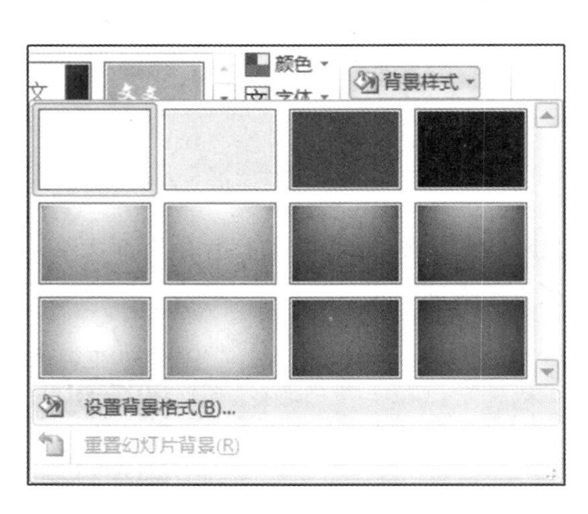

图 4-46 选择“设置背景格式”命令

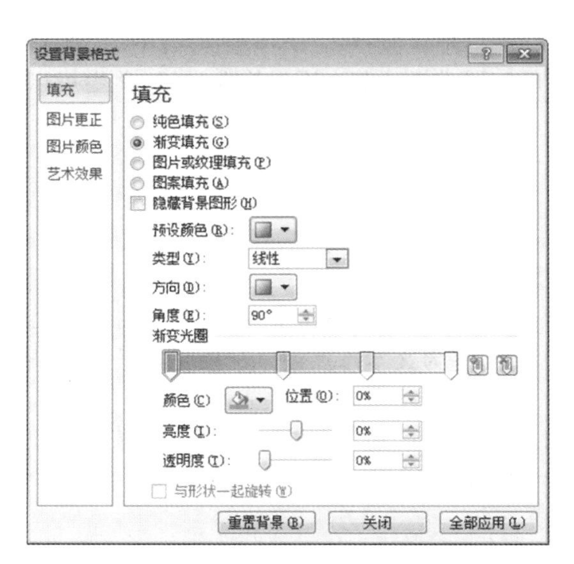

图 4-47 “设置背景格式”对话框

STEP 3 单击“关闭”按钮，即可为所有幻灯片应用渐变背景颜色，效果如图 4-48 所示。

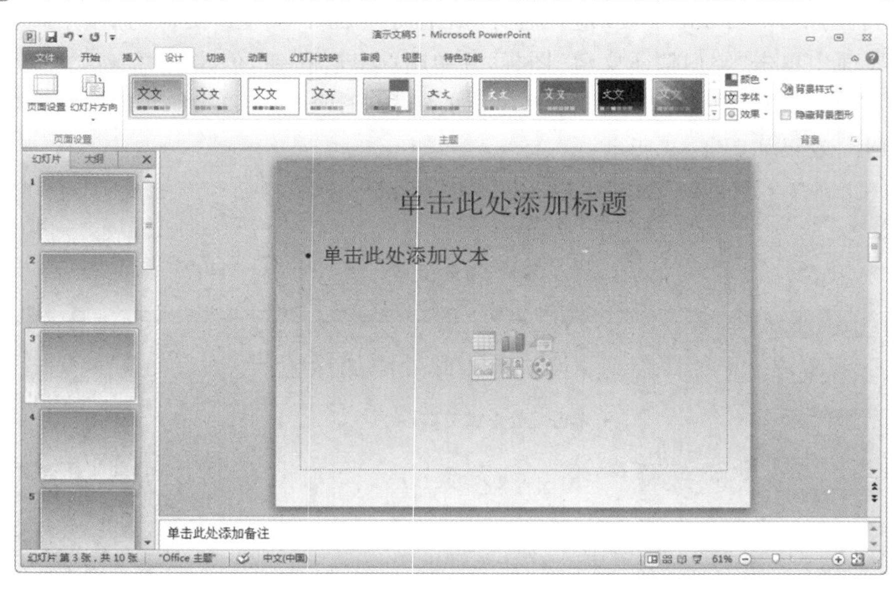

图 4-48 应用渐变背景颜色效果

三、插入艺术字标题

STEP 1 选择第 1 张幻灯片，在“插入”选项卡中，单击“艺术字”下三角按钮，在弹出的“艺术字

库”下拉列表中，选择合适的艺术字样式，如图 4-49 所示。

STEP② 在“请在此放置您的文字”文本框中，输入文字“毕业设计：网络图书”，选中文字，切换至“开始”选项卡，在“字体”组中可以设置艺术字的字体、字号等，然后将艺术字移动至合适的位置，如图 4-50 所示。

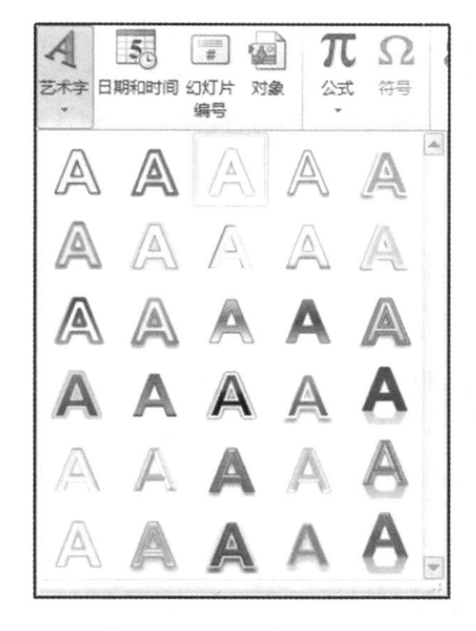

图 4-49　选择艺术字样式

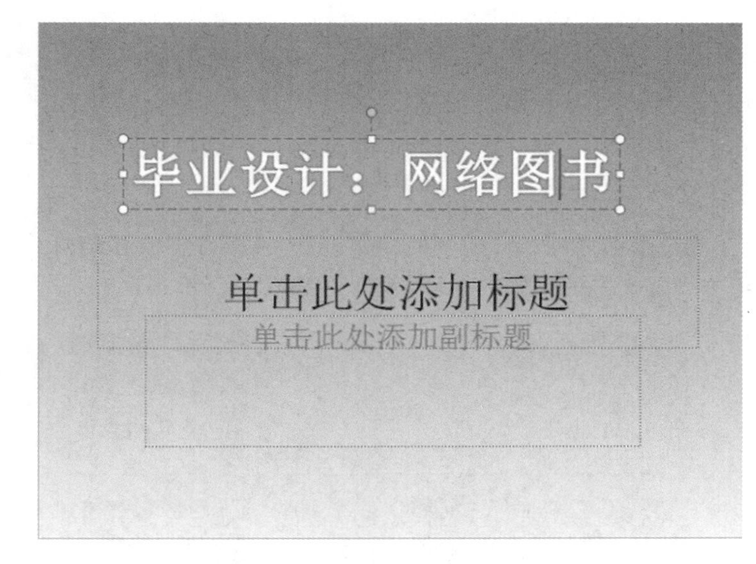

图 4-50　输入文字并设置文字格式

STEP③ 选择艺术字文本框，在“格式”选项卡的“艺术字样式”组中，展开“文本效果”下拉列表，选择“映像>映像变体>紧密映像，8pt 偏移量”样式，如图 4-51 所示。完成艺术字文字效果的更改，如图 4-52 所示。

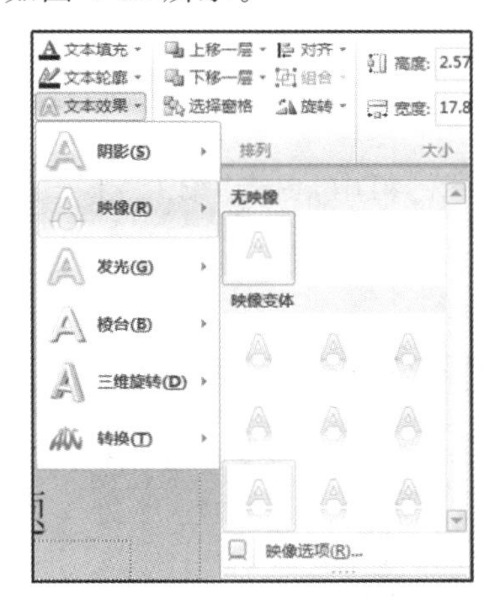

图 4-51　选择文本效果

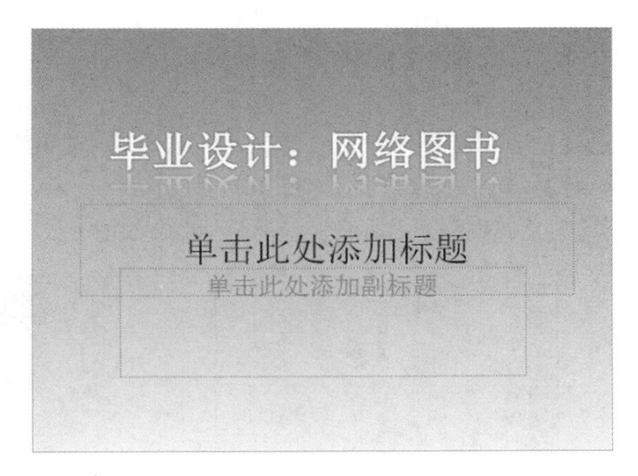

图 4-52　更改文本效果

四、添加幻灯片文本

STEP① 选择第 1 张幻灯片中的标题和副标题文本框，依次输入文本，并在“开始”选项卡的“字体”组中，设置文本的字体和字号，如图 4-53 所示。

STEP② 选择第 2 张幻灯片，在“插入”选项卡的“文本”组中，单击“文本框”下三角按钮，展开下拉列表，选择“横排文本框”命令，添加文本框，然后在文本框中输入文本，并在“字体”组中设置文本的字体和字号，如图 4-54 所示。

图 4-53　输入文本并设置文本格式

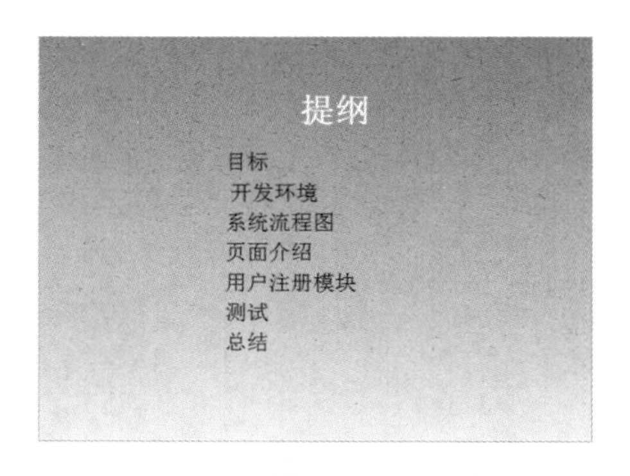

图 4-54　添加文本框文本

STEP③ 参照 STEP2 的操作方法，在第 3～10 张幻灯片中依次添加文本框文本，并在“字体”组中设置文本的字体和字号，效果如图 4-55 所示。

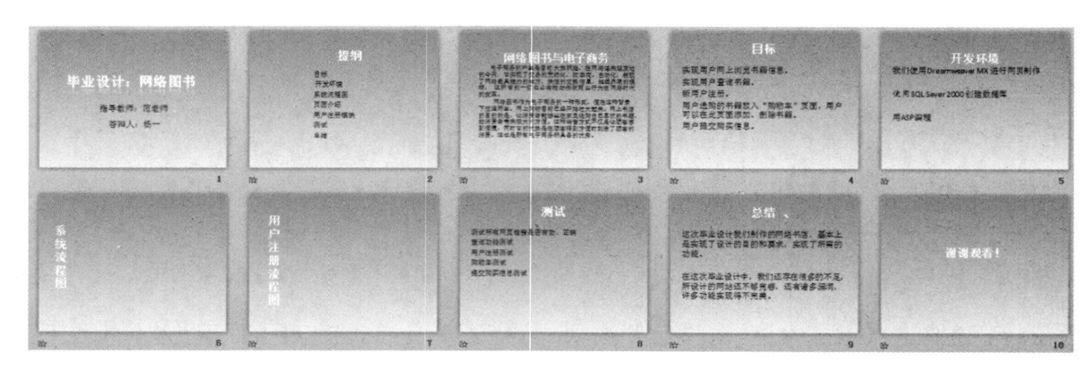

图 4-55　添加文本框文本

五、添加项目符号和编号

STEP① 选择需要添加编号的文本，在“开始”选项卡的“段落”组中，单击“编号”下三角按钮，展开下拉列表，选择编号样式，如图 4-56 所示。

STEP② 为选择的文本添加编号后，效果如图 4-57 所示。

图 4-56　选择编号样式

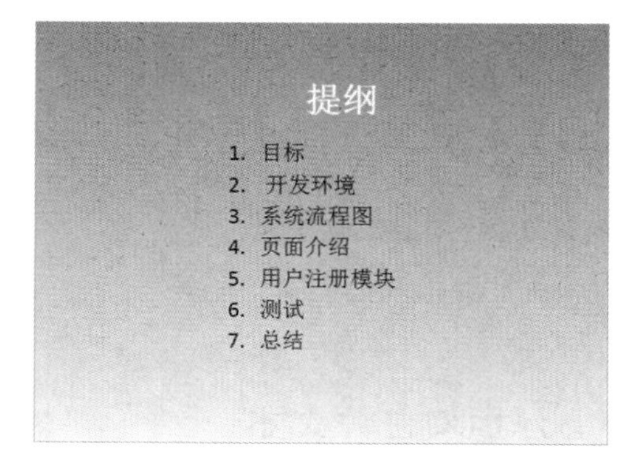

图 4-57　添加编号

STEP③ 参照 STEP1 的操作方法，为第 4～8 张幻灯片中的文本添加“1、2、3……”编号。

STEP④ 选择需要添加项目符号的文本，在“开始”选项卡的“段落”组中，单击“项目符号”下三角按钮，展开下拉列表，选择项目符号样式，如图 4-58 所示。

STEP⑤ 为选择的文本添加项目符号后，效果如图 4-59 所示。

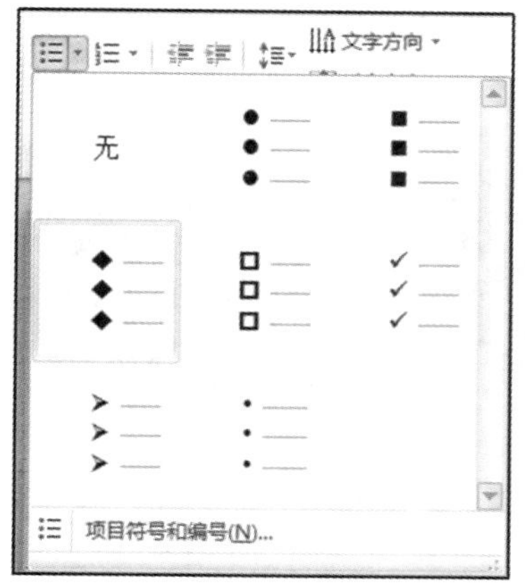

图 4-58　选择项目符号样式

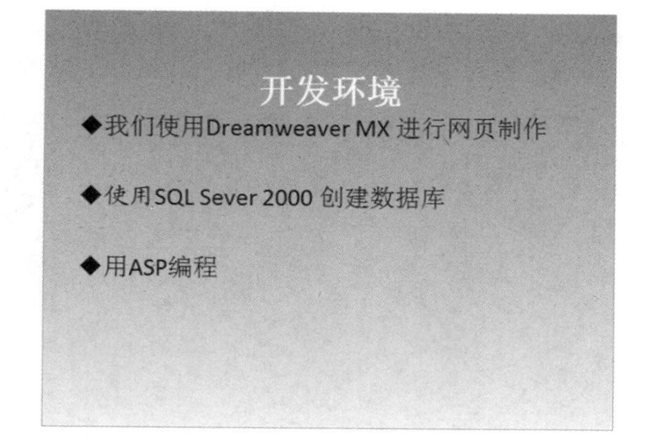

图 4-59　添加项目符号

STEP 6　参照 STEP4 的操作方法，为第 9 张幻灯片中的文本添加项目符号。

提示

在添加项目符号和编号时，可以在选择文本后，单击鼠标右键打开快捷菜单，选择“项目符号”或“编号”命令，在展开的级联菜单中，选择编号样式或项目符号样式。

六、插入图片

STEP 1　选择第 6 张幻灯片，在“插入”选项卡的“图像”组中，单击“图片”按钮，弹出“插入图片”对话框。选择“素材\项目四\毕业设计”文件夹中的“流程图 1”图形，单击“插入”按钮，插入图片，如图 4-60 所示。

STEP 2　选择第 7 张幻灯片，在“插入”选项卡的“图像”组中，单击“图片”按钮，弹出“插入图片”对话框，选择“素材\项目四\毕业设计”文件夹中的“流程图 2”图形，单击“插入”按钮，插入图片，如图 4-61 所示。

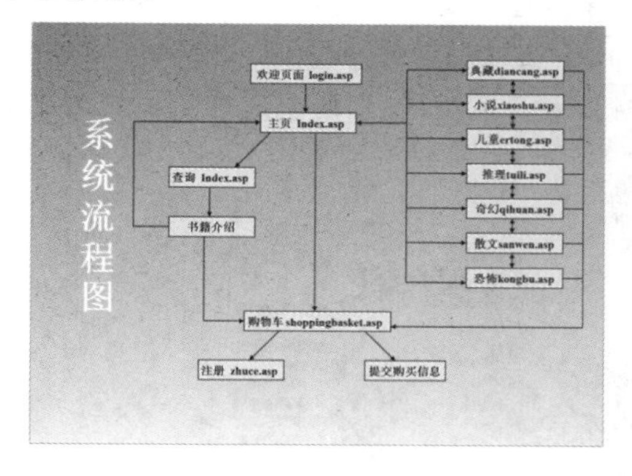

图 4-60　插入“流程图 1”

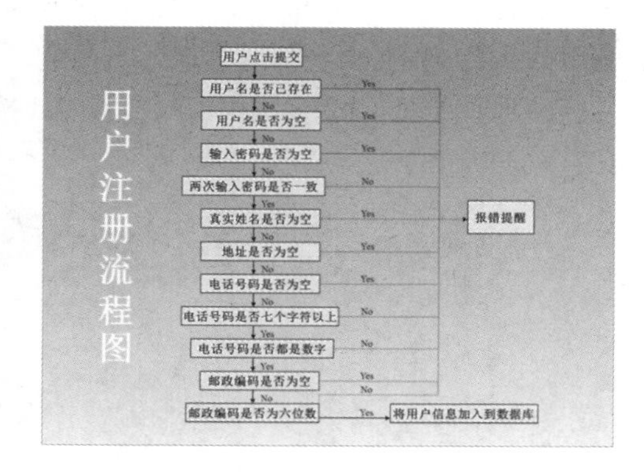

图 4-61　插入“流程图 2”

七、设置幻灯片母版

STEP 1　切换至“视图”选项卡，在“母版视图”组中，单击“幻灯片母版”按钮，进入母版视图。

STEP 2　在幻灯片母版和版式窗格中，选择幻灯片母版，删除页码、页脚和日期文本框。使用“文本框”命令，添加一个文本框，然后输入文本“毕业设计”，并设置文字格式，如图 4-62 所示。

STEP 3 单击“幻灯片母版”选项卡下“关闭”组中的“关闭母版视图”按钮，返回普通视图，可以观察到10张幻灯片中都出现了页脚的内容，如图4-63所示。

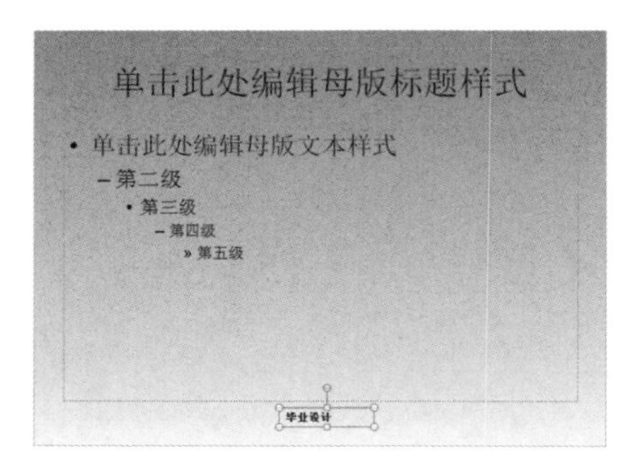

图4-62 添加文本框

图4-63 幻灯片页脚

八、保存演示文稿

单击“文件”选项卡，进入“文件”界面，选择“另存为”命令，弹出“另存为”对话框。输入文件名“毕业设计演示文稿”，设置保存类型为“PowerPoint演示文稿(*.pptx)”，单击“保存”按钮，即可保存演示文稿。

知识链接

一、主题颜色

主题颜色包含4种文本和背景颜色、6种强调文字颜色以及2种超链接颜色。演示文稿的主题颜色由应用的主题确定。

在“设计”选项卡的“主题”组中，单击“颜色”按钮，展开下拉列表，所选幻灯片的颜色显示在列表上，如图4-64所示。

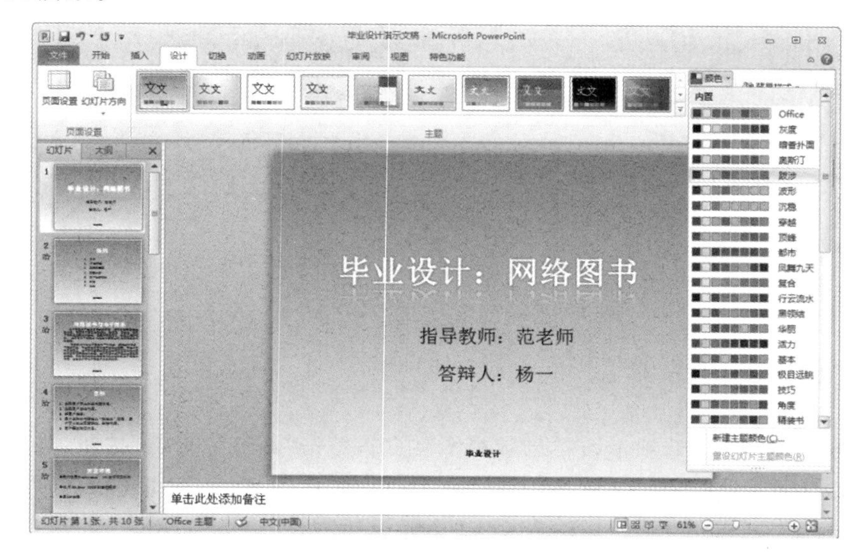

图4-64 “颜色”下拉列表

用户可以通过“新建主题颜色”对话框，为幻灯片中的任何元素更改颜色，如图 4-65 所示。更改颜色时，可以从颜色选项的整个范围内选择，设置好主题颜色后，会显示新颜色，它将作为演示文稿文件的一部分，方便以后应用。

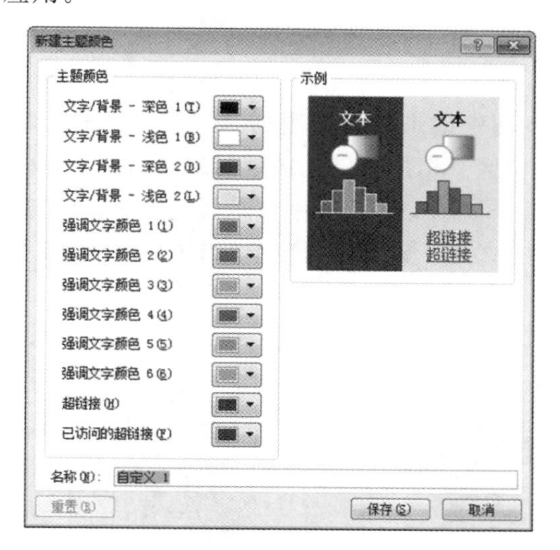

图 4-65 “新建主题颜色”对话框

二、PowerPoint 的视图模式

在演示文稿制作的不同阶段，PowerPoint 提供了不同的工作环境，称为视图。不同的视图模式会使操作更加简单。下面对 PowerPoint 2010 中的各种视图模式作详细介绍。

1. 演示文稿视图

演示文稿视图即演示文稿的呈现形式。在 PowerPoint 2010 中，给出了 5 种基本的视图模式：普通视图、大纲视图、幻灯片浏览视图、备注页视图和阅读视图。在不同的视图中，可以使用相应的方式查看和操作演示文稿。

(1)普通视图：普通视图是 PowerPoint 2010 的默认视图模式，是进行幻灯片操作最常用的视图模式。在该视图模式下，可以直接编辑幻灯片的内容，查看幻灯片的布局，调整幻灯片的结果。切换至“视图”选项卡，单击“演示文稿视图”组中的“普通视图”按钮，看到的就是普通视图，如图 4-66 所示。

(2)大纲视图：大纲视图可以使用户看到各张幻灯片的主要内容，也可以让用户直接对其内容进行排版与编辑。最主要的是，用户可以在大纲视图中查看整个演示文稿的主要构想，可以插入新的大纲文件。在左侧的任务窗格中，单击“大纲”选项卡，看到的就是大纲视图，如图 4-67 所示。

图 4-66 普通视图

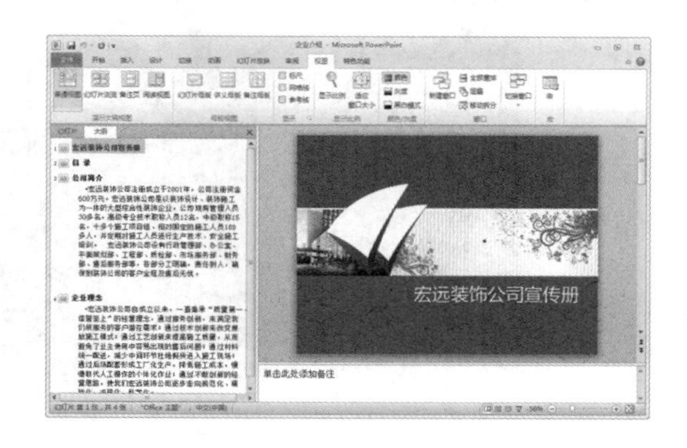

图 4-67 大纲视图

(3)幻灯片浏览视图:利用幻灯片浏览视图可以浏览演示文稿中的幻灯片缩略图,可以从整体上浏览所有幻灯片的效果,并进行幻灯片的复制、移动、删除等操作。但在该视图中,不能直接编辑和修改幻灯片的内容,如果要修改幻灯片的内容,需要双击某张幻灯片,切换至幻灯片编辑窗口后进行编辑。切换至“视图”选项卡,单击“演示文稿视图”组中的“幻灯片浏览”按钮,看到的就是幻灯片浏览视图,如图 4-68 所示。

(4)备注页视图:备注页视图是用来编辑备注页的。备注页分为两部分:上半部分是幻灯片的缩小图像;下半部分是文本预留区。用户可以一边观看幻灯片,一边在文本预留区内输入幻灯片的备注内容。备注页的备注部分与演示文稿的配色方案彼此独立,打印演示文稿时,可以选择只打印备注页。切换至“视图”选项卡,单击“演示文稿视图”组中的“备注页”按钮,看到的就是备注页视图,如图 4-69 所示。

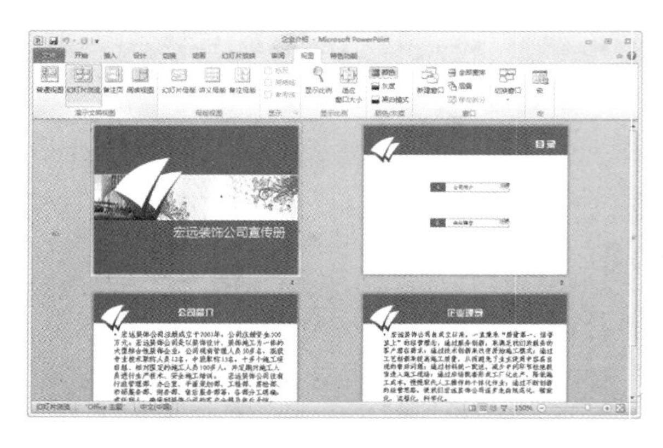

图 4-68 幻灯片浏览视图

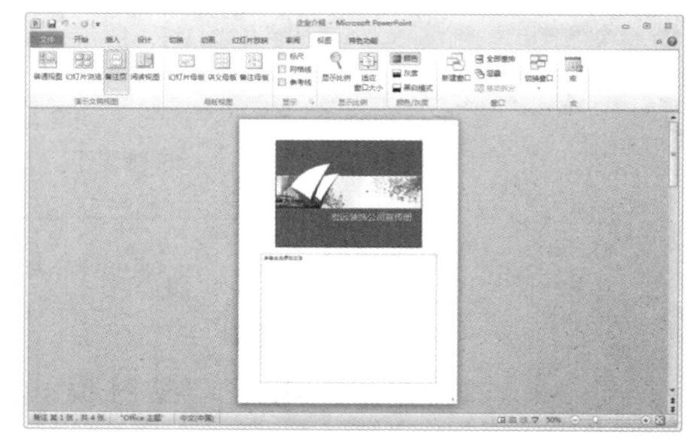

图 4-69 备注页视图

(5)阅读视图:阅读视图用于在自己的计算机上查看演示文稿,而非为受众放映演示文稿。如果用户希望在一个设有简单控件以便审阅的窗口中查看演示文稿,而不想使用全屏的幻灯片放映视图,则可以在自己的计算机上使用阅读视图。如果要修改演示文稿的内容,可以随时从阅读视图切换至其他视图。切换至“视图”选项卡,单击“演示文稿视图”组中的“阅读视图”按钮,看到的就是阅读视图,如图 4-70 所示。

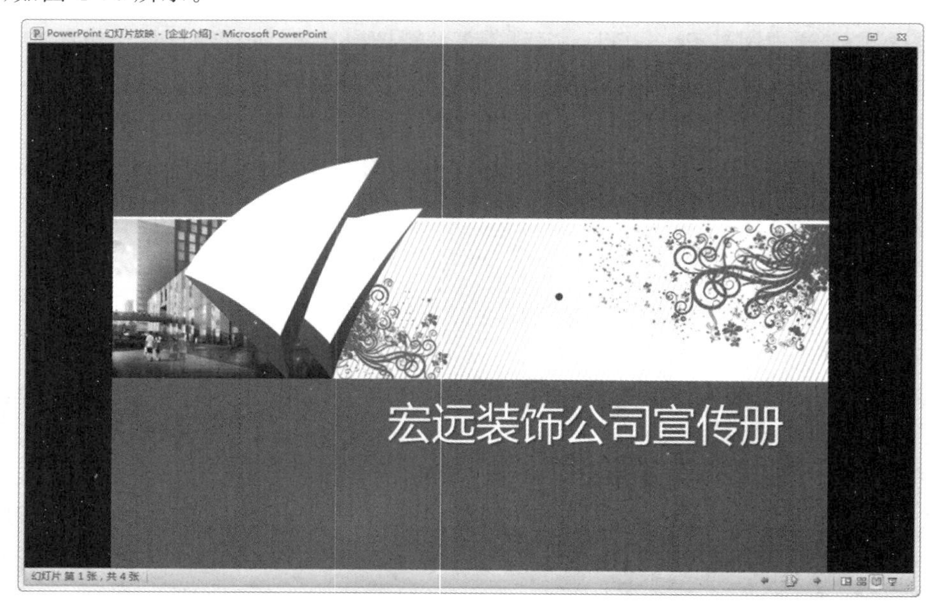

图 4-70 阅读视图

2. 母版视图

使用幻灯片母版视图的目的是进行全局设置和更改，并使该更改应用到演示文稿的所有幻灯片中，使得幻灯片具有统一的格式。母版视图包含幻灯片母版、讲义母版和备注母版 3 种视图方式，下面将对它们分别进行介绍。

(1)幻灯片母版：幻灯片母版控制演示文稿的外观，包括颜色、字体、背景、效果，在幻灯片母版上插入的形状或图片等内容会显示在所有幻灯片上。在演示文稿中，切换至“视图”选项卡，单击“母版视图”组中的“幻灯片母版”按钮，看到的就是幻灯片母版视图，如图 4-71 所示。

(2)讲义母版：在讲义母版模式下，可以对演示文稿进行设置，方便打印成讲义。例如，用户可以进行讲义方向、幻灯片大小、每页讲义幻灯片数量、页眉和页脚等的设置。

在演示文稿中，切换至“视图”选项卡，单击“母版视图”组中的“讲义母版”按钮，看到的就是讲义母版视图，如图 4-72 所示。

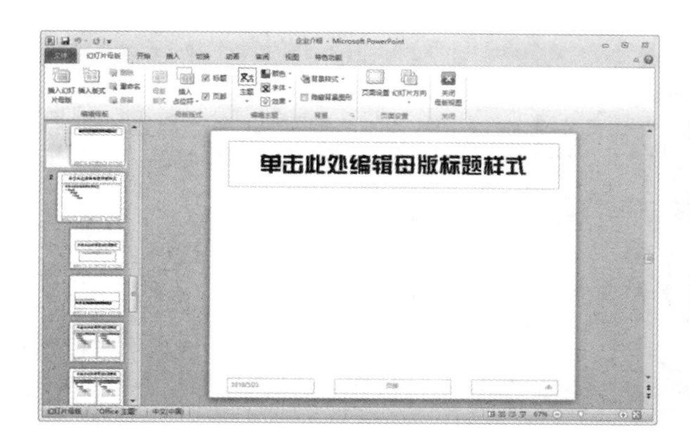

图 4-71　幻灯片母版视图

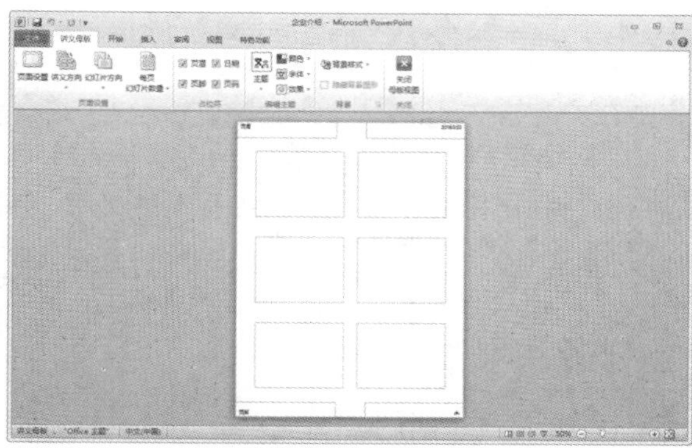

图 4-72　讲义母版视图

(3)备注母版：备注母版是向各幻灯片添加备注文本的默认样式。在演示文稿中，切换至“视图”选项卡，单击“母版视图”组中的“备注母版”按钮，看到的就是备注母版视图，如图 4-73 所示。

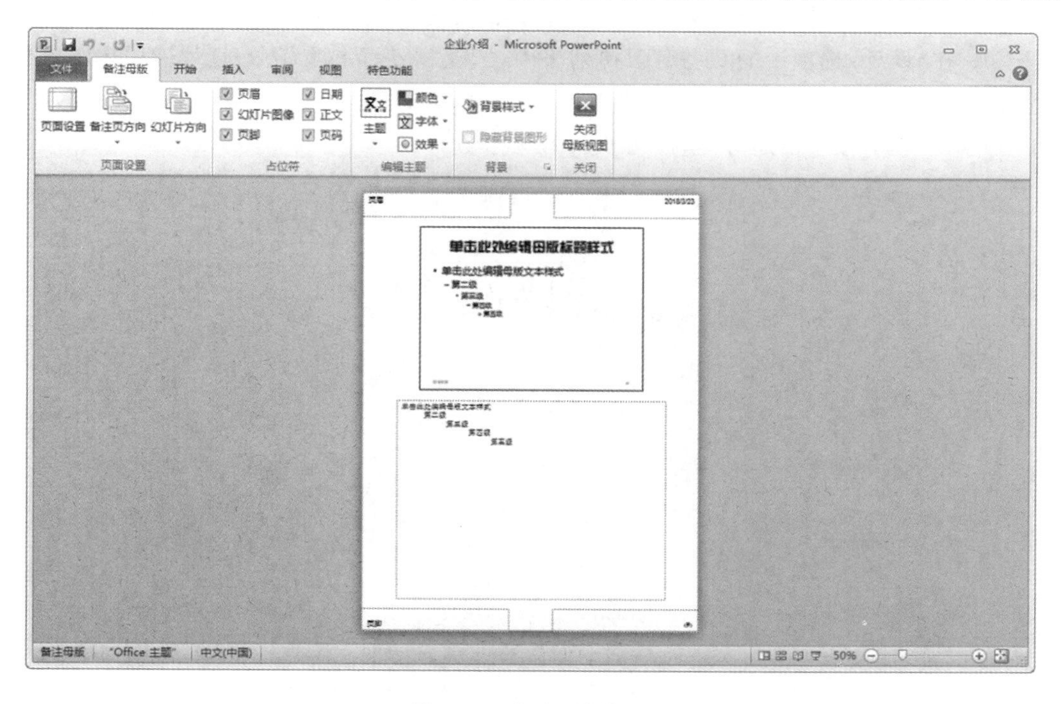

图 4-73　备注母版视图

任务三 制作江南春课件

任务描述

江南春课件是对江南春诗词进行讲解的语文课件，小王是一位语文老师，需要制作一个内容丰富的江南春课件，其中需包含诗词欣赏、作者介绍、诗文讲解、视频欣赏、学习思考以及课后练习等内容，以便学生准确地理解这首诗词。

任务分析

在制作江南春课件时，需要新建多张幻灯片，然后在幻灯片中添加文字、图片、视频和音频，最后在幻灯片中添加切换动画和各种动画效果，完成江南春课件的制作。

微视频

制作江南春课件

任务实现

一、新建并插入幻灯片

STEP 1 启动 PowerPoint 2010 应用程序，在程序界面中，单击“文件”选项卡，选择“新建”命令，在“新建”界面中单击“空白演示文稿”图标，并单击“创建”按钮，创建空白演示文稿。

STEP 2 在“设计”选项卡的“主题”下拉列表中，选择“环保”主题，为幻灯片应用主题效果。

STEP 3 在“开始”选项卡的“幻灯片”组中，单击“新建幻灯片”下三角按钮，展开下拉列表，单击“空白”图标，新建 7 张空白幻灯片，如图 4-74 所示。

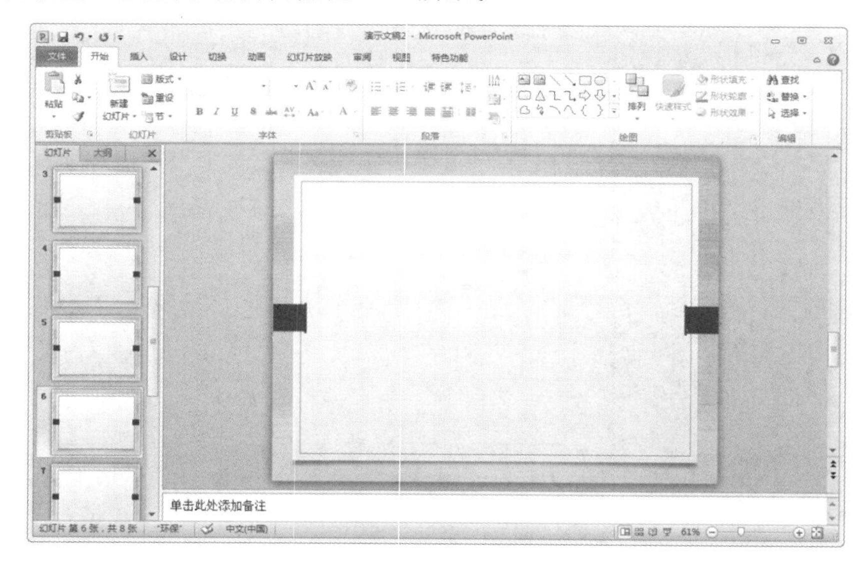

图 4-74 新建幻灯片效果

想一想

在应用主题时，如何将主题设置为默认主题？

选择主题对象并单击鼠标右键，打开快捷菜单，选择“设置为默认主题”命令即可。

二、添加文本框文本

STEP 1 在“设计”选项卡的“字体”下拉列表中，选择“宋体”，更改幻灯片的内置字体，如图 4-75 所示。

STEP 2 选择“文本框”下拉列表中的“横排文本框”命令，在各幻灯片中依次添加文本，然后在“字体”组中，设置文本的字体和字号，效果如图 4-76 所示。

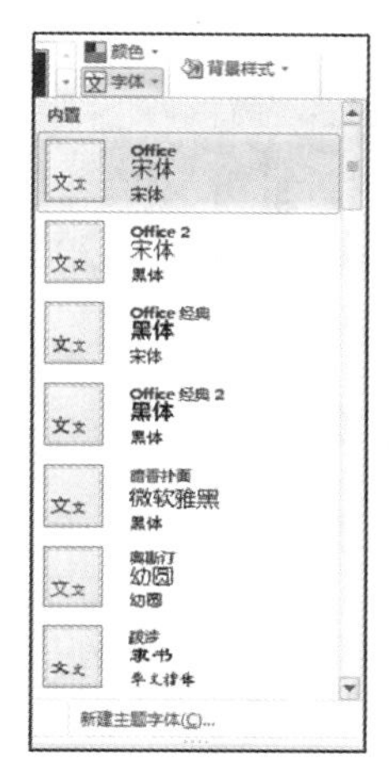

图 4-75 “字体”下拉列表

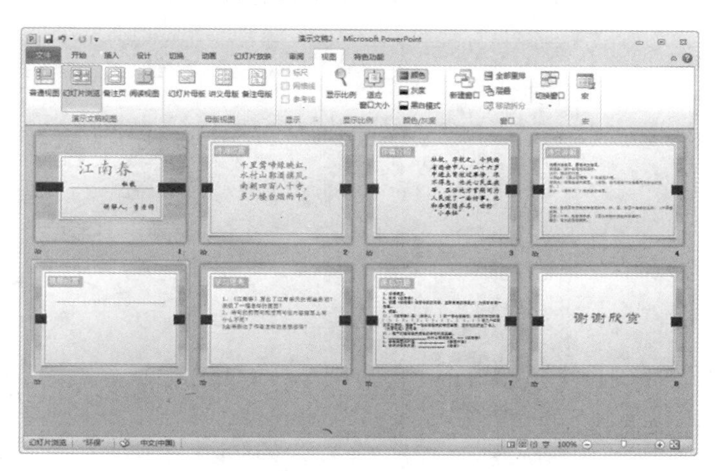

图 4-76 添加文本效果

三、插入图片

STEP 1 单击“图像”组中的“图片”按钮，弹出“插入图片”对话框，选择“素材\项目四\江南春课件”文件夹中的“图片 1”～“图片 3”图形，单击“插入”按钮，插入图片。

STEP 2 选择插入后的图片，在“格式”选项卡的“图片样式”下拉列表中，选择“柔化边缘矩形”和“柔化边缘椭圆”图片样式，应用图片样式，效果如图 4-77 所示。

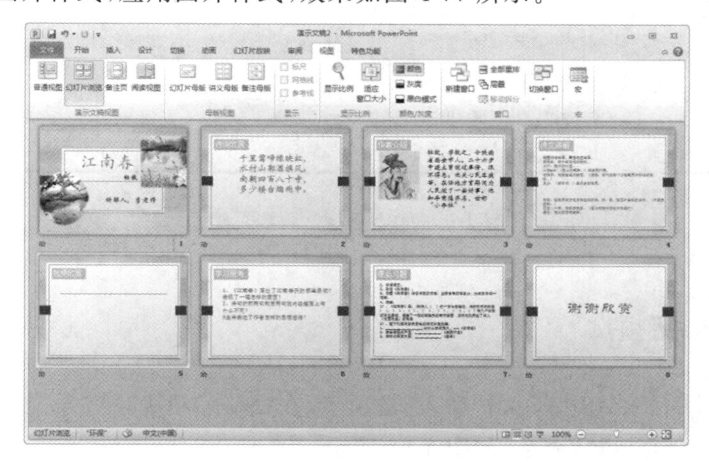

图 4-77 应用图片样式效果

四、插入音频

STEP 1 选择第 1 张幻灯片，单击“插入”选项卡，在“媒体”组中，单击“音频”下三角按钮，展开下拉列表，选择“文件中的音频”命令，如图 4-78 所示。

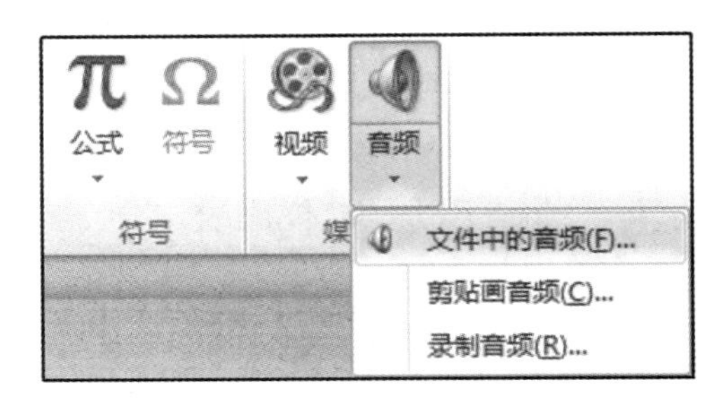

图 4-78 选择“文件中的音频”命令

STEP 2 打开“插入音频”对话框，选择“素材\项目四\江南春课件”文件夹中的“音乐”音频文件，如图 4-79 所示。单击“插入”按钮，插入音频。

STEP 3 选择声音文件，切换至“播放”选项卡，在“音频选项”组中，单击“单击时”下三角按钮，展开下拉列表，选择“自动”选项，即可设置音频的自动播放。

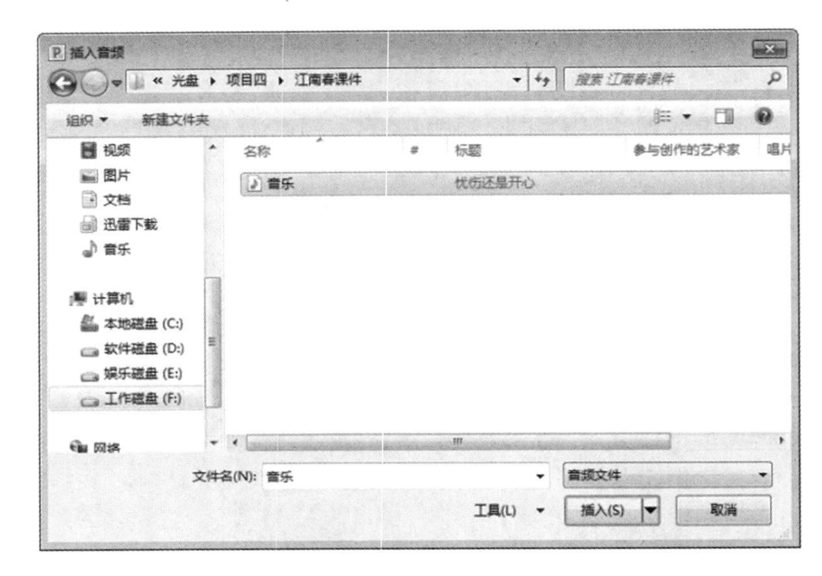

图 4-79 插入“音乐”音频文件

STEP 4 在“音频选项”组中，勾选“循环播放，直到停止”复选框，即可设置音频跨幻灯片循环播放，如图 4-80 所示。

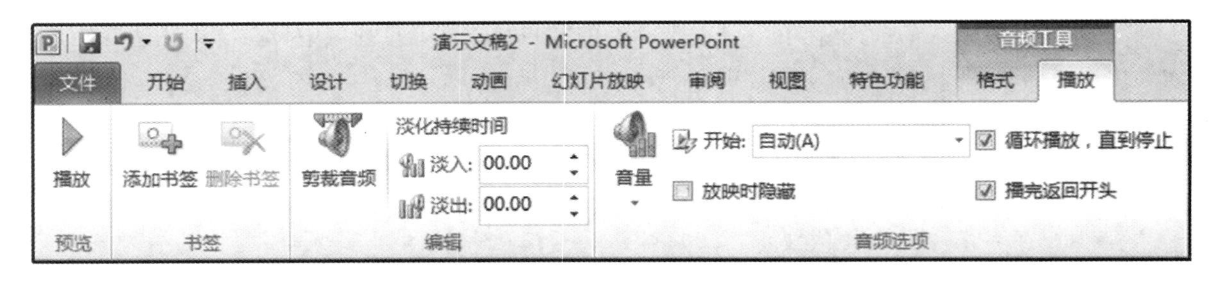

图 4-80 设置音频播放选项

五、插入视频

STEP 1 选择第 5 张幻灯片，单击“插入”选项卡，在“媒体”组中，单击“视频”下三角按钮，展开下拉列表，选择“文件中的视频”命令，如图 4-81 所示。

STEP 2 打开"插入视频文件"对话框，选择"素材\项目四\江南春课件"文件夹中的"江南春"视频文件，如图 4-82 所示。

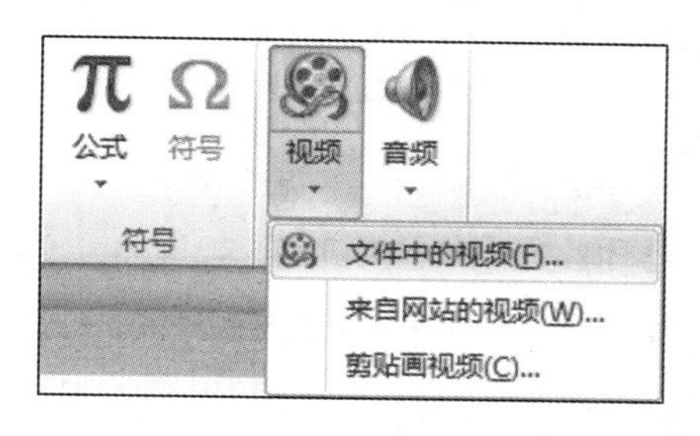

图 4-81 选择"文件中的视频"命令

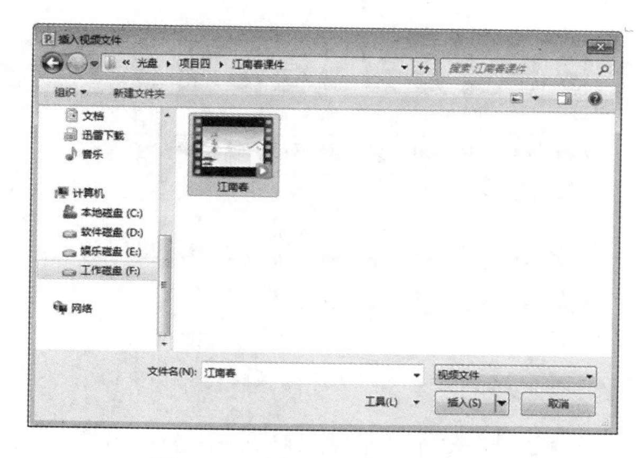

图 4-82 选择"江南春"视频文件

STEP 3 单击"插入"按钮，在幻灯片中插入视频文件，如图 4-83 所示。

图 4-83 插入视频文件

STEP 4 选中视频文件，切换至"播放"选项卡，在"视频选项"组中，单击"开始"下三角按钮，展开下拉列表，选择"单击时"命令，即可设置单击时播放视频。

STEP 5 在"播放"选项卡的"视频选项"组中，勾选"全屏播放"复选框，即可设置全屏播放视频。

STEP 6 在"播放"选项卡的"视频选项"组中，勾选"循环播放，直到停止"复选框，即可设置视频循环播放，如图 4-84 所示。

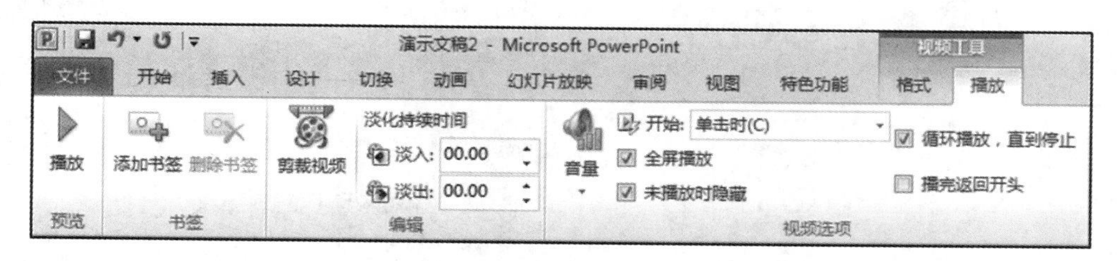

图 4-84 设置视频播放选项

STEP 7 选中视频文件，单击"格式"选项卡，在"视频样式"组中，单击"其他"按钮，展开下拉列表，选择合适的视频样式，如图 4-85 所示，完成视频样式的更改。

STEP 8 选中视频，在“调整”组中，单击“标牌框架”下三角按钮，展开下拉列表，选择“文件中的图像”命令，如图 4-86 所示。

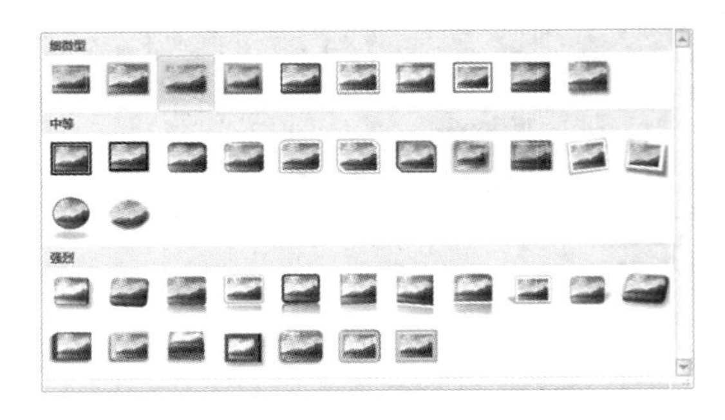

图 4-85 选择视频样式

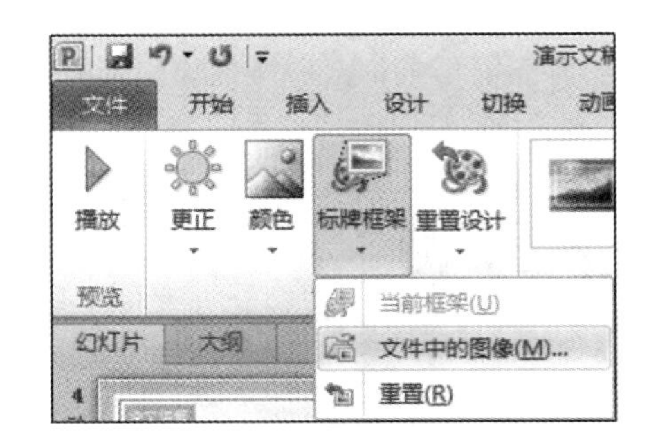

图 4-86 选择“文件中的图像”命令

STEP 9 打开“插入图片”对话框，选择需要插入的图像文件，单击“插入”按钮，为视频文件插入一个标牌框架，如图 4-87 所示。

图 4-87 插入标牌框架

六、添加动画

STEP 1 在第 1 张幻灯片中，选择“江南春”文字，单击“动画”选项卡，在“动画”组中，单击“其他”按钮，展开下拉列表，在“进入”选项中，选择“淡出”动画，如图 4-88 所示。

STEP 2 完成上述操作，即可为选择的文本添加动画效果，并在文本的左侧显示数字文本框。

STEP 3 参照 STEP1 的操作方法，为第 1 张幻灯片中的其他文本框和图片添加动画效果，如图 4-89 所示。

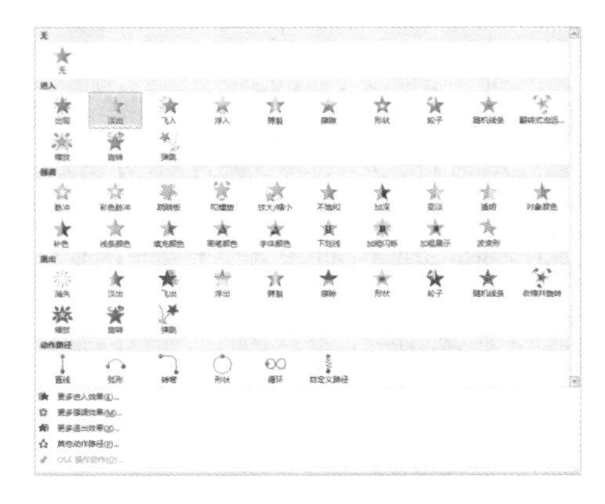

图 4-88 选择“淡出”动画

图 4-89 添加动画效果

STEP 4 参照 STEP1 的操作方法，为其他幻灯片中的文本框和图片添加动画效果。

七、设置触发器动画

STEP 1 选择第 1 张幻灯片，单击“插入”选项卡，在“插图”组中，单击“形状”下三角按钮，展开下拉列表，选择“云形标注”形状，如图 4-90 所示。

STEP 2 在幻灯片中的空白处，按住鼠标左键并拖曳，绘制一个云形标注形状，并调整形状和起始点的位置。

STEP 3 选择云形标注，单击“格式”选项卡，在“形状样式”组中，修改“形状轮廓”和“形状填充”颜色均为“蓝-灰，个性色 3，淡色 40%”样式，调整形状颜色，如图 4-91 所示。

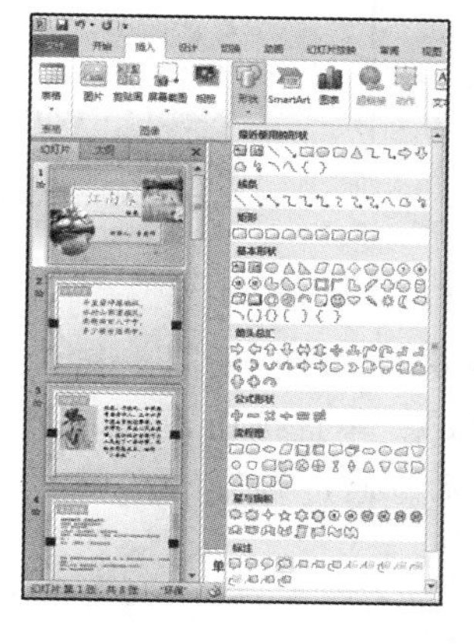

图 4-90　选择“云彩标注”形状

图 4-91　调整形状颜色

STEP 4 选择云形标注并单击鼠标右键，打开快捷菜单，选择“编辑文字”命令，如图 4-92 所示。

STEP 5 打开文本输入框，输入文本“课件解析”，并在“开始”选项卡的“字体”组中，设置“字体”为“方正少儿简体”，设置“字号”为“28”，并单击“加粗”按钮，取消文本加粗效果，如图 4-93 所示。

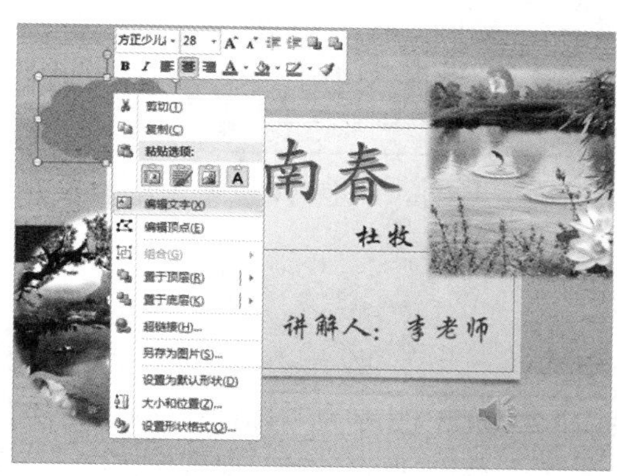

图 4-92　选择“编辑文字”命令

图 4-93　添加文本

STEP 6 单击“动画”选项卡，在“动画”组中，单击“其他”按钮，展开下拉列表，在“进入”选项中，选择“擦除”动画，如图 4-94 所示。

STEP 7 完成上述操作，即可为选择的云形标注形状添加动画效果，并在云形标注形状的左侧显示数字。

STEP 8 在“高级动画”组中，单击“动画窗格”按钮，打开“动画窗格”，选择“云形标注”选项，右击打开快捷菜单，选择“效果选项”，如图 4-95 所示。

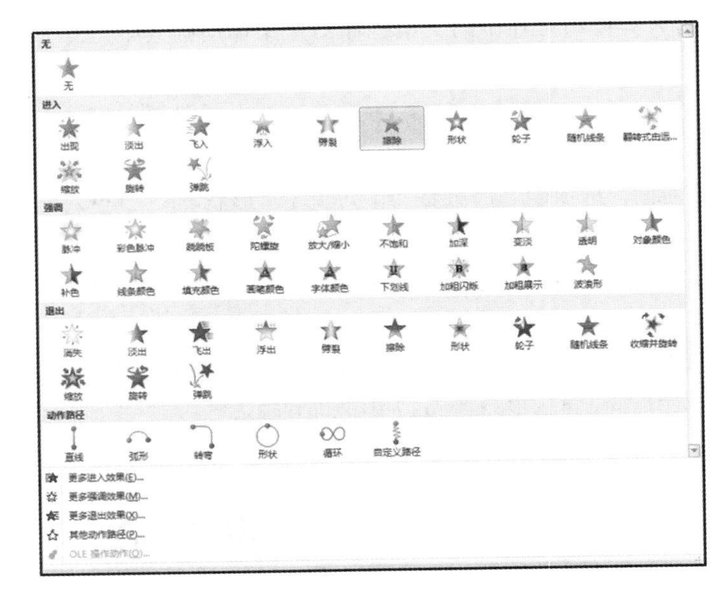

图 4-94　选择“擦除”动画

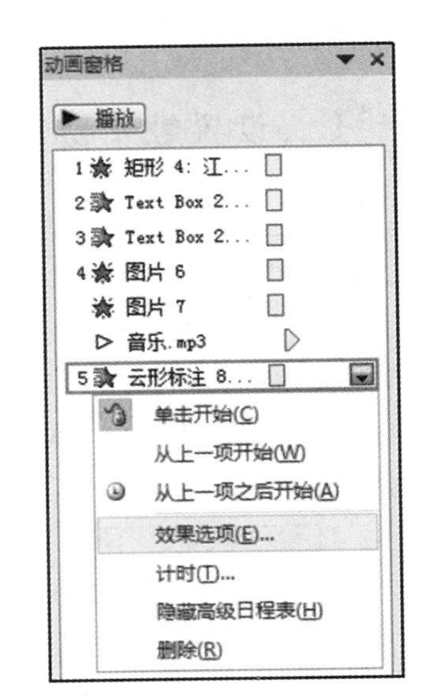

图 4-95　选择“效果选项”

STEP 9 打开“擦除”对话框，单击“计时”选项卡，单击“触发器”按钮，如图 4-96 所示。

STEP 10 展开“触发器”选项，选中“单击下列对象时启动效果”单选按钮，并在右侧的下拉列表中，选择“矩形 4:江南春”选项，单击“确定”按钮，如图 4-97 所示。通过触发器实现动画，并在形状的左侧显示触发器图标。

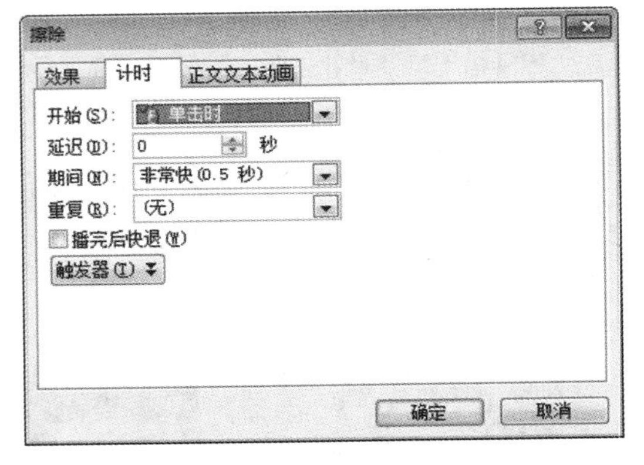

图 4-96　单击“触发器”按钮

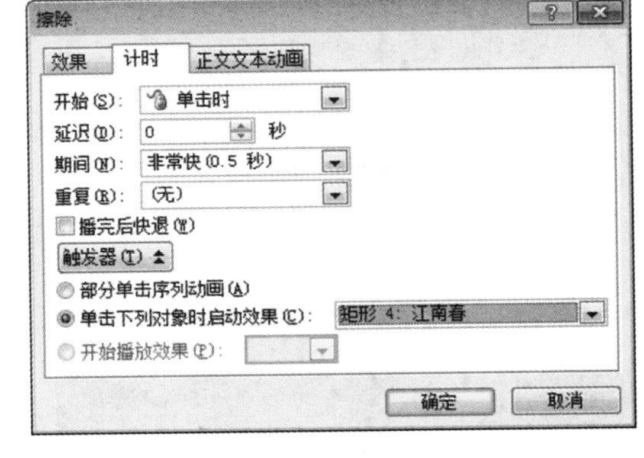

图 4-97　设置触发器

八、保存演示文稿

单击“文件”选项卡，进入“文件”界面，选择“另存为”命令，弹出“另存为”对话框。输入文件名“江南春课件”，设置保存类型为“PowerPoint 演示文稿(*.pptx)”，单击“保存”按钮，即可保存演示文稿。

一、视频文件的链接

PowerPoint 2010 演示文稿中可以链接到外部视频文件或电影文件。通过链接视频，可以减小

演示文稿的文件大小，也可以将视频嵌入演示文稿中，这样有助于消除缺失文件的问题。

链接视频的操作方法与插入视频的方法几乎相同，区别在于最后一步：单击“插入”下三角按钮，然后选择“链接到文件”选项，如图 4-98 所示。

为了防止出现与断开链接有关的问题，最好先将视频文件复制到演示文稿所在的文件夹中，然后链接到视频。

图 4-98　链接视频

二、动画的分类

在 PowerPoint 2010 中，幻灯片动画分为幻灯片页面之间的切换动画和幻灯片对象之间的自定义动画两种。

1. 切换动画

幻灯片的页面切换动画是指放映幻灯片时，一张幻灯片放映结束，下一张幻灯片显示在屏幕上的方式。它是为了打破幻灯片页面之间切换时的单调感而设计的。PowerPoint 2010 自带多种幻灯片页面之间的切换效果，图 4-99 所示为“切换动画”下拉列表。

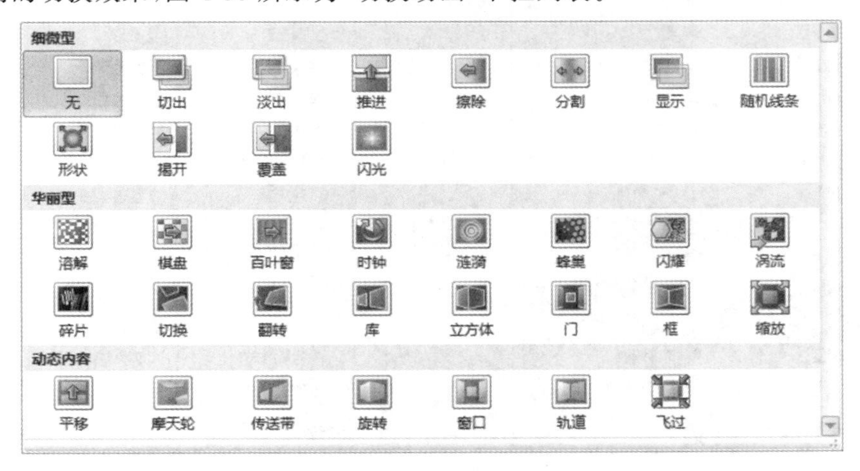

图 4-99　“切换动画”下拉列表

2. 自定义动画

幻灯片对象之间的自定义动画包括进入动画、强调动画、退出动画和动作路径动画，下面分别对这 4 种动画进行介绍。

(1)进入动画：进入动画是指幻灯片对象依次出现时的动画效果，是幻灯片中最基本的动画效果。进入动画效果包含基本型、细微型、温和型以及华丽型 4 种，如图 4-100 所示。

(2)强调动画：强调动画是指幻灯片放映过程中，吸引观众注意的一类动画，也包含基本型、细微型、温和型以及华丽型 4 种。但是强调动画的 4 种动画类型不如进入动画的动画效果明显，并且动画种类也比较少，用户可以对其进行逐一尝试，如图 4-101 所示。

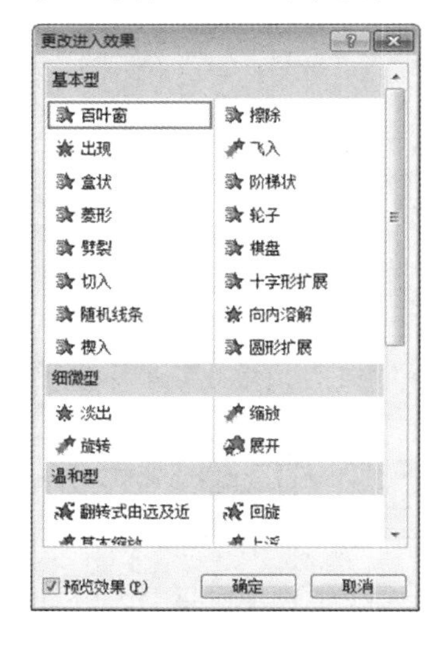

图 4-100 进入动画效果

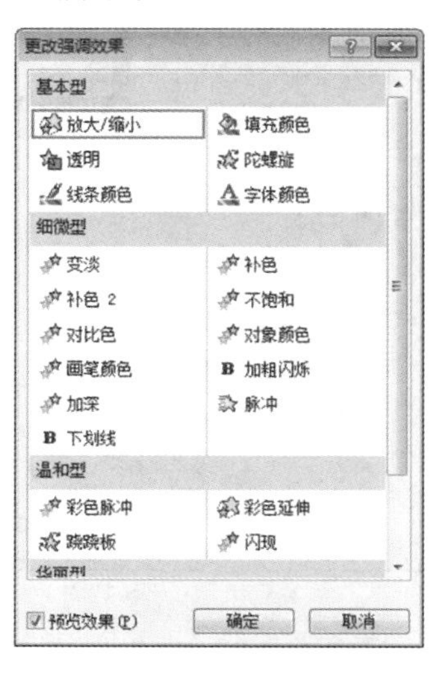

图 4-101 强调动画效果

(3)退出动画：退出动画是对象消失的动画效果。退出动画一般是与进入动画相对应的，即对象是按哪种效果进入的，就会按照同样的效果退出，如图 4-102 所示。

(4)动作路径动画：使用动作路径动画，用户可以按照绘制的路径进行移动。动作路径动画包含基本、直线和曲线以及特殊 3 种，如图 4-103 所示。

图 4-102 退出动画效果

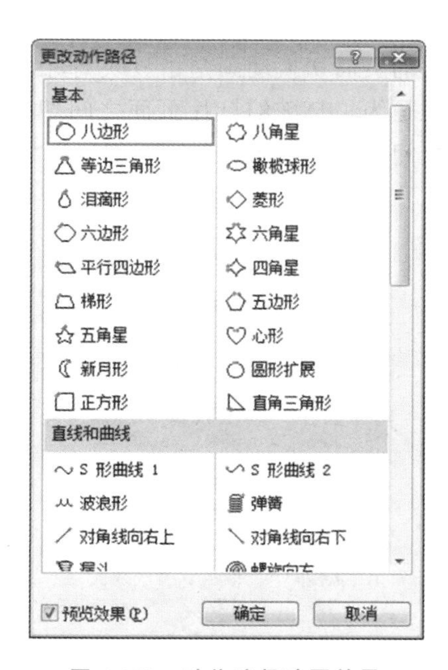

图 4-103 动作路径动画效果

三、PPT 整体设计

在制作幻灯片时，可以按照幻灯片的位置、作用和内容分类，寻找每一类的共同点会更方便快捷。幻灯片整体包括封面页、目录页、过渡页、标题页以及封底页 5 个部分。下面将对 PPT 的整体设计进行讲解。

1. 封面页

封面页一般要突出主标题，弱化副标题，同时也要表现公司名称、公司 logo，或者是演示文稿的制作者等信息。封面页是一个独立的页面，可以在母版中进行设计，如图 4-104 所示。

图 4-104　封面页

2. 目录页

目录页包含目录标识、目录内容、页码等元素，在该页面中不仅能表现整个演示文稿的文本内容，而且能体现出整个演示文稿的制作水平，如图 4-105 所示。

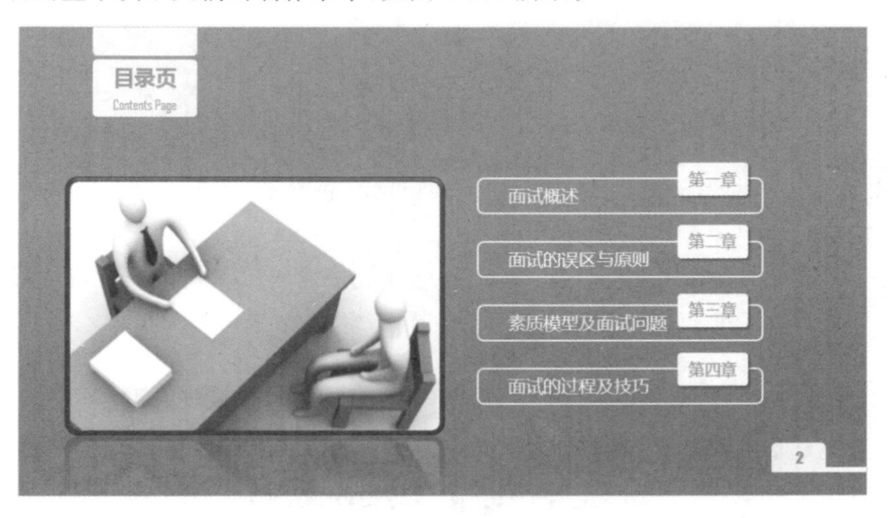

图 4-105　目录页

3. 过渡页

过渡页中包含页面标识、页码、颜色、字体等元素，其布局和目录页保持统一，如图 4-106 所示。

图 4-106　过渡页

4. 标题页

标题页中包含两级以上的标题内容和文本内容，对于标题页幻灯片中的共同部分可以在母版中进行设计，如图 4-107 所示。

图 4-107　标题页

5. 封底页

封底页的风格与封面页的风格一致，但是不能与封面页重复。封底页是一个独立的页面，可以在母版中进行设计，如图 4-108 所示。

图 4-108　封底页

任务四　放映鸡蛋市场调查报告演示文稿

任务描述

鸡蛋市场调查报告，顾名思义就是根据鸡蛋市场调查，收集、记录、整理和分析市场对鸡蛋的需求状况后，制作的与此有关的资料的演示文稿。用户在完成鸡蛋市场调查报告演示文稿的制作后，需要将演示文稿进行放映、发布和打印等操作。

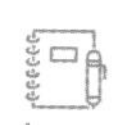

任务分析

用户在放映鸡蛋市场调查报告演示文稿时，需要用到多种放映方法，同时还需要在放映演示文稿时，对演示文稿进行发布与打印操作。

★ 微视频

放映鸡蛋市场调查报告演示文稿

任务实现

一、打开演示文稿

STEP 1 在 PowerPoint 程序界面中，单击“文件”选项卡，进入“文件”界面，选择“打开”命令，如图 4-109 所示。

STEP 2 弹出“打开”对话框，选择对应文件夹中的“鸡蛋市场调查报告”演示文稿，单击“打开”按钮，如图 4-110 所示。

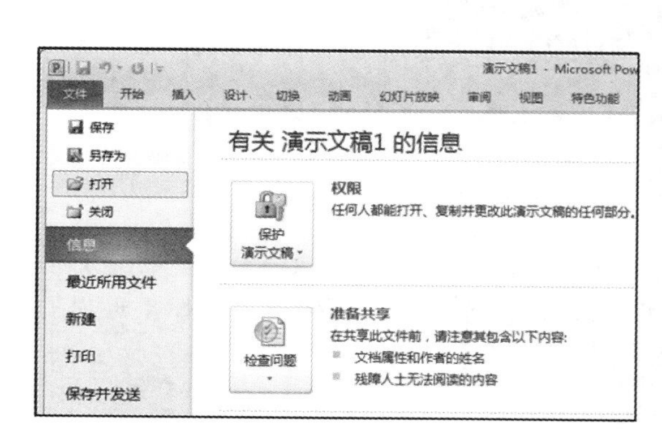

图 4-109　选择“打开”命令

图 4-110　选择演示文稿

STEP 3 完成上述操作，即可打开选择的演示文稿，效果如图 4-111 所示。

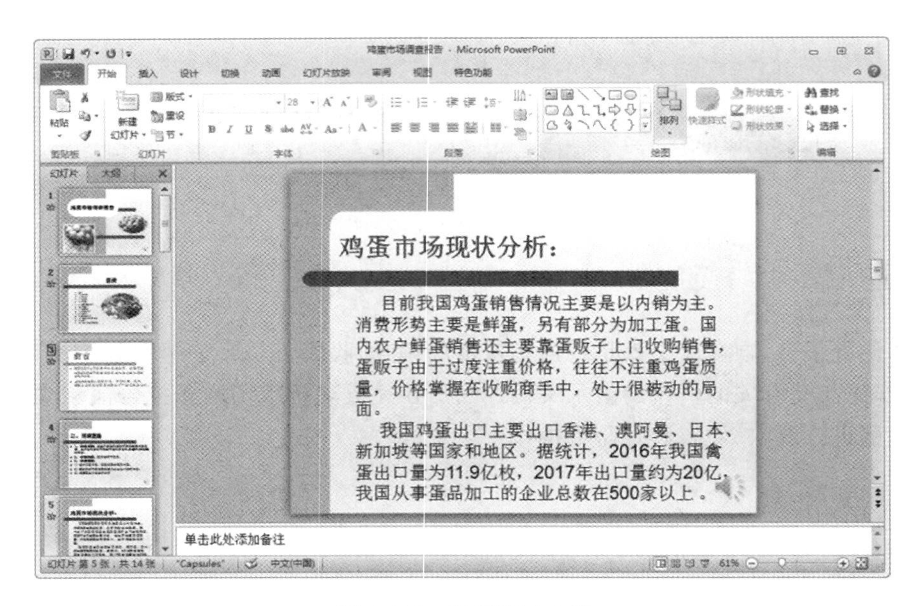

图 4-111　打开演示文稿

二、从头开始放映幻灯片

STEP 1 单击“幻灯片放映”选项卡，在“开始放映幻灯片”组中，单击“从头开始”按钮，如图 4-112 所示。

STEP 2 进入放映状态，即可从头开始放映幻灯片，如图 4-113 所示。

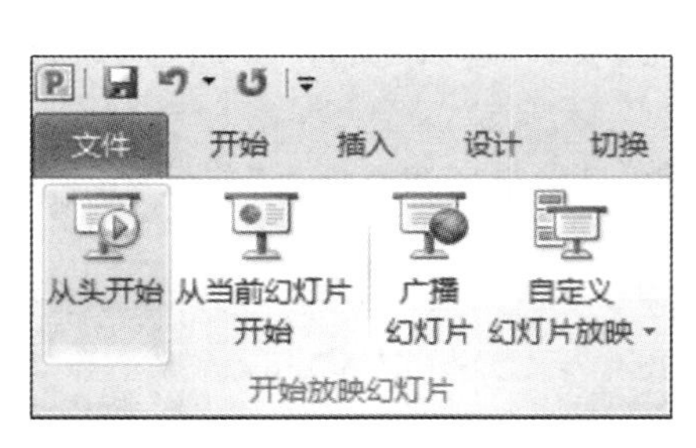

图 4-112　单击“从头开始”按钮

图 4-113　放映模式

> **提示**
>
> 在放映幻灯片时，如果需要提前结束幻灯片的放映，则可以按 Esc 键退出幻灯片的放映状态。

三、自定义放映幻灯片

STEP 1 单击“幻灯片放映”选项卡，在“开始放映幻灯片”组中，单击“自定义幻灯片放映”下三角按钮，展开下拉列表，选择“自定义放映”命令，如图 4-114 所示。

STEP 2 打开“自定义放映”对话框，单击“新建”按钮，如图 4-115 所示。

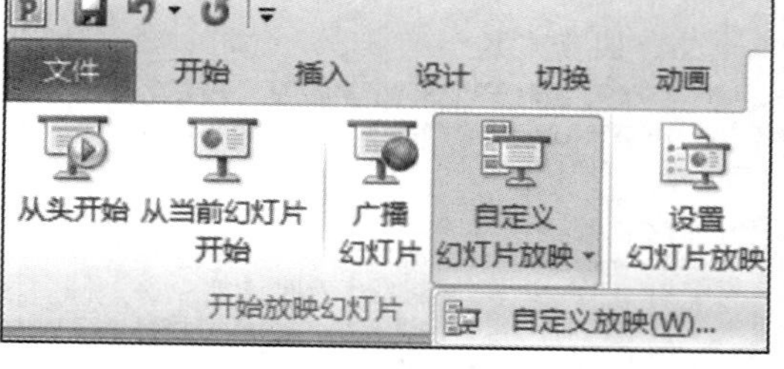

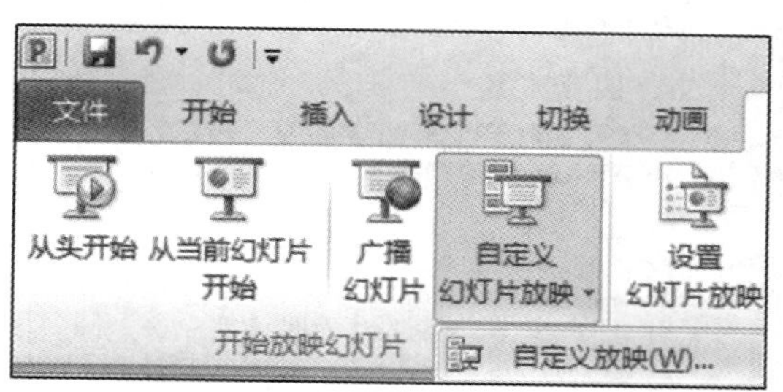

图 4-114　选择“自定义放映”命令

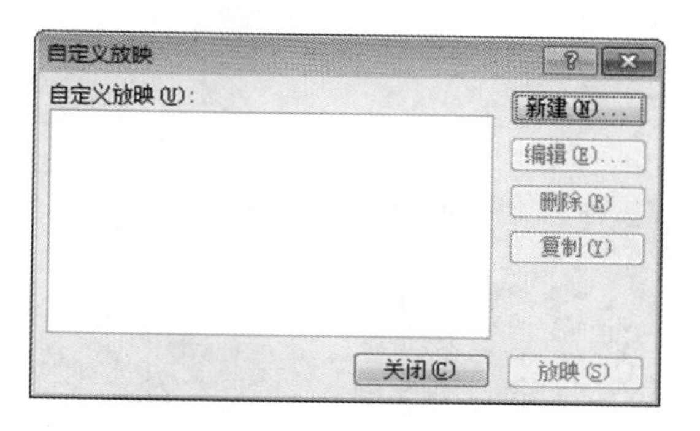

图 4-115　“自定义放映”对话框

STEP 3 打开“定义自定义放映”对话框，在左侧的列表框中，按住 Ctrl 键，选择合适的幻灯片，单击“添加”按钮，即可将选择的幻灯片添加到右侧的列表框中，单击“确定”按钮，如图 4-116 所示。

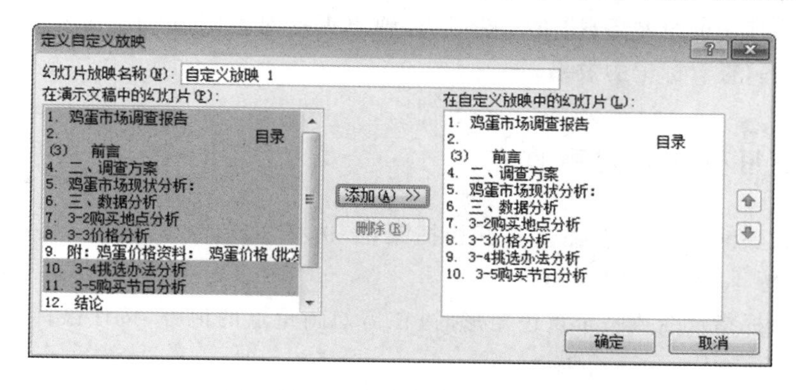

图 4-116　添加自定义放映幻灯片

STEP 4 返回“自定义放映”对话框，显示新添加的放映，然后单击“放映”按钮，进入幻灯片的放映状态，开始放映幻灯片，效果如图 4-117 所示。

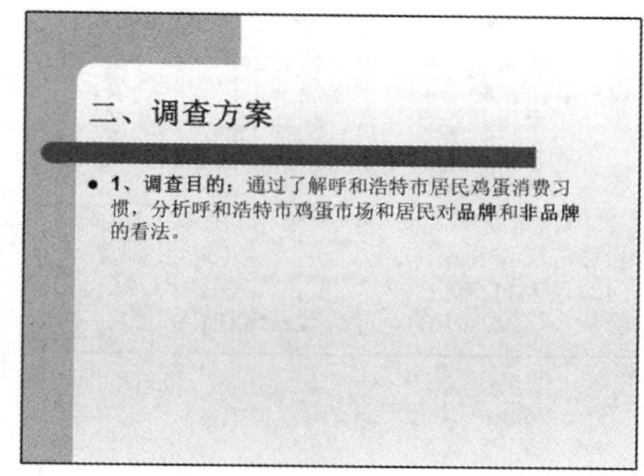

图 4-117　放映幻灯片

四、使用画笔做标记

STEP 1 在放映演示文稿时，右击打开快捷菜单，选择“指针选项”命令，展开联级菜单，选择“笔”命令，如图 4-118 所示。

STEP 2 当鼠标指针变成一个红色圆点时，在需要做标记的地方，按住鼠标左键并拖曳，绘制标记，如图 4-119 所示。

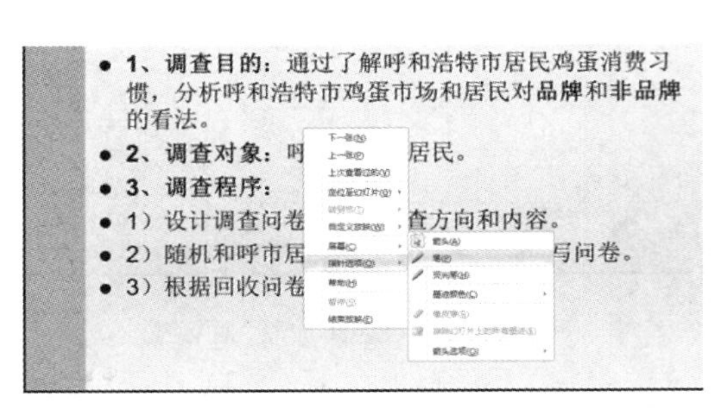

图 4-118 选择“笔”命令

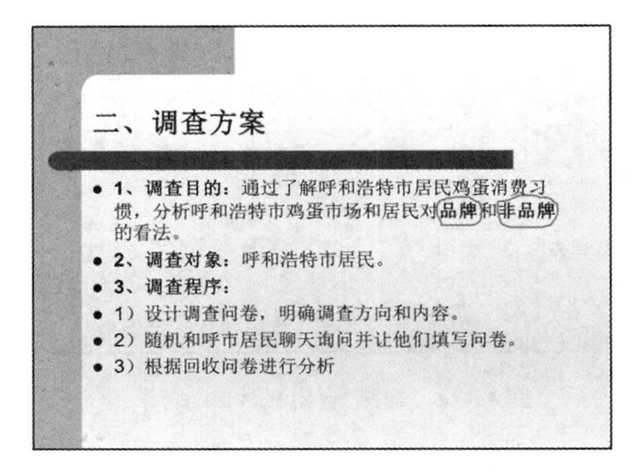

图 4-119 绘制标记

STEP 3 完成标记的绘制后，按 Esc 键退出，弹出提示对话框，单击“保留”按钮，即可保留标记，并返回普通视图，查看标记的效果。

五、使用荧光笔勾画重点

STEP 1 在放映演示文稿时，右击打开快捷菜单，选择“指针选项”命令，展开级联菜单，选择“荧光笔”命令，如图 4-120 所示。

STEP 2 当鼠标指针变成一个黄色矩形时，在需勾画重点的地方，按住鼠标左键并拖曳，添加重点，如图 4-121 所示。

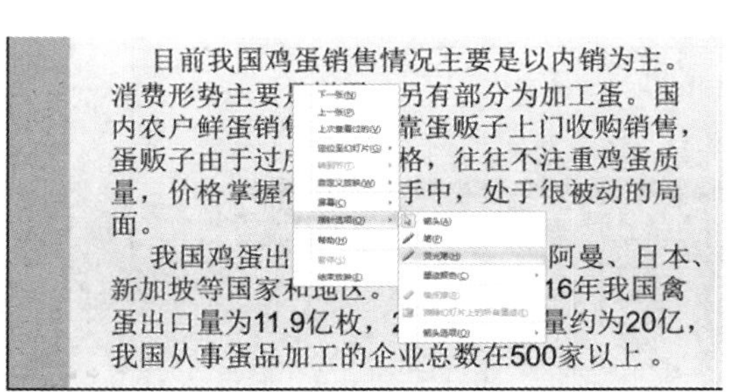

图 4-120 选择“荧光笔”命令

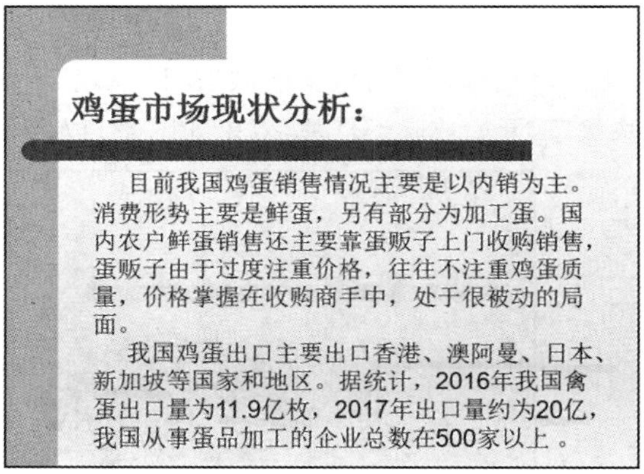

图 4-121 添加重点

STEP 3 完成重点的勾画后，按 Esc 键退出，弹出提示对话框，单击“保留”按钮，即可保留重点，并返回普通视图，查看重点的效果。

六、发布幻灯片

STEP 1 单击“文件”选项卡，进入“文件”界面，选择“保存并发送”命令，进入“保存并发送”界面，选择“发布幻灯片”命令，展开“发布幻灯片”列表，单击“发布幻灯片”按钮，如图 4-122 所示。

STEP 2 打开“发布幻灯片”对话框，单击“全选”按钮，选中所有幻灯片，单击“浏览”按钮，如图 4-123 所示。

图 4-122 单击“发布幻灯片”按钮

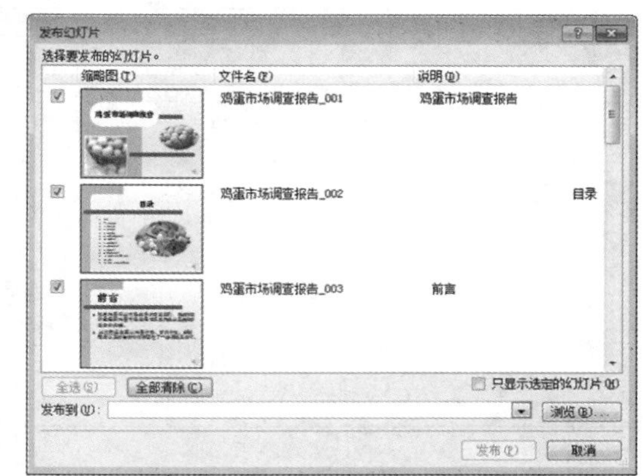

图 4-123 “发布幻灯片”对话框

STEP 3 弹出“选择幻灯片库”对话框，选择幻灯片文件夹，单击“选择”按钮，如图 4-124 所示。返回“发布幻灯片”对话框，单击“发布”按钮，将幻灯片发布出来。

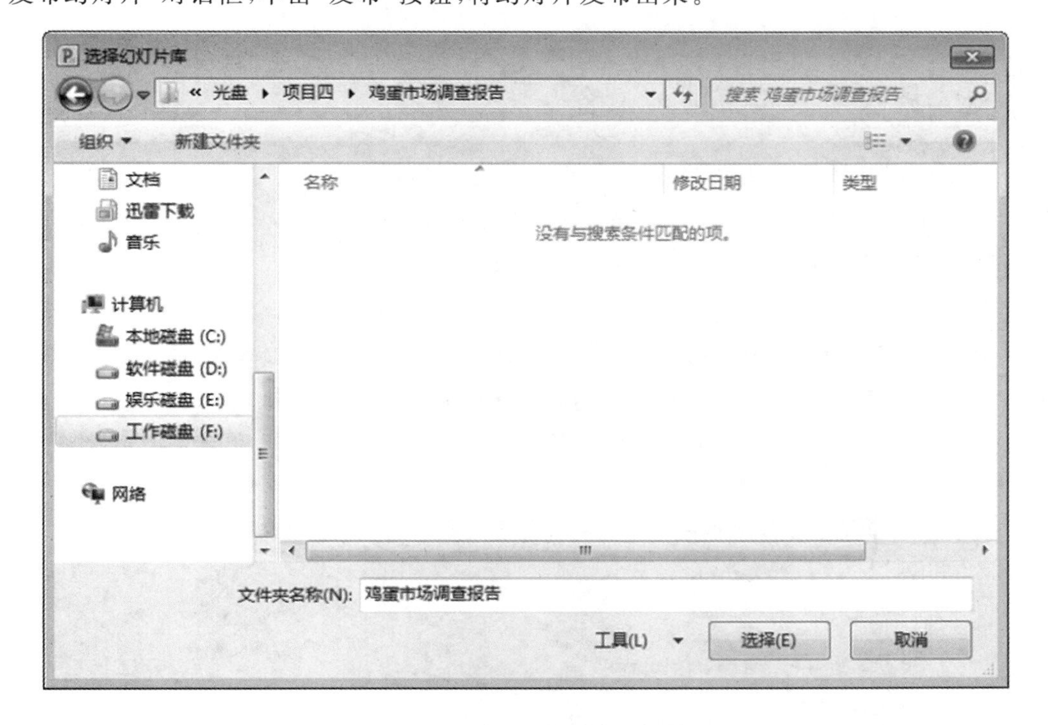

图 4-124 “选择幻灯片库”对话框

七、打印幻灯片

STEP 1 单击“文件”选项卡，进入“文件”界面，选择“打印”命令，如图 4-125 所示。

STEP 2 进入“打印”界面，单击“打印全部幻灯片”下三角按钮，展开下拉列表，选择“自定义范围”选项，展开“幻灯片”文本框，输入“2-15”。

STEP 3 单击“打印机”下三角按钮，展开下拉列表，选择合适的打印机即可。

STEP 4 单击“颜色”下三角按钮，展开下拉列表，选择“彩色”选项。

STEP 5 在“份数”右侧的文本框中输入“5”，单击“打印”按钮即可，如图 4-126 所示。

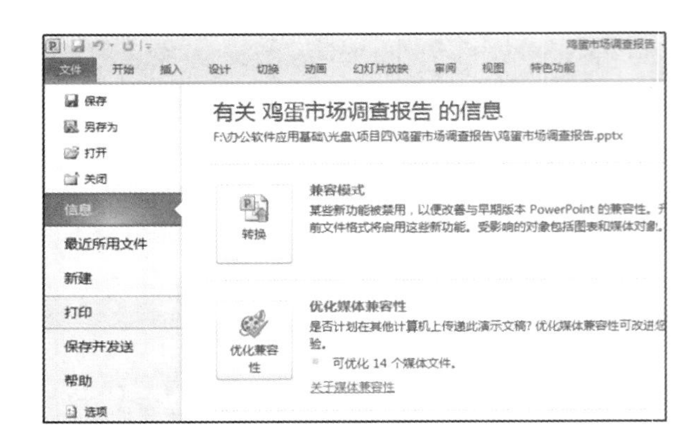

图 4-125　选择“打印”命令

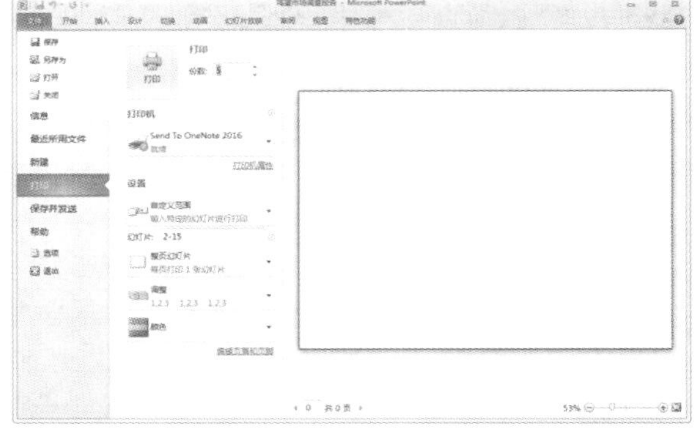

图 4-126　打印幻灯片

知识链接

一、放映演示文稿前的准备

在放映演示文稿之前，有两件事情不得不做，一是将演示文稿中的字体打包，以防其他用户在放映该演示文稿时，字体缺失；二是为了避免在放映演示文稿时出现卡顿或死机的情况，从而对硬件进行检测，可将某些硬件禁止图形加速，以保证放映的流畅。

1. 打包字体

使用保存方式中的打包字体选项，可以将制作的演示文稿中的所有字体进行打包保存。

单击“文件”选项卡，进入“文件”界面，选择“选项”命令，打开“PowerPoint 选项”对话框。在左侧列表框中，选择“保存”选项，在右侧勾选“将字体嵌入文件”复选框，单击“确定”按钮即可，如图 4-127 所示。

图 4-127　打包字体

2. 禁用加载项

在 PowerPoint 中，使用“选项”功能，可以将一些硬件禁止加速，以免放映演示文稿时卡顿。

打开“PowerPoint 选项”对话框，在左侧列表框中，选择“高级”选项，在右侧勾选“禁用硬件图形加速”复选框，单击“确定”按钮即可，如图 4-128 所示。

图 4-128 禁用加载项

二、幻灯片切换中的计时功能

使用“排练计时”功能，可以在真实的放映演示文稿的状态中，同步设置幻灯片的切换时间，等到整个演示文稿放映结束之后，系统会将所设置的时间记录下来，以便在自动播放时，按照所记录的时间自动切换幻灯片。

任选一张幻灯片，单击“幻灯片放映”选项卡，在“设置”组中，单击“排练计时”按钮，如图 4-129 所示。进入幻灯片放映状态，在“录制”对话框中显示了当前幻灯片的放映时间，在“录制”对话框中，单击“下一项”按钮，切换至其他幻灯片，幻灯片排练完成后，按 Esc 键，弹出提示对话框，提示用户幻灯片放映共需时间以及是否保留新的幻灯片计时，单击“是”按钮，即可保存计时时间。

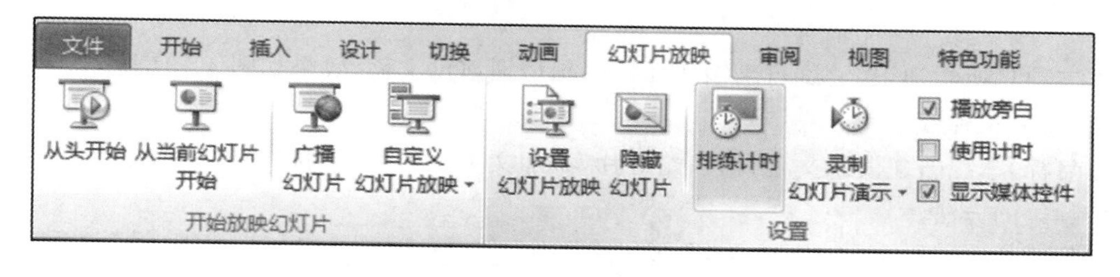

图 4-129 单击“排练计时”按钮

三、设置放映类型

单击“幻灯片放映”选项卡，在“设置”组中，单击“设置幻灯片放映”按钮，打开“设置放映方式”对话框。将“放映类型”设置为“观众自行浏览（窗口）”，单击“确定”按钮，如图 4-130 所示。

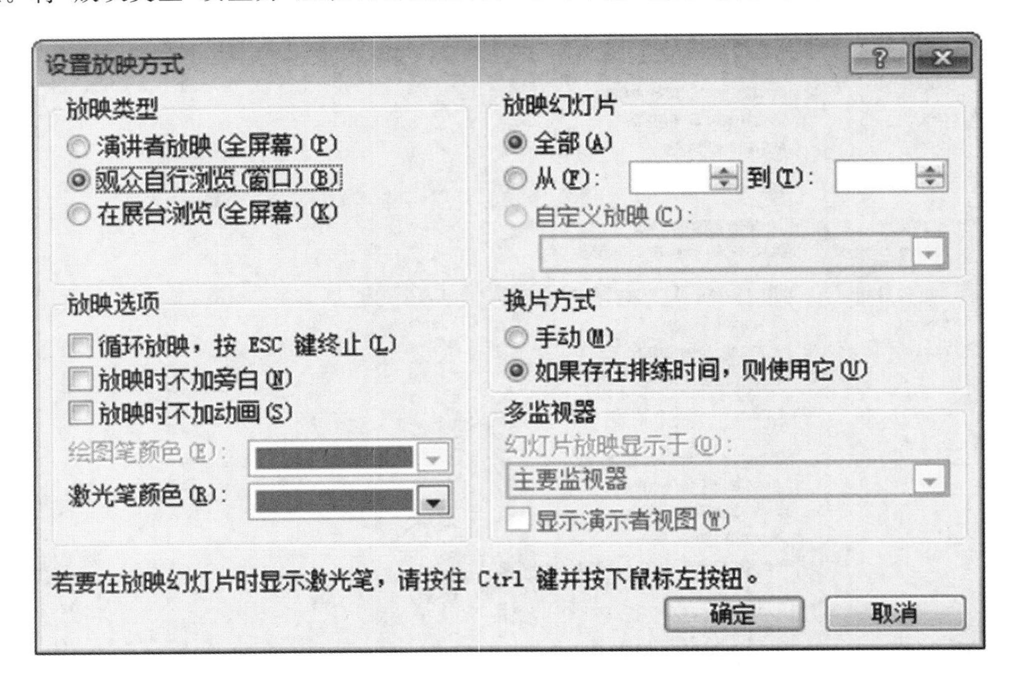

图 4-130 “设置放映方式”对话框

在设置放映方式时，有 3 种选择，下面对它们分别进行介绍。

（1）演讲者放映（全屏幕）。该方式是一种传统的全屏放映方式，主要用于演讲者亲自播放演示文稿。在这种方式下，演讲者具有完全的控制权，可以使用鼠标逐个放映，也可以自动放映演示文稿，同时还可以进行暂停、回放、录制旁白以及添加等操作。

（2）观众自行浏览（窗口）。该方式适用于小规模的演示。例如，个人通过公司的网络进行预览等。在放映时，演示文稿是在标准窗口中进行放映，并且提供相应的操作命令，允许用户移动、编辑、复制和打印幻灯片。

（3）在展台浏览（全屏幕）。该方式是一种自动运行、全屏幕循环放映的方式，放映结束 5 分钟之内，如果用户没有指令，则会重新放映。另外，在这种方式下，演示文稿通常会自动放映，大多数的控制命令都不可以使用，只能使用 Esc 键终止幻灯片的放映。

自主实践活动

根据本项目所学知识，尝试自己制作面试基础培训演示文稿，效果如图 4-131 所示。

难易指数：★★★★☆

学习目标：掌握新建演示文稿，插入幻灯片，添加文本、图片和形状，为幻灯片添加动画，放映与打印幻灯片等的方法。

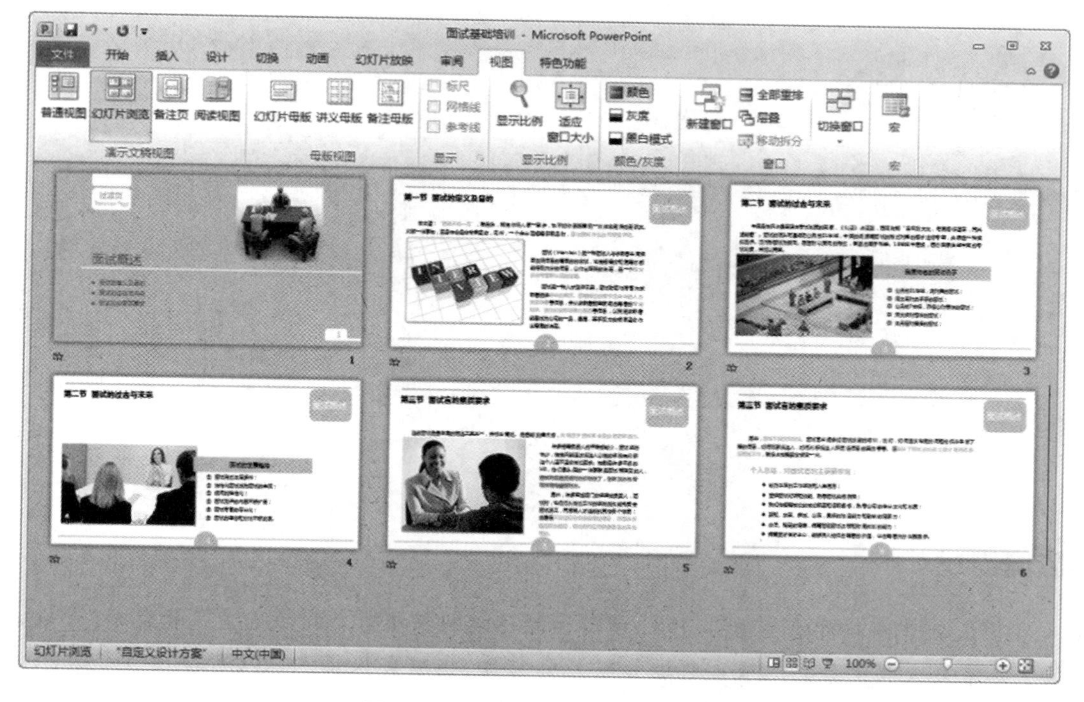

图 4-131　面试基础培训演示文稿

项目小结

利用 PowerPoint 软件可以制作演示文稿的效果，并在制作演示文稿时，添加文字、图片、形状、视频、音频和动画效果，使得演示文稿更加灵活生动。本项目中的任务采用知识点讲解与动手练习相结合的方式，详细讲解了 PowerPoint 软件的应用，帮助读者快速学会软件基本使用方法的同时，能熟练掌握各类演示文稿的制作技巧。

项目五

Office 2010 其他组件的应用

情境描述

Office 2010 软件中的组件众多，使得该软件成为很多办公用户的首选软件，极大地方便了日常办公和学习。本项目通过管理日常邮件、整理会议记录以及跨地区办公三个任务，详细讲解了应用 Office 2010 其他组件的具体操作方法。

任务一 使用 Outlook 管理日常邮件

任务描述

电子邮件是一种用电子手段提供信息交换的通信方式，是互联网应用最广的服务。在日常的办公和学习过程中，信息资料的传递至关重要，而邮件是最为常用、有效的传递方法之一。电子邮件中可以包含文字、图像、声音等多种媒体信息。

任务分析

Outlook 是一款功能强大的电子邮件客户端管理软件，使用 Outlook 可以实现邮件收发、转发和回复邮件、管理邮件联系人等。

微视频

使用Outlook
管理日常邮件

任务实现

一、配置 Outlook 系统环境

STEP 1 利用“开始”菜单启动 Outlook 2010，打开“Microsoft Outlook 2010 启动”对话框，单

击“下一步”按钮，如图 5-1 所示。

STEP 2 弹出“账户配置”对话框，选中“是”按钮，单击“下一步”按钮，如图 5-2 所示。

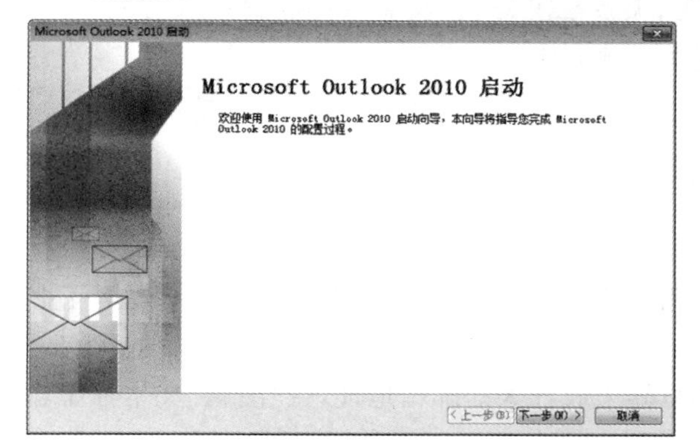

图 5-1　“Microsoft Outlook 2010 启动”对话框

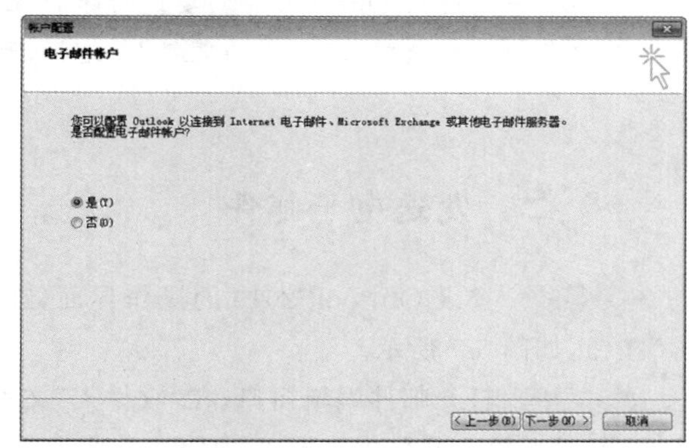

图 5-2　“账户配置”对话框

STEP 3 进入“选择服务”界面，选中“电子邮件账户”单选按钮，单击“下一步”按钮，如图 5-3 所示。

STEP 4 进入“自动账户设置”界面，依次输入电子邮件地址和密码，然后单击“下一步”按钮，如图 5-4 所示。

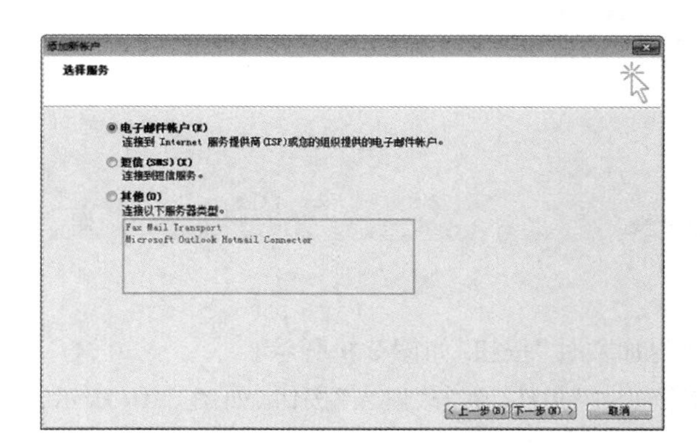

图 5-3　“选择服务”界面

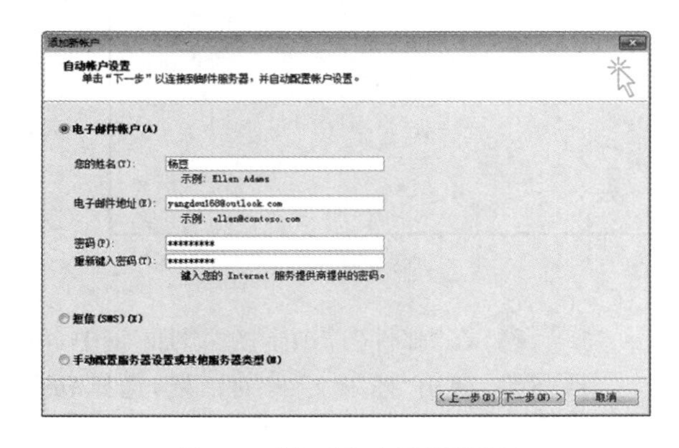

图 5-4　“自动账户设置”界面

STEP 5 进入“联机搜索您的服务器设置”界面，显示配置进度，如图 5-5 所示。

STEP 6 稍后将显示“您的电子邮件账户已成功配置”信息，然后单击“完成”按钮，如图 5-6 所示。完成配置后，系统自动进入 Outlook 2010 的操作界面。

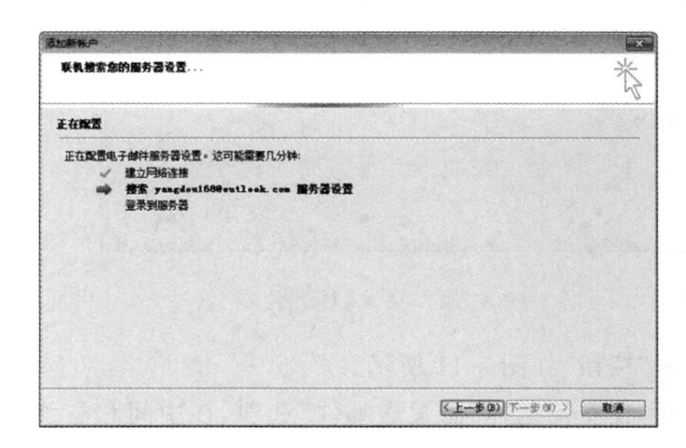

图 5-5　显示配置进度

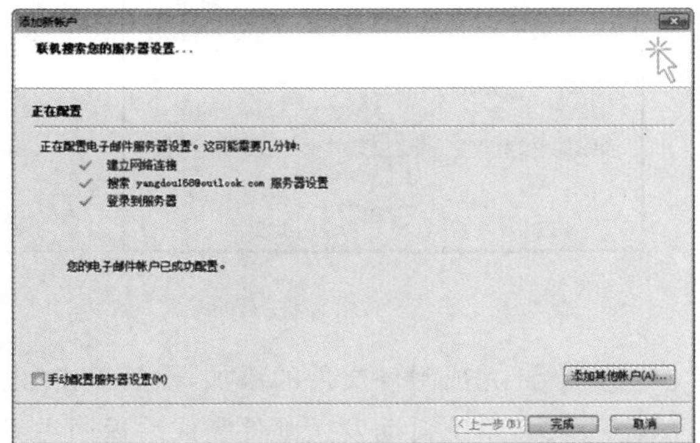

图 5-6　配置完成

提示

第一次使用 Outlook 时需要进行账户配置，完成配置后，每次登录邮箱需输入密码，若配置邮箱时选中“记住我的凭据”复选框，则不用重复输入。

二、发送电子邮件

STEP 1 登录 Outlook 2010 的操作界面，在“开始”选项卡的“新建”组中，单击“新建电子邮件”按钮，如图 5-7 所示。

STEP 2 打开邮件编辑窗口，在“收件人”文本框输入收件人的邮箱地址，在“主题”文本框中输入主题，最后输入邮件内容即可，如图 5-8 所示。

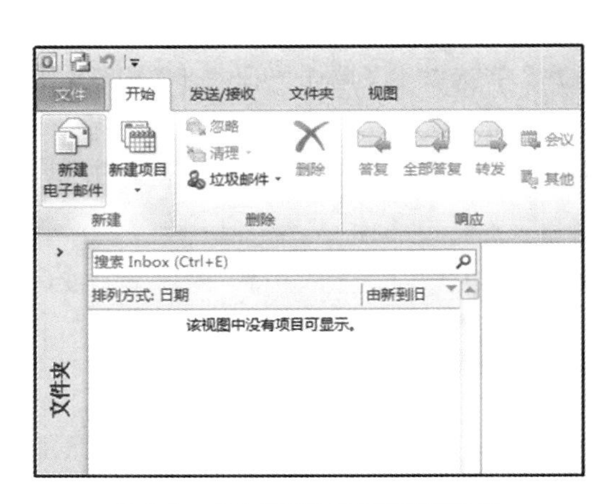

图 5-7 单击“新建电子邮件”按钮

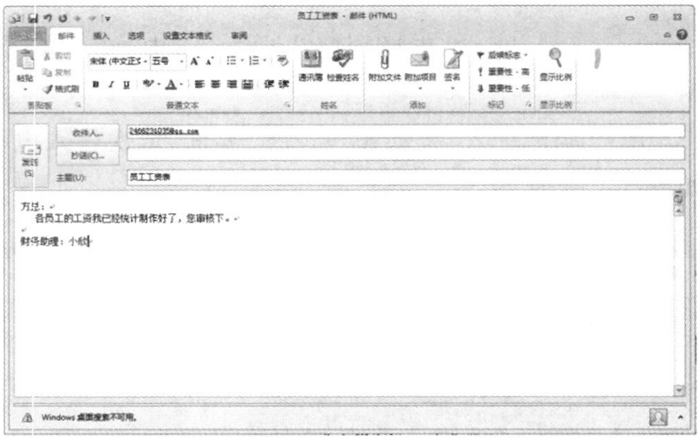

图 5-8 输入邮件内容

STEP 3 在“邮件”选项卡的“添加”组中，单击“附加文件”按钮，如图 5-9 所示。

STEP 4 弹出“插入文件”对话框，选择“员工工资表 1”文件，单击“插入”按钮，如图 5-10 所示。

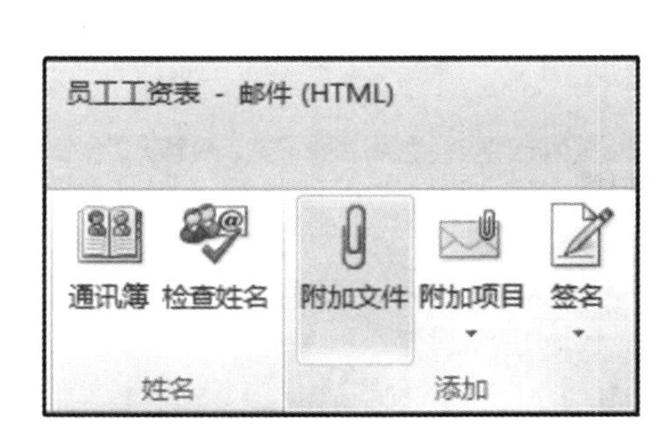

图 5-9 单击“附加文件”按钮

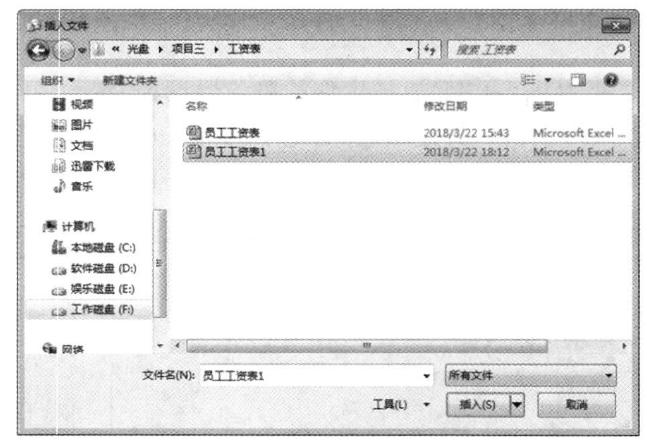

图 5-10 “插入文件”对话框

STEP 5 完成附件文件的添加，然后单击“发送”按钮，如图 5-11 所示。

STEP 6 系统自动发送邮件完成后返回主界面，在左侧选择“已发送邮件”选项，在中间和右侧可查看发送的邮件内容及附件，如图 5-12 所示。

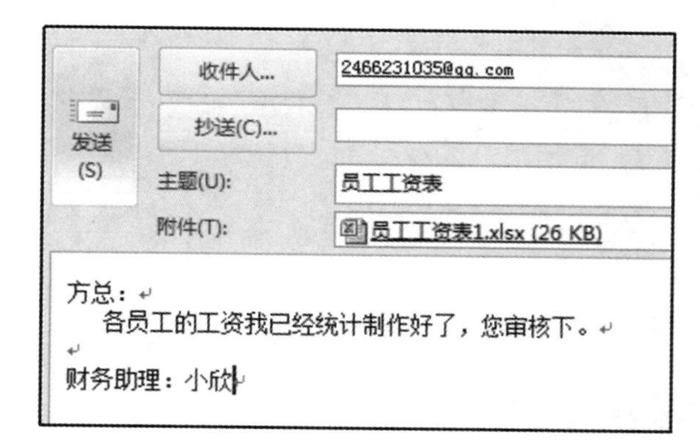

图 5-11　单击“发送”按钮

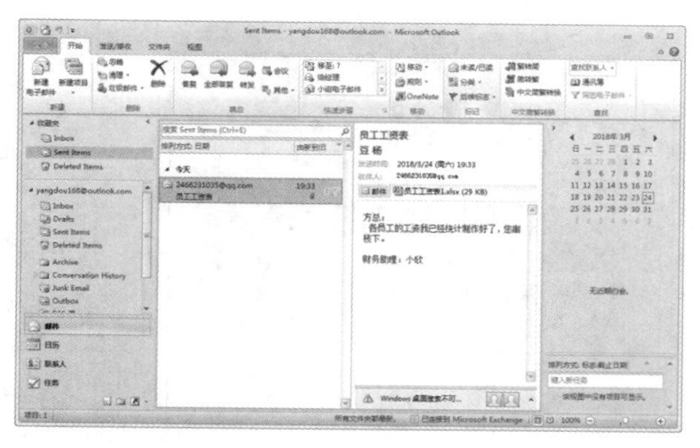

图 5-12　查看已发送的邮件

提示

Outlook 提供“附加项目”功能，通过附加项目可以上传名片、日历等特殊类型的文件。上传了错误的文件或项目，可以在该附件上右击，在弹出的快捷菜单中，选择“删除”命令，删除原附件后重新添加即可。

三、收取电子邮件

STEP 1 收到邮件时，在界面左侧“收件箱”处将显示新邮件数字，中间为邮件列表，右侧为邮件详情，如图 5-13 所示。

STEP 2 双击中间邮件列表中的邮件，打开查看邮件的界面，查看收到的邮件内容，如图 5-14 所示。

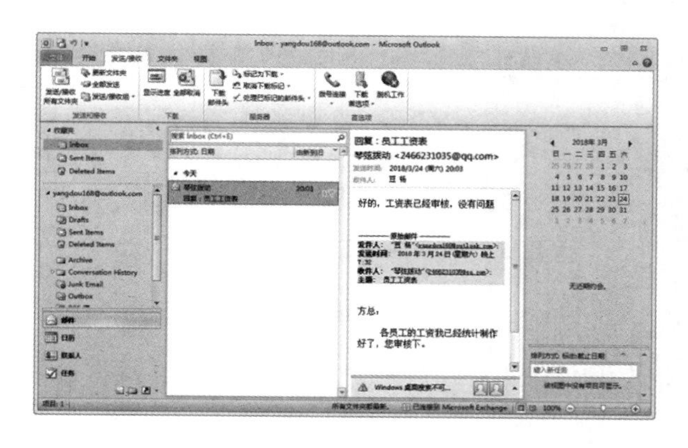

图 5-13　收到邮件时的界面

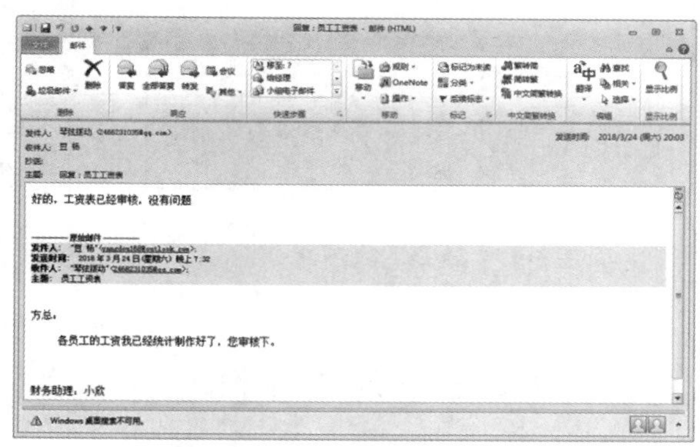

图 5-14　查看收到的邮件内容

四、转发与回复邮件

STEP 1 在要转发的邮件上右击，在弹出的快捷菜单中选择“转发”命令，如图 5-15 所示。

STEP 2 打开转发邮件界面，邮件内容处自动引用原邮件内容，设置收件人和邮件主题，输入内容后单击“发送”按钮，转发电子邮件，如图 5-16 所示。

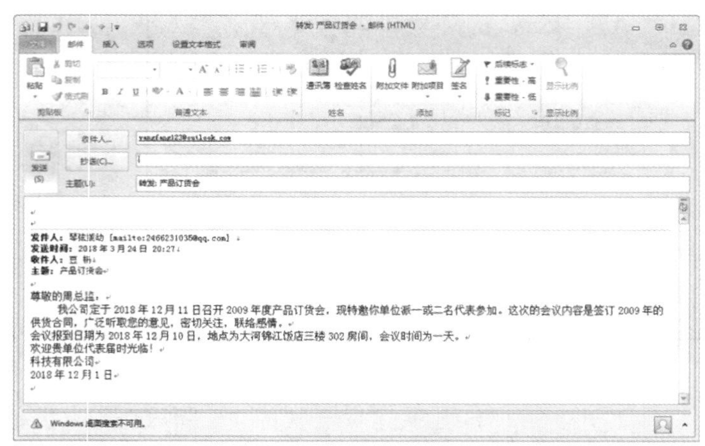

图 5-15　选择"转发"命令　　　　图 5-16　转发电子邮件

STEP③ 在要回复的邮件上右击，在弹出的快捷菜单中选择"答复"命令，如图 5-17 所示。

STEP④ 打开答复邮件界面，在主题文本框中输入答复内容后单击"发送"按钮，回复电子邮件，如图 5-18 所示。

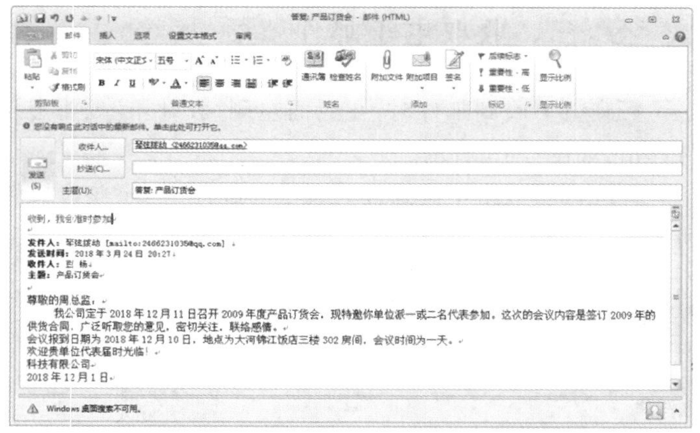

图 5-17　选择"答复"命令　　　　图 5-18　回复电子邮件

五、拒绝垃圾邮件

STEP① 在收件箱中选择垃圾邮件，在"开始"选项卡的"删除"组中，单击"垃圾邮件"下三角按钮，展开下拉列表，选择"阻止发件人"命令，如图 5-19 所示。

STEP② 弹出提示对话框，提示邮件已被移动到"垃圾邮件"文件夹中，单击"确定"按钮，如图 5-20 所示。

STEP③ 在左侧窗格中，选择"垃圾邮件"文件夹，可以查看已设置的垃圾邮件，如图 5-21 所示。

图 5-19　选择“阻止发件人”命令

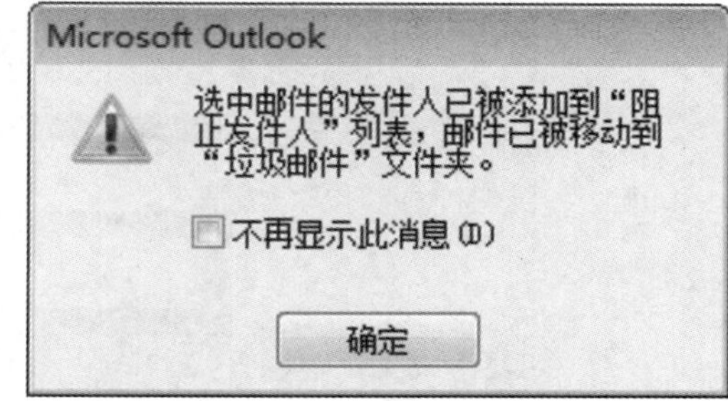

图 5-20　提示对话框

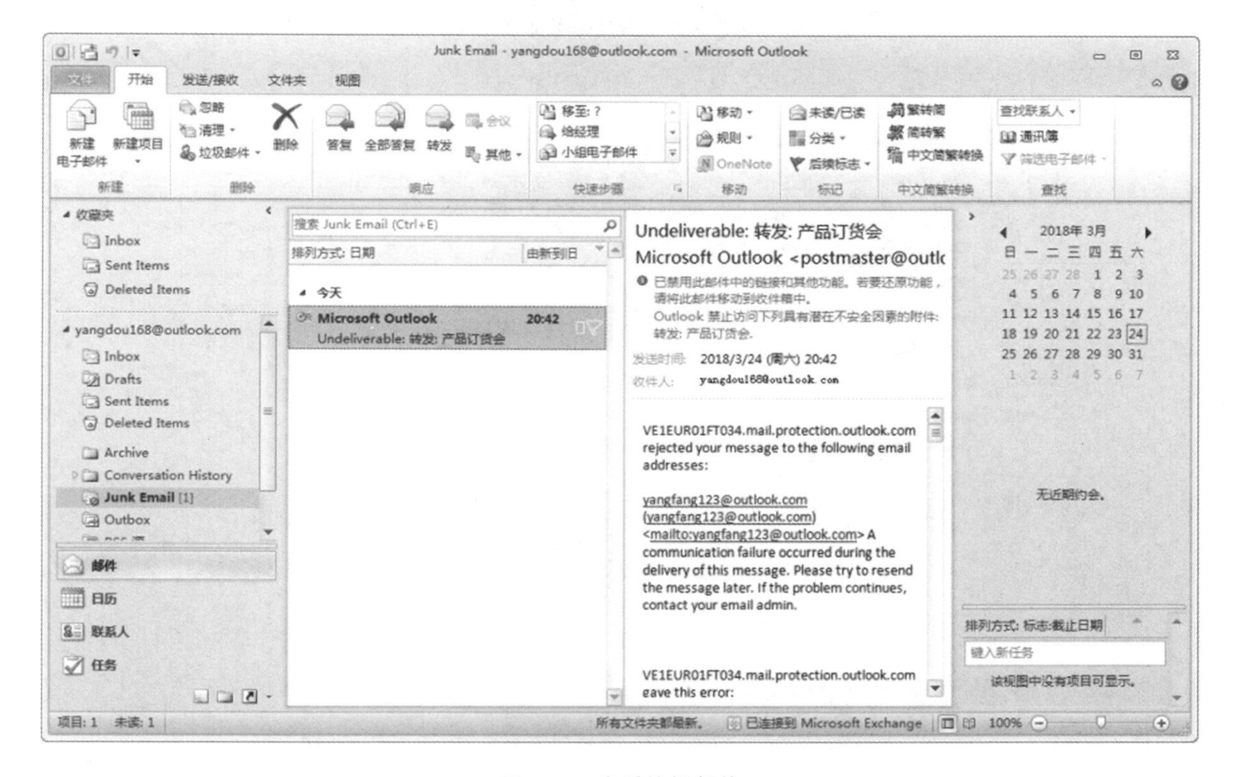

图 5-21　查看垃圾邮件

六、创建约会

STEP 1 在 Outlook 主界面左下角选择“日历”选项，当前以“月”显示日历，在功能区中单击“新建约会”按钮，如图 5-22 所示。

STEP 2 在打开的界面中输入主题、地点、时间和内容等信息，单击“保存并关闭”按钮，完成约会的创建，如图 5-23 所示。

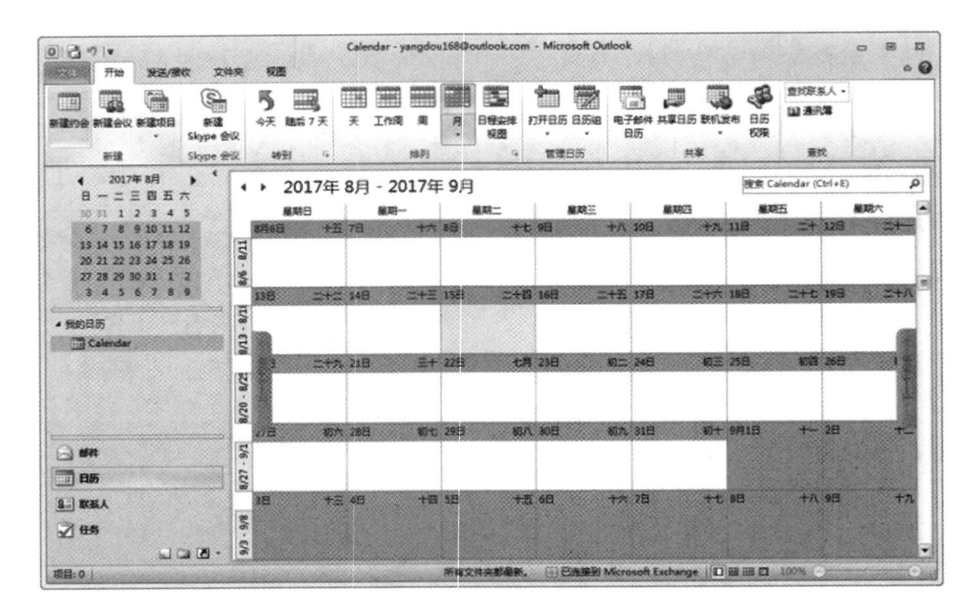

图 5-22 单击“新建约会”按钮

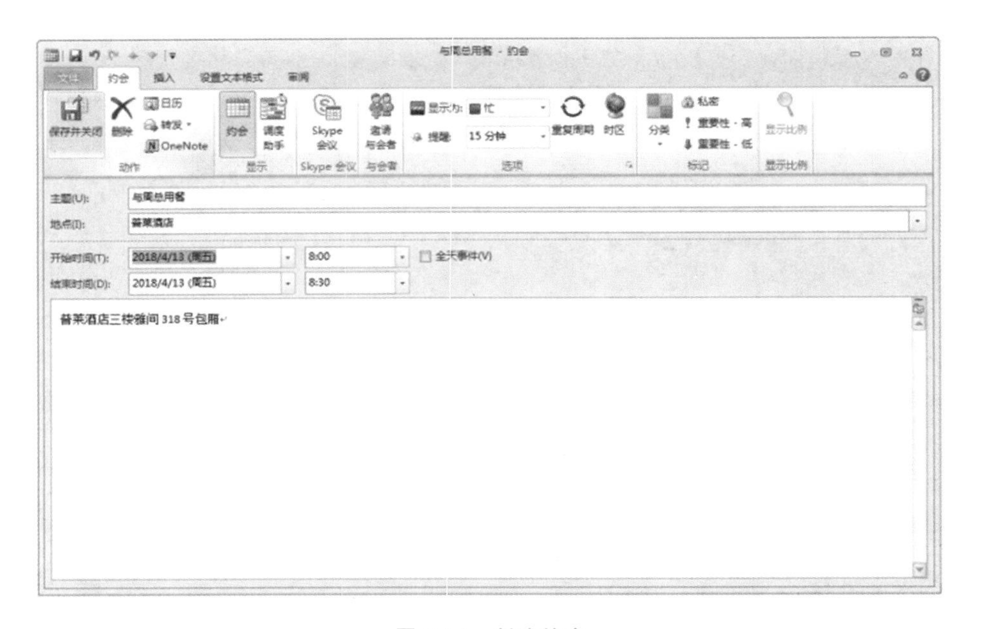

图 5-23 创建约会

知识链接

一、电子邮件的特点

与传统的通信方式相比，电子邮件有着巨大的优势，它的主要特点有以下四个。

1. 速度快

比传统书信收发速度快，轻击鼠标就可以瞬间将电子邮件发送到世界各地。

2. 费用低

只需要支付日常上网费用就可以在世界范围内收发邮件，不受距离的限制。

3. 收发方便

使用更方便、更省时，不受天气、地点和时间的限制，也不必专门到邮局，只要是有网络的地方都可以收发邮件。

4. 形式丰富

电子邮件不仅可以收发文字信息，还可以收发图片和视频等多媒体信息。

二、设置垃圾邮件选项

使用“垃圾邮件选项”命令，可以对垃圾邮件的保护级别、安全发件人、安全收件人以及阻止发件人等选项进行设置。

在“开始”选项卡的“删除”组中，单击“垃圾邮件”下三角按钮，在展开的下拉列表中，选择“垃圾邮件选项”命令，如图 5-24 所示。弹出“垃圾邮件选项”对话框，在对话框中依次设置各选项参数即可，如图 5-25 所示。

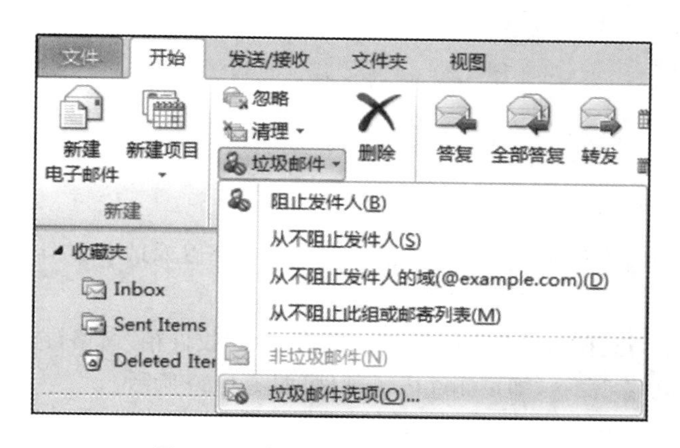

图 5-24　选择“垃圾邮件选项”命令

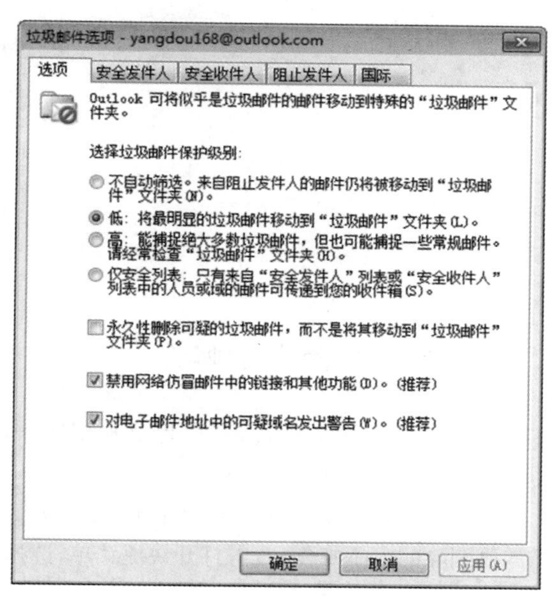

图 5-25　“垃圾邮件选项”对话框

三、拥有自己的联系人

在 Outlook 中，常用联系人的电子邮件地址可以保存为名字，在发送邮件时，单击“收件人”按钮，即可在联系人列表中快速选择。

STEP 1 在“开始”选项卡的“查找”组中，单击“通讯簿”按钮，打开“通讯簿”对话框，选择“文件＞添加新地址”命令，如图 5-26 所示。

STEP 2 弹出“添加新地址”对话框，在“选定地址类型”列表框中，选择“创建联系人”选项，单击“确定”按钮，如图 5-27 所示。

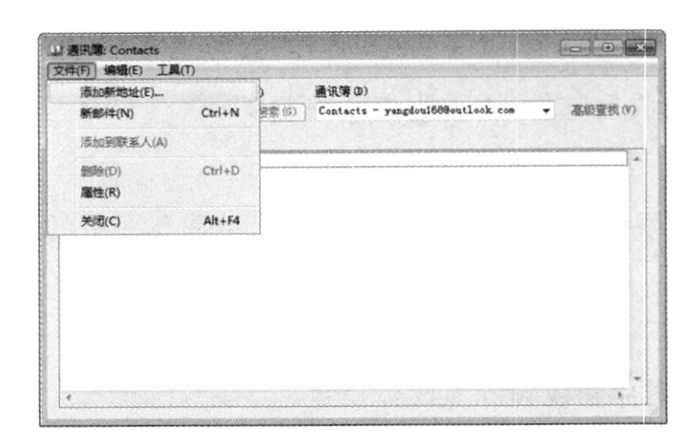

图 5-26　选择“添加新地址”命令

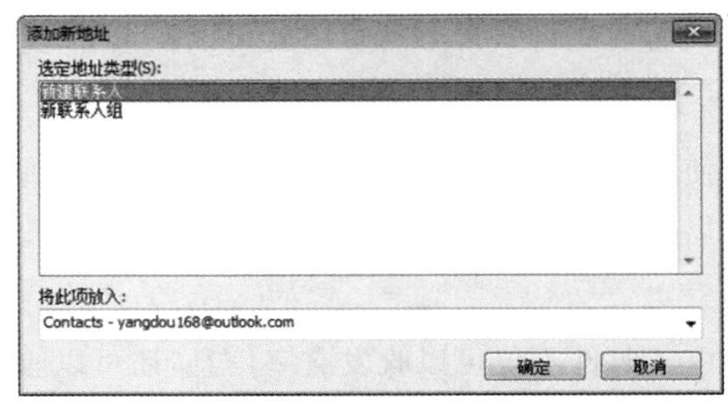

图 5-27　“添加新地址”对话框

STEP 3 打开添加联系人基本信息的界面，依次输入名字、公司、部门、职务、存储名字、电子邮件地址等基本信息，完成后单击“保存并关闭”按钮，如图 5-28 所示。

STEP 4 返回通讯簿中，即可查看已添加的联系人，如图 5-29 所示。

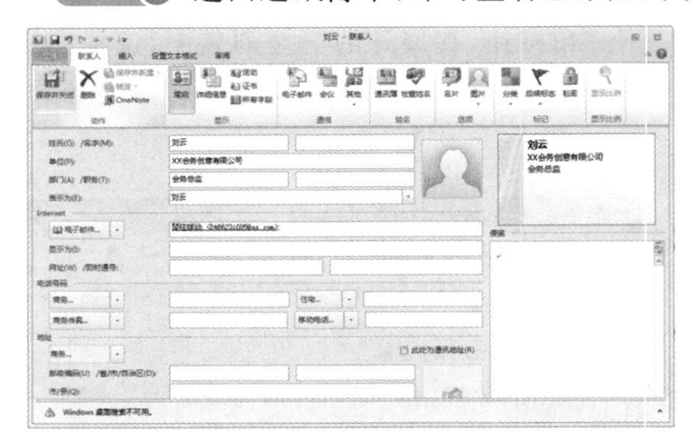

图 5-28　输入基本信息

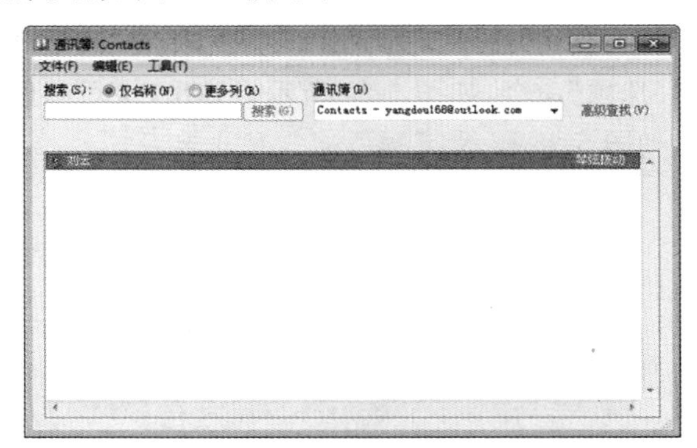

图 5-29　查看已添加的联系人

四、删除电子邮件

当收件箱中的邮件过多时，想要找到所需的邮件不是一件很容易的事情，此时可以对收件箱中的邮件进行删除操作。

在 Outlook 2010 程序界面的左侧选择“收藏夹”，选择“收件箱”选项，在右侧将显示“收件箱”窗格，选择需要删除的电子邮件，右击打开快捷菜单，选择“删除”命令，即可删除电子邮件，如图 5-30 所示。

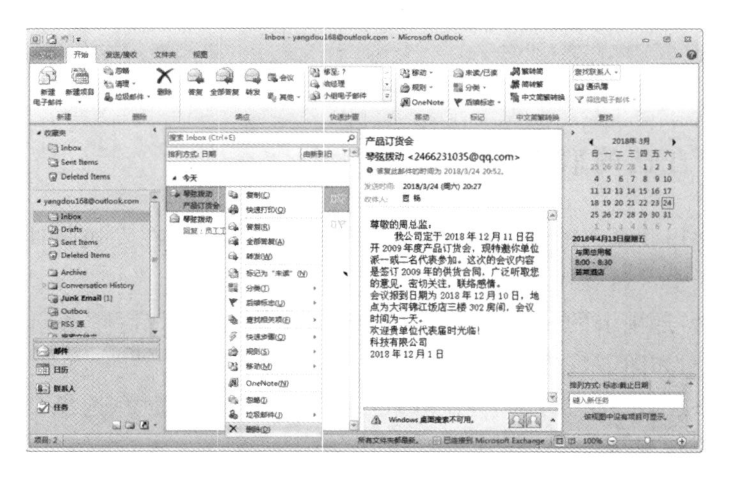

图 5-30　删除电子邮件

五、设置邮件自动答复

使用 Outlook 收发电子邮件极大地方便了日常工作，但是 Outlook 并不是随时都在打开状态，此时如何告知对方自己是否收到邮件呢？可以利用 Outlook 的自动答复功能。使用“自动答复”功能可以在收到邮件的第一时间回复对方一封邮件，邮件内容是预设好的。

STEP 1 在 Outlook 2010 程序界面中单击“文件”选项卡，进入“文件”界面，选择“信息”命令，然后在右侧的界面中，单击“自动答复”按钮，如图 5-31 所示。

STEP 2 弹出“自动答复”对话框，选中“发送自动答复”单选按钮，输入答复内容，单击“确定”按钮即可，如图 5-32 所示。

图 5-31　单击“自动答复”按钮

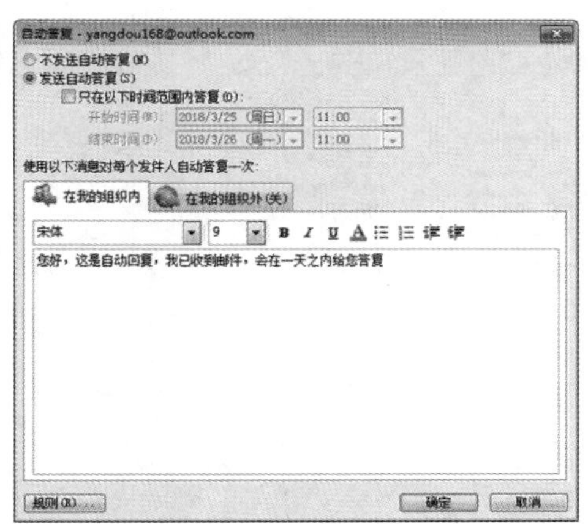

图 5-32　“自动答复”对话框

任务二　利用 OneNote 整理会议记录

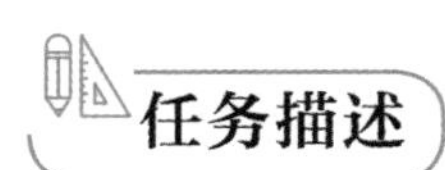

任务描述

学生会需要对新学期招生情况进行开会讨论，小丽是学生会的一员，负责学生会的行政事项。因此，在开会期间，小丽需要利用 OneNote 2010 记录会议中的相关事项。

任务分析

使用 OneNote 记录工作，需要先创建一个工作笔记本，再根据具体事宜分别创建分区页面，并将其按工作进行命名。完成后即可在其中录入工作记录，为了更具观赏性，还可为其设置格式、添加图片，以及标注重要内容等。

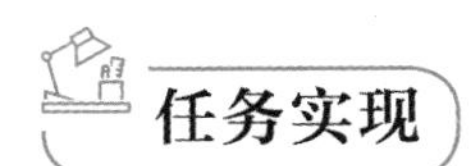

一、创建笔记本、分区和页

STEP 1 启动 OneNote 2010,进入主界面,在左侧的任务窗格中,右击“个人”选项,打开快捷菜单,选择“新建笔记本”命令,如图 5-33 所示。

STEP 2 自动进入“文件”选项卡的“新笔记本”界面,选择“我的电脑”,并在“位置”选项组中单击“浏览”按钮,如图 5-34 所示。

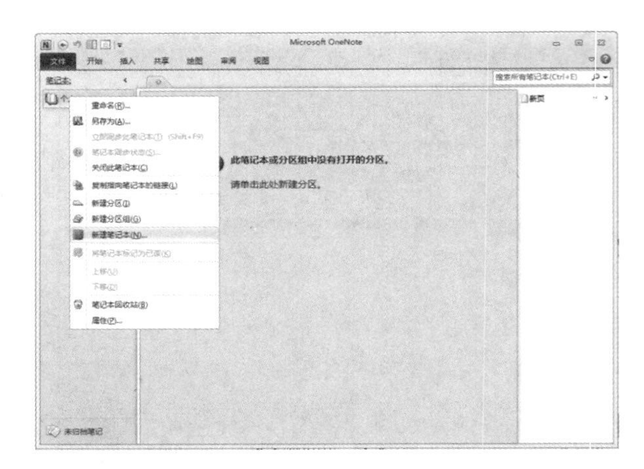

图 5-33 选择“新建笔记本”命令

图 5-34 单击“浏览”按钮

STEP 3 弹出“选择文件夹”对话框,指定“素材\项目五\会议记录”文件夹,单击“选择”按钮,设置保存位置,如图 5-35 所示。然后设置“名称”为“会议记录”,单击“创建笔记本”按钮,如图 5-36 所示。

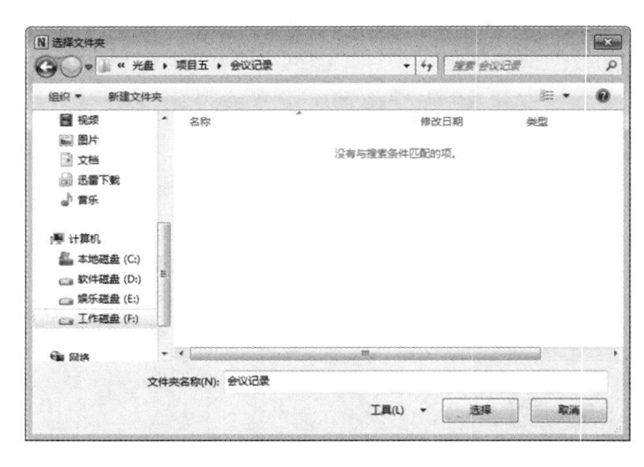

图 5-35 “选择文件夹”对话框

图 5-36 单击“创建笔记本”按钮

STEP 4 新建笔记本,并在主界面中显示新建的笔记本效果,如图 5-37 所示。

STEP 5 在左侧任务窗格的“新分区 1”选项上,右击打开快捷菜单,选择“重命名”命令,如图 5-38 所示。

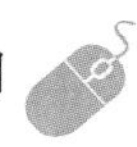

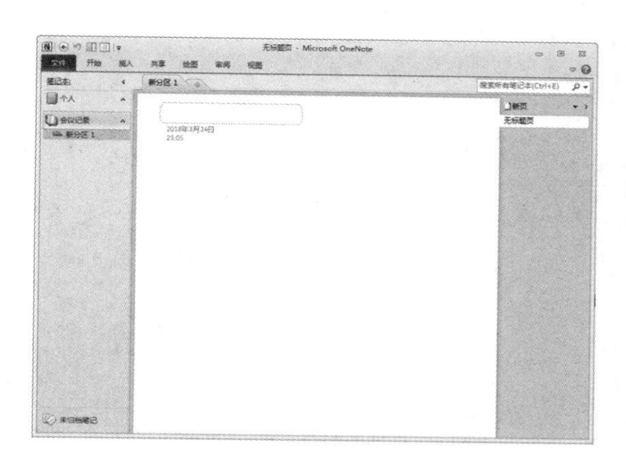

图 5-37　新建笔记本

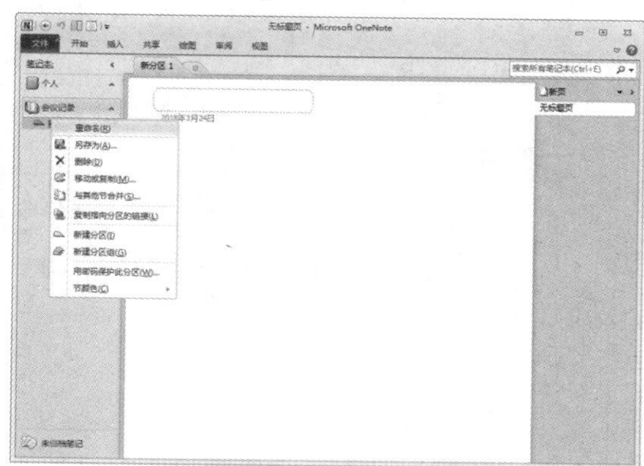

图 5-38　选择“重命名”命令

STEP 6 弹出文本编辑框，输入“小组会议”文本，重命名分区，如图 5-39 所示。

STEP 7 在左侧任务窗格的空白处，右击打开快捷菜单，选择“新建分区”命令，如图 5-40 所示。

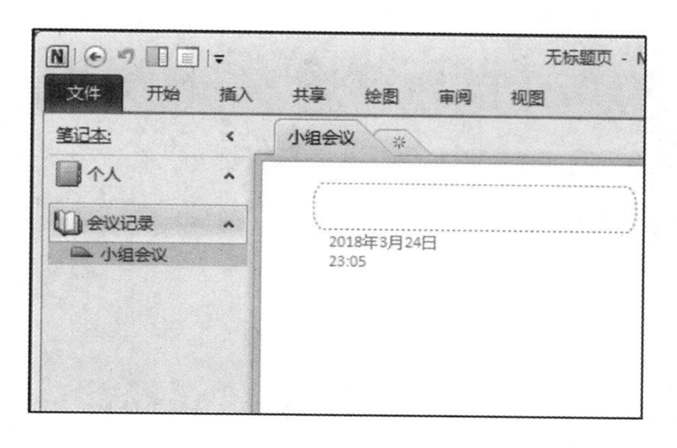

图 5-39　重命名分区

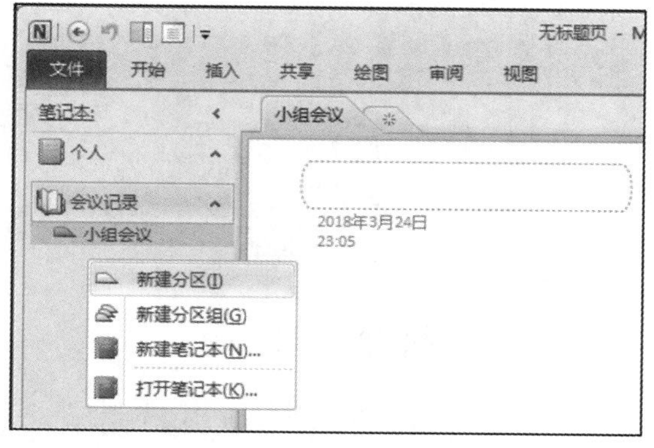

图 5-40　选择“新建分区”命令

STEP 8 添加一个分区，输入名称为“部门会议”，如图 5-41 所示。

STEP 9 单击“小组会议”分区标签，进入分区界面，在空白的圆角矩形框内输入文本，重命名页面，如图 5-42 所示。

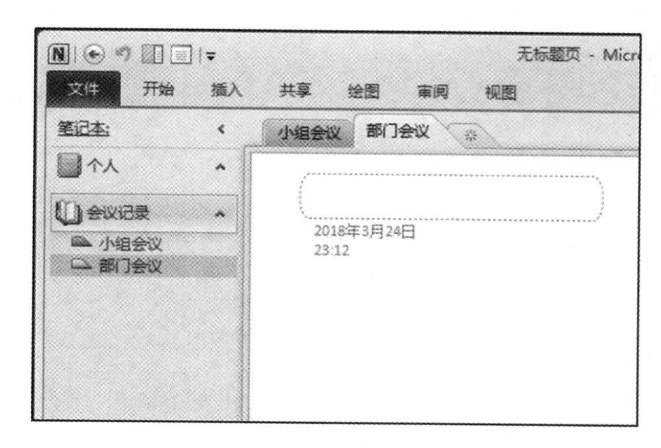

图 5-41　添加“部门会议”分区

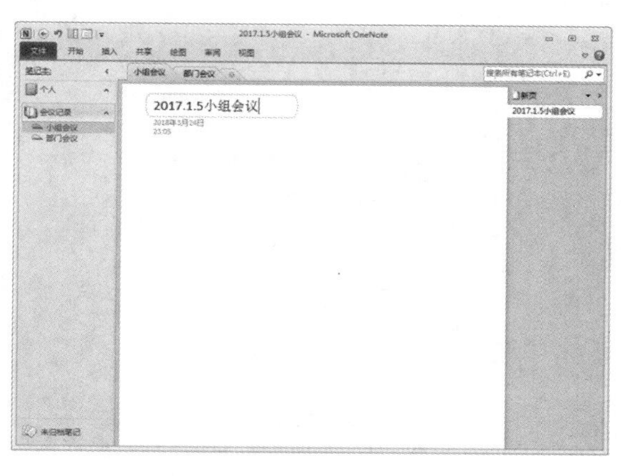

图 5-42　重命名页面

STEP 10 在右侧的任务窗格中，单击“新页”按钮，添加新的页面，设置新页面名称为“2017.1.6小组会议”，如图 5-43 所示。

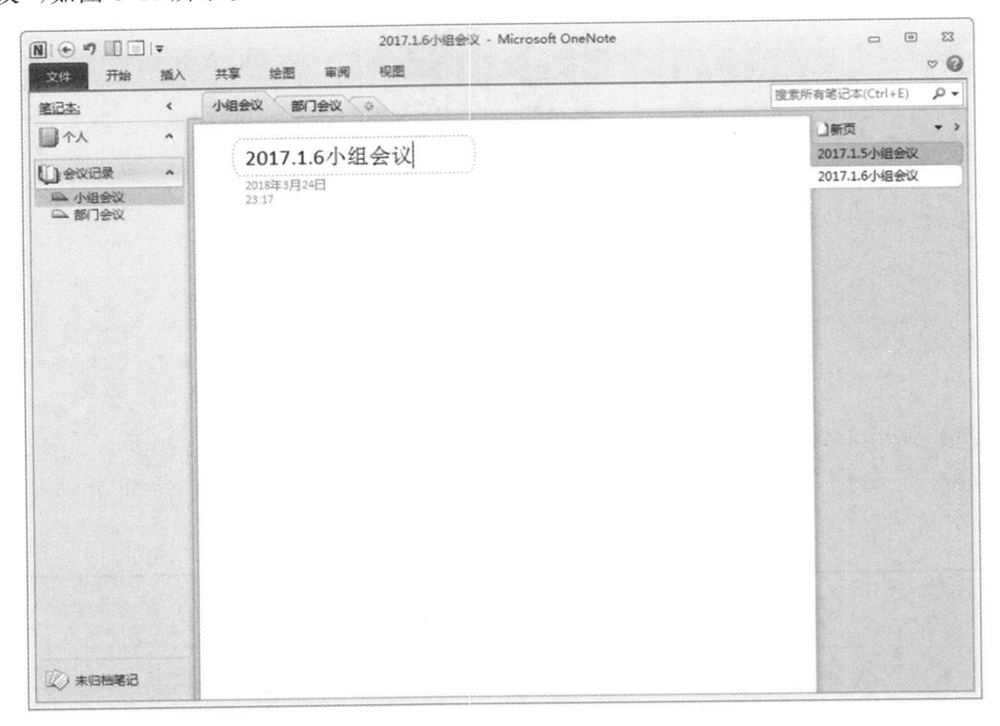

图 5-43 新建并重命名页面

二、撰写笔记

STEP 1 在 OneNote 右侧选择“2017.1.5 小组会议”页面，在左侧的编辑区中定位光标，依次输入会议内容，如图 5-44 所示。

STEP 2 按两次 Ctrl＋A 组合键，全选所有会议内容，在“开始”选项卡的“普通文本”组中，设置“字体”为“微软雅黑”，设置“字号”为“14”，效果如图 5-45 所示。

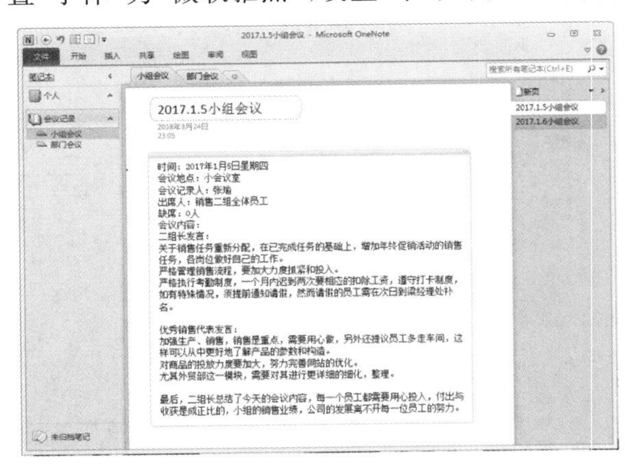

图 5-44 输入会议内容

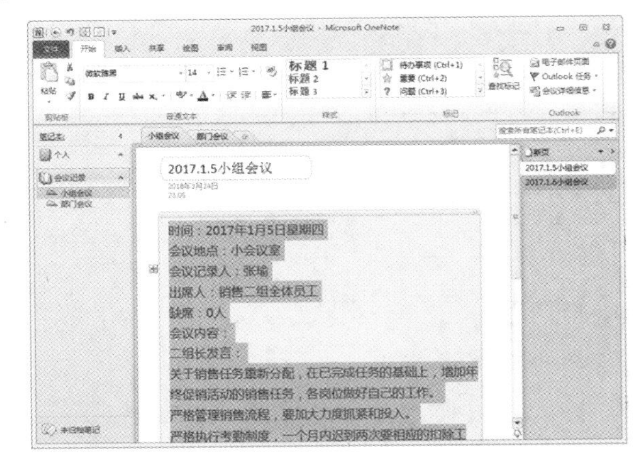

图 5-45 设置文本格式

STEP 3 在编辑区中拖曳鼠标，选择文本，并在“开始”选项卡的“普通文本”组中，单击“加粗”按钮，加粗文本，效果如图 5-46 所示。

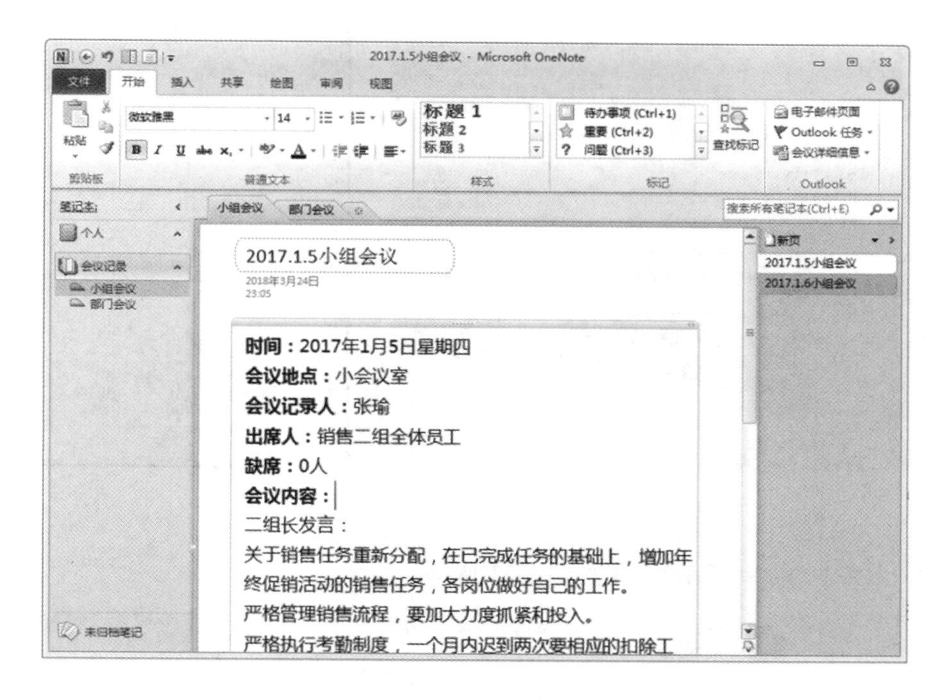

图 5-46 加粗文本效果

三、设置项目符号和编号

STEP 1 选中“二组长发言：”段落文本，在“开始”选项卡的“普通文本”组中，单击“项目符号”下三角按钮，展开下拉列表，选择项目符号样式，如图 5-47 所示。

STEP 2 为选择的文本添加项目符号，继续使用同样的方法，为“优秀销售代表发言：”文本添加相同的项目符号，效果如图 5-48 所示。

图 5-47 选择项目符号样式

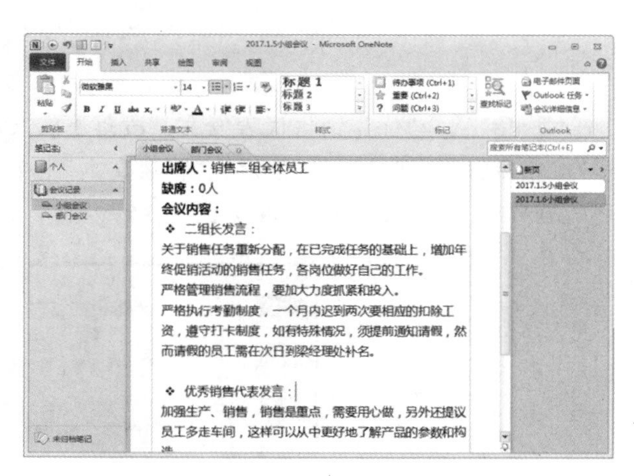

图 5-48 添加项目符号

STEP 3 选择“二组长发言：”段落下的文本内容，在“普通文本”组中，单击两次“增加缩进量”按钮，增加文本缩进量，如图 5-49 所示。

STEP 4 继续选择“二组长发言：”段落下的文本内容，在“普通文本”组中，单击“编号”下三角按钮，展开下拉列表，选择合适的编号样式，如图 5-50 所示。

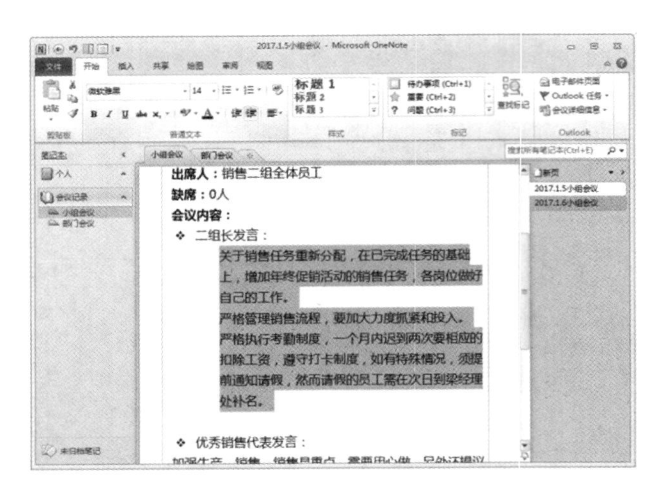

图 5-49　增加文本缩进量

图 5-50　选择编号样式

STEP 5 为文本添加编号后，效果如图 5-51 所示。

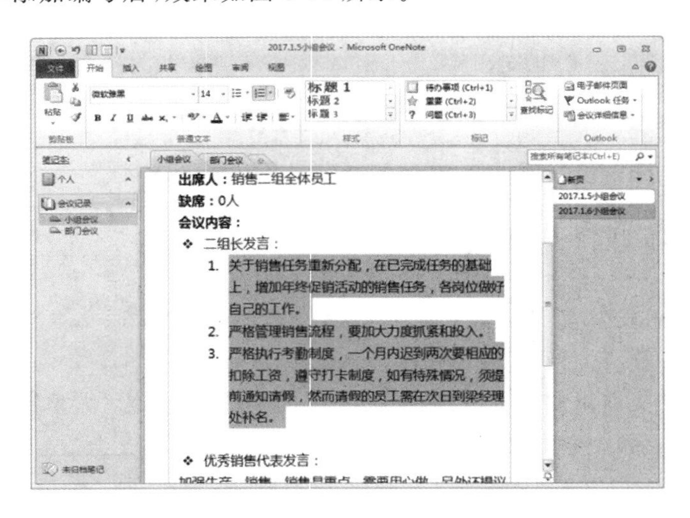

图 5-51　添加编号

STEP 6 选择“优秀销售代表发言：”段落下的文本内容，在“普通文本”组中，单击两次“增加缩进量”按钮，增加文本缩进量；然后在“普通文本”组中，单击“编号”下三角按钮，展开下拉列表，选择合适的编号样式，添加编号，效果如图 5-52 所示。

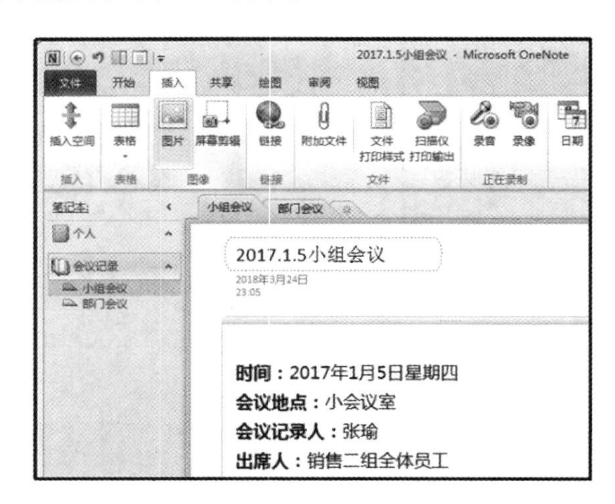

图 5-52　文本效果

四、美化笔记

STEP 1 在“时间”文本前单击，定位插入点，在“插入”选项卡的“图像”组中，单击“图片”按钮，如图 5-53 所示。

STEP 2 弹出“插入图片”对话框，选择“公司 logo”图片，单击“插入”按钮，如图 5-54 所示。

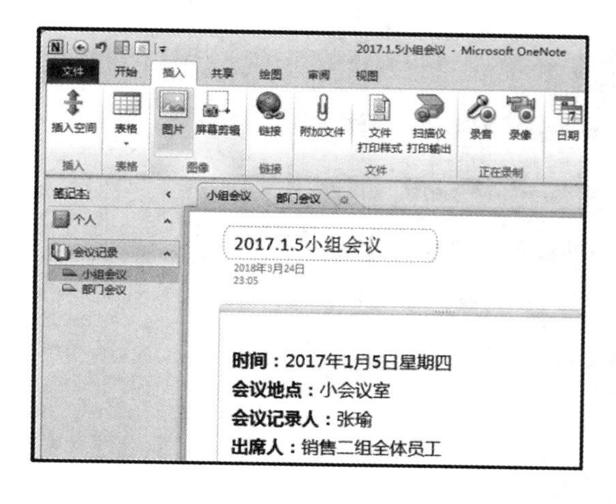

图 5-53　单击“图片”按钮

图 5-54　选择图片

STEP 3 完成图片的插入操作后，选择图片，按住鼠标左键并拖曳，调整图片的大小，如图 5-55 所示。

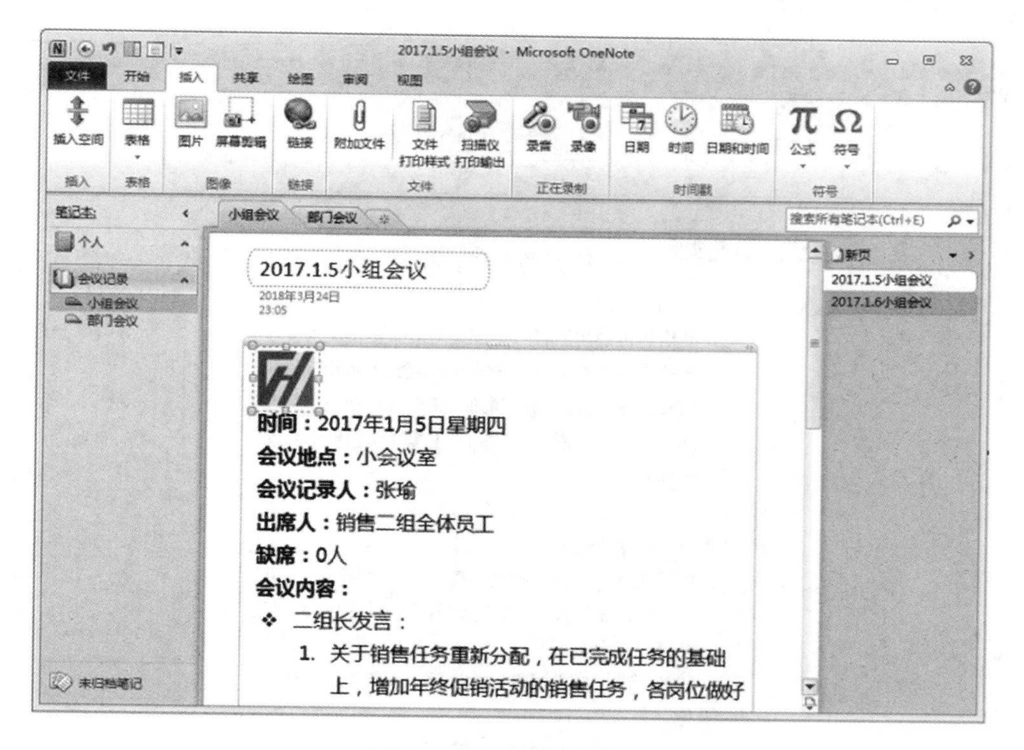

图 5-55　插入图片并调整大小

STEP 4 在“绘图”选项卡的“工具”下拉列表中，选择“紫色 荧光笔(4.0 毫米)”荧光笔样式，如图 5-56 所示。

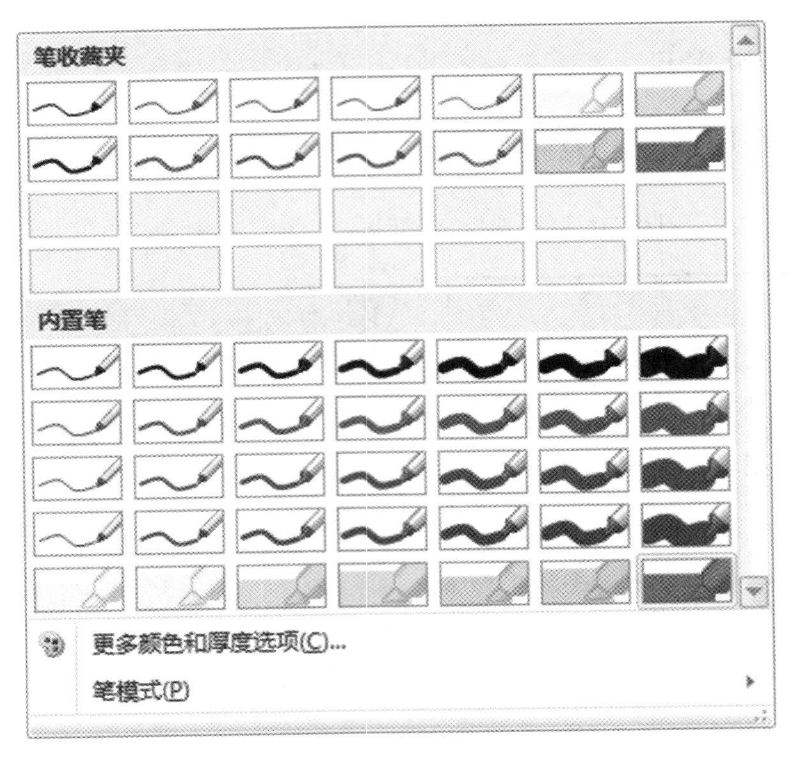

图 5-56 选择荧光笔样式

STEP 5 在笔记本中按住鼠标左键并拖曳，标记重要内容；使用同样的方法，选择其他笔触和颜色，标记笔记内容，如图 5-57 所示。

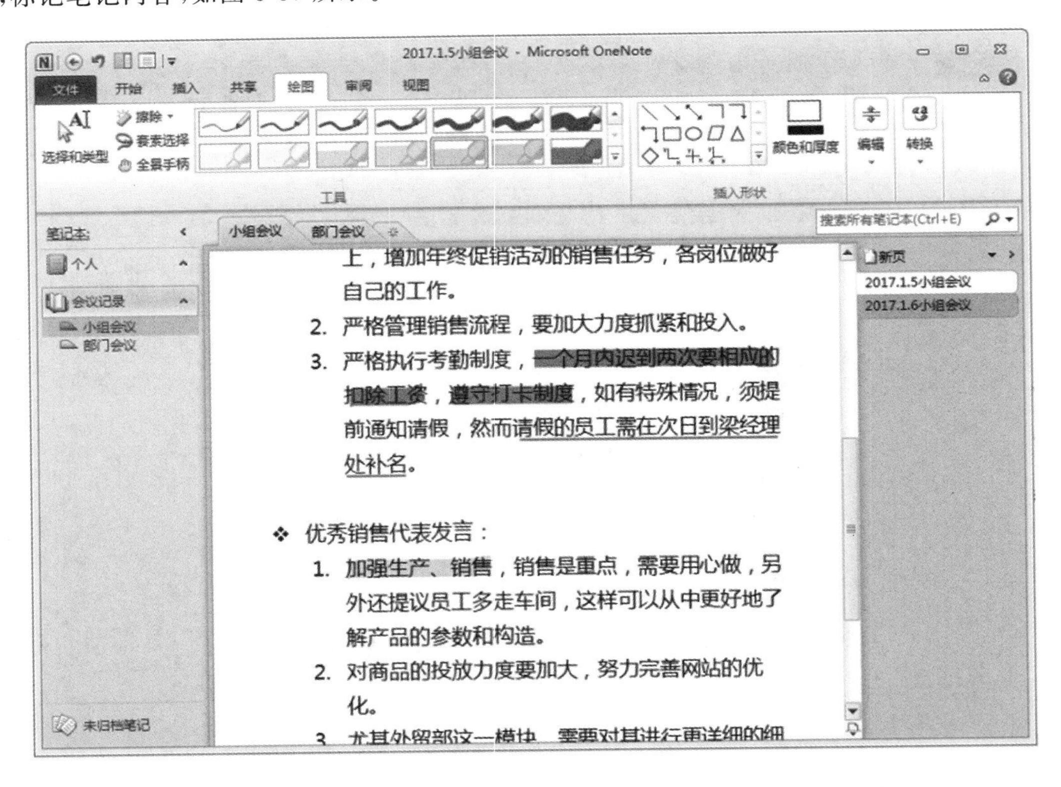

图 5-57 标记笔记内容

一、办公中如何使用 OneNote

Microsoft OneNote 是一个用于自由形式的信息获取以及多用户协作的工具。OneNote 常用于笔记本电脑或台式计算机，更适用于支持手写笔操作的平板电脑，在这类设备上可使用触笔、声音或视频创建笔记。

Microsoft OneNote 2010 提供了一个将笔记存储和共享在一个易于访问位置的最终场所。使用 OneNote 捕获文本、照片、视频或音频文件，可以使用户的想法、创意和重要信息随时可得。通过共享笔记本，用户还可以与网络上的其他人迅速交换笔记，使每个人保持同步和最新状态。

OneNote 可用于记录生活和工作中的所有事情，它可以帮助用户更为有效地管理时间和工作内容，为日常使用提供更便捷的体验。

二、OneNote 2010 的特点

Microsoft OneNote 2010 可将笔记本轻松置于联机状态并在几乎任何地方进行 Web 访问。OneNote 2010 有以下十大特点。

1. 在应用程序之间无缝工作

通过将 OneNote 置于屏幕一侧，用户使用 Windows Internet Explorer 在 Web 上搜索、审阅 Word 文档或制作 PowerPoint 幻灯片时，随时都可用于记笔记或参考。如果用户需要记住创意的来源，使用“链接笔记”功能可以跟踪信息的来源。

2. 发现组织信息的新方式

改进的导航栏提供的工具使用户可以在笔记本之间轻松组织和跳转，还可以更好地使页面直观可见和展开页组，以改进笔记结构和位置。

3. 快速将信息归档到正确位置

通过消除事后重新组合信息的需要，OneNote 2010 可以节省时间。使用“快速归档”功能，用户可以快速挑选笔记本，在从多个来源(包括文档、网页和电子邮件)插入笔记时将笔记发送到该笔记本。

4. 掌握小组项目的变化

与共享笔记本上的多个用户一起工作时，新内容将突出显示，用户可以清楚地看出自上次打开共享笔记本以来的新变化。版本控制功能提供了按日期和作者的版本历史记录。如果有人无意中删除或移动了内容，用户可以随时查看修订记录和撤销更改。此外，处于联机状态时将自动合并和同步更改。

5. 即时获取信息

OneNote 2010 改进的搜索功能将过滤多种类型的内容，包括视频和其他嵌入对象。此外，新的排名系统可以沿用过去的选择，设置笔记、页、页标题和最近的挑选的优先次序，使用户能够快捷方便地获取信息。

6. 在任何地方打开和使用笔记本

如果用户可以通过 Web 编辑和审阅笔记，就可以方便地将笔记本带到任何地方。使用

OneNote 2010，用户可以从多个位置和设备访问、编辑、共享和管理笔记。

7. 在共享笔记本内轻松参考页和分区

使用 OneNote 2010 中的 wiki 链接，用户可以轻松参考和浏览笔记本中的相关内容，如笔记页、分区和分区组。OneNote 将自动生成对新内容的链接，以便将每个使用同一笔记本的人自动指向正确位置。

8. 对文本快速应用样式

设置文本基本样式的快捷键与 Word 2010 中所用的相同，可以节省时间。添加的新样式为用户提供了建立和组织想法的更多格式选项。

9. 利用增强的用户体验完成更多工作

新增的 Microsoft Office Backstage 视图替换了传统的文件菜单，只需几次单击即可共享、打印和发布笔记。通过改进的功能区（OneNote 的新增项），可以快速访问常用命令，创建自定义选项卡，提供个性化的工作风格体验。

10. 跨越沟通障碍

OneNote 2010 可帮助用户在不同的语言间进行通信、翻译字词或短语，为屏幕提示、帮助内容和显示设置各自的语言配置。

三、共享 OneNote 笔记

OneNote 2010 笔记本的共享模式有两种，一种是分享工作页面，通过“共享笔记本”的方式直接分享；另一种是直接分享整个笔记本，以邮件的形式发送分享。

1. 直接分享

在 OneNote 主界面下“共享”选项卡的“共享笔记本”组中，单击“共享此笔记本”按钮，进入“文件”选项卡的“共享”界面，设置共享位置和共享文件夹，单击“共享笔记本”按钮，直接将笔记本进行共享操作，如图 5-58 所示。

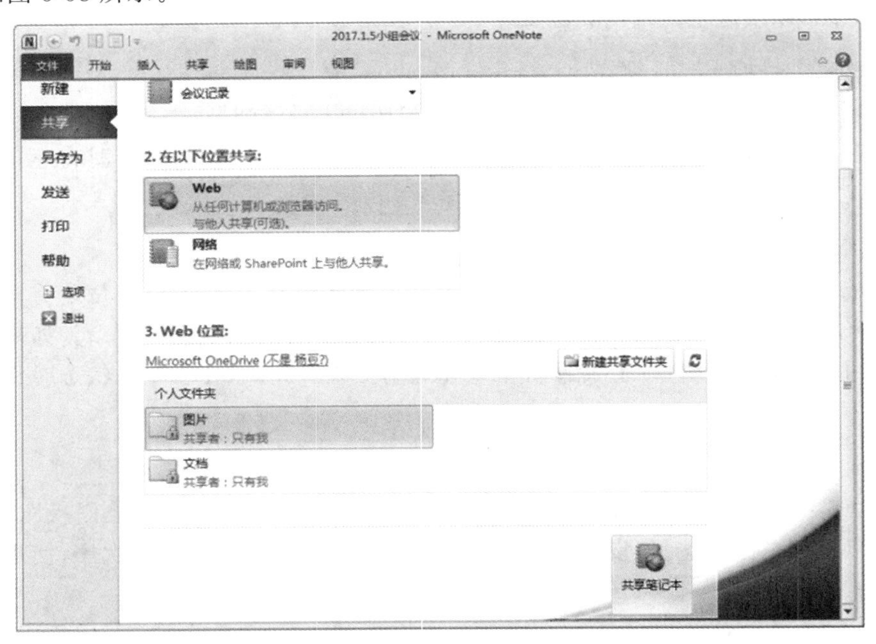

图 5-58　共享笔记本

2. 邮件分享

在 OneNote 主界面下“共享”选项卡的“共享笔记本”组中，单击“电子邮件页面”按钮，打开邮件编辑界面，设置“收件人”，单击“发送”按钮，通过邮件分享笔记本，如图 5-59 所示。

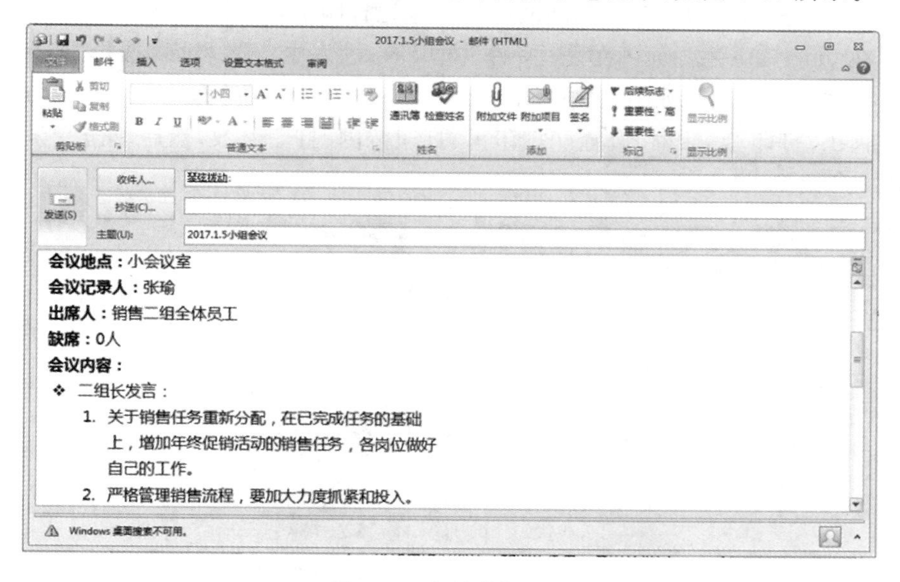

图 5-59　邮件编辑界面

四、将笔记导出为 PDF 文件

利用 OneNote 记录的工作笔记只有登录该账户后才能查看，为了共用信息，除了共享笔记本外，还可以将其导出为 PDF 格式，以便在其他计算机上查看。

在 OneNote 主界面中单击“文件”选项卡，进入“文件”界面，选择“另存为”命令，然后设置当前工作的保存位置，并设置保存格式为“PDF(＊.pdf)”，单击“另存为”按钮，如图 5-60 所示。弹出“另存为”对话框，设置好保存路径和保存名称，单击“保存”按钮即可。

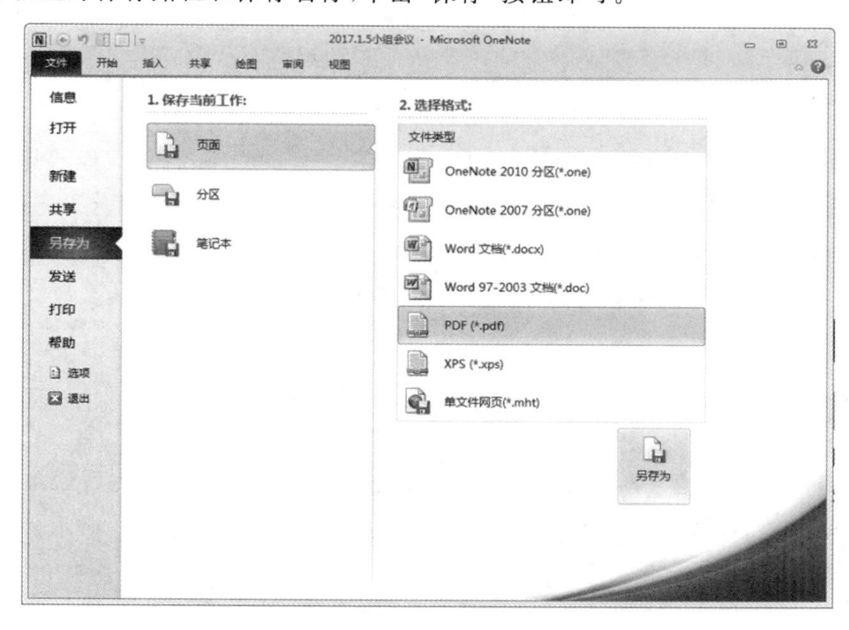

图 5-60　设置保存格式

五、打印笔记

为了方便笔记的查看，使用“打印”命令，可以将笔记打印出来进行传阅。

STEP 1 在 OneNote 主界面中单击“文件”选项卡，进入“文件”界面，选择“打印”命令，进入“打印”界面，单击“打印”按钮，如图 5-61 所示。

STEP 2 弹出“打印”对话框，设置好打印机、打印范围、打印份数，然后单击“打印”按钮，打印笔记，如图 5-62 所示。

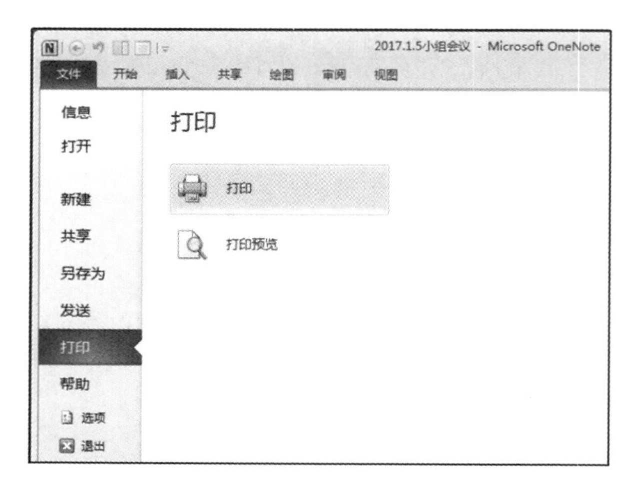

图 5-61 单击“打印”按钮

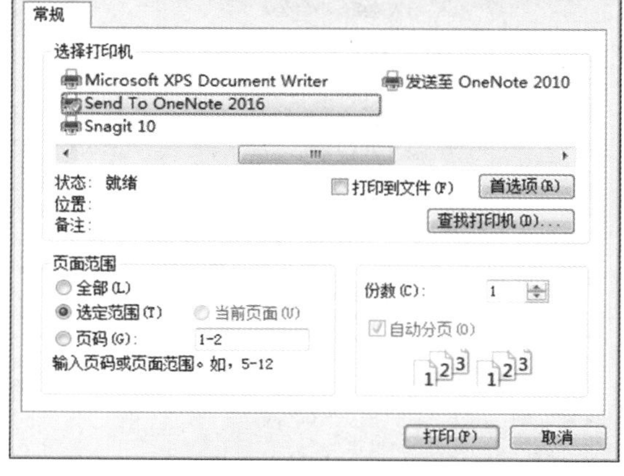

图 5-62 “打印”对话框

任务三 利用 OneDrive 跨地区办公

任务描述

小黄由于工作需要经常出差，在外地出差时用到办公文件的频率较高，但他随身带着移动硬盘不仅不方便，也容易出错，因此小黄可以利用 OneDrive 将文件、文档、照片以及更多内容进行共享，而无需发送大量电子邮件附件。OneDrive 是可以从任意位置访问的联机文件存储，使用它可以便捷地将 Office 文档和其他文件保存到云中，方便用户从任意设备访问。

任务分析

使用 OneDrive 软件跨地区办公之前，首先需要登录 OneDrive 账户，然后通过计算机添加文件，并共享 OneDrive 文件夹中的文件链接。

一、登录 OneDrive 账户

STEP 1 在系统桌面的左下角，单击“开始”按钮，在展开的“开始”菜单中，选择“所有程序>Microsoft OneDrive”命令，如图 5-63 所示。

STEP 2 弹出 Microsoft OneDrive 对话框，在“输入你的电子邮件地址”文本框中，输入电子邮件地址，单击“登录”按钮，如图 5-64 所示。

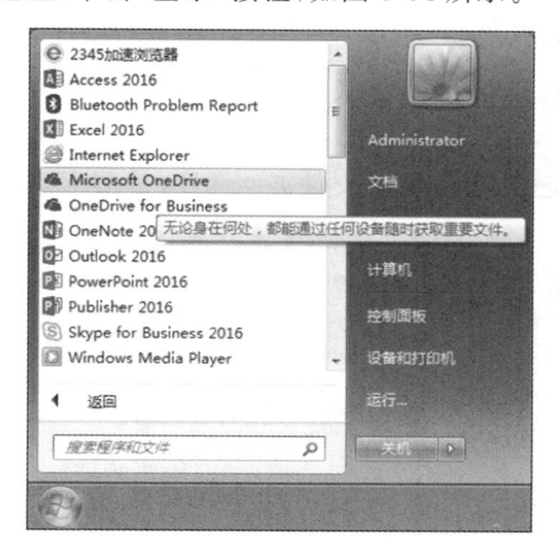

图 5-63　选择 Microsoft OneDrive 命令

图 5-64　输入电子邮件地址

STEP 3 选择要使用的账户，单击“工作或学校”按钮，如图 5-65 所示。

STEP 4 进入“输入密码”界面，在“密码”文本框中输入密码，单击“登录”按钮，如图 5-66 所示。

图 5-65　单击“工作或学校”按钮

图 5-66　“输入密码”界面

STEP 5 完成上述操作，即可开始登录 OneDrive 账户，并显示正在登录，如图 5-67 所示。

STEP 6 稍后将进入“这是你的 OneDrive 文件夹”界面，选择“更改位置”选项，如图 5-68 所示。

图 5-67　显示正在登录的进度

图 5-68　选择"更改位置"选项

STEP 7 打开"选择你的 OneDrive 位置"对话框，选择 OneDrive 文件夹，单击"选择文件夹"按钮，如图 5-69 所示。

STEP 8 返回"这是你的 OneDrive 文件夹"界面，完成 OneDrive 文件夹的设置，单击"下一步"按钮，如图 5-70 所示。

图 5-69　"选择你的 OneDrive 位置"对话框

图 5-70　单击"下一步"按钮

STEP 9 进入"将你的 OneDrive 文件同步到此电脑"界面，设置同步的 OneDrive 文件，单击"下一步"按钮，如图 5-71 所示。

STEP 10 进入"你的 OneDrive 已准备就绪"界面，单击"打开我的 OneDrive 文件夹"按钮，如图 5-72 所示，即可打开 OneDrive 的文件夹窗口。

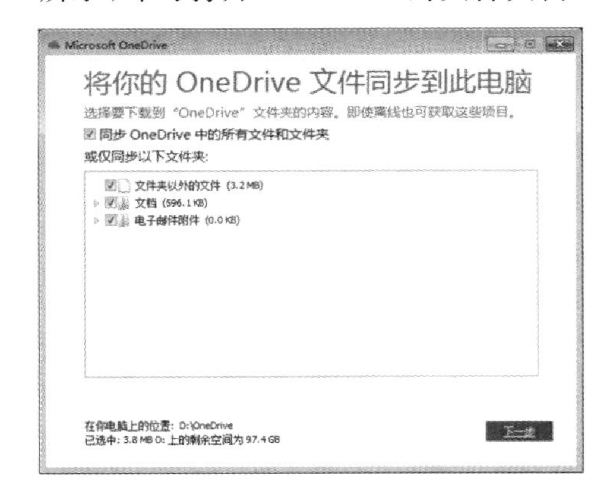

图 5-71　设置同步文件

图 5-72　单击"打开我的 OneDrive 文件夹"按钮

二、添加计算机文件

STEP 1 打开计算机的“本地磁盘”窗口，选择需要添加的演示文稿，右击打开快捷菜单，选择“复制”命令，如图 5-73 所示。

图 5-73　选择“复制”命令

STEP 2 在 OneDrive 窗口中，右击打开快捷菜单，选择“粘贴”命令，如图 5-74 所示。

STEP 3 完成上述操作，即可将计算机中的演示文稿添加到 OneDrive 文件夹中，如图 5-75 所示。

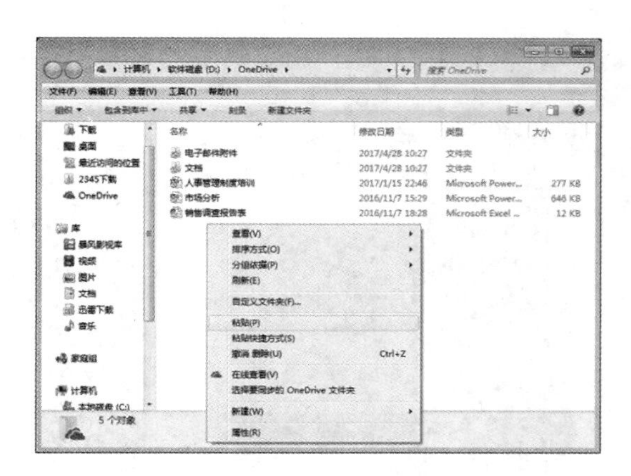

图 5-74　选择“粘贴”命令

图 5-75　添加演示文稿

三、共享 OneDrive 链接

STEP 1 在 OneDrive 窗口中，选择需要共享的文件，右击打开快捷菜单，选择“共享 OneDrive 链接”命令，复制文件链接，如图 5-76 所示。

STEP 2 打开 QQ 聊天窗口，输入复制的链接，单击“发送”按钮，即可将 OneDrive 链接共享给其他好友，如图 5-77 所示。

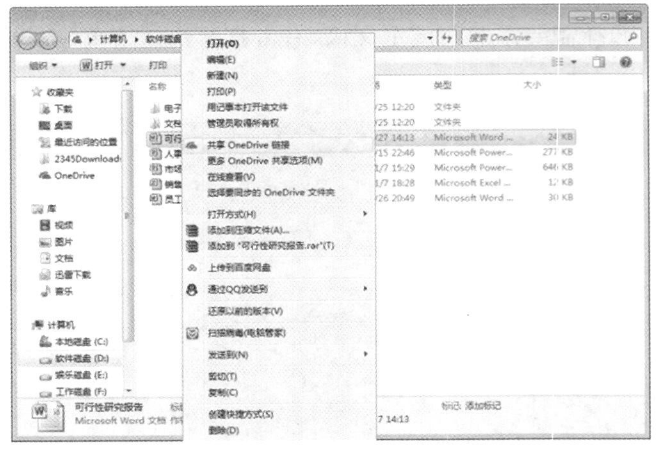
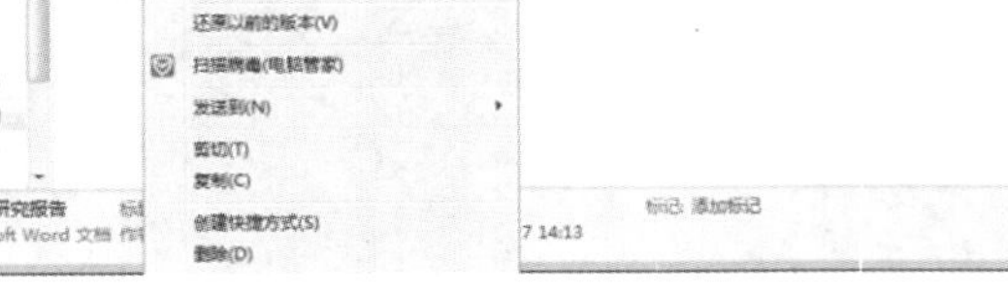

图 5-76 选择“共享 OneDrive 链接”命令

图 5-77 QQ 聊天窗口

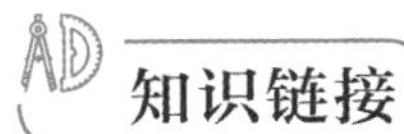

知识链接

一、创建 Microsoft 账户

安装好 Office 2010 软件后，用户可以将任何电子邮件地址（包括来自 Outlook、Yahoo 或 Gmail 的地址）用作新的 Microsoft 账户的用户名。

STEP 1 登录 Microsoft 账户注册网址“https://login.live.com/”，直接单击“创建一个”超链接，如图 5-78 所示。

STEP 2 弹出“创建账户”对话框，输入账户名称，单击“下一步”按钮，如图 5-79 所示。

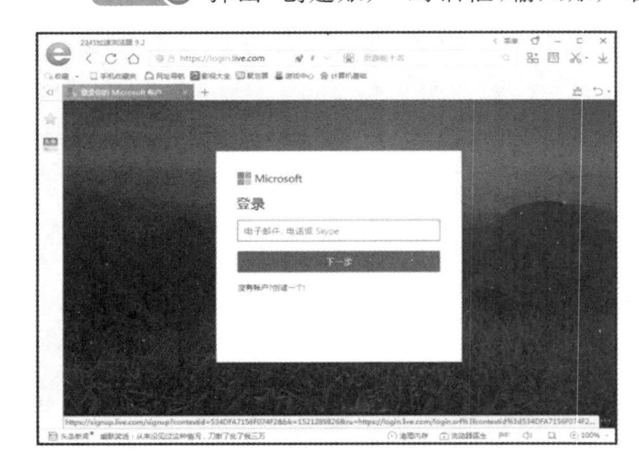

图 5-78 单击“创建一个”超链接

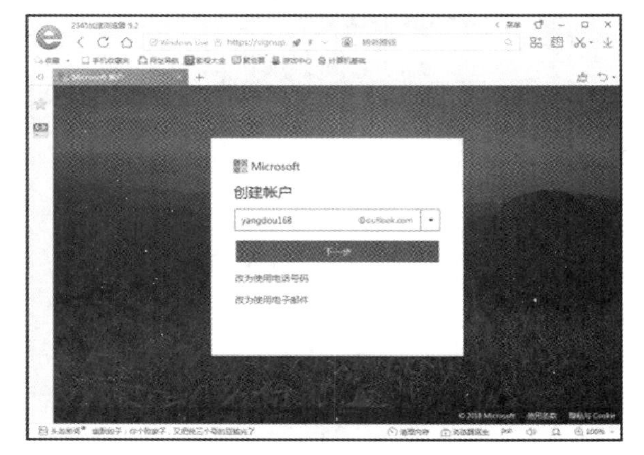

图 5-79 “创建账户”对话框

STEP 3 弹出“创建密码”对话框，输入新创建的密码，单击“下一步”按钮，如图 5-80 所示。

STEP 4 进入“创建账户”对话框，输入账户信息，单击“下一步”按钮，如图 5-81 所示。

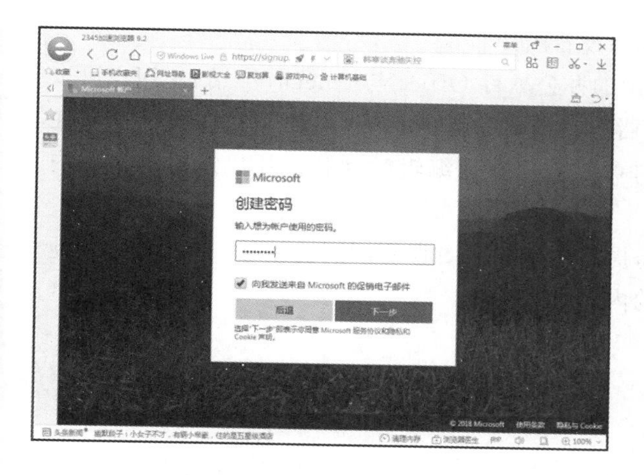

图 5-80　输入新创建密码

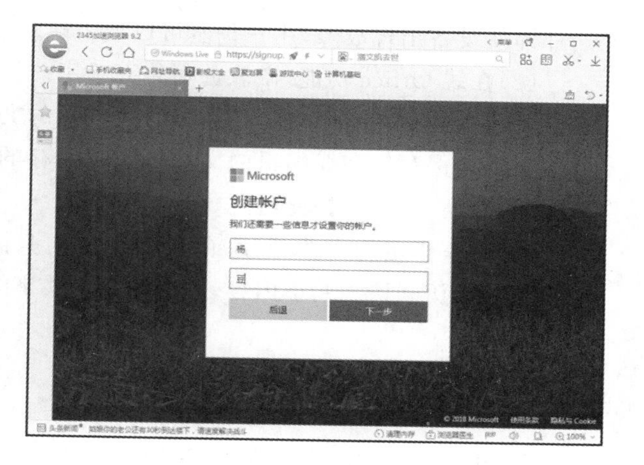

图 5-81　输入账户信息

STEP 5 弹出"添加详细信息"对话框，输入国家和出生日期信息，单击"下一步"按钮，如图 5-82 所示。

STEP 6 进入"添加安全信息"对话框，输入手机代码，单击"下一步"按钮，完成账户的创建，并进入用户界面，如图 5-83 所示。

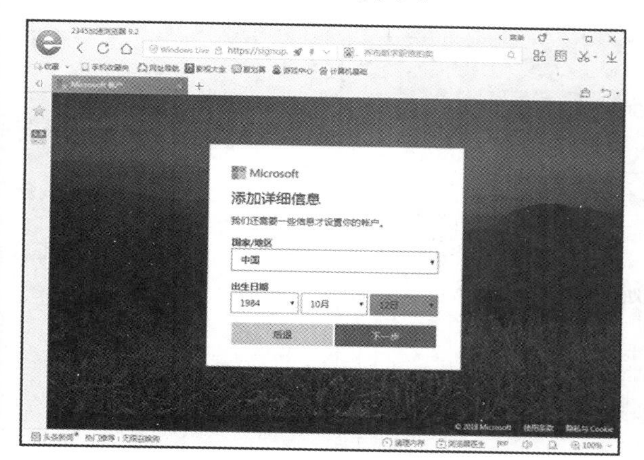

图 5-82　输入国家和出生日期信息

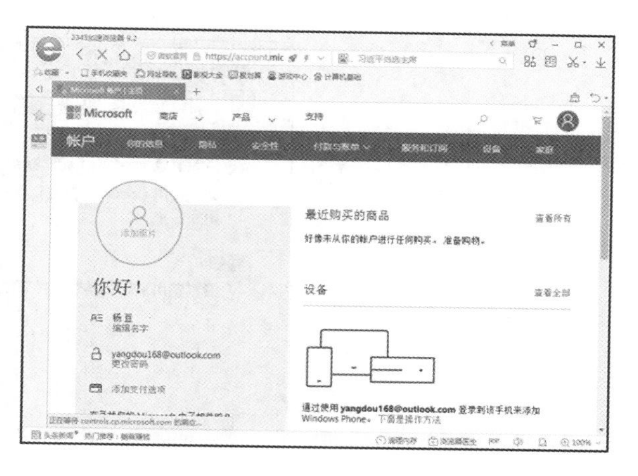

图 5-83　用户界面

二、OneDrive 支持平台

OneDrive 采取的是云存储产品通用的有限免费商业模式：用户使用 Microsoft 账户注册 OneDrive 后就可以获得 7 GB 的免费存储空间，如果需要更多空间，可以购买。

用户可以在以下设备上使用 OneDrive。

(1)安装了 Windows 操作系统或 Mac OS X 操作系统的计算机上。

(2)安装了 iOS 系统、Android 系统的平板设备上。

(3)安装了 iOS 系统、Android 系统的智能手机上。

三、OneDrive 的功能

OneDrive 具有以下功能。

(1)相册的自动备份功能，即无须人工干预，OneDrive 自动将设备中的图片上传到云端保存，这样即使设备出现故障,用户仍然可以从云端获取和查看图片。

(2)在线 Office 功能,微软公司将万千用户使用的办公软件 Office 与 OneDrive 结合,用户可以在线创建、编辑和共享文档,而且可以和本地的文档编辑进行任意的切换,本地编辑在线保存或在线编辑本地保存。在线编辑的文件是实时保存的,可以避免本地编辑时计算机死机造成的文件内容丢失,提高了文件的安全性。

(3)分享指定的文件、照片或整个文件夹,只需提供一个共享内容的访问链接给其他用户,其他用户就只能访问这些共享内容,无法访问未共享的内容。

四、设置 OneDrive

OneDrive 的功能十分强大,使用 OneDrive 软件可以添加多个账户,也可以设置自动保存,还可以设置自动 OneDrive 的上传和下载速度。

1.设置 OneDrive 自动登录

右击任务栏中的 OneDrive 图标,打开快捷菜单,选择"设置"命令,弹出 Microsoft OneDrive 对话框;在"设置"选项卡中,勾选"当我登录 Windows 时自动启动 OneDrive"复选框即可,如图 5-84 所示。

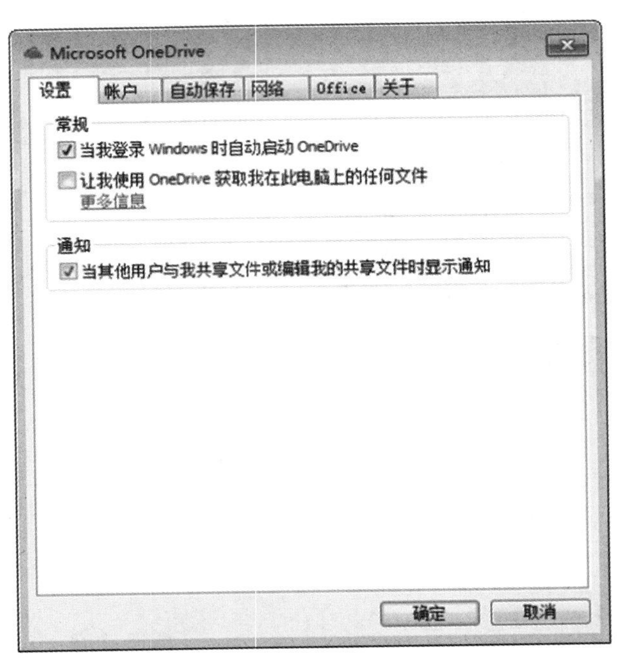

图 5-84 设置自动登录

2.添加账户

在 Microsoft OneDrive 对话框中单击"账户"选项卡,然后单击"添加账户"按钮,如图 5-85 所示。弹出"设置 OneDrive"对话框,依次输入账户和密码即可。

3.设置自动保存

在 Microsoft OneDrive 对话框中单击"自动保存"选项卡,在"照片和视频"和"屏幕快照"选项组中,勾选"每当我将照相机、手机或其他设备连接到我的电脑时自动将照片和视频保存到 OneDrive"复选框,继续勾选"自动将我捕获的屏幕截图保存到 OneDrive"复选框,即可自动保存照片、视频和快照,如图 5-86 所示。

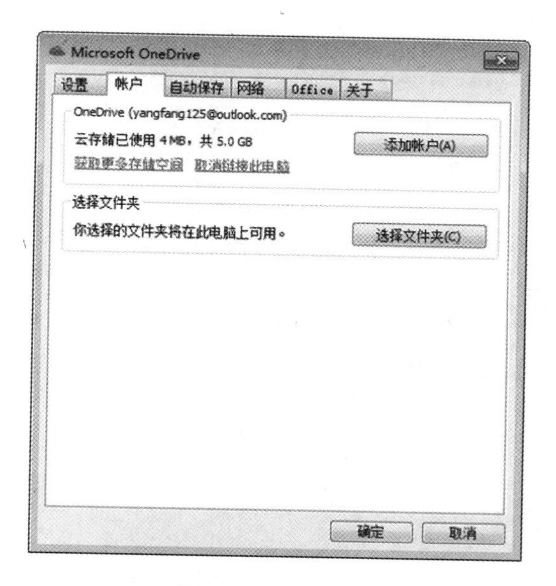

图 5-85 添加账户

4.设置网络

在 Microsoft OneDrive 对话框中单击“网络”选项卡，选中“限制为”单选按钮，并设置参数值，单击“确定”按钮，设置网络的上传和下载速度，如图 5-87 所示。

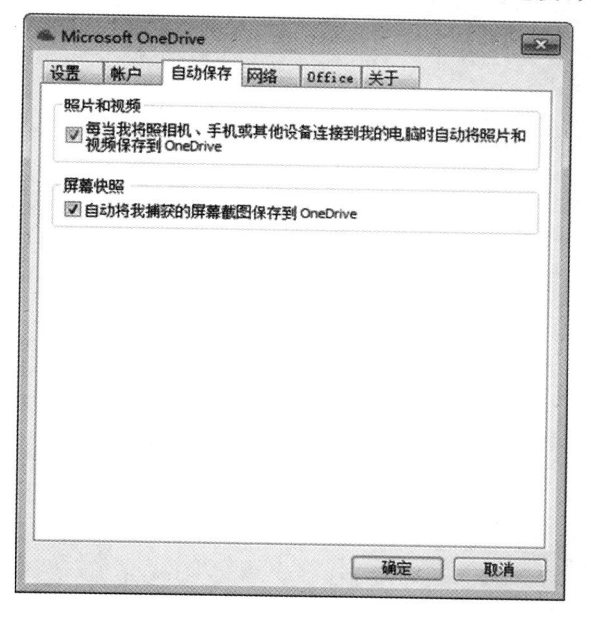

图 5-86 设置自动保存

图 5-87 设置网络

自主实践活动

根据本项目所学知识，尝试使用 Outlook 管理邮件，使用 OneDrive 跨地区办公。

难易指数：★★★★☆

学习目标：掌握使用 Outlook 收发电子邮件、OneDrive 跨地区办公等的方法。

项目小结

利用 Office 软件中的其他组件可以协助用户办公和学习。例如，使用 Outlook 管理邮件，使用 OneNote 整理笔记，使用 OneDrive 上传与共享文件。本项目中的任务采用知识点讲解与动手练习相结合的方式，详细讲解了 Office 软件中其他组件的应用，帮助读者快速学会软件基本使用方法的同时，能掌握各类 Office 组件的使用技巧。

项目六 无线移动办公的应用

情境描述

移动办公是指在任何时间、任何地点处理与业务相关的任何事情。这是一种全新的办公模式，可以让办公人员摆脱时间和地点的束缚，利用手机的移动信息化软件，建立手机与计算机互联互通的企业软件应用系统，随时随地进行随身化的公司管理和沟通，大大提高工作效率。本项目通过编辑工作总结文档、制作工资报表以及使用手机协助办公三个任务，详细讲解了应用无线移动网络进行办公的具体方法。

任务一 查看并编辑工作总结文档

任务描述

WPS Office 主要用于编辑和查看文档、工作表，因此，在手机中安装 WPS Office App 后，同样可以进行办公文档的查看与编辑操作。

任务分析

在使用手机编辑办公文档之前，需要在手机上安装 WPS Office App，打开手机中的办公文档，然后对办公文档进行编辑操作。在安装手机办公软件之前，需要先在手机上下载并安装“应用宝”App。

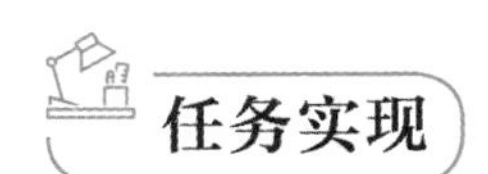

一、安装 WPS Office App

STEP 1 在手机桌面上点击“应用宝”图标，打开“应用宝”窗口，点击搜索栏，打开输入法，输入“office”，如图 6-1 所示。

STEP 2 点击搜索栏右侧的“搜索”按钮，即可开始搜索 WPS Office App，并显示搜索结果，点选 WPS Office，并点击“下载”按钮，如图 6-2 所示。

图 6-1 输入“office”

图 6-2 点选 WPS Office

STEP 3 完成上述操作，即可开始下载 WPS Office App，并显示下载进度，如图 6-3 所示。

STEP 4 下载完成后，在程序的右侧点击“安装”按钮，如图 6-4 所示。

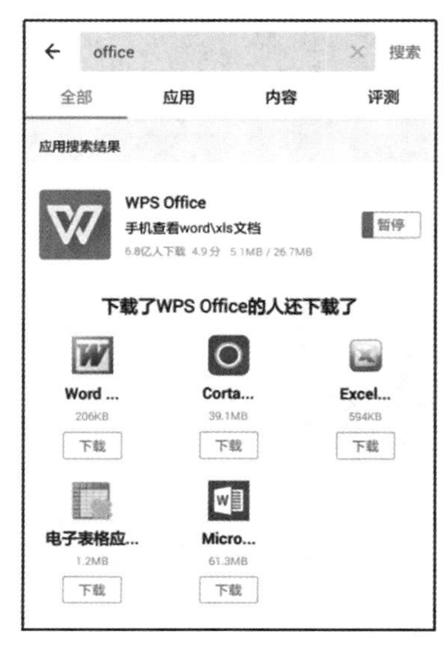

图 6-3 显示下载进度

图 6-4 点击“安装”按钮

STEP 5 打开安装界面，并点击“安装”按钮，如图 6-5 所示。

STEP 6 进入“正在安装”界面，开始安装 App，并显示安装进度，如图 6-6 所示。

图 6-5　点击“安装”按钮

图 6-6　显示安装进度

STEP 7 安装完成后，显示应用已安装信息，点击“打开”按钮，如图 6-7 所示。

STEP 8 进入 WPS Office App 主界面，完成 WPS Office App 的下载与安装，如图 6-8 所示。

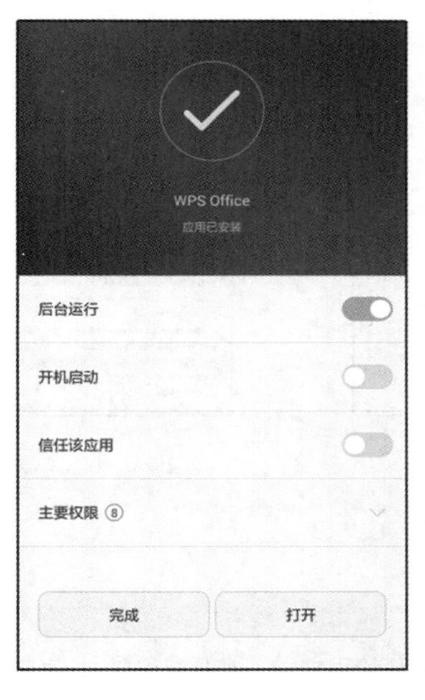

图 6-7　点击“打开”按钮

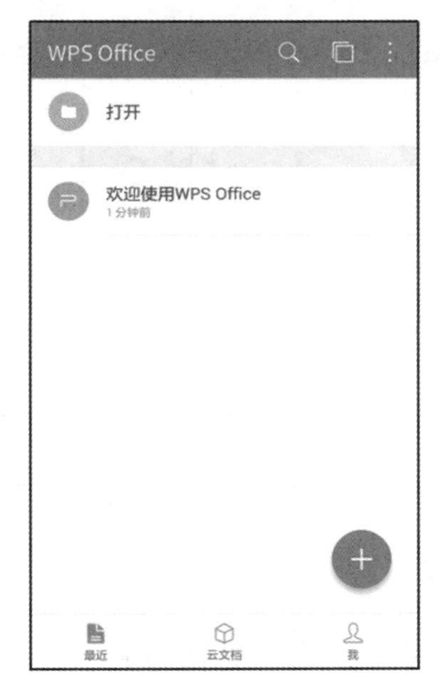

图 6-8　进入程序界面

二、打开并查看办公文档

STEP 1 在手机桌面上，点击 WPS Office 图标，如图 6-9 所示。

STEP 2 打开 WPS Office App 主界面，点击“打开”按钮，如图 6-10 所示。

图 6-9 点击程序图标

图 6-10 点击“打开”按钮

STEP 3 进入“打开”界面，点击 DOC，如图 6-11 所示。

STEP 4 进入“所有文档”界面，点击“个人工作总结”文档，如图 6-12 所示。

STEP 5 完成上述操作，即可打开选择的文档，并查看文档中的内容，如图 6-13 所示。

图 6-11 点击 DOC

图 6-12 点击文档

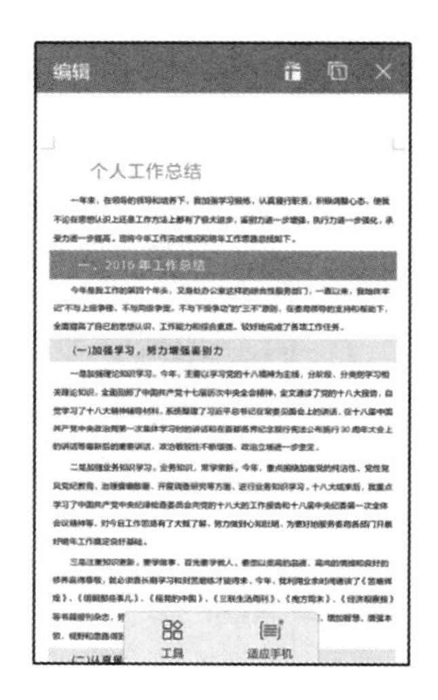

图 6-13 打开文档

提示

打开办公文档时，可以在“打开”界面中点击“WPS 云文档”选项，直接打开软件存储的文档进行编辑。

三、在手机上查找文档

STEP 1 在已经打开的文档界面中，点击“工具”按钮，如图 6-14 所示。

STEP 2 展开工具面板，在“查看”选项卡中，点击“查找文档内容”选项，如图 6-15 所示。

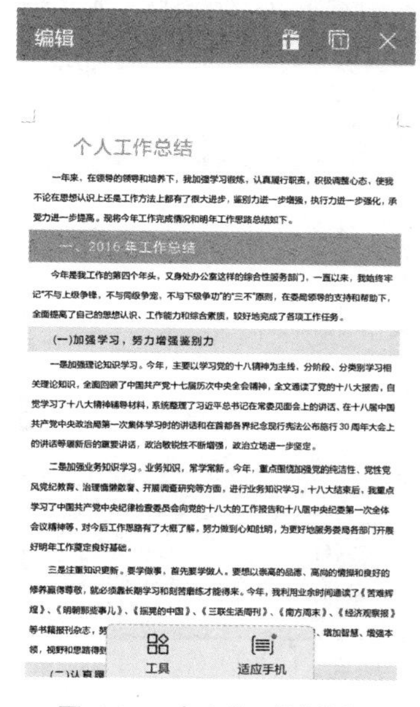

图 6-14 点击“工具”按钮

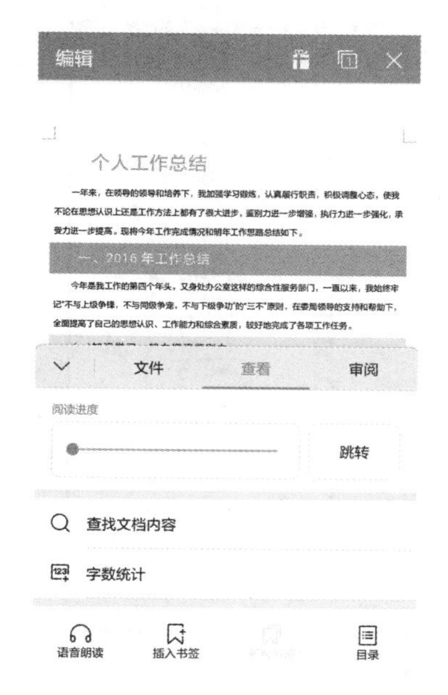

图 6-15 点击“查找文档内容”选项

STEP③ 展开“查找”文本框和输入法，使用输入法在“查找”文本框中输入“学习”文本，并点击其右侧的“搜索”按钮，如图 6-16 所示。

STEP④ 完成上述操作，即可查找出“学习”文本，并点击新弹出的工具栏中的“下一项”按钮，即可查找出下一个“学习”文本，并查看文档效果，如图 6-17 所示。

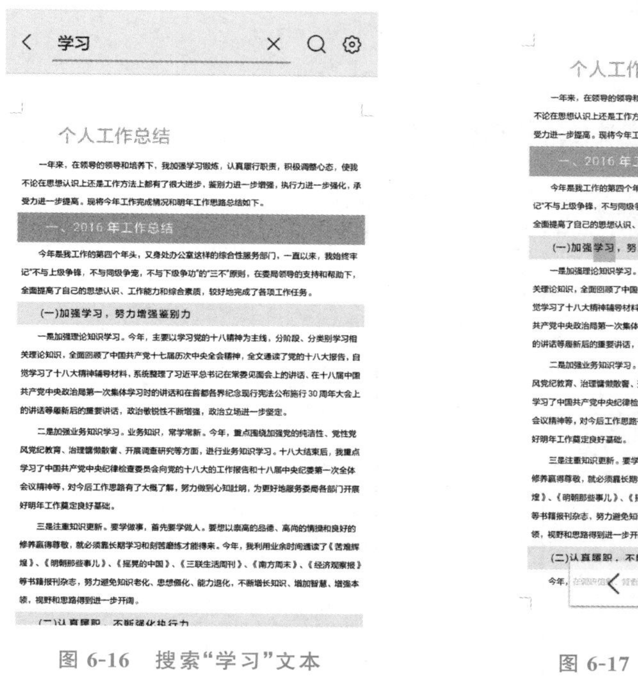

图 6-16 搜索“学习”文本

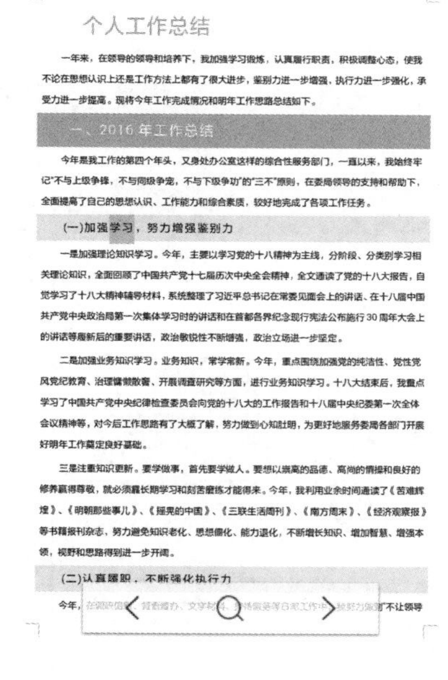

图 6-17 下一个“学习”文本

四、统计文档中的字数

STEP① 在工具面板中，点击“字数统计”选项，如图 6-18 所示。

STEP② 弹出“字数统计”对话框，即可统计出全文的字数，并显示统计结果，如图 6-19 所示。

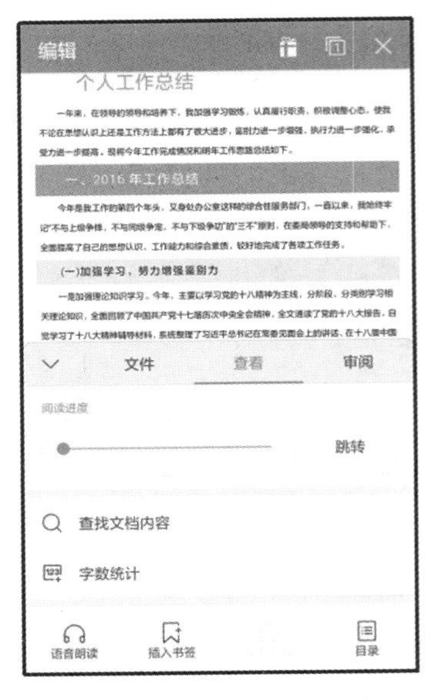

图 6-18　点击“字数统计”选项

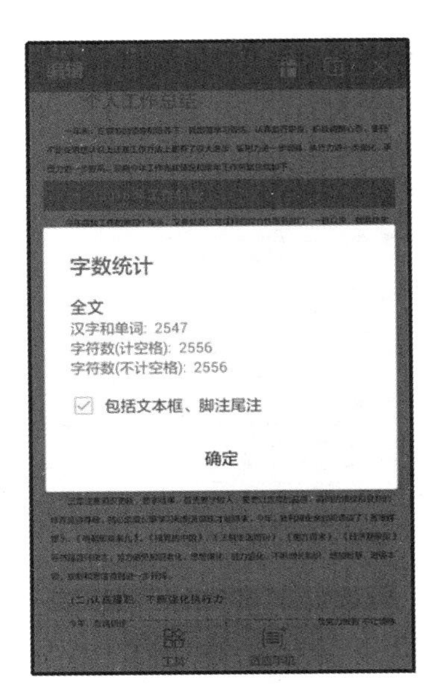

图 6-19　显示统计结果

提示

在“字数统计”对话框中，如果取消勾选“包括文本框、脚注尾注”复选框，则统计字数时不包含文本框、脚注和尾注中的字数。

五、设置文档中的字体格式

STEP 1 在已经打开的文档界面中，点击“编辑”选项，如图 6-20 所示。

STEP 2 进入文档编辑模式，将光标定位在相应的文本后，并弹出工具栏，点击“全选”按钮，如图 6-21 所示。

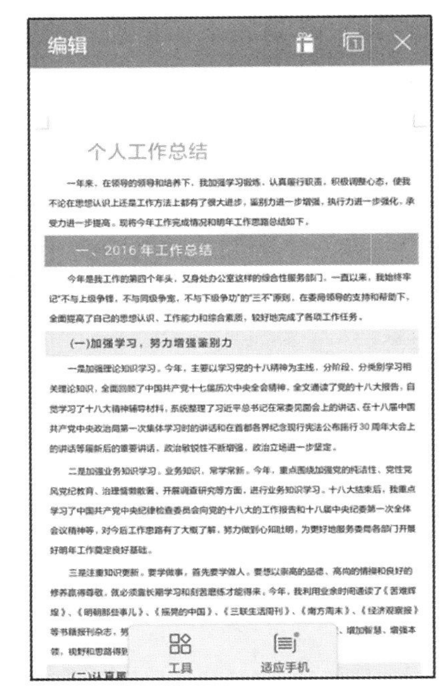

图 6-20　点击“编辑”选项

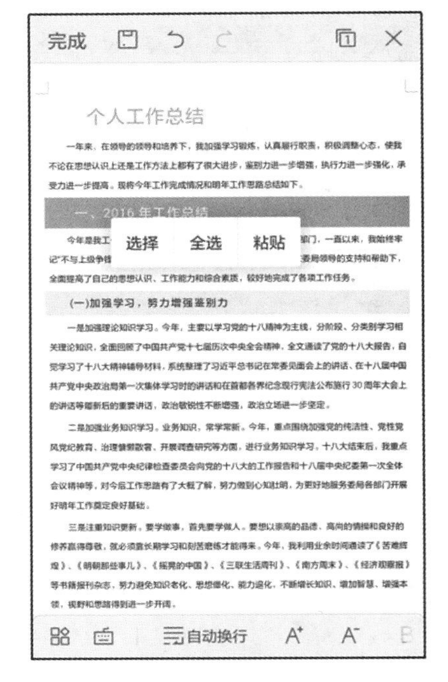

图 6-21　点击“全选”按钮

STEP③ 完成上述操作，即可选择整个标题文本，并在文档界面的左下方，点击“设置文本格式”按钮，如图 6-22 所示。

STEP④ 展开工具面板，在“开始”选项卡中，点选“居中”按钮，即可将文档的标题文本进行居中对齐，如图 6-23 所示。

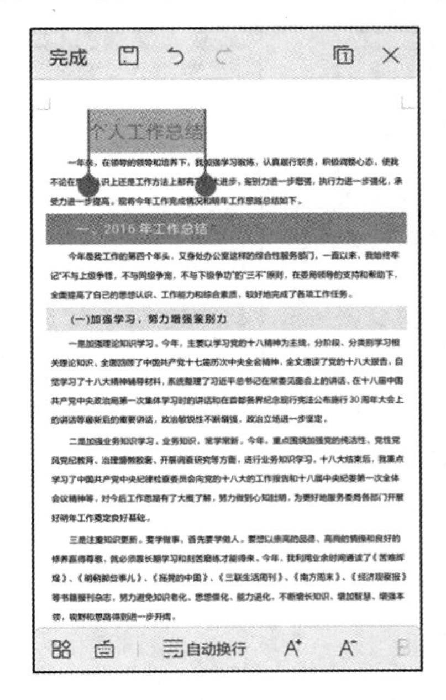

图 6-22　点击“设置文本格式”按钮

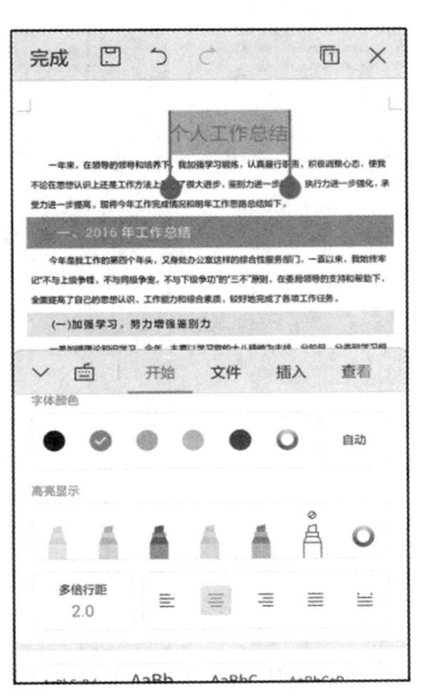

图 6-23　文本居中对齐

STEP⑤ 在工具面板中，点击“字号”按钮，如图 6-24 所示。

STEP⑥ 展开字号面板，设置“字号”为“26”，即可重新设置文本字号的大小，如图 6-25 所示。

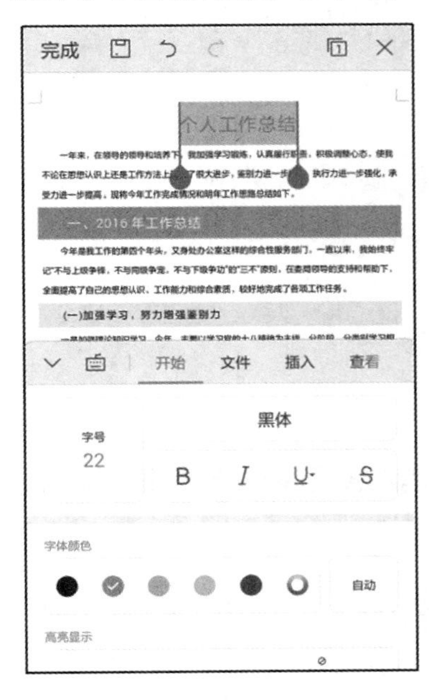

图 6-24　点击“字号”按钮

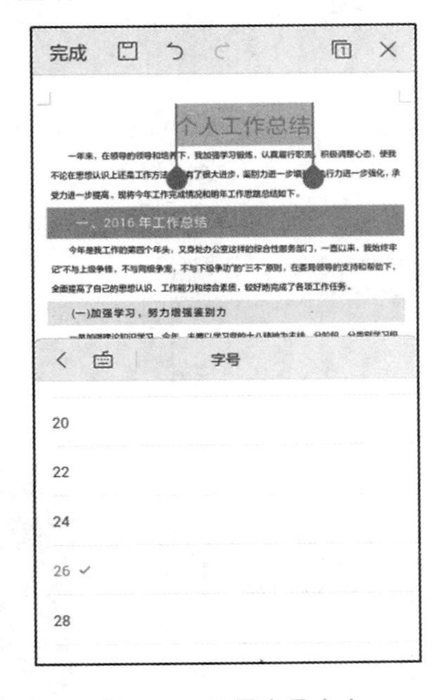

图 6-25　设置字号大小

STEP⑦ 返回工具面板，在“字体颜色”选项组中，点选“浅绿”颜色，即可设置字体颜色，如图 6-26 所示。

STEP⑧ 在文档界面中，点击“保存”按钮，即可保存文档，如图 6-27 所示。

STEP⑨ 退出文档编辑模式，查看格式设置效果，如图 6-28 所示。

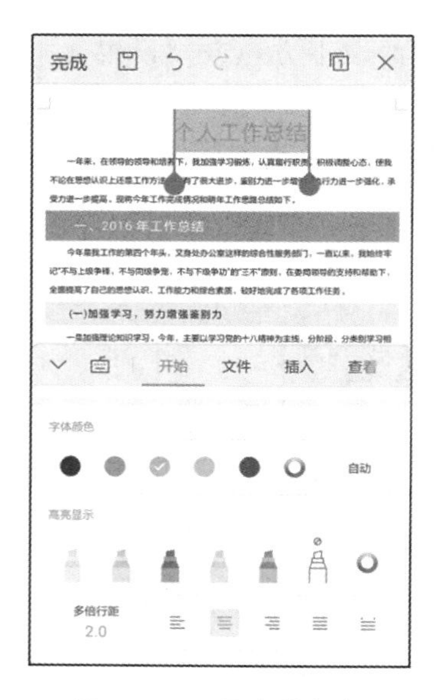

图 6-26　设置字体颜色

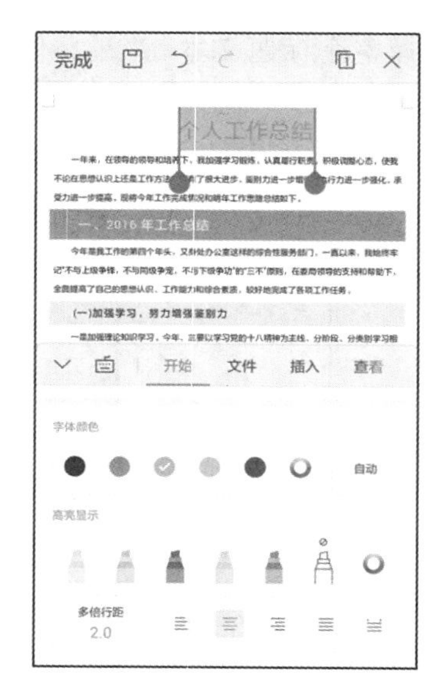

图 6-27　保存文档

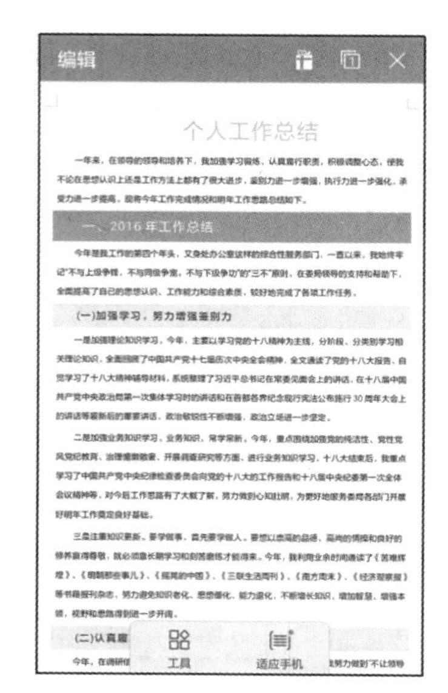

图 6-28　查看文档格式

知识链接

一、使用 WPS Office App 编辑演示文稿

WPS Office App 不仅可以编辑文档，还可以编辑演示文稿。在 WPS Office App 中可以直接播放演示文稿，查看幻灯片效果，还可以为演示文稿加密，以防其他用户使用。

1. 播放演示文稿

在 WPS Office App 主界面中，点击“打开”界面下的 PPT 按钮，进入“所有文档”界面，点击需要打开的演示文稿，点击演示文稿界面下方工具栏中的“播放”按钮，如图 6-29 所示。进入幻灯片的播放界面，开始播放幻灯片，效果如图 6-30 所示。

图 6-29　点击“播放”按钮

图 6-30　开始播放幻灯片

2. 加密演示文稿

使用“加密文档”功能，可以快速为文档添加密码，以免别人盗用。在演示文稿的查看界面中，单击下方工具栏中的“播放”按钮，在弹出的界面中，点击“加密文档”选项，如图 6-31 所示。弹出“添加密码”对话框，在“输入密码”和“确认密码”文本框中输入相同的密码，点击“确定”按钮，完成密码的添加，如图 6-32 所示。

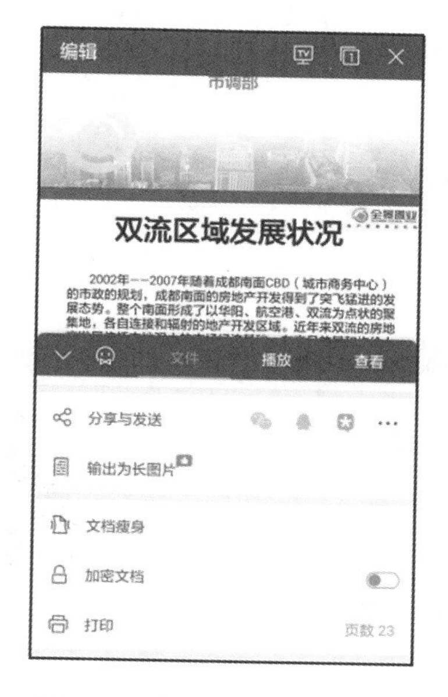

图 6-31　点击“加密文档”选项

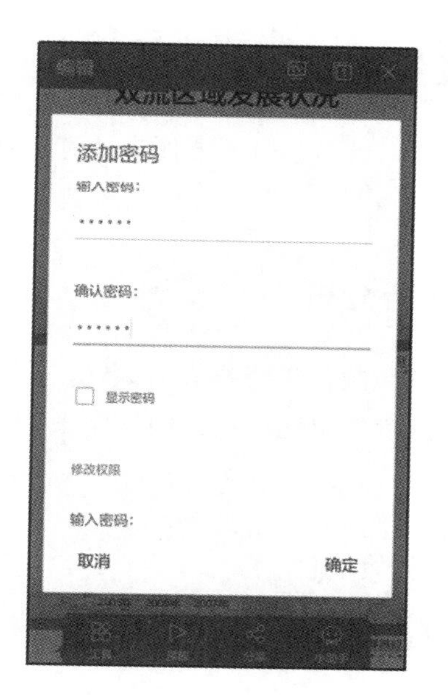

图 6-32　“添加密码”对话框

二、将工作表输出为 PDF 格式

在 WPS Office App 中，可以将工作表输出为 PDF 格式。在 WPS Office App 中打开工作表后，在编辑界面中点击“工具”按钮，展开面板，点击“输出为 PDF”选项，如图 6-33 所示。进入“保存”界面，设置输出文件名称，点击“输出为 PDF”按钮，将工作表输出为 PDF 格式，如图 6-34 所示。

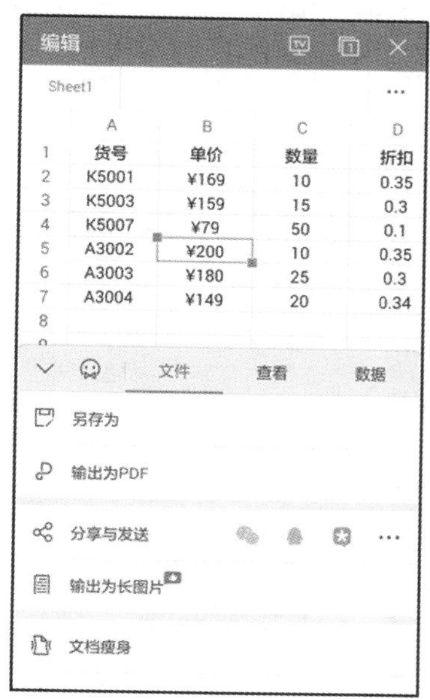

图 6-33　点击“输出为 PDF”选项

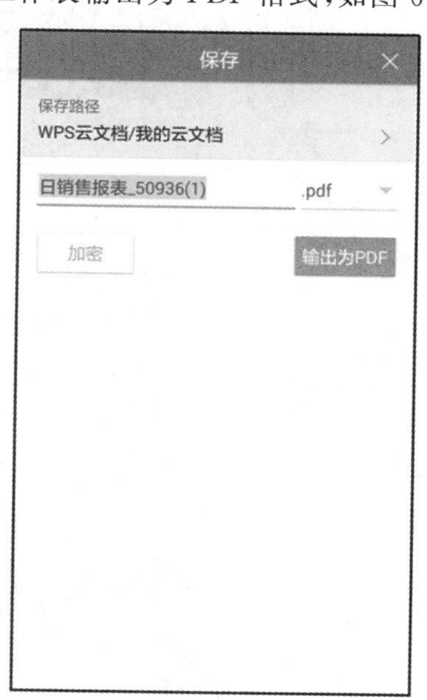

图 6-34　点击“输出为 PDF”按钮

任务二　使用 Office Suite 制作工资报表

任务描述

办公人员出差时不方便带计算机，可以使用手机制作工资报表。

任务分析

用户在制作工资报表时，首先需要新建工作表并输入数据，然后使用函数求和数据，最后依次对工资报表的单元格进行编辑操作，得到最终的工资报表效果。

★ 微视频

使用OfficeSuite制作工资报表

任务实现

一、新建工作表并输入数据

STEP 1 在手机桌面上，点击 OfficeSuite 图标，打开 OfficeSuite 窗口，点击加号图标，如图 6-35 所示。

STEP 2 进入“创建文档”界面，在“电子表格”选项组中，点击“空白”图标，如图 6-36 所示。

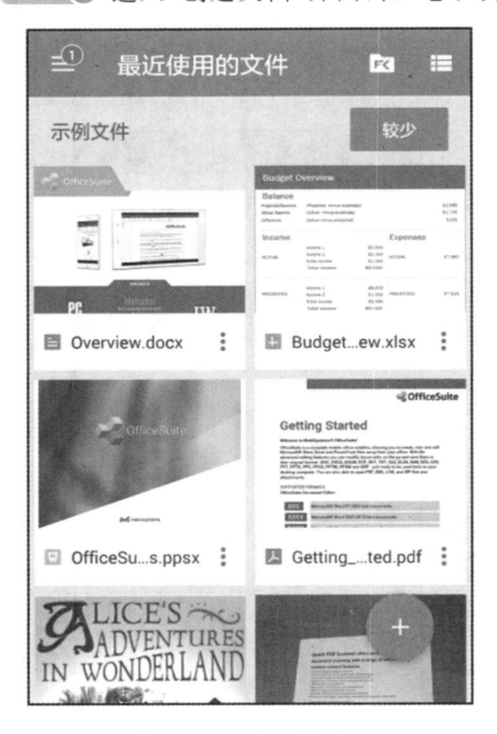

图 6-35　点击加号图标

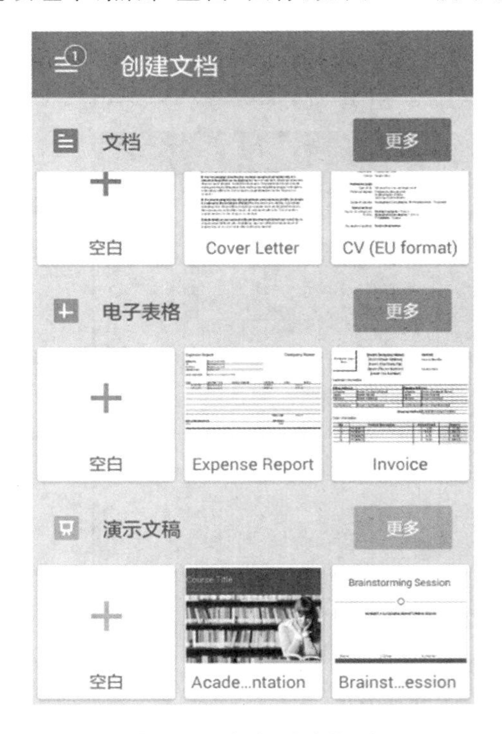

图 6-36　点击“空白”图标

STEP 3 完成上述操作，即可新建一个空白工作表，并进入新工作表界面，选择 A1 单元格，如图 6-37 所示。

STEP 4 打开手机内置输入法，在工作表的相应单元格中依次输入数据和文本，如图 6-38 所示。

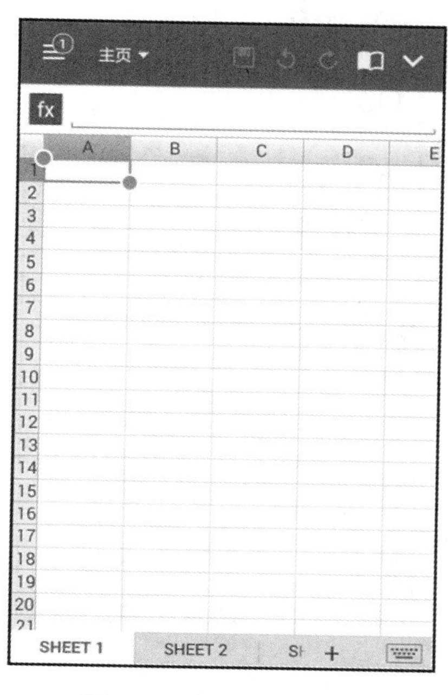

图 6-37　选择 A1 单元格

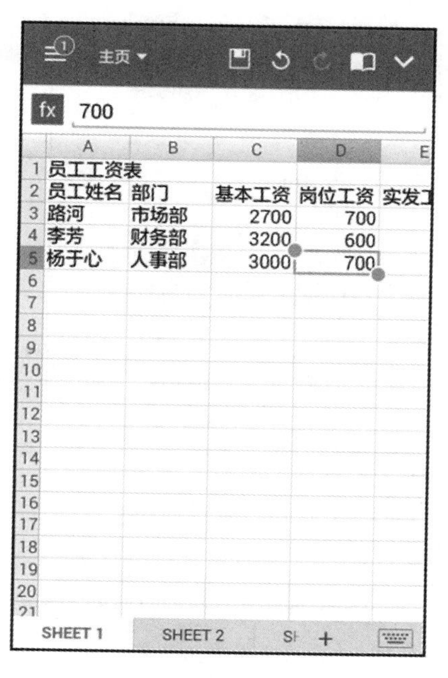

图 6-38　输入数据和文本

二、使用函数求和数据

STEP 1 选择 E3 单元格，点击展开按钮，展开面板，点击“自动合计”按钮，如图 6-39 所示。即可自动显示求和函数公式，并自动求和得出实发工资，如图 6-40 所示。

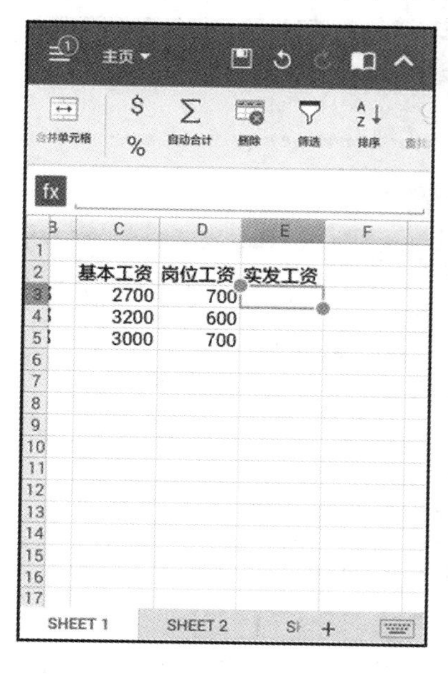

图 6-39　点击“自动合计”按钮

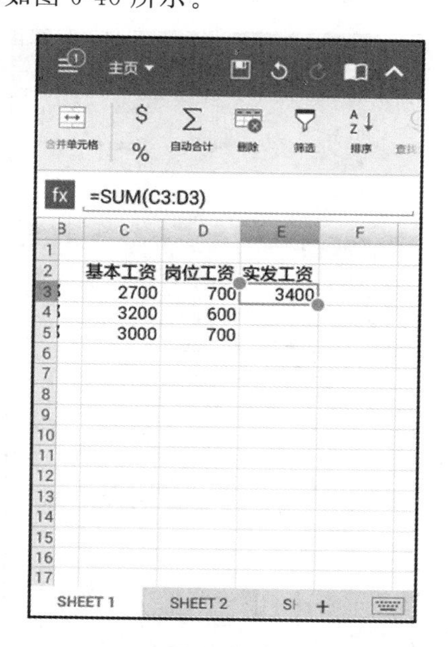

图 6-40　自动求和得出实发工资

STEP 2 选择 E4 单元格，点击“自动合计”按钮，显示求和函数公式，并对求和函数公式进行修改，如图 6-41 所示。

STEP 3 选择 E5 单元格，点击“自动合计”按钮，显示求和函数公式，并对求和函数公式进行修改，如图 6-42 所示。

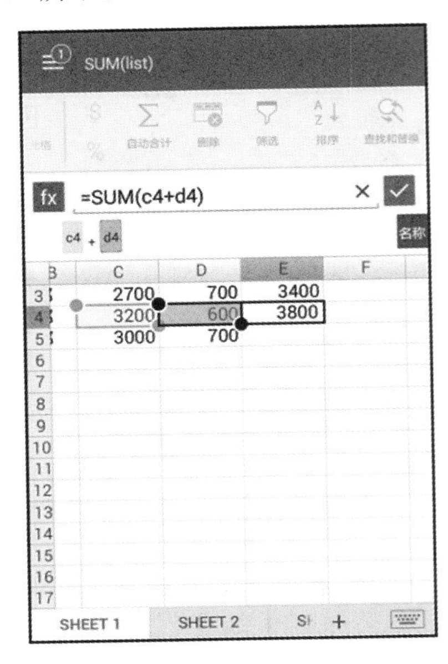

图 6-41 E4 单元格自动求和

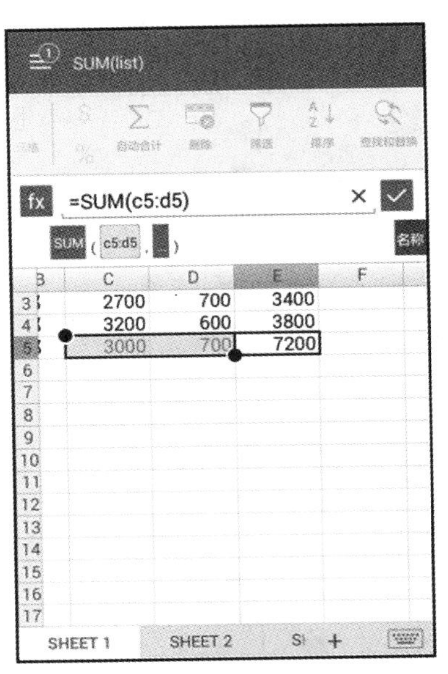

图 6-42 E5 单元格自动求和

三、合并工作表中的单元格

STEP 1 在工作表中点击单元格并拖曳，选择单元格区域，点击“合并单元格”按钮，如图 6-43 所示。

STEP 2 完成上述操作，即可完成工作表中单元格的合并，如图 6-44 所示。

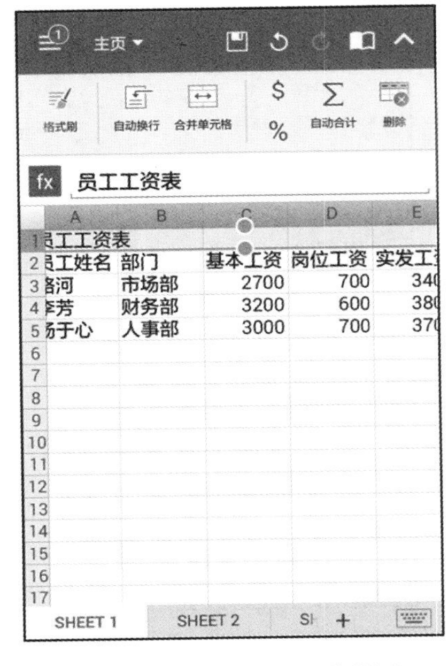

图 6-43 点击“合并单元格”按钮

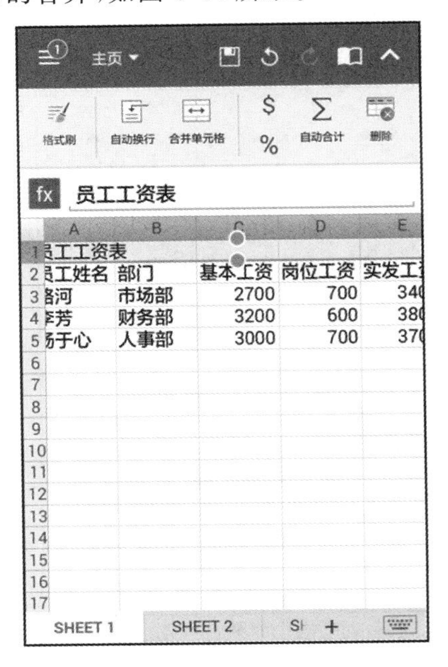

图 6-44 合并单元格

> **提示**
>
> 在工作表中输入数据时，如果数据内容过多，则可以在工作表界面中点击“自动换行”按钮，将单元格中的数据进行自动换行。

四、居中对齐工作表数据

STEP 1 在工作表中，点击单元格并拖曳，选择合适的单元格区域，如图 6-45 所示。

STEP 2 依次在面板中，点击上下两个居中按钮，即可居中对齐工作表数据，如图 6-46 所示。

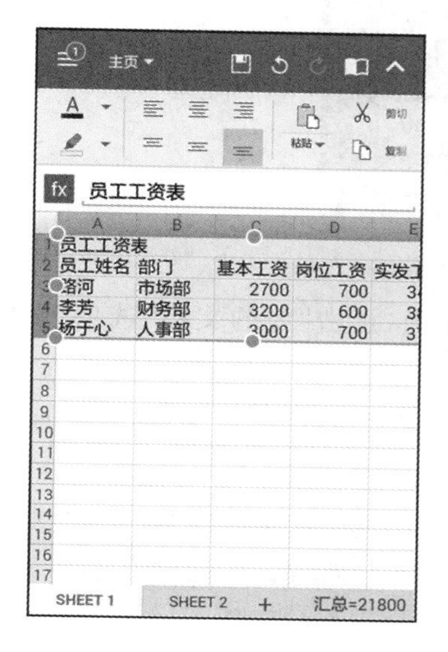

图 6-45　选择单元格区域

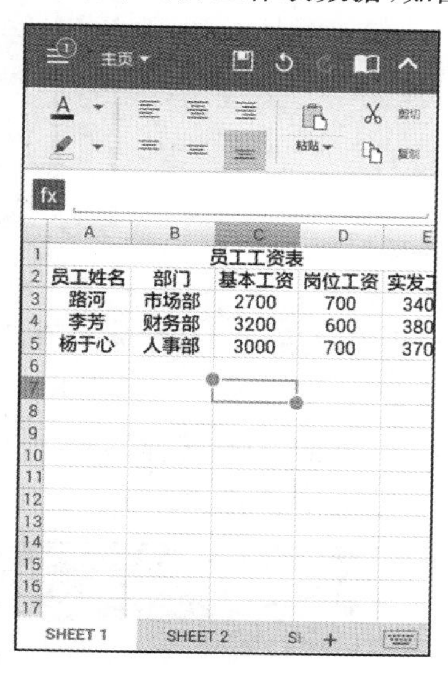

图 6-46　居中对齐表格数据

五、保存工作表

STEP 1 在工作表界面中，点击“保存”按钮，如图 6-47 所示。

STEP 2 打开“另存为”对话框，直接点选“Excel 工作簿(*. xlsx)”选项，如图 6-48 所示。

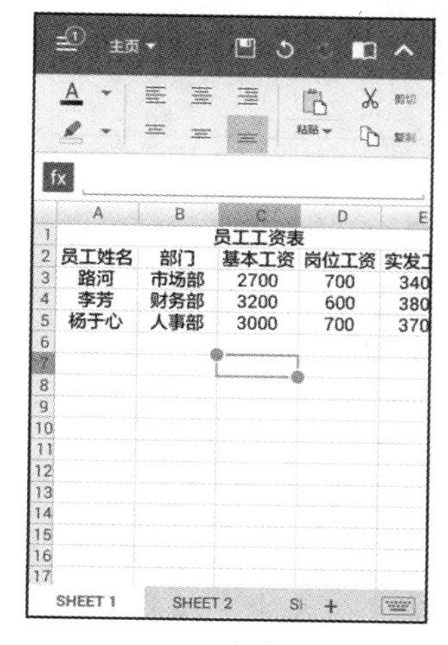

图 6-47　点击“保存”按钮

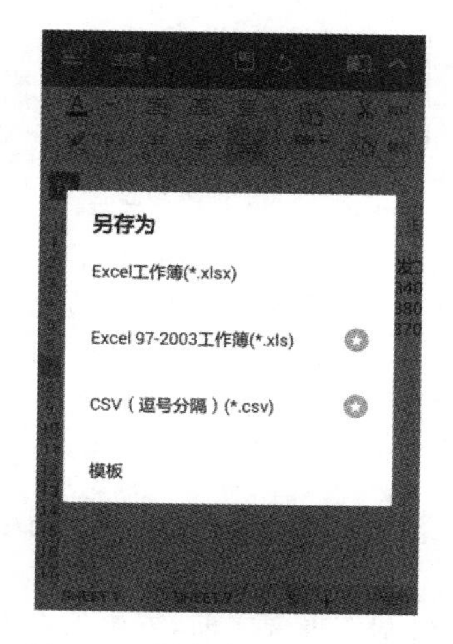

图 6-48　另存为 Excel 工作簿

STEP 3 进入“另存为我的设备”界面，并打开输入法，输入工作表名称“员工工资表”，如图 6-49 所示。

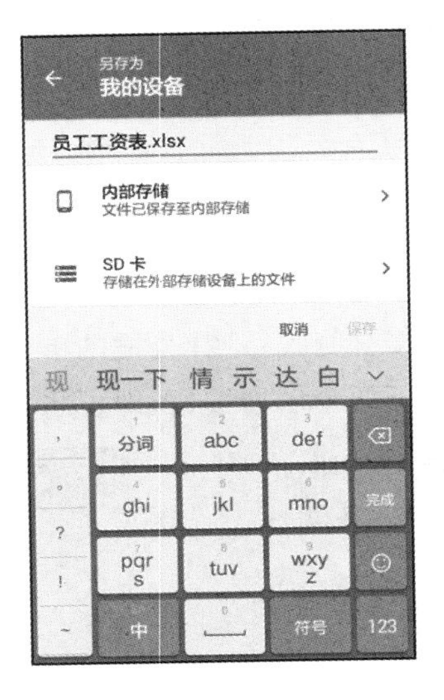

图 6-49 输入工作表名称

STEP 4 输入完成后，在“另存为我的设备”界面中，点击“我的文档”选项，设置保存路径，如图 6-50 所示。

STEP 5 进入“我的文档”界面，并点击界面右下方的“保存”按钮，即可将新创建的工作表保存到设置好的路径中，如图 6-51 所示。

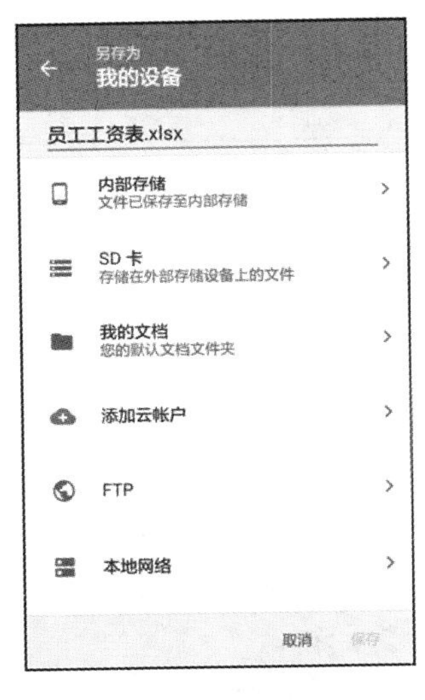

图 6-50 设置保存路径

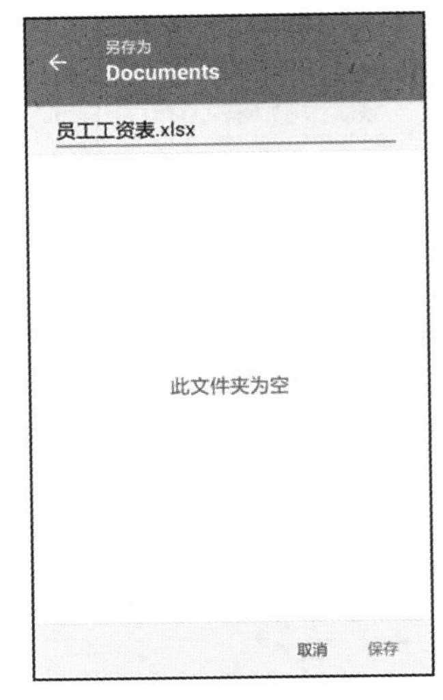

图 6-51 保存工作表

知识链接

一、安装 OfficeSuite App

用户在使用手机制作报表之前，需要先将 OfficeSuite App 安装在手机上。OfficeSuite 可以新建、编辑文档、工作表和演示文稿。

在手机桌面上，点击“应用宝”图标，打开“应用宝”窗口，点击搜索栏，打开输入法，输入“office”，并点击搜索栏右侧的“搜索”按钮，即可开始搜索 OfficeSuite App，并显示搜索结果，点选合适的搜索结果，点击“下载”按钮，如图 6-52 所示。下载完成后，会自动打开安装界面，点击“安装”按钮，即可开始安装 OfficeSuite App，如图 6-53 所示。

图 6-52　点击“下载”按钮

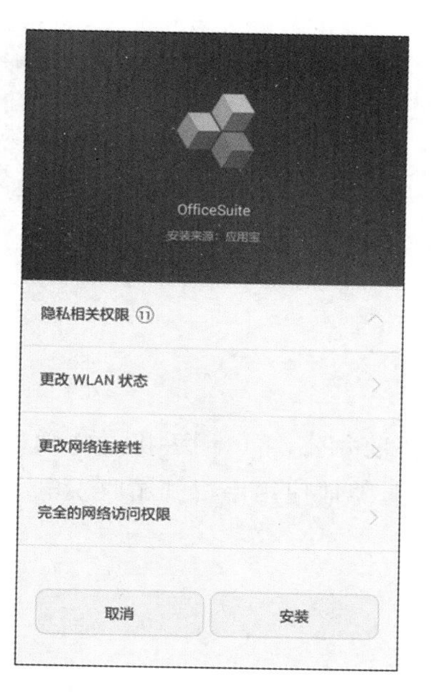

图 6-53　点击“安装”按钮

二、将工作表发送到计算机

保存好工作表后，为了防止意外情况导致工作表丢失，用户可以使用“发送”功能，将已保存好的工作表发送到计算机中。

在工作表中，点击相应的 ⋮ 按钮，展开列表，点击“发送”选项，如图 6-54 所示。打开“发送文件”对话框，点击“发送到我的电脑”图标，即可将选中的工作表发送到计算机中，如图 6-55 所示。

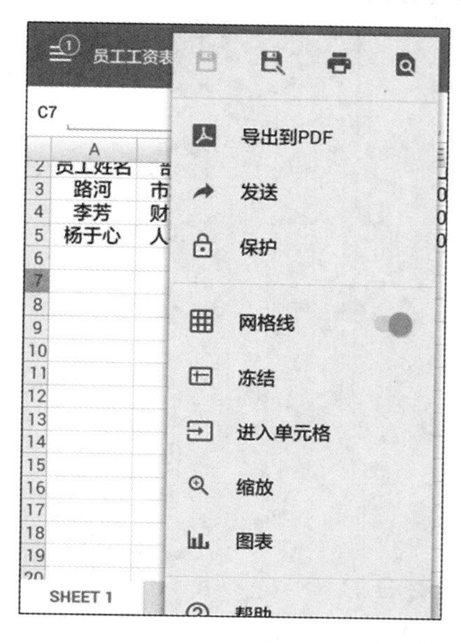

图 6-54　点击“发送”选项

图 6-55　点击“发送到我的电脑”图标

任务三　使用手机协助办公

任务描述

随着智能化时代的来临，目前 QQ、邮箱、网盘、浏览器等都具有 iPhone、iPad、Android 等平台客户端。因此，在手机上安装这些 App，用户可以随时随地进行办公，不受时间和地域的限制。

任务分析

使用手机协助办公，可以用手机 QQ 随时随地和客户、同事沟通交流工作问题，开启多人视频会议，还可以随时随地使用手机邮箱收发电子邮件。

★ 微视频

使用手机协助办公

任务实现

一、使用手机 QQ 在线交流工作问题

STEP 1 点击手机桌面上的 QQ 图标，进入登录界面，点击文本框，依次输入 QQ 账号和密码，点击“登录”按钮，如图 6-56 所示。

STEP 2 完成上述操作，即可登录 QQ，并进入 QQ 的“消息”界面，如图 6-57 所示。

STEP 3 在 QQ“消息”界面中，点击“联系人”按钮，如图 6-58 所示。

图 6-56　输入 QQ 账号和密码

图 6-57　登录 QQ

图 6-58　点击“联系人”按钮

STEP 4 进入“联系人”界面，点击“我的好友”选项，如图 6-59 所示。

STEP 5 展开选择的选项，显示联系人信息，选择联系人“狮子座”，如图 6-60 所示。

STEP 6 打开联系人“狮子座”界面，点击“发消息”按钮，如图 6-61 所示。

图 6-59 点击“我的好友”选项

图 6-60 选择联系人

图 6-61 点击“发消息”按钮

STEP 7 打开“聊天窗口”界面，点击界面最下方的文本框，如图 6-62 所示。

STEP 8 打开输入法，在文本框中输入文本内容，输入完成后，点击“发送”按钮，如图 6-63 所示。

图 6-62 点击文本框

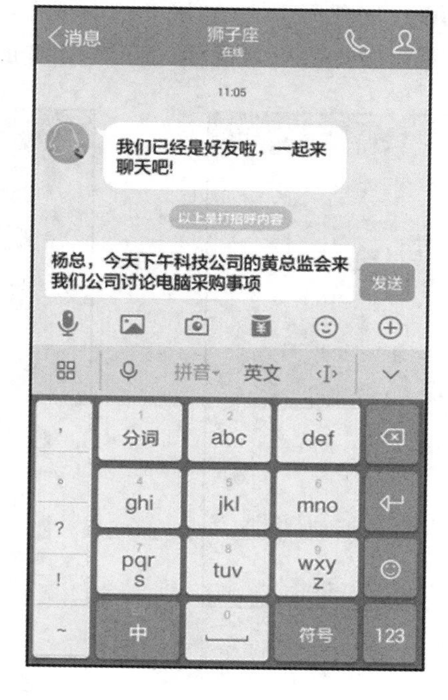

图 6-63 输入文本内容

STEP 9 完成上述操作，即可将输入的文本发送给联系人“狮子座”，并在“聊天窗口”界面中显示已发送的信息，如图 6-64 所示。

STEP 10 稍等片刻后，对方将回复信息，并在“聊天窗口”界面中显示回复的信息，如图 6-65 所示。

图 6-64　发送信息

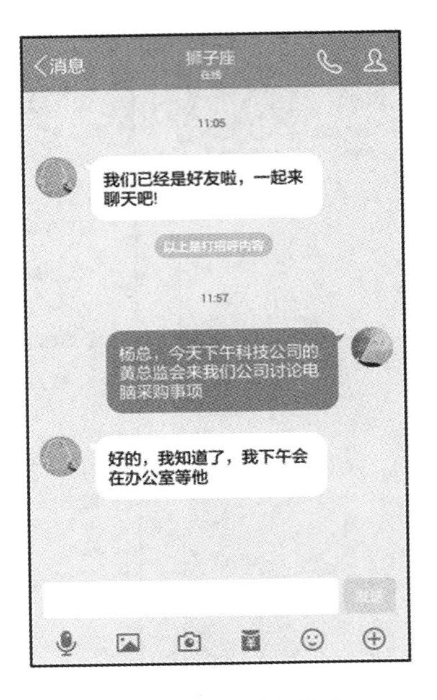

图 6-65　显示回复信息

二、使用手机 QQ 实现多人视频会议

STEP 1　在"聊天窗口"界面的最下方，点击"添加"按钮 ⊕，如图 6-66 所示。

STEP 2　展开面板，并在展开的面板中，点击"视频电话"图标，如图 6-67 所示。

STEP 3　弹出提示对话框，提示使用美颜相机，点击"跳过"按钮，如图 6-68 所示。

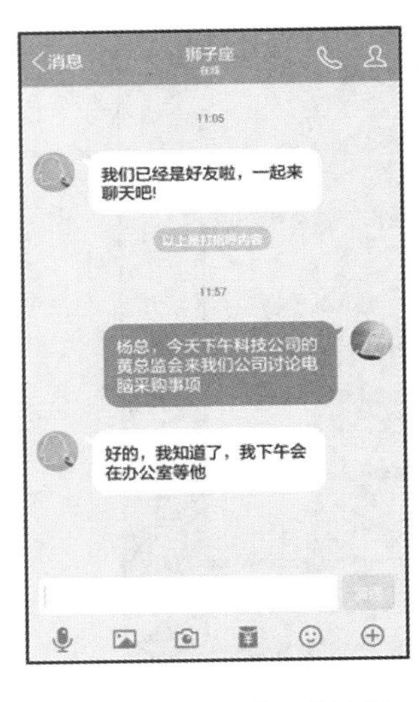

图 6-66　点击"添加"按钮

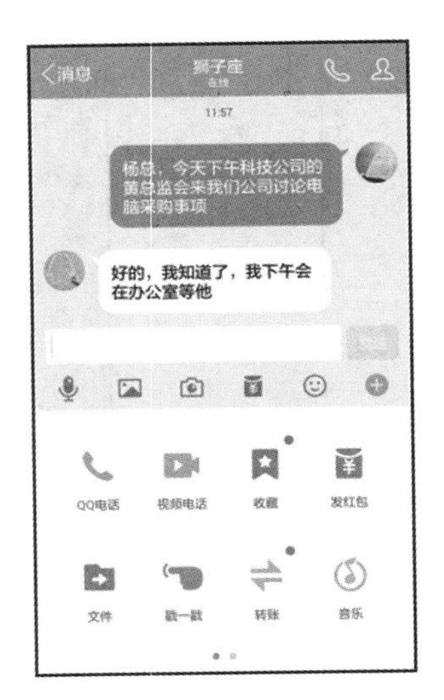

图 6-67　点击"视频电话"图标

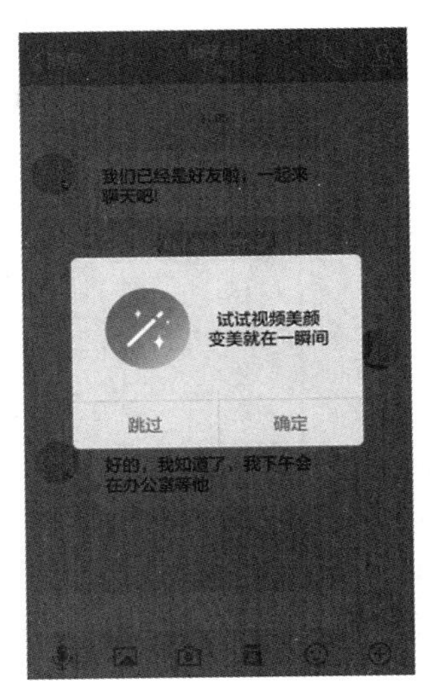

图 6-68　点击"跳过"按钮

STEP 4　进入"视频聊天"界面，开始呼叫对方，等待对方接听，如图 6-69 所示。

STEP 5　待对方接听后，将显示出对方的视频聊天界面，开始进行视频会议，如图 6-70 所示。

STEP 6　在"视频聊天"界面中点击，展开隐藏的面板，再点击"邀请成员"按钮，如图 6-71 所示。

图 6-69　呼叫对方

图 6-70　开始视频会议聊天

图 6-71　点击“邀请成员”按钮

STEP 7 进入“邀请成员”界面，点击“QQ 好友”，如图 6-72 所示。

STEP 8 进入“QQ 好友”选项卡，点击“我的好友”选项，如图 6-73 所示。

STEP 9 展开“我的好友”列表，选择联系人“杨杨”，如图 6-74 所示。

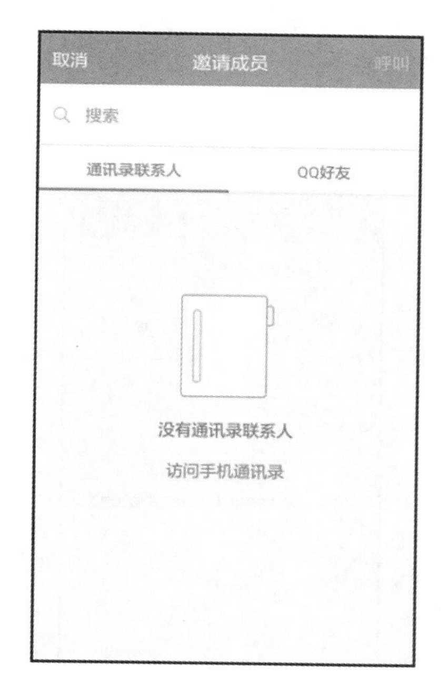

图 6-72　点击“QQ 好友”

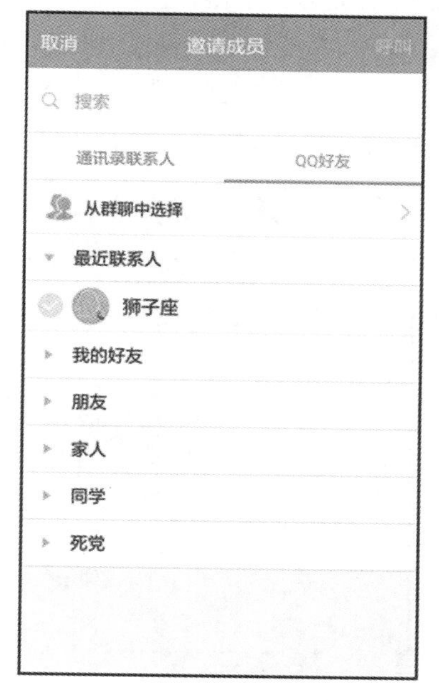

图 6-73　点击“我的好友”选项

图 6-74　选择联系人

STEP 10 弹出提示对话框，提示用户是否邀请多人加入聊天，点击“继续”按钮，如图 6-75 所示。

STEP 11 进入“视频聊天”界面，完成多人的邀请，开始等待对方回应，如图 6-76 所示。

STEP 12 当对方回应后，视频聊天会变成三个人，如图 6-77 所示。

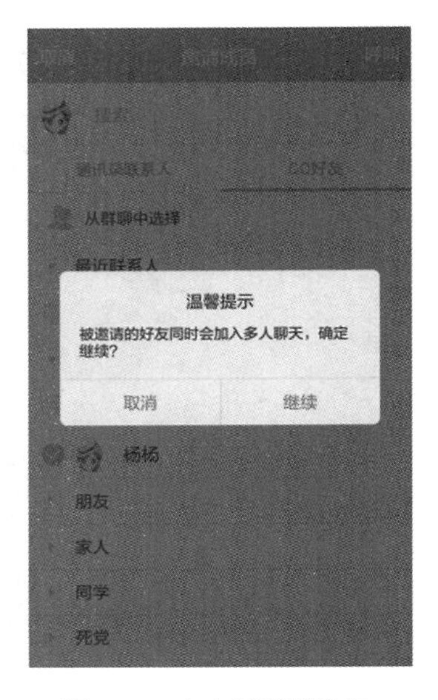

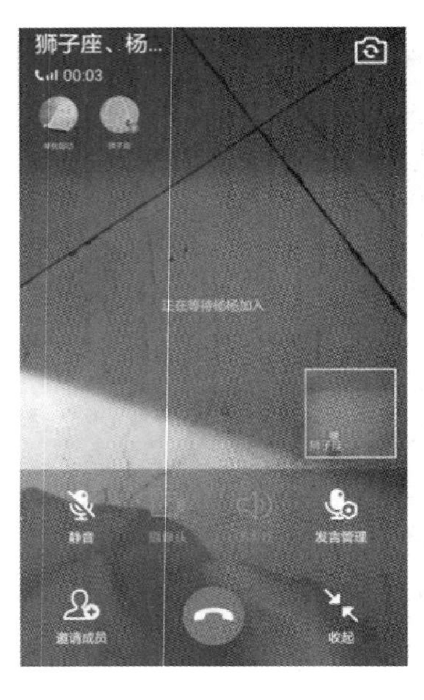

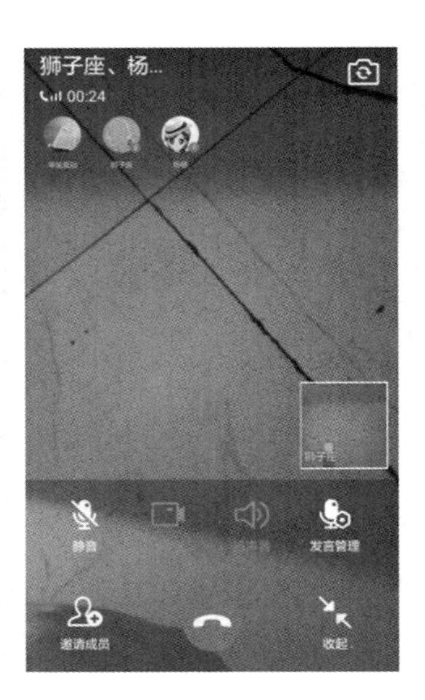

图 6-75　点击“继续”按钮　　图 6-76　等待对方回应　　图 6-77　多人视频聊天

 三、远程查看计算机文档

STEP 1 在 QQ 程序界面，点击“联系人”按钮，进入“联系人”界面，点击“我的设备”选项，点击“我的电脑”选项，如图 6-78 所示。

STEP 2 打开“我的电脑”聊天窗口，点击“电脑”图标，如图 6-79 所示。

STEP 3 进入“电脑文件”界面，点击“申请授权”按钮，如图 6-80 所示。

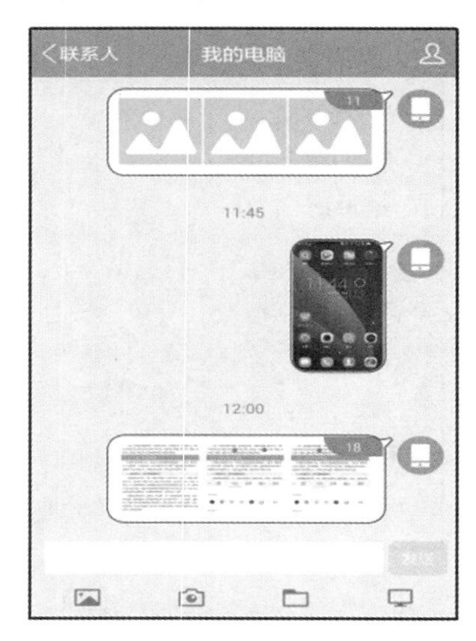

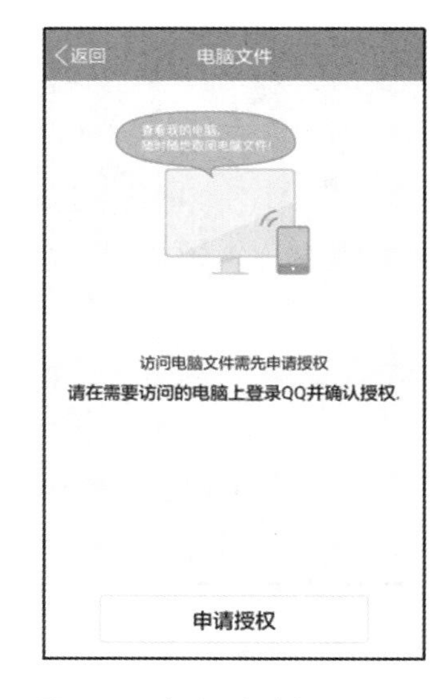

图 6-78　点击“我的电脑”选项　　图 6-79　点击“电脑”图标　　图 6-80　点击“申请授权”按钮

STEP 4 进入“正在连接到电脑”界面，即可开始连接计算机，如图 6-81 所示。

STEP 5 在计算机上将弹出“权限请求”对话框，在文本框中依次输入密码，单击“授权”按钮，如图 6-82 所示。

STEP 6 稍后将进入“电脑文件”界面，输入密码，点击“确定”按钮，如图 6-83 所示。

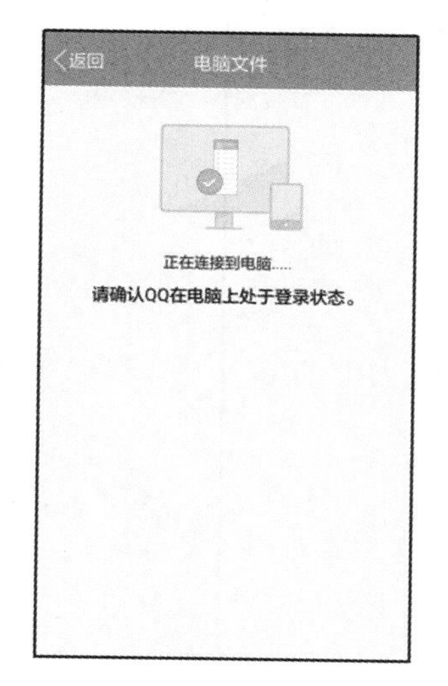

图 6-81　开始连接计算机

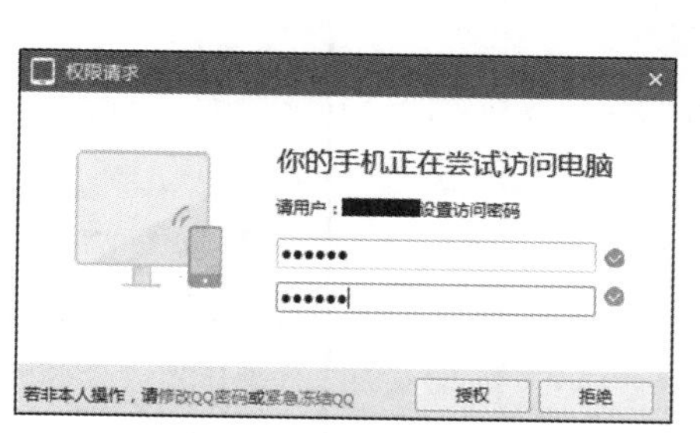

图 6-82　输入密码

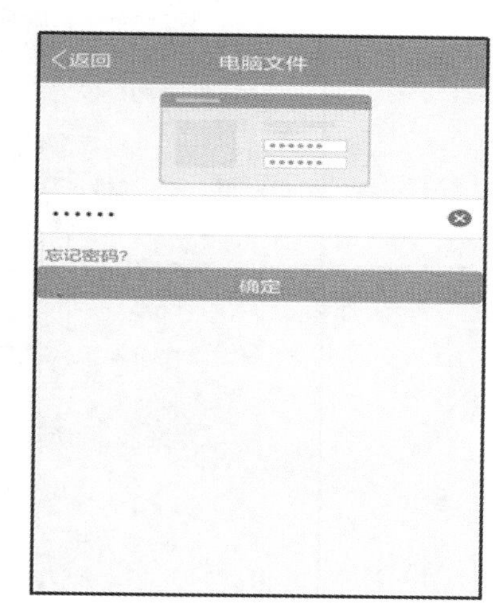

图 6-83　输入密码

STEP 7 在“电脑文件”界面的“计算机”选项组中，点击“工作磁盘”选项，如图 6-84 所示。

STEP 8 进入“工作磁盘”界面，点击合适的文件夹，进入文件夹界面，点击合适文档，如图 6-85 所示。

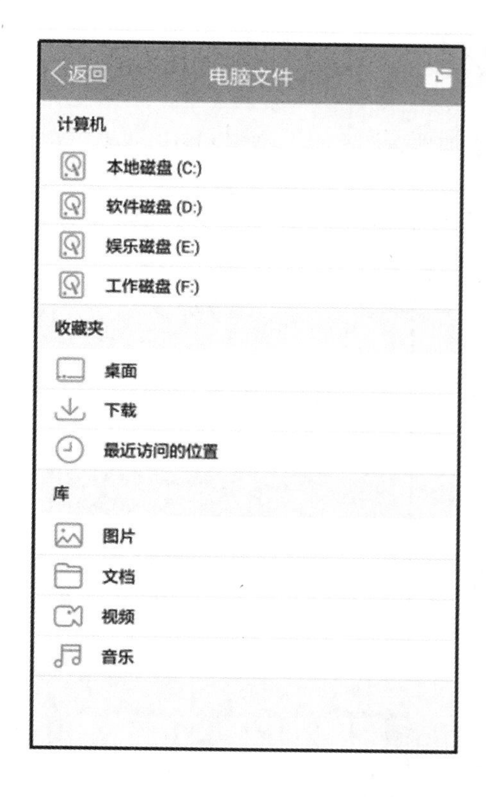

图 6-84　点击“工作磁盘”选项

图 6-85　点击文档

STEP 9 进入文档界面，点击“下载”按钮，如图 6-86 所示。

STEP 10 开始下载文档，稍后打开文档进行远程查看，如图 6-87 所示。

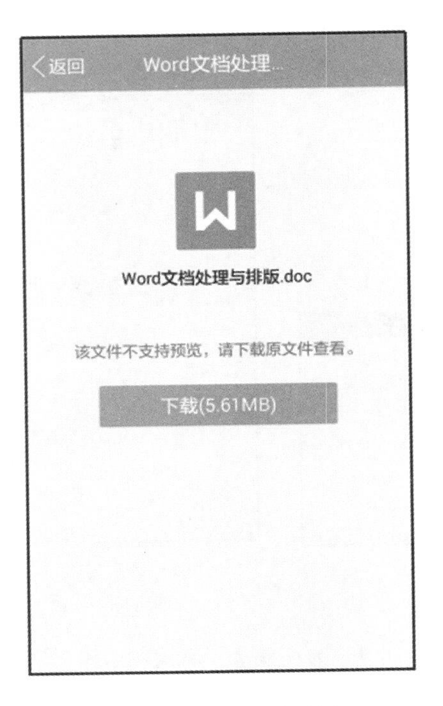

图 6-86　点击“下载”按钮

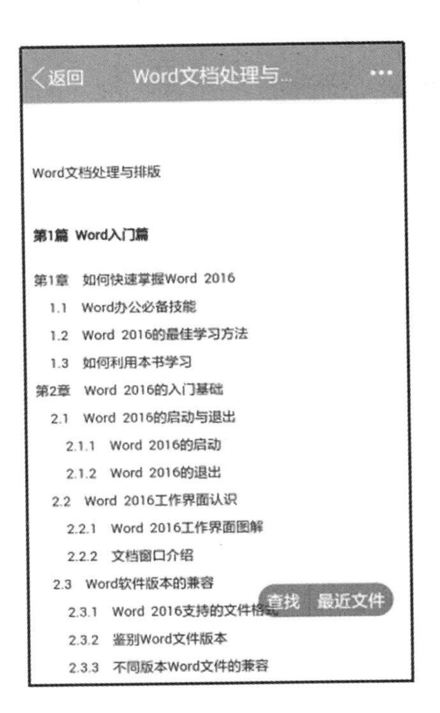

图 6-87　远程查看文档

四、撰写并发送邮件

STEP 1 在手机桌面上，点击“189”图标，进入“添加账号”界面，点击“Outlook 邮箱”选项，如图 6-88 所示。

STEP 2 进入“Outlook 邮箱”界面，打开输入法，依次在“账号”和“密码”文本框中输入账号和密码，如图 6-89 所示。

图 6-88　点击“Outlook 邮箱”选项

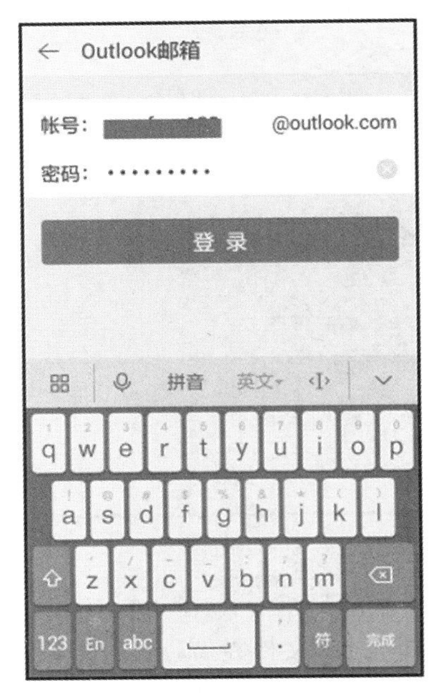

图 6-89　输入账号和密码

STEP 3 点击“登录”按钮，开始登录邮箱，显示登录进度，如图 6-90 所示。

STEP 4 稍后将进入“收件箱”界面，完成邮箱的登录操作，如图 6-91 所示。

图 6-90　显示登录进度

图 6-91　登录邮箱

STEP 5 在“收件箱”界面中，点击“撰写”按钮，展开列表，点击“写邮件”选项，如图 6-92 所示。

STEP 6 进入“撰写”界面，打开输入法，依次在“主题”文本框及其下方的文本框中，输入文本内容，如图 6-93 所示。

STEP 7 点击“收件人”文本框，并点击其右侧的“添加联系人”按钮，如图 6-94 所示。

图 6-92　点击“写邮件”选项

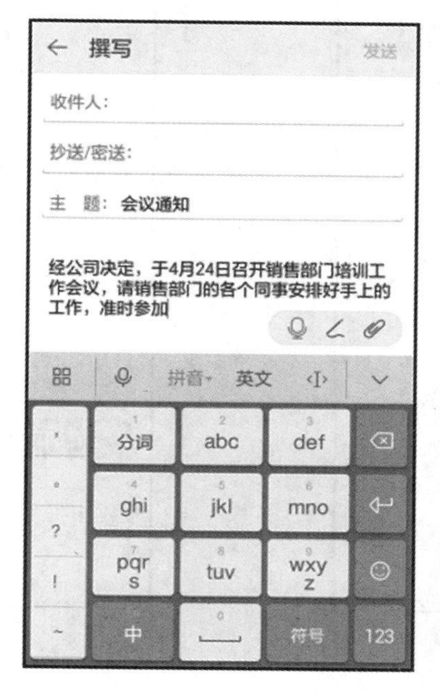

图 6-93　输入文本内容

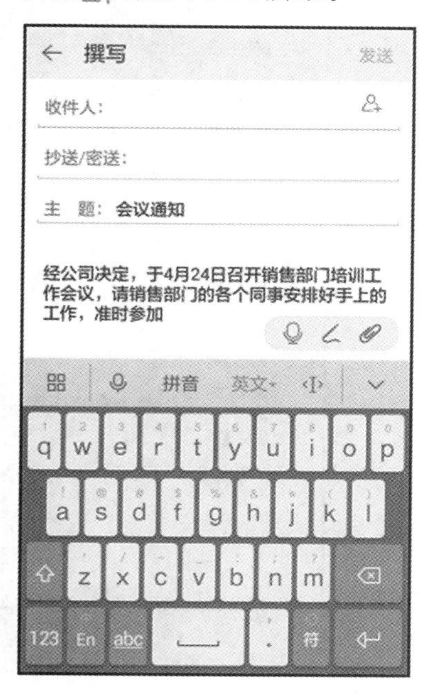

图 6-94　点击“添加联系人”按钮

STEP 8 打开“最近联系人”界面，选择合适的联系人，并点击“完成”选项，如图 6-95 所示。

STEP 9 返回“撰写”界面，完成联系人的添加，在界面的右下方点击“附件”按钮，如图 6-96 所示。

STEP 10 打开相应的界面，点击“本机附件”选项，如图 6-97 所示。

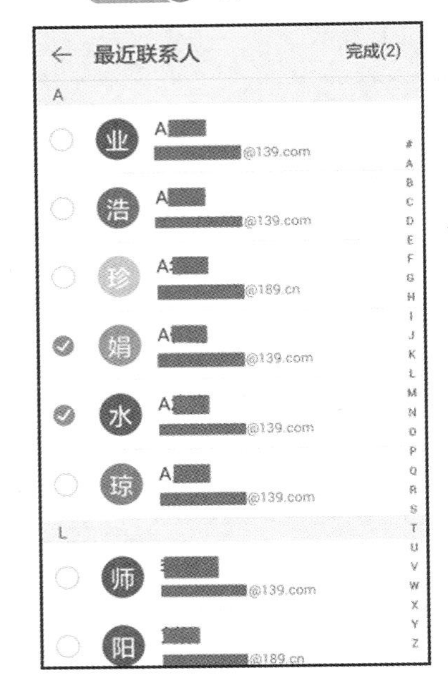

图 6-95　选择联系人

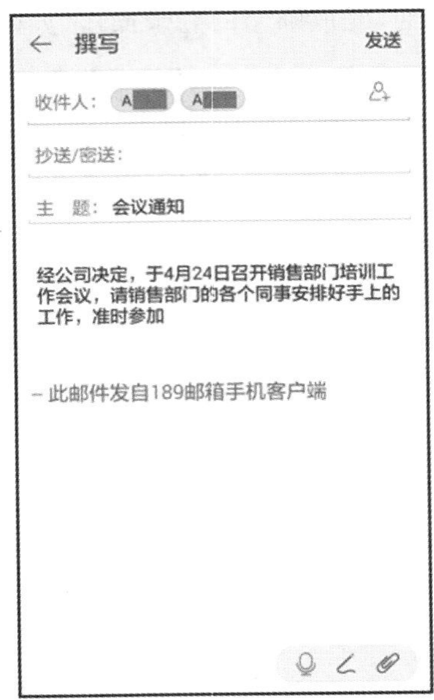

图 6-96　添加联系人

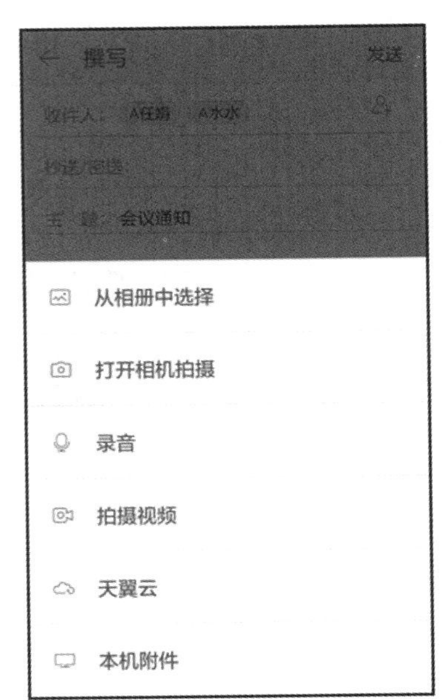

图 6-97　点击“本机附件”选项

STEP 11 打开“选择文件”界面，点击“培训会议通知”文档，如图 6-98 所示。

STEP 12 返回“撰写”界面，完成附件的添加，点击“发送”选项，如图 6-99 所示。

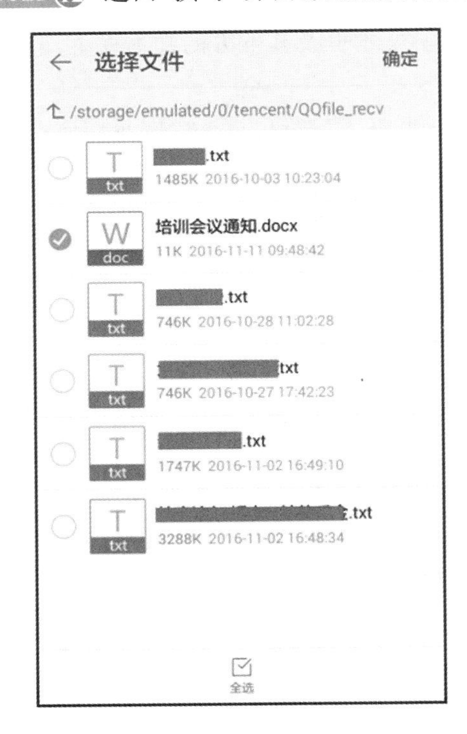

图 6-98　点击文档

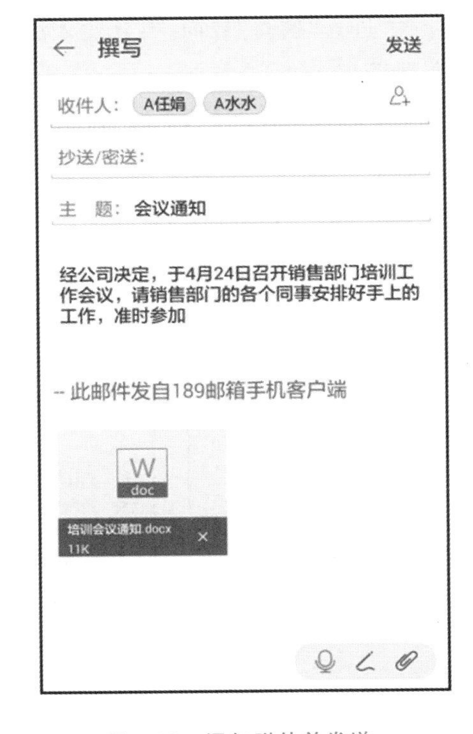

图 6-99　添加附件并发送

STEP 13 完成上述操作后，即可发送邮件，点击“展开列表”按钮 ☰ ，展开列表，点击“已发送”选项，如图 6-100 所示。

STEP 14 进入“已发送”界面，可查看已发送的邮件，如图 6-101 所示。

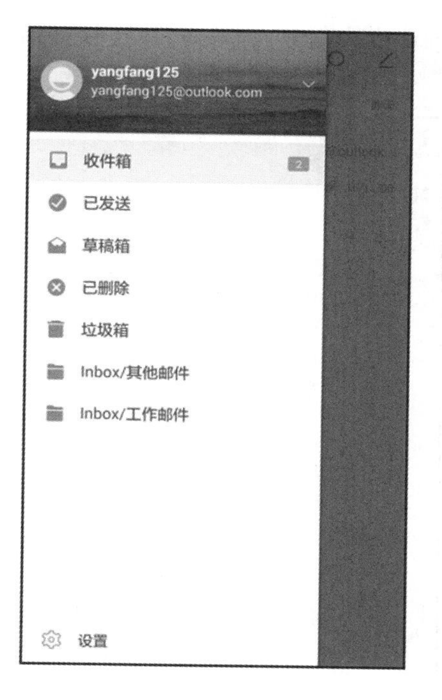

图 6-100　点击"已发送"选项

图 6-101　查看已发送的邮件

五、查看并回复电子邮件

STEP① 在"已发送"界面中，点击"展开列表"按钮☰，如图 6-102 所示。

STEP② 稍后将展开列表，点击"收件箱"选项，如图 6-103 所示。

图 6-102　点击"展开列表"按钮

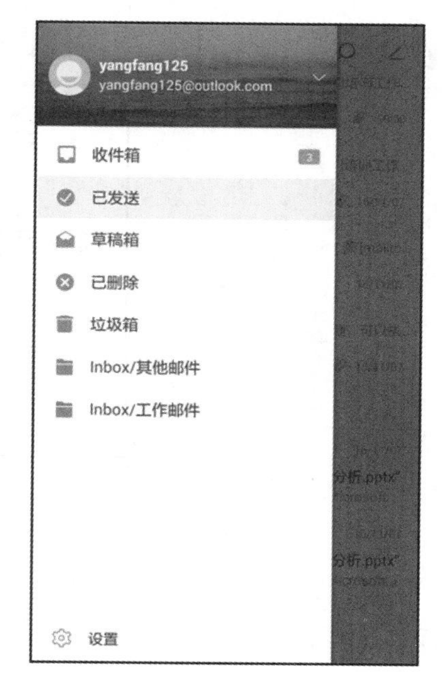

图 6-103　点击"收件箱"选项

STEP③ 进入"收件箱"界面，选择第一封电子邮件，如图 6-104 所示。

STEP④ 打开电子邮件，并进入阅读界面，查看邮件内容，点击相应的↩按钮，展开列表，点击"回复"选项，如图 6-105 所示。

STEP 5 进入“撰写”界面，在“主题”下方的文本框中输入回复内容，点击“发送”按钮，即可回复邮件，如图 6-106 所示。

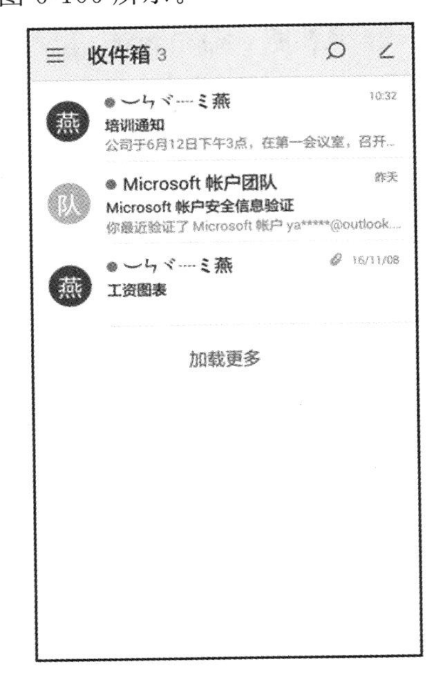

图 6-104　选择电子邮件

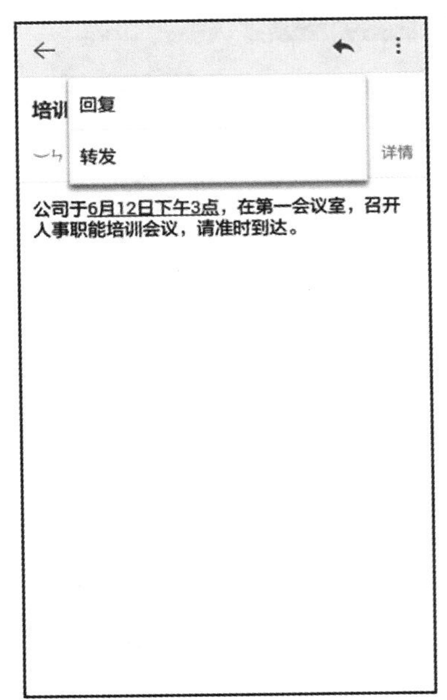

图 6-105　点击“回复”选项

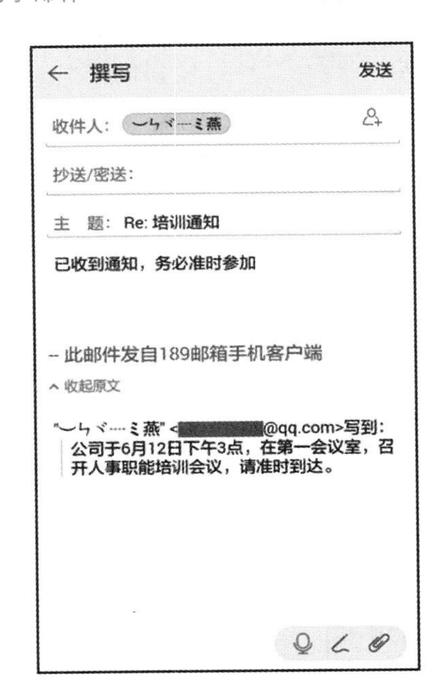

图 6-106　回复邮件

知识链接

一、移动办公必备 App

随着智能化时代的来临，现在只需使用一台智能手机或平板电脑就可以享受到轻便的移动办

公体验。但在体验移动办公之前，需要先了解办公人员必备的手机软件有哪些，以及能为办公人员提供什么样的移动办公帮助。在此，可以从工作计划、文档编辑、安全保护等方面来对移动办公必备 App 进行介绍。

1. 工作计划管理 App

在移动互联网风起云涌的时代，网络会议从 PC 端转移到移动端，无论你是在办公室还是在路上，无论你是在拜访客户还是在海边度假，都需要随时随地与公司保持紧密联络。使用工作计划管理方面的 App，可以帮助大部分办公人员方便地做出自己的工作计划，并通过信息推送让上级领导看到；在工作过程中，可以对相关人员进行任务指派和任务分解，以达到团队成员的高度协同；还可以时刻了解员工工作进度、调阅最新业务报表、监督计划执行情况、跟踪项目进展，随时随地自由办公。常见的工作计划管理 App 有北森 iTalent 等，如图 6-107 所示。

图 6-107 常见的工作计划管理 App

2. 文件处理 App

报表、规划、文案等日常办公文件的处理都离不开相关 App 的支持。使用文件处理方面的 App 可以制作出财务、人事等工作表；也可以制作出办公文档和演示文稿，还可以查看 PDF 或者其他格式的文档等。常见的文件处理 App 有 WPS Office、福昕 PDF 编辑器等，如图 6-108 所示。

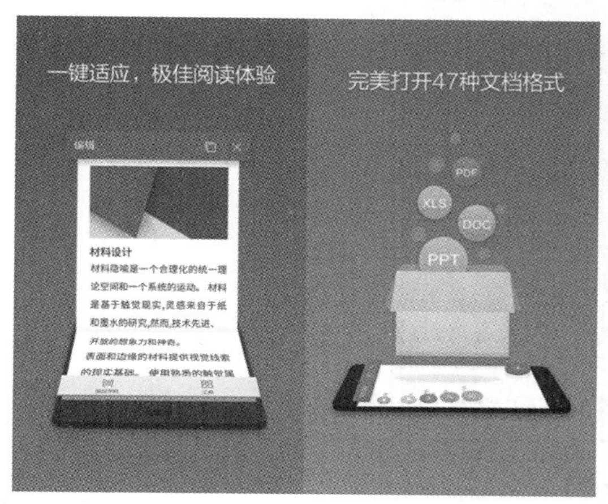

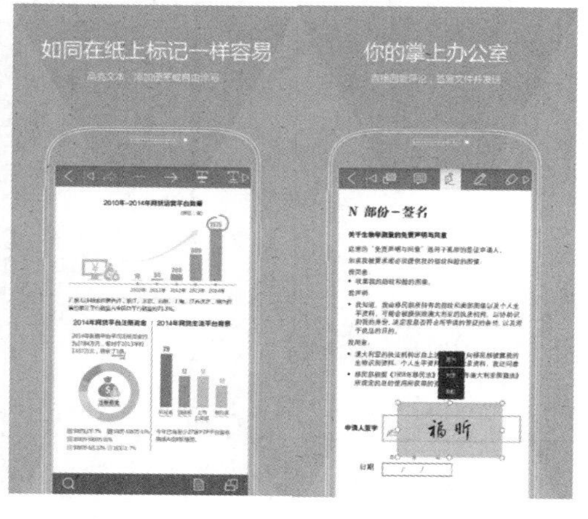

图 6-108 常见的文件处理 App

3. 手机安全防护 App

当智能终端成为另一个办公桌时，必将存放大量的机密文件，一旦介质发生危险必将为企业带来损失，而职场人士的前途也消失殆尽。因此，对于经常通过手机传输文件的职场人员来说，使用带有安全防护的 App 至关重要。安全防护 App 不仅可以为手机提供防病毒、防骚扰、防泄密、防盗号、防扣费等防护功能，还可以对手机内任何可疑的文件进行全面查杀。常见的手机安全防护 App 有手机管家、360 手机卫士等，如图 6-109 所示。

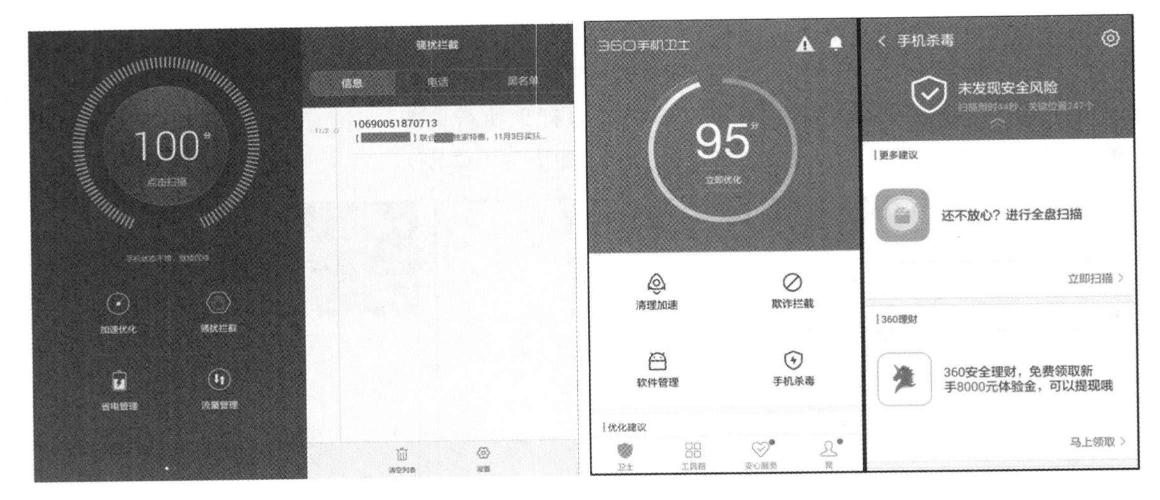

图 6-109 常见的手机安全防护 App

4. 名片录入管理 App

名片对于职场人士来说并不陌生，但名片太多时录入起来十分烦琐。因此，用户可以使用名片录入管理 App，通过手机摄像头拍摄名片，软件便会自动扫描名片上的所有信息，同时，用户也可手动设置已录入信息。录入完毕的名片信息，用户可保存至本地联系人、SIM 等。常见的名片录入管理 App 有名片全能王、脉可寻等，如图 6-110 所示。

图 6-110 常见的名片录入管理 App

5. 网页浏览 App

人们在进行移动办公时，也需要对相关的工作内容进行搜索和浏览。因此，使用浏览器是有必要的。移动办公中的浏览器具有上网快速、省流量等特点。常见的网页浏览 App 有 UC 浏览器、QQ 浏览器等，如图 6-111 所示。

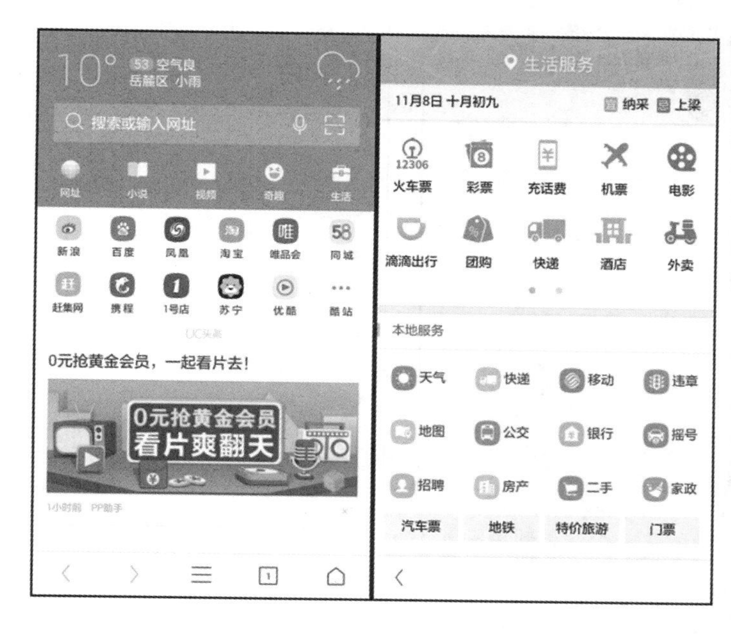

图 6-111　常见的网页浏览 App

6. 沟通交流 App

用户在使用移动办公时，需要使用沟通交流 App 与客户、员工等其他人员进行文件、问题等交流。常见的沟通交流 App 有微信、手机 QQ 等，如图 6-112 所示。

图 6-112　常见的沟通交流 App

7. 邮箱应用 App

如今，大部分职场人士每天都需要在移动端处理许多邮件，一款好用的邮箱 App 成为职场人士的必备选择。常见的邮箱 App 有 QQ 邮箱、189 邮箱等，如图 6-113 所示。

图 6-113　常见的邮箱应用 App

二、移动办公的硬件设备

虽然移动办公为职场人士带来了很大的便捷，但是如果没有移动设备的辅助，移动办公也只能成为空谈。因此，在进行移动办公之前，需要对移动办公的各种硬件设备有一定的了解。常见的移动办公设备有智能手机、平板电脑、笔记本电脑等，下面将对它们分别进行介绍。

1. 智能手机

智能手机像个人计算机一样，具有独立的操作系统、独立的运行空间，可以由用户自行安装软件、游戏、导航等第三方服务商提供的程序，并可以通过移动通信网络实现无线网络接入。

2. 平板电脑

平板电脑又称便携式计算机，是一种小型、方便携带的个人计算机，以触摸屏作为基本的输入设备。它拥有的触摸屏允许用户通过触控笔或数字笔来进行操作，而不是传统的键盘或鼠标。用户可以通过手写识别、屏幕上的软键盘、语音识别或者一个真正的键盘来实现输入。

3. 笔记本电脑

笔记本电脑是一种小型、方便携带的个人计算机。笔记本电脑的质量通常为 1～3 kg。其发展趋势是体积越来越小，质量越来越轻，而功能越来越强大。

自主实践活动

根据本项目所学知识，尝试自己在手机中安装各类 App，并利用已安装的 App 进行移动办公。

难易指数：★★★★☆

学习目标：掌握使用手机 Office 编辑文档、报表和演示文稿，使用手机 QQ 进行移动办公，使用手机邮箱收发电子邮件等的方法。

项目小结

伴随着无线网络的发展，移动办公在企业中得到了大范围的推广。本项目中的任务采用知识点讲解与动手练习相结合的方式，详细讲解了在手机中使用各类 App 进行移动办公的方法，帮助读者快速学会移动办公 App 基本使用方法的同时，能掌握移动办公 App 的使用技巧。